中国电子学会物联网专家委员会推荐
普通高等教育物联网工程专业“十三五”规划教材

EPC物联网技术

刘国柱　任春年　编著

西安电子科技大学出版社

内 容 简 介

本书介绍了物联网产品电子代码（EPC）的工作原理和相关技术，涵盖了EPC的基本概念、编码标准和方法、EPC网络体系结构、核心服务设备的工作原理与构建方法。本书还以EPCglobal制定的最新协议集为主线，分析了构建EPC网络的关键设备和实现技术，所介绍的方法和技术是目前EPCglobal所提倡并得到实际检验的软硬件技术，具有很强的实用性。

全书分九章，主要内容包括产品电子识别概论、条码技术与产品电子代码的标准化组织、EPC系统组成与EPCglobal编码标准、对象名称服务器、产品电子代码信息服务(EPCIS)、射频识别(RFID)系统、EPC物联网的网络技术、可扩展标记语言(XML)与物理标记语言(PML)以及中间件技术与ALE。每章都配有习题，便于读者及时掌握核心知识点。

本书内容丰富，可作为高等院校物联网工程类、通信电子类、计算机类、自动化工程类的本科生和研究生的教材，也可供从事物联网开发工作的工程研发人员(包括物联网系统架构师)参考。

图书在版编目(CIP)数据

EPC物联网技术/刘国柱，任春年编著. —西安：
西安电子科技大学出版社，2016.10
普通高等教育物联网工程专业“十三五”规划教材
ISBN 978-7-5606-4210-9

Ⅰ.① E… Ⅱ.① 刘… ② 任… Ⅲ.① 码分多址移动通
信—通信技术—研究 Ⅳ.① TN929.533

中国版本图书馆CIP数据核字(2016)第170378号

策划编辑 毛红兵
责任编辑 马 静 毛红兵
出版发行 西安电子科技大学出版社(西安市太白南路2号)
电 话 (029)88242885 88201467 邮 编 710071
网 址 www.xduph.com 电子邮箱 xdupfxb001@163.com
经 销 新华书店
印刷单位 陕西华沐印刷科技有限责任公司
版 次 2016年10月第1版 2016年10月第1次印刷
开 本 787毫米×1092毫米 1/16 印张 17
字 数 402千字
印 数 1～3000册
定 价 36.00元
ISBN 978-7-5606-4210-9/TN
XDUP 4502001-1

前　言

物联网技术被认为是信息产业的一次革命，而物联网技术发轫于美国麻省理工学院Auto-ID实验室对射频识别(RFID)技术的研究。射频识别技术是电子产品代码技术的物理载体和完美体现者，电子产品代码技术是射频识别技术的灵魂。Auto-ID实验室的伟大之处在于他们首先将全球统一的电子产品编码与射频识别技术相结合，这才使得射频识别技术在民用领域成为一颗新星。射频识别技术能够让商品实现唯一识别，让供应链具有实时监控、可追溯与追踪以及透明化管理的特点，这正是供应链管理者多年来梦寐以求的技术。物联网要实现全世界范围内物品的广泛物联，廉价且易用的电子标签是实现该目标的正确选择，因此可以说产品电子代码(EPC)属于物联网学科的核心，是构建物联网的技术基础。

为实现电子产品代码信息的识别、捕获和交换，EPCglobal提出了电子产品代码的网络架构分层协议集。这个架构以现有的互联网为通信手段，增加了电子标签、读写器、对象名称服务器和电子产品代码信息服务器等新的内容。

本书介绍了产品电子代码和产品电子代码网络两大主题的相关技术。产品电子代码部分主要讲解了GS1编码体系与EPC编码格式，以及GS1编码到EPC编码的转换方法。产品电子代码网络主要讲解了该网络的架构、组件以及协议集。架构部分按照EPCglobal的标准，分别介绍了对象名称解析服务、EPC信息服务、PML核心语言以及中间件技术。为了让读者对EPC的使用和网络结构有一个直观的认识，还介绍了射频识别技术的基本结构。

全书共分九章，第1章主要对EPCglobal的EPC编码及其相关的标准化组织进行概述，力图使读者对EPC的功能和结构有一个初步的认识。第2章主要介绍了条码技术并通过技术优劣对比导出了EPC编码，通过条码能够更加快速地掌握产品电子代码的必要性和潜在的应用价值。第3章介绍EPC编码标准格式以及GS1标准编码到EPC编码转换的方法。第4章和第5章分别介绍了对象名称解析服务器及EPCIS的软件架构和工作原理。第6章介绍了射频识别技术相关的基础知识，EPC技术正是通过对RFID系统的深入研究才得以快速发展的，希望读者能够通过该章学习对抽象的编码技术有一个直观的认识。第7章介绍了在物联网中与数据完整性、安全性相关的互联网技术，并探讨了射频识别局域网络中的防碰撞算法和安全协议。第8章和第9章分别介绍了软件相关的XML、PML、中间件技术，为以后的物联网商业软件的编制奠定理论基础。

本书由刘国柱、任春年编著。马大贺与冯惠两位硕士研究生参与了编写工作，在此对他们表示感谢！

本书可作为高等院校物联网工程类、通信电子类、计算机类、自动化工程类的本科生和研究生的教材，也可供从事物联网开发工作的工程研发人员(包括物联网系统架构师)参考。

由于电子产品代码的技术发展迅速，相关协议尚不完善，再加上编者的水平有限，书中难免存在不妥之处，敬请读者批评指正。

编　者

2016.6

前言

目 录

第 1 章　产品电子识别概论

产品电子代码(Electronic Product Code，EPC)又称产品电子编码，是按照 GS1 系统的 EPC 规则进行的编码，电子标签是产品电子代码的载体，当 EPC 标签贴在物品上或内嵌在物品中时，该物品与 EPC 标签中的编号是一一对应的。产品电子代码为商品提供了全球唯一的编码，并通过电子标签(标签内的电子芯片)存储该编码。与以往的编码(例如条码)相比，产品电子代码是在全球经济一体化的前提下统一制定的编码规则，因而具有全球唯一性。另外电子标签跟条码也是不同的，芯片内部的信息在读写速度、控制性和可重复利用等方面占有很大的优势。电子信息技术的发展为产品电子代码技术提供了技术支持，而现代物流的快速发展也对现有的产品标识技术提出了挑战。以射频识别技术为主要载体的产品电子代码正好满足了当前的产品标记、流通和存储过程中产品的透明化、可视化与快速管理的新要求。

处于产品供应链中的产品如何被正确、快速识别，是提高生产效率、增强管理水平和降低库存等核心问题的关键。本章首先论述了产品身份识别的重要意义，接着讲解了产品身份识别的编码方法和代码结构。产品编码为后续的条码和标签提供了统一的数据结构。可以说产品编码是“里”，而条码和电子标签是“表”。

本章重点介绍 EPC 的基本概念、基本功能与作用、EPC 的管理机构以及获取最新资料的方法和途径。

1.1　产品身份识别

每个人在日常生活中都会用到各种各样的物品，尽管这些物品的包装上都标注了生产厂家，但不可避免地会出现假冒伪劣产品，导致物品真假难辨。怎样对物品进行身份识别？物品在运输过程中满足什么样的储存条件才能保证物品的质量不受影响？怎样对物品的运输过程进行无缝监控？这些问题都涉及物品的身份识别，怎样给出每件物品的身份编码，就成为了解决这些繁杂问题的焦点。产品电子代码就是为了解决全球范围的物品身份编码问题而产生的。

针对各种物品进行编码，其目的就是为了人类和物品之间、物品与物品之间能够进行信息交互。要实现该功能，就需要将人类关心的物品信息进行编码，将这样的编码封装粘贴到物品的包装上，以便于人类通过识读设备将这样的编码信息写到编码标签中，也能够将编码信息读取出来。需要特别指出的是，这种识别要快速且准确地完成，以满足人类在各种场合的需要。

自从人类关注对物品进行编码开始，已经出现了各种各样的编码标准，这些标准的形成基本都来源于两大协会组织：一是欧洲物品编码协会(European Article Numbering Association，EANA)，二是美国和加拿大的统一代码委员会(Uniform Code Council，UCC)。上述两大组织合并以后称为 EAN•UCC[①]。EAN•UCC 于 2005 年以后改为 GS1(Global Standard 1，可理

① EAN•UCC 是特指组织和系统时使用的符号；而 UCC/EAN 是特指该组织确立的某种标准。

解为：全球第一商务标准化组织，是全球统一标识系统）。

20 世纪中叶，计算机的产生与应用大大提高了管理与信息化水平，而信息的录入成为最大的"瓶颈"。于是，各种各样以自动数据输入为目的的自动识别技术的研究和应用迅速展开，其中条码是研究最早、技术发展最为成熟、应用最为广泛的一种。20 世纪 50 年代后，美国便不断出现有关条码技术应用的相关报道，如美国铁路车辆采用条码标识、布莱西公司研制的条码用于库存管理等，但这些应用基本是局限在封闭系统内的单一应用。直到 1973 年，统一代码委员会(UCC)统一建立了北美的产品代码，选定了 IBM 公司的条码作为产品代码的自动识别符号，即 UPC(Universal Product Code)，并把它们应用于食品零售的自动扫描结算过程，才真正形成了区域性开放的条码应用系统。UPC 的应用不仅大大加快了北美地区的食品流通，同时也对全球的产品流通领域产生了深远的影响。

1974 年，欧洲十二国(英国、法国、丹麦、挪威、比利时、芬兰、意大利、奥地利、瑞士、荷兰、瑞典及当时的联邦德国)的制造商和销售商代表联合成立欧洲条码系统筹备委员会，旨在研究建立欧洲的统一产品编码，并于 1977 年 2 月正式成立欧洲物品编码协会(EANA)，负责研究、管理该编码体系。历经四年的艰苦努力，EANA 终于开发出兼容 UPC 的欧洲物品编码系统(European Article Numbering System，EANS)，即 EAN 码。随后，以条码识读为基础的 POS 自动销售在欧美兴起，并迅速向全世界其他地区扩展。欧洲物品编码协会的成员国(地区)也从欧洲区域扩展到除北美之外的世界各大洲，EANA 作为区域性组织已无法满足管理与发展的需要。1981 年，在欧洲物品编码协会的基础上成立了国际物品编码协会(EAN International，仍简称 EAN)。至此，以全球统一的产品编码体系为核心，以条码自动识别方法为技术支撑的全球物品标识系统基本形成。

随着贸易全球化的发展，EAN 与 UCC 两大组织也从技术合作最终走向联合。最初零售端的条码扫描应用也随着 EAN 与 UCC 两大组织的不断合作与融合，发展成为全球供应链[①]及电子商务过程统一应用的全球物品标识系统，即 EAN•UCC 系统。1989 年，EAN 与 UCC 签署合作协议，合作内容除包括当 EAN 成员国(地区)企业产品销往北美地区时，由该国(地区)的 EAN 编码组织负责为企业办理申请 UCC 成员手续外，还有多项统一应用的技术开发合作，如共同开发了 UCC/EAN-128 条码，用于对物流单元的标识等。但是，这种单项的技术应用合作无法适应全球经济一体化的需要。1997 年 7 月，EAN 与 UCC 签署了新的合作协议，宣告了两大组织进一步的联合行动——所有 EAN 成员国(地区)的企业申请 UPC 代码都要经过当地 EAN 组织，并同时成为 EAN•UCC 成员。2002 年 11 月，UCC 正式加入 EAN，并宣布从 2005 年 1 月 1 日起，EAN 码也能在北美地区正常使用，且美国、加拿大新的条码用户将采用 EAN 条码标识产品。这标志着国际物品编码协会真正成为全球化的编码组织。合并后的 EAN International更名为 Globe Standard 1，简称 GS1。

EAN•UCC 系统形成后，以全球化、系统化、标准化的观点，对已在应用中形成的全球物品标识体系进行了统一规划，使其更加科学、规范、实用，并逐步建立了一整套国际通行的跨行业的产品、物流单元、资产、位置和服务的标识体系及供应链管理、电子商务相关的技术与应用标准。

---

① 供应链——经济学术语，是围绕核心企业，通过对商流、信息流、物流、资金流的控制，从采购原材料开始，制成中间产品以及最终产品，最后由销售网络把产品送到消费者手中网链结构。

EAN·UCC 系统是针对市场需求应运而生的。它以提高整个供应链的效率、简化电子商务过程、为产品与服务增值为目的，积极采用先进技术，快速反映市场需求，是真正的“全球商务语言”。

中国物品编码中心（ANCC）成立于 1988 年，由国务院授权统一组织、协调、管理全国的条码工作。1991 年，ANCC 代表中国加入国际物品编码协会，是目前全世界 140 个国家（地区）编码组织之一，负责在我国推广应用 EAN·UCC 系统。依据 EAN·UCC 系统规则，ANCC经过二十多年的工作摸索与探索，研究制定了一套适合我国国情的、技术上与国际接轨的产品与服务标识系统——ANCC 全球统一标识系统，简称“ANCC 系统”。

用图 1－1 所示的一个例子来说明物品编码的作用。当用户收到 UPS 的包裹时，上面所贴的标签对于用户来讲可能没有多大意义，但这些只有用识读设备才能读取的条码和字符却能够告诉 UPS 包裹将送往何处，需要多久可以送达，以及包裹的来源等信息，因而对于 UPS 公司来讲意义重大。特别是通过读写器读写的条码和字符信息是准确无误的，读取的信息还可以通过通信网络及时地传递到公司的服务器上，为物流的监控和管理提供了数据支持。从上面的实例可以看出，物品编码技术实质上是将物品的信息编码为适合机器读写的信息，从而实现物流的信息化。

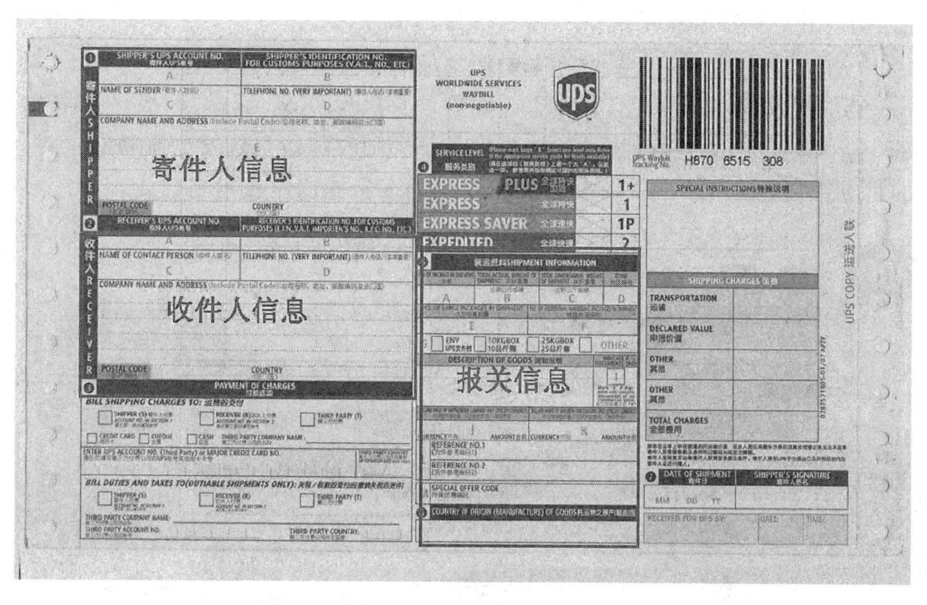

图 1－1　UPS 条码示例

产品属于客观物理世界中物质的范畴，而编码属于信息学的范畴。在产品电子代码没有出现之前，产品与编码不是一一对应的，但是自产品编码出现之后，物质与信息进行了一次有效的结合，编码的终极目标就是在物质与信息编码之间建立完全的一一对应关系。这种结合并非是简单的组合，而是一种全新的具有极强生命力的事物，但目前我们对物联网的意义和作用的认识仍然是肤浅的。

作为编码技术的一个典型的应用是在物流领域兴起的物流信息技术。物流信息技术为加快物流各个环节提供了必要的信息技术，包括计算机、网络、信息编码技术、自动识别、电子数据交换、全球定位系统以及地理信息系统等技术。这些技术的综合应用对于改变传统物流企业业务的运作水平，完善物流管理中的管理手段、管理组织结构以及企业决策管理起到了积极的作用。

EPC 继承了条码中的编码规则，并完全兼容现有的条码编码技术，这一策略对于 EPC 的迅速推广有重要的意义。

1.2 编码技术

1.2.1 GS1(全球第一商务标准化组织，Globe Standard 1)

EAN 与 UCC 在 2002 年 11 月进行了结盟，并于 2005 年更名为 GS1。GS1 既是全球第一商务标准化组织的名称，又是全球统一标识系统的简称。GS1 同时包含了以下五个含义：

(1) 一个全球系统；

(2) 一个全球标准；

(3) 一种全球解决方案；

(4) 世界一流的标准化组织(供应链管理/商务领域)；

(5) 在全球开放标准系统下的统一商务行为。

GS1 是一个非营利组织，也是世界上最广泛应用的供应链标准系统。它为了改善全球和跨区域供应链的有效性和透明化，致力于开发管理及执行 GS1 全球性标准。它旨在建立一个为了企业利益和人们生活，所有物品和相关信息都会随时随地有效安全流动的世界。图 1-2 为 GS1 的官方主页，该网站提供了 GS1 的相关标准、资源以及技术文档。

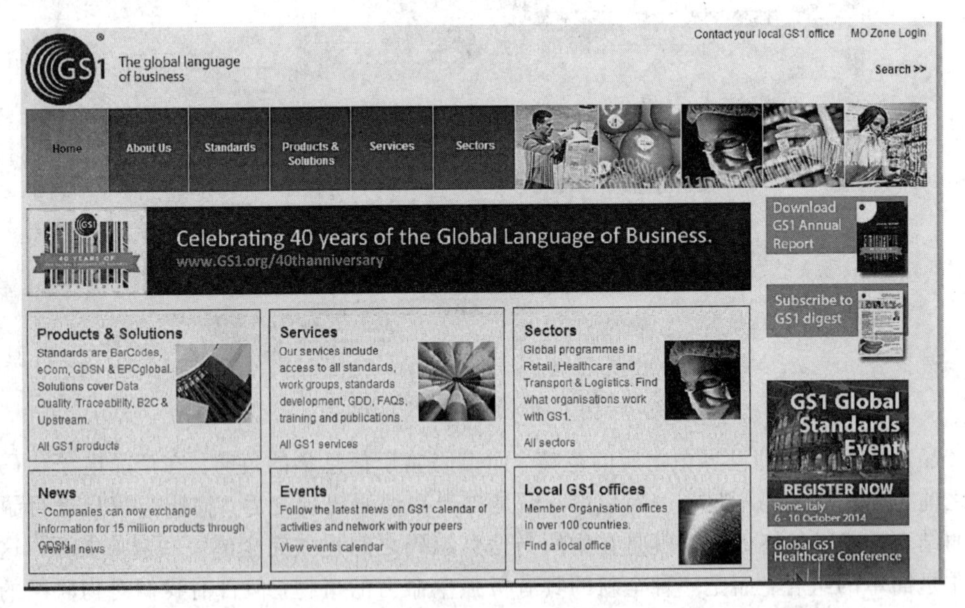

图 1-2　GS1 主页

GS1 现在拥有逾 100 万企业会员，来自 109 个成员组织，遍布全球 150 个国家和地区，应用于 20 多个行业。由此可见，GS1 有着巨大的号召力，保障了标准的快速制定和实施。

在现代的供应链和商贸物流中提升企业能力靠的是价值、速度和透明度。通过 GS1 标准和技术可以进行鉴别和自动化数据采集；通过 GS1 码和产品电子代码标准可以提高透明度；通过电子产品代码信息服务标准和平台解决方案可以进行信息追溯；通过电子数据交换信息标准可以进行沟通交流。GS1 使全球贸易共同体成为可能。

GS1 提供全球通用的商业语言，它的综合优势是改善供需链的有效性和清晰度，参与的行业包括快速消费品、卫生保健、食品、玩具、服装纺织品、消费性电子产品、物流。GS1 用于执行、咨询和培训，比如应用于香港供应链创科中心、供应链委员会，相关企业包括香港 eID、通商易、香港货品编码协会数据中心、踪横网等。

GS1 系统包含以下四个部分：

（1）条形码：是自动识别的全球标准，可以快速准确地确定价格或位置；

（2）eCom：是电子商务消息发送的全球标准，可以快速、有效、精确地进行商业数据交换；

（3）GDSN：是全球数据同步网络，为有效的贸易交易提供标准可靠的数据；

（4）全球性的产品电子代码：是基于电子标签识别的全球标准，使信息透明化，更精确快速，并且成本低。

GS1 架构通过 B2B 的数据处理方式(比如通商易的使用)体现了速度，通过信息和货物的透明化(比如踪横网的使用)体现了透明度，通过条形码等一些为了商标完整和消费者安全的产品质量信息体现了价值。GS1 使得一些基础建设成为可能。在共享方面，制造商、品牌商、第三方物流、第四方物流、经销商、零售商通过 GS1 在供应链物流中进行关键业务信息交换，包括业务交易、关键位置的信息、关键商品的信息、产品批量生产的信息、产品质量的信息、产品鉴定的信息、由来发展的信息。而消费者则通过电脑、自助服务机、手机向 SMS 中心发信息等方式进行网络信息共享。由此可见，GS1 是通往效率和创新的密码。

1.2.2 GS1 编码体系

编码体系是整个 GS1 系统的核心，用于确定流通领域中所有的产品与服务(包括贸易项目、物流单元、资产、位置和服务关系等)的标识代码及附加属性代码，如图 1－3 所示。附加属性代码不能脱离标识代码独立存在。

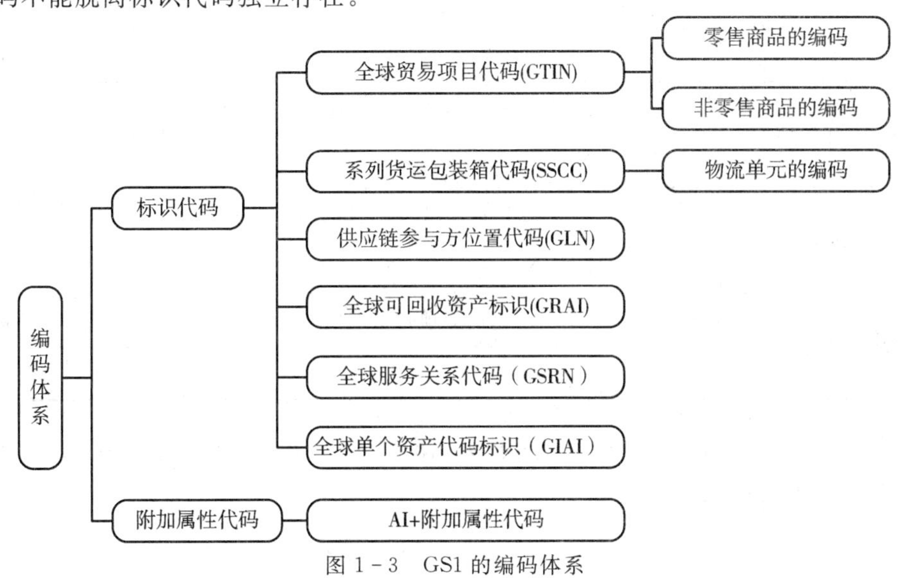

图 1－3 GS1 的编码体系

身处日益复杂的数据世界，GS1 标准系统有助于企业筛选真正相关的信息。GS1 标准为企业提供一套共通语言，可用作识别、捕获及分享供应链中的数据，以便企业获得准确且一目了然的重要信息。其主要功能有以下三点：

(1) 识别(Identification)作用。GS1 识别码用作识别供应链中的不同内容，包括贸易货品(如 GTIN)、物流单位(如 SSCC)、位置(GLN)和资产(如 GRAI)。

(2) 捕获(Capture)作用。GS1 条码(包括 GS1 EAN/UPC、GS1-128、ITF-14、GS1 DataBar、GS1 DataMatrix 及 GS1 QR 码等)及以产品电子代码驱动的无线射频识别(RFID)标签，都记录有产品及产品位置的信息，其中包含 GS1 识别码。这些条码和标签还可以记录更多的额外信息，例如产品批次号码、到期日等，以追溯食品来源，保障安全。

(3) 分享(Share)作用。GS1 的识别标准、数据捕获标准及界面标准促进供应链参与者之间的互动合作，让产品及信息可在供应链中流通无阻。

企业和零售商 GS1 编码，不但可加快营销和现金流速度，而且使库存管理水平有所提升。为了与全球的零售商建立业务联系，企业必须为其产品申请条码(或电子代码)。

1.2.3 代码结构

1. 全球贸易项目代码(GTIN)

全球贸易项目代码(Global Trade Item Number，GTIN)是编码系统中应用最广泛的标识代码。贸易项目是指一项产品或服务。GTIN 是为全球贸易项目提供唯一标识的一种代码(称代码结构)。GTIN 有四种不同的编码结构：GTIN-14、GTIN-13、GTIN-12 和 GTIN-8，如表 1-1 所示。这四种结构可以对不同包装形态的商品进行唯一编码。标识代码无论应用在哪个领域的贸易项目上，每一个标识代码必须以整体方式使用。完整的标识代码可以保证在相关的应用领域内全球唯一。

表 1-1 GTIN 四种代码结构

GTIN-14 代码结构	包装指示符	包装内含项目的 GTIN(不含校验码)	校验码
	N_1	N_2 N_3 N_4 N_5 N_6 N_7 N_8 N_9 N_{10} N_{11} N_{12} N_{13}	N_{14}
GTIN-13 代码结构	厂商识别代码　商品项目代码		校验码
	N_1 N_2 N_3 N_4 N_5 N_6 N_7 N_8 N_9 N_{10} N_{11} N_{12}		N_{13}
GTIN-12 代码结构	厂商识别代码　商品项目代码		校验码
	N_1 N_2 N_3 N_4 N_5 N_6 N_7 N_8 N_9 N_{10} N_{11}		N_{12}
GTIN-8 代码结构	商品项目识别代码		校验码
	N_1 N_2 N_3 N_4 N_5 N_6 N_7		N_8

对贸易项目进行编码和符号表示，能够实现商品零售(POS)、进货、存补货、销售分析及其他业务运作的自动化。

2. 系列货运包装箱代码(SSCC)

系列货运包装箱代码(Serial Shipping Container Code，SSCC)的代码结构如表1-2所示。系列货运包装箱代码是为物流单元(运输和/或储藏)提供唯一标识的代码，具有全球唯一性。物流单元标识代码由扩展位、厂商识别代码、系列号和校验码四部分组成，是18位的数字代码，它采用UCC/EAN-128条码符号表示。

表1-2　SSCC的结构

结构种类	扩展位	厂商识别代码	系列号	校验码
结构一	N_1	$N_2 N_3 N_4 N_5 N_6 N_7 N_8$	$N_2 N_3 N_4 N_5 N_6 N_7 N_8 N_9 N_{10} N_{11} N_{12} N_{13} N_{14} N_{15} N_{16} N_{17}$	N_{18}
结构二	N_1	$N_2 N_3 N_4 N_5 N_6 N_7 N_8 N_9$	$N_{10} N_{11} N_{12} N_{13} N_{14} N_{15} N_{16} N_{17}$	N_{18}
结构三	N_1	$N_2 N_3 N_4 N_5 N_6 N_7 N_8 N_9 N_{10}$	$N_{11} N_{12} N_{13} N_{14} N_{15} N_{16} N_{17}$	N_{18}
结构四	N_1	$N_2 N_3 N_4 N_5 N_6 N_7 N_8 N_9 N_{10} N_{11}$	$N_{12} N_{13} N_{14} N_{15} N_{16} N_{17}$	N_{18}

3. 供应链参与方位置代码(GLN)

供应链参与方位置代码(Global Location Number，GLN)是对参与供应链等活动的法律实体、功能实体和物理实体进行唯一标识的代码。参与方位置代码由厂商识别代码、位置参考代码和校验码组成，用13位数字表示，具体结构如表1-3所示。

法律实体：是指合法存在的机构，如供应商、客户、银行、承运商等。

功能实体：是指法律实体内的具体的部门，如某公司的财务部。

物理实体：是指具体的位置，如建筑物的某个房间、仓库或仓库的某个门、交货地等。

表1-3　参与方位置代码结构

结构种类	厂商识别代码	位置参考代码	校验码
结构一	$N_1\ N_2\ N_3\ N_4\ N_5\ N_6\ N_7$	$N_8 N_9 N_{10} N_{11} N_{12}$	N_{13}
结构二	$N_1\ N_2\ N_3\ N_4\ N_5\ N_6\ N_7 N_8$	$N_9 N_{10} N_{11} N_{12}$	N_{13}
结构三	$N_1\ N_2\ N_3\ N_4\ N_5\ N_6\ N_7 N_8\ N_9$	$N_{10} N_{11} N_{12}$	N_{13}

1.2.4　GTIN的编码原则

企业在对商品进行编码时，必须遵守编码唯一性、稳定性及无含义性原则。

1. 唯一性

唯一性原则是商品编码的基本原则，是指相同的商品应分配相同的商品代码，基本特征相同的商品视为相同的商品；不同的商品必须分配不同的商品代码，基本特征不同的商品视为不同的商品。

2. 稳定性

稳定性原则是指商品标识代码一旦分配，只要商品的基本特征没有发生变化，就应保持不变。同一商品无论是长期连续生产、还是间断式生产，都必须采用相同的商品代码。即使该商品停止生产，其代码也应至少在 4 年之内不能用于其他商品上。

3. 无含义性

无含义性原则是指商品代码中的每一位数字不表示任何与商品有关的特定信息。有含义的代码通常会导致编码容量的损失。厂商在编制商品代码时，最好使用无含义的流水号。

对于一些商品，在流通过程中可能需要了解它的附加信息，如生产日期、有效期、批号及数量等，此时可采用应用标识符(AI)来满足附加信息的标注要求。应用标识符由 2～4 位数字组成，用于标识其后数据的含义和格式。

1.2.5 再利用 GTIN 的周期

不再生产的产品的 GTIN，自厂商将该种产品的最后一批货配送出去之日起，至少 48 个月内不能被重新分配给其他的产品。

根据产品种类的不同，这一期限会有所调整。对于服装类商品，最低期限可减少为 30 个月。例如钢材可能存放多年后才进入流通市场，这一期限会很长。因此，厂商在重新使用 GTIN 时，必须对原商品品种在供应链中的流通期限做一个合理的预测，避免使用该 GTIN 的原商品品种与新商品品种同时出现在市场上，造成商品流通的混乱。

注意，即使原商品品种已不在供应链中流通，但因保存历史资料的需要，有时它的 GTIN 仍然会保存在厂商的数据库中。

1.2.6 贸易项目的条码选择

贸易项目的编码和条码表示是相互独立的，有些厂商将项目编码和条码表示这两种操作放在不同的地点进行，这很常见。用户可以从以下几个角度考虑条码符号的选择：

(1) 贸易项目是否有足够的可用空间印制或粘贴条码。

(2) 用条码表示的信息的类型：仅仅使用 GTIN，还是将 GTIN 和附加信息同时使用。

(3) 扫描条码符号的操作环境：是用于零售还是非零售(如仓库中的货架作业)。

图 1-4 展示了不同的贸易项目标识代码选择条码符号的方案以及商品使用条码的选择方案。贸易项目有 4 种不同项目标识代码结构的 GTIN 可供选择：EAN/UCC-8、UCC-12、EAN/UCC-13 和 EAN/UCC-14，如图 1-4 所示。而选择何种条码符号是由各种不同码制自身特征所决定的，比如 EAN/UCC-8 这种代码只能用 EAN-8 条码符号来表示，一般情况下，UCC-12 代码结构用 UPC-A 或 UPC-E 条码符号表示，EAN/UCC-13 代码结构用 EAN-13 条码符号表示，EAN/UCC-14 代码结构用 ITF-14 或 UCC/EAN-128 这两种条码符号表示。

代码结构取决于贸易项目的特征和用户的应用范围。在零售环节中，贸易项目通常用 EAN/UCC-13 或 UCC-12 代码标识，分别用 EAN-13 或 UPC-A 条码表示。如果贸易项目的包装面积比较小，则可考虑选用 EAN/UCC-8 或消零压缩了的 UCC-12 代码标识，分别用 EAN-8 或者 UPC-E 条码表示；零售端不需要读取贸易项目的附加信息。

如果该贸易项目处于“一般配送”状态，如批发环节中，贸易项目通常用 EAN/UCC-14 代码进行标识，可以考虑使用 EAN/UCC-13 或 UCC-12 进行标识，条码符号的选择参见图 1-4。如果需要表示附加信息，就应选择 UCC/EAN-128 条码进行表示。

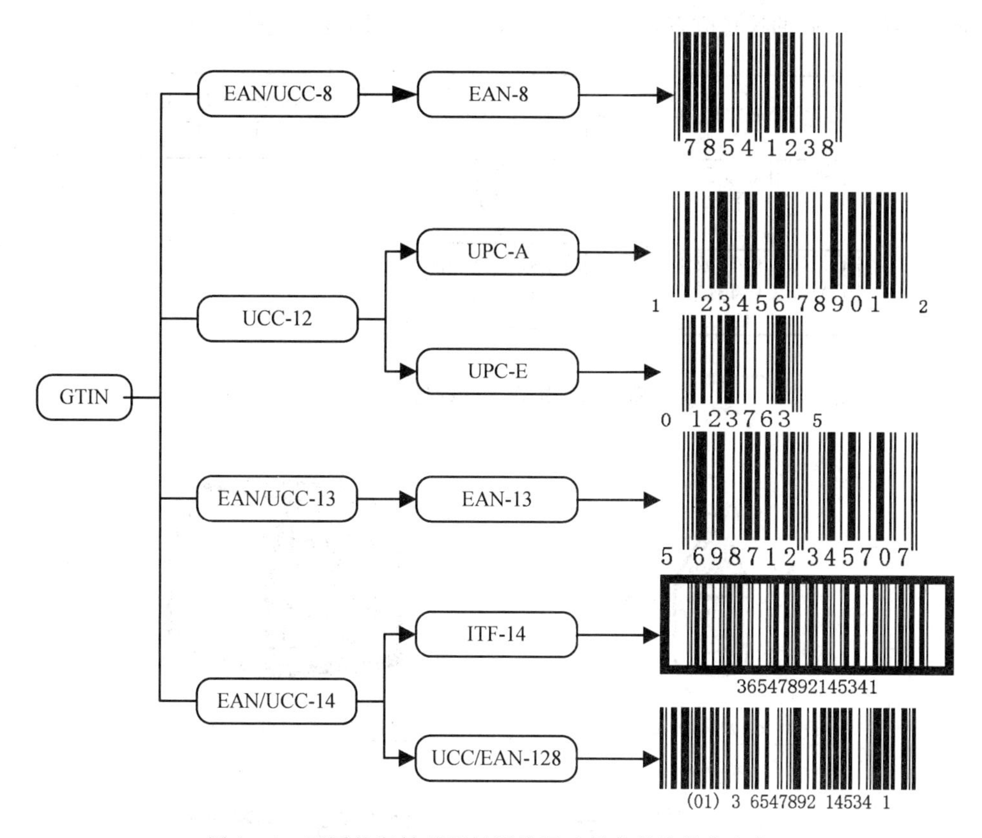

图 1-4　不同的贸易项目标识代码选择条码符号的方案

1.2.7　贸易项目编码必须考虑的因素

编码的基本原则是每一个不同的贸易项目对应一个单独的、唯一的 GTIN。如果对整个供应链中的贸易伙伴直至消费者来说项目发生了明显的、重大的变化，就必须另行分配一个 GTIN。GTIN 一经确定，只要贸易项目的特征没变，GTIN 就不会变化。贸易项目的基本特征有：类型和种类、商标、包装的尺寸及类型、数量(以上所列内容没有包括贸易项目的全部特征)。构成贸易项目的基本要素之一发生较大变化，通常要另行分配 GTIN。

由若干相同贸易项目或不同贸易项目构成的“组合包装”当作一个单元来销售时，它本身就是一个贸易单元，也就必须用一个新的 GTIN 进行标识。

如果商品放在赠送装或礼品装中，商品本身的 GTIN 必须不同于印刷在赠送装或礼品装上的 GTIN，如一瓶威士忌酒的代码不同于其礼品装上的代码。

如果商品与时间息息相关，不同时期的商品要分配不同的 GTIN，如不同年份的酒、新旧版本的公路线路图、年度指南和工作日志等。

1. 包装形态

一个贸易项目的包装有可能包含在另一贸易项目的包装中，那么贸易项目的每一级必须有它自己的 GTIN。选用四种 GTIN(EAN/UCC-13、UCC-12、EAN/UCC-8 和 EAN/UCC-14)的哪一种，取决于贸易项目是否为零售单元、厂商所采用的编码方案、产品的销售渠道及其要求。图

1-5 给出了编码方式的选择方案，图 1-6 所示为几种不同包装形态的编码方案。

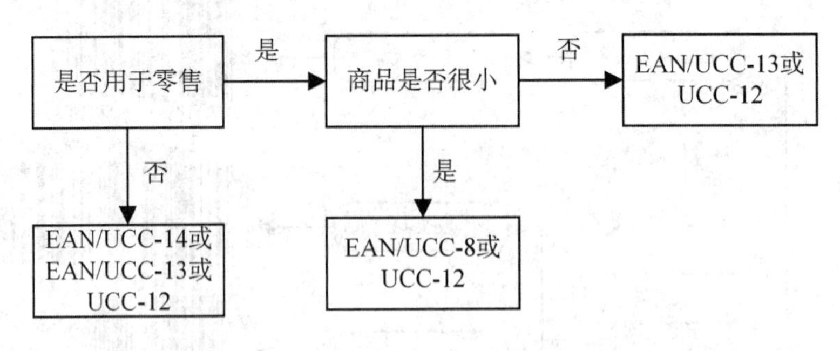

图 1-5　编码方式的选择方案

图 1-6　不同包装形态的编码方案

2. GTIN 的使用

不管贸易项目销往哪个国家或地区，其 GTIN 均适用，不依价格和供应方式的不同而变化。GTIN 可以用于产品目录、产品清单、价目表和为交易产生的交换文件或报文中，如订购单、发货通知、交货通知或发票。GTIN 还用于可开具发票的服务，例如运输或仓储等。

3. 预先标价的项目

预先标价是一种应尽量避免的贸易行为，因为这将使维护供应链中贸易项目档案文件的工作变得纷繁复杂。对于预先标价的商品，一旦价格改变了，相应的 GTIN 也要随之改变。

表 1-4 是关于 GTIN 运用的一个示例，GS1 分配给厂商的识别代码为 6901234。所有分类的项都已列出并连续地编码，最后一位数是校验码。校验码的计算在第 3 章商品条码中有详细阐述。

表 1-4　GTIN 的应用示例

颜色	容量/毫升	GTIN	说　明
黄	100	6901234000009	某工厂生产 3 种颜色的油漆，每种颜色的油漆分装成 3 种规格的零售产品
	250	6901234000016	
	500	6901234000023	
红	100	6901234000030	
	250	6901234000047	
	500	6901234000054	
绿	100	6901234000061	
	250	6901234000078	
	500	6901234000085	
黄＋红＋绿	3×100	6901234000092	每种颜色各 1 桶组成的组合包装
	3×250	6901234000108	
	3×500	6901234000115	
黄	6×100	6901234000122	黄色油漆装成 6 桶和 12 桶包装箱
	6×250	6901234000139	
	6×500	6901234000146	
	12×100	6901234000153	
	12×250	6901234000160	
	12×500	6901234000177	
绿	48×500	6901234000188	绿色油漆装成 48 桶包装托盘

1.3　产品编码的数据载体

数据载体，是从数据流的观点对产品编码的读取设备和网络设备抽象出来的逻辑结构。抽象的数据载体可以屏蔽掉具体的网络设备，便于分析 EPC 网络逻辑分层和协议制定。数据载体承载编码信息，用于自动数据采集（Auto Data Capture，ADC）与电子数据交换（EDI&XML）。

数据流体现了自动识别技术的数据交换及其数据的处理过程。对于自动识别技术的硬件设计以及软件编程来说，采用识别（Identify）、捕获（Capture）和交换（Exchange）三层模型是十分有益的。数据载体体系的三层模型如图 1-7 所示。

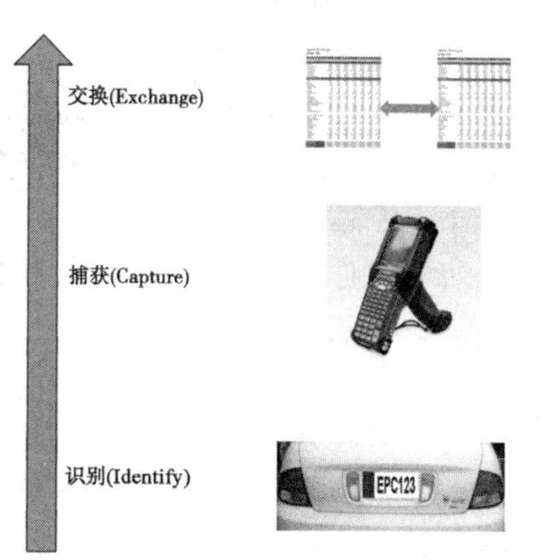

图 1-7　数据载体体系的三层模型

1. 识别

对于大多数 EPCglobal 网络使用者而言，在供应链中实体物品的移动就是货物交易，包括运送、接收等，需要通过 EPC 赋予物品以统一识别码。EPCglobal 结构框架(Architecture Framework)定义物价识别标准，以进行物品识别和交货，确保当某一使用者将实体物品送至另一使用者时，立即知道该实体物品的 EPC 码且能够被正确识读。

2. 捕获

为了共享 EPC 的信息，使用者在自己的应用范围内为新物品编制 EPC 码，凭借读取 EPC 码来追踪物品的移动，收集信息并存放在使用者内部的记录系统。EPCglobal 结构框架中定义了收集与记录 EPC 信息的方法和用户之间互融互通的接口标准。

3. 交换

在 EPCglobal 网络内相互交换信息，以及物品走出自家范围外的环境下，产品信息的可见度(Visibility)得以最大改善，并使生产、销售和消费等多方受益。

与之相近的一个概念是电子数据交换(Electronic Data Interchange，EDI)，电子数据交换以一个文档规范，来作为一个在两个到多个应用系统间都可以理解的通用接口。EDI 通常(更加广泛的)可定义为在无需人工干预的情况下电脑和电脑间传输约定消息标准的结构化数据。通常用于大公司的电子商务，如发送订单到仓库跟踪这些订单，EDI 有一系列的标准，随着电脑的普及，许多企业或组织内部均以电脑来储存、处理数据，然而，由于不同组织使用的应用系统不同，所产生的数据格式并不相同，当不同组织因业务需要必须进行数据交换时，通常还需要经过人工作业重复键入数据，转至于己方的系统中，形成作业流程中的一大障碍。实施信息化最早的美国发现此瓶颈，为了解决这个问题，于是便有部分企业与其交易对象约定，以特定的标准格式传送表单，该方法可视为 EDI 应用观念的起源。

EDI 是组织间结构化的数据方式，被用来从一个计算机系统到另外的计算机系统传输电子文档或者商业数据，比如从一个商业伙伴到另外一个商业伙伴无人工的参与。EDI 高于 Email，例如，某组织系统用适合的 EDI message 代替提单或者支票，这可以参考标准的数据族。

1996 年，National Institute of Standards and Technology 定义 EDI 为：电脑对电脑的数据交换，具有严格的消息格式，表现文档而不是货币工具(原文：Represent Documents Other Than Monetary Instruments)，EDI 意味着两个实体间的一系列消息交换，双方既可以是发起人，也可以是接收者。格式化的数据可能通过电信(网络)从发起人传输到接收方，也可以通过电子存储介质传输。此定义区分了单纯的电子交换和数据交换，说明在 EDI 场景下，通常的消息接收处理是通过电脑进行的，人工参与仅仅是处理出错、质量审查或一些特殊场景。

1.3.1 条码技术简介

条码技术在现代物流、设备管理方面起到了积极的促进作用，并取得了辉煌的成就。EPC 发展无法规避条码，相反正是条码技术在积极地推进 EPC 编码技术，因此，EPC 在很多方面是借鉴和继承了条码的优点才发展起来的。如果没有条码的技术支持，EPC 的发展显然要滞后很多。由于条码技术远远没有达到衰落的窘境，EPC 占据物品标识领域主体地位所用的时间比预想的要长得多，因此有必要在介绍 EPC 编码之前，先对当前的条码技术进行介绍。

条码技术是 20 世纪中叶发展并广泛应用的集光、机、电和计算机技术为一体的高新技术。它解决了计算机应用中数据采集的“瓶颈”，实现了信息的快速、准确获取与传输，是信息管理系统和管理自动化的基础。条码符号具有操作简单、信息采集速度快、信息采集量大、可靠性高、成本低廉等特点。以商品条码为核心的 GS1 系统已经成为事实上的服务于全球供应链管理的国际标准。

1. EAN/UPC 条码

EAN/UPC 条码包括 EAN-13、EAN-8、UPC-A 和 UPC-E。通过零售渠道销售的贸易项目必须使用 EAN/UPC 条码进行标识，同时这些条码符号也可用于标识非零售的贸易项目。

（1）EAN 条码。EAN 条码是长度固定的连续型条码，其字符集是数字 0～9。EAN 条码有两种类型，即 EAN-13 条码和 EAN-8 条码。

（2）UPC 条码。UPC 条码是一种长度固定的连续型条码，其字符集是数字 0～9。UPC 码起源于美国，有 UPC-A 条码和 UPC-E 条码两种类型。

图 1－8　EAN/UPC 条码

根据国际物品编码协会(GS1)与原美国统一代码委员会(UCC)达成的协议，自 2005 年 1 月 1 日起，北美地区也统一采用 GTIN-13 作为零售商品的标识代码。但由于部分零售商使用的数据文件仍不能与 GTIN-13 兼容，所以产品销往美国和加拿大市场的厂商可根据客户需要，向编码中心申请 UPC 条码。

EAN/UPC 商品条码示例如图 1－8 所示。

2. ITF-14 条码

ITF-14 条码只用于标识非零售的商品。ITF-14 条码对印刷精度要求不高，比较适合直接印制(热转印或喷墨)在表面不够光滑、受力后尺寸易变形的包装材料上。因为这种条码符号较适合直接印在瓦楞纸包装箱上，所以也称“箱码”。关于 ITF-14 条码的说明，请查阅 GB/T 16830—2008《商品条码储运包装商品编码与条码表示》国家标准。

ITF-14 条码示例如图 1－9 所示。

图 1－9　ITF-14 条码示例

3. UCC/EAN-128 条码

UCC/EAN-128 条码由起始符号，数据字符，校验符，终止符，左、右侧空白区及供人识读的字符组成，用以表示 GS1 系统应用标识符字符串。UCC/EAN-128 条码可表示变长的数据，条码符号的长度依字符的数量、类型和放大系统的不同而变化，并且能将若干信息编码在一个条码符号中。该条码符号可编码的最大数据字数为 48 个，包括空白区在内的物理长度不能超过 165 mm。UCC/EAN-128 条码用于标识物流单元，不用于 POS 零售结算。

UCC/EAN-128 条码示例如图 1-10 所示。

图 1-10　UCC/EAN-128 条码示例

应用标识符(AI)是一个 2～4 位的代码，用于定义其后续数据的含义和格式。使用 AI 可以将不同内容的数据表示在一个 UCC/EAN-128 条码中。不同的数据间不需要分隔，既节省了空间，又为数据的自动采集创造了条件。图 1-10 所示的 UCC/EAN-128 条码符号示例中的(02)、(17)、(37)和(10)即为应用标识符。

提示：关于 UCC/EAN-128 条码的说明，请查阅 GB/T 15425《EAN·UCC 系统 128 条码》及 GB/T 16986—2009《商品条码应用标识符》等国家标准。

1.3.2　射频识别技术简介

无线射频识别技术(RFID)是 20 世纪中叶进入实用阶段的一种非接触式自动识别技术。射频识别系统包括射频标签和读写器两部分。射频标签是承载识别信息的载体，读写器是获取信息的装置。射频识别的标签与读写器之间利用感应、无线电波或微波进行双向通信，实现标签存储信息的识别和数据交换。

射频识别技术的特点如下：

(1) 可非接触识读(识读距离可以从十厘米至几十米)；

(2) 可识别快速运动物体；

(3) 抗恶劣环境，防水、防磁、耐高温，使用寿命长；

(4) 保密性强；

(5) 可同时识别多个识别对象等。

射频识别技术应用领域广阔，多用于移动车辆的自动收费、资产跟踪、物流、动物跟踪、生产过程控制等。由于射频标签较条码标签成本偏高，目前很少像条码那样用于消费品标识，多用于人员、车辆、物流等管理，如证件、停车场、可回收托盘、包装箱的标识。

目前，射频识别技术是实现 EPC 编码的最优的平台之一，是完全按照 GS1 系统的 EPC 规则进行编码，并遵循 EPCglobal 制定的 EPC 标签与读写器的无接触空中通信规则设计标签。EPC 标签是产品电子代码的载体，当 EPC 标签贴在物品上或内嵌在物品中时，该物品与 EPC 标签中的编号则是一一对应的。

1.4　电子数据交换技术简介

许多企业每天都会产生和处理大量的有重要信息的纸张文件，如订单、发票、产品目录、销售报告等。这些文件提供的信息伴随着整个贸易过程，涵盖了产品的一切相关信息。无论这些信息交换是内部的还是外部的，都应做到信息流的合理化。

1.4.1　电子数据交换技术

电子数据交换(EDI)是商业贸易伙伴之间，通过电子方式将按标准、协议规范化和格式化的信息，在计算机系统之间进行自动交换和处理。一般来讲，EDI具有以下特点：使用对象是不同的计算机系统；传送的数据是业务数据；采用共同的标准化结构数据格式；尽量避免介入人工操作；可以与用户计算机系统的数据库进行平滑连接，直接访问数据库或从数据库生成EDI报文等。

EDI的基础是信息，这些信息可以由人工输入计算机，但更好的方法是通过采用条码和射频标签快速准确地获得。

1.4.2　XML技术

在电子商务的发展过程中，传统的EDI作为主要的数据交换方式，对数据的标准化起到了重要的作用。但是传统的EDI有着相当大的局限性，比如EDI需要专用网络和专用程序，EDI的数据人工难于识读等。为此人们开始使用基于Internet的电子数据交换技术——XML技术。

XML自从出现以来，以其可扩展性、自描述性等优点，被誉为信息标准化过程的有力工具，基于XML的标准将成为以后信息标准的主流，甚至有人提出了eXe的电子商务模式(e即enterprise，指企业，而X则就指的是XML)。XML的最大优势之一就在于其可扩展性，可扩展性克服了HTML固有的局限性，并使互联网一些新的应用成为可能。

XML是从1995年开始有其雏形，并向W3C(万维网联盟)提案，而在1998年二月发布为W3C的标准(XML1.0)。XML的前身是SGML(The Standard Generalized Markup Language)，是自IBM从1960年代就开始发展的GML(Generalized Markup Language)标准化后的名称。区别于HTML，XML具有以下重要特点：

(1) 文件中能够明确地将标示与内容分开；

(2) 所有文件的标示使用方法均一致。

1978年，ANSI将GML加以整理规范，发布成为SGML，1986年起为ISO所采用(ISO 8879)，并且被广泛地运用在各种大型的文件计划中，但是SGML是一种非常严谨的文件描述法，导致过于庞大复杂(标准手册就有500多页)，难以理解和学习，进而影响其推广与应用。同时W3C也发现了HTML存在以下的问题：

(1) 不能解决所有解释数据的问题：例如影音文件或化学公式、音乐符号等其他形态的内容。

(2) 性能问题：需要下载整份文件，才能开始对文件进行搜索。

(3) 扩充性、弹性、易读性均不佳。

为了解决以上问题，专家们使用 SGML 精简制作，并依照 HTML 的发展经验，产生出一套在使用上规则严谨但又简单的描述数据语言：XML。XML 是在一个这样的背景下诞生的——为了有一个更中立的方式，让消费端自行决定要如何消化、呈现从服务端所提供的信息。

XML 被广泛用来作为跨平台之间交互数据的形式，主要针对数据的内容，通过不同的格式化描述手段(XSLT、CSS 等)可以完成最终的形式表达(生成对应的 HTML、PDF 或者其他的文件格式)。

XML 文档示例如图 1－11 所示。

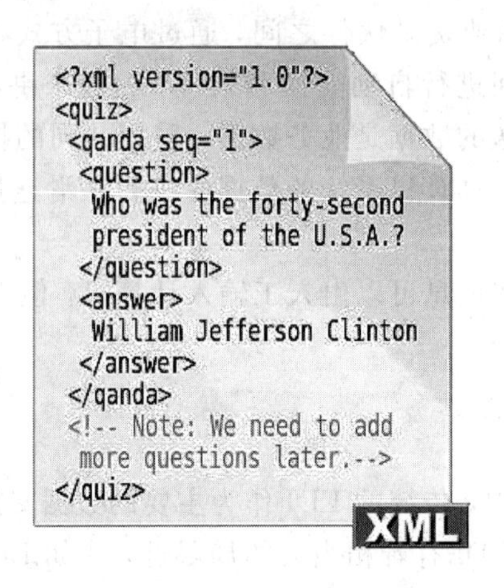

图 1－11　XML 文档示例

XML 文档跟 HTML 文档用途是不同的，前者用于数据的传输和存储操作，而后者强调显示，它们的格式也有很大的区别，XML 文档的标签总是成对出现的，而且文档有前缀。具体参考后面章节中对 XML 语言的详细介绍。

习　题

1. 说明 GTIN 的编码原则。
2. UCC/EAN-128 条码数据结构。
3. 列举 GS1 规定的条码类型。
4. 射频识别技术有哪些优点？
5. 说明 XML 与 HTML 语言的区别？
6. 试说明物联网中电子数据交换过程中 XML 技术的重要性。
7. GS1 规定的数据载体分为哪几层，分别说明分层结构及其功能。

第 2 章　条码技术与产品电子代码的标准化组织

2.1　条码(Bar Code)技术

条码是将线条与空白按照一定的编码规则组合起来的符号，用以代表一定的字母、数字等数据。在进行辨识的时候，是用条码阅读机扫描，得到一组反射光信号，此信号经光电转换后变为一组与线条、空白相对应的电子信号，经解码后还原为相应的字母与数字，再传入电脑。条码辨识技术已相当成熟，其读取的错误率约为百万分之一，首读率大于 98%，是一种可靠性高、输入速度快、准确性高、成本低、应用面广的数据自动收集技术。

2.1.1　一维条码

条码按照不同的分类方法，不同的编码规则可以分成许多种，世界上已知正在使用的条码就有 250 种之多。条码的分类方法有许多种，主要根据条码的编码结构和条码的性质来决定。例如：按条码的长度来分，可分为定长和非定长条码；按排列方式分，可分为连续型和非连续型条码；从校验方式分，又可分为自校验和非自校验型条码等。

条码可分为一维条码(如图 2－1 所示)和二维条码(如图 2－2 所示)。一维条码是通常我们所说的传统条码。一维条码按照应用可分为产品条码和物流条码。产品条码包括 EAN 码和 UPC 码，物流条码包括 128 码、ITF 码、39 码、库德巴码等。二维条码根据构成原理，结

图 2－1　常用的一维条码

构形状的差异，可分为两大类型：一类是行排式二维条码(2D stacked bar code)；另一类是矩阵式二维条码(2D matrix bar code)。

图 2-2　二维条码

世界上约有 225 种以上的一维条码，每种一维条码都有自己的一套编码规格，规定每个字母(可能是文字或数字)是由几个线条(Bar)及几个空白(Space)组成，以及字母的排列。一般较流行的一维条码有 39 码、EAN 码、UPC 码、128 码，以及专门用于书刊管理的 ISBN、ISSN 等。

条码是由一组规则排列的条、空以及对应的字符组成的标记，“条”指对光线反射率较低的部分，“空”指对光线反射率较高的部分，这些条和空组成的数据表达一定的信息，并能够用特定的设备识读，转换成与计算机兼容的二进制和十进制信息。通常对于每一种物品，它的编码是唯一的，对于普通的一维条码来说，还要通过数据库建立条码与产品信息的对应关系，当条码的数据传到计算机上时，由计算机上的应用程序对数据进行操作和处理。因此，普通的一维条码在使用过程中仅作为识别信息，它的意义是通过在计算机系统的数据库中提取相应的信息而实现的。

2.1.2　二维条码

二维条码技术是在一维条码无法满足实际应用需求的前提下产生的。由于受信息容量的限制，一维条码通常是对物品的标识，而不是对物品的描述。所谓对物品的标识，就是给某物品分配一个代码，代码以条码的形式标识在物品上，用来标识该物品以便自动扫描设备的识读，代码或一维条码本身不表示该产品的描述性信息。因此，在通用产品条码的应用系统中，对产品信息，如生产日期、价格等的描述必须依赖数据库的支持。在没有预先建立产品数据库或不便联网的地方，一维条码表示汉字和图像信息几乎是不可能的，即使可以表示，也显得十分不便且效率很低。随着现代高新技术的发展，迫切需要用条码在有限的几何空间内表示更多的信息，以满足表示千变万化的信息的需要。

国外对二维条码技术的研究始于 20 世纪 80 年代末，在二维条码符号表示技术研究方面，已研制出多种码制，常见的有 PDF417、QR Code、Code 49、Code 16K、Code One 等。这些二维条码的密度都比传统的一维条码有了较大的提高，如 PDF417 的信息密度是一维条码 Code39 的 20 多倍。在二维条码标准化研究方面，国际自动识别制造商协会(AIM)、美国标准化协会(ANSI)已完成了 PDF417、QR Code、Code 49、Code 16K、Code One 等码制的符号标准。新成立的国际标准化组织——国际电工委员会第一联合委员会的第三十一分委员会，即条码自动识别技术委员会(ISO/IEC/JTC1/SC31)，已制定了 QR Code 的国际标准(ISO/IEC 18004：2000《自动识别与数据采集技术——条码符号技术规范——QR 码》)，起草了 PDF417、Code 16K、Data Matrix、Maxi Code 等二维条码的 ISO/IEC 标准草案。在二维条码设备开发研制、生产方面，美国、日本等国的设备制造商生产的识读设备、符号生成设备，已广泛应用于各类二维条码应用系统。二维条码作为一种全新的信息存储、传递和识别技术，自诞生之日起就得到了世界上许多国家的关注。美国、德国、日本、墨西哥、埃及、哥伦比亚、巴林、新加坡、菲律宾、南非、加拿大等国，不仅已将二维条码技术应用于公安、外交、军事等部门对各类证件的管理，而且也将二维条码应用于海关、税务等部门对各类报表和票据的管理，商业、交通运输等部门对产品及货物运输的管理，邮政部门对邮政包裹的管理，工业生产领域对工业生产线的自动化管理。

我国对二维条码技术的研究开始于 1993 年。中国物品编码中心对几种常用的二维条码 PDF417、QR Code、Data Matrix、Maxi Code、Code 49、Code 16K、Code One 的技术规范进行了翻译和跟踪研究。随着我国市场经济的不断完善和信息技术的迅速发展，国内对二维条码这一新技术的需求与日俱增。

中国物品编码中心在原国家质量技术监督局和国家有关部门的大力支持下，对二维条码技术的研究不断深入。在消化国外相关技术资料的基础上，制定了两个二维条码的国家标准：GB/T 17172—1997《四一七条码》、GB/T 18284—2000 快速响应矩阵码。为使二维条码技术能够在我国的证件牌照管理领域得到应用，在国外应用软件平台的基础上，中心开发了人像照片和指纹数据压缩软件。二维条码技术已在我国的汽车行业自动化生产线、医疗急救服务卡、涉外专利案件收费、珠宝玉石饰品管理及银行汇票上得到了应用；1999 年 3 月在北京举行的全国人大第九届三次全体会议和全国政协第九届三次会议期间，在随行人员证件、记者证、旁听证上成功地应用了二维条码技术，引起了与会代表和新闻界的极大关注；我国香港特别行政区也将二维条码应用在特别行政区的护照上。

2008 年 2 月，中国物品编码中心研制的我国第一个拥有自主知识产权的二维条码国家标准—GB/T 21049 汉信码正式实施，并向国际自动识别制造商协会(AIM Global)提交了汉信码国际标准草案，目前已经成为 AIM Global 的标准项目。中国物品编码中心获得汉信码5 项国家专利，开发了汉信码生成控件，通用识读引擎等，组织研制在线式汉信码设备及可识读汉信码手机，建立应用示范系统，促进汉信码在物流、仓储、移动商务中的广泛应用。目前，汉信码在北京新生儿疾病筛查中应用，已取得良好的社会效益。

二维条码通常分为以下两种类型：

① 行排式二维条码。行排式二维条码,(又称堆积式二维条码或层排式二维条码)，其编码原理是建立在一维条码基础之上，按需要堆积成二行或多行。它在编码设计、校验原理、识读方式等方面继承了一维条码的一些特点，识读设备与条码印刷与一维条码技术兼容。但由于行数的增加，需要对行进行判定、其译码算法与软件也不完全相同于一维条码。具有代表性的行排式二维条码有 PDF417、CODE49、CODE 16K 等。

② 矩阵式二维条码。矩阵式二维条码又称棋盘式二维条码，它是在一个矩形空间通过黑、白像素在矩阵中的不同分布进行编码。在矩阵相应元素位置上，用点(方点、圆点或其他形状)的出现表示二进制"1"，点的不出现表示二进制的"0"，点的排列组合确定了矩阵式二维条码所代表的意义。矩阵式二维条码是建立在计算机图像处理技术、组合编码原理等基础上的一种新型图形符号自动识读处理码制。具有代表性的矩阵式二维条码有：QR Code、Data Matrix、Maxi Code、Code One 等。在目前几十种二维条码中，常用的码制有：PDF417、Data Matrix、Maxi Code、QR Code、Code 49、Code 16K、Code One 等，除了这些常见的二维条码之外，还有汉信码、Vericode 条码、CP 条码、Codablock F 条码、田字码、Ultracode 条码，Aztec 条码。

2.1.3 条码的缺点

EAN·UCC 系统在全球的推广加快了全球流通领域信息化、现代物流及电子商务的发展进程，提升了整个供应链的效率，为全球经济及信息化的发展起到了举足轻重的推动作用。产品条码的编码体系是对每一种产品项目的唯一编码，信息编码的载体是条码，随着市场的发展，传统的产品条码逐渐显示出来一些不足。

首先，从 EAN·UCC 系统编码体系的角度来讲，主要以全球贸易项目代码(GTIN)体系为主。而 GTIN 体系是针对一族产品和服务，即所谓的"贸易项目"，在买卖、运输、仓储、零售与贸易运输结算过程中提供唯一标识。虽然 GTIN 标准在产品识别领域得到了广泛应用，却无法做到对单个产品的全球唯一标识。而新一代的 EPC 编码则因为编码容量的极速扩展，能够从根本上解决这一问题。

其次，虽然条码技术是 EAN·UCC 系统的主要数据载体技术，并已成为识别产品的主要手段，但条码技术存在以下缺点：

(1) 条码是可视的数据载体。读写器必须"看见"条码才能读取它，必须将读写器对准条码才有效。相反，无线电频率识别并不需要可视传输技术，RFID 标签只要在读写器的读取范围内就能进行数据识读。

(2) 如果印有条码的横条被撕裂、污损或脱落，就无法扫描这些产品。而 RFID 标签只要与读写器保持在既定的识读距离之内，就能进行数据识读。

(3) 现实生活中对某些产品进行唯一的标识越来越重要，如食品、危险品和贵重物品的追溯。由于条码主要是识别制造商和产品类别，而不是具体的单个产品。相同牛奶纸盒上的条码到处都一样，辨别哪盒牛奶已过有效期比较困难。随着网络技术和信息技术的飞速发展以及射频技术的日趋成熟，EPC 系统的产生为供应链提供了前所未有、近乎完美的解决方案。

(4) 条码的初期投入费用也较高，主要是打印和识读设备费用较高。

2.2 产品电子代码与射频识别技术

产品电子代码(EPC)是由标头、厂商识别代码、对象分类代码、序列号等数据字段组成的一组数字。产品电子代码是下一代产品标识代码，它可以对供应链中的对象(包括物品、货箱、货盘、位置等)进行全球唯一的标识。EPC 存储在电子标签上，例如 RFID 标签上，这个标签包含一块硅芯片和一根天线。读取 EPC 标签时，它可以与一些动态数据连接，例如该贸易项目的原产地或生产日期等。这与全球贸易项目代码(GTIN)和车辆鉴定码(VIN)十分相似，EPC 就像是一把钥匙，用以解开 EPC 网络上相关产品信息这把锁。与目前商务活动中使用的许多编码方案类似，EPC 包含用来标识制造厂商的代码以及用来标识产品类型的代码。但 EPC 使用额外的一组数字——序列号来识别单个贸易项目。EPC 所标识产品的信息保存在 EPCglobal 网络中，而 EPC 则是获取有关这些信息的一把钥匙。

1. 自动识别

自动识别(Auto Identification)，通常与数据采集(Data Collection)连在一起，称为 AIDC。自动识别系统是由现代工业和商业及物流领域中生产自动化、销售自动化、流通自动化过程中所必备的自动识别设备以及配套的自动识别软件所构成的体系。自动识别包括条码识读、射频识别、生物识别(人脸、语音、指纹、静脉)、图像识别、OCR 光学字符识别等。自动识别系统几乎覆盖了现代生活领域中的各个环节并具有极大的发展空间。其中比较常见应用有：条形码打印设备和扫描设备、手机二维码的应用、指纹防盗锁、自动售货柜、自动投币箱以及 POS 机等。

2. 射频识别

射频识别(Radio Frequency Identification ，RFID)是一种非接触式的自动识别技术，它通过射频信号自动识别目标对象并获取相关数据，识别工作无须人工干预，可工作于各种恶劣环境中。RFID 技术可识别高速运动物体并可同时识别多个标签，操作快捷方便。RFID 是一种突破性的技术：第一，单品级识别，可以识别具体的物体，而不是像条形码那样只能识别一类物体；第二，采用无线电射频，可以穿透包装材料读取数据，而条形码必须靠图像识别来读取信息；第三，可以同时对多个物体进行识读，而条形码只能一个一个地读。此外，储存的信息量也非常大。

综上所述，与其他的识别技术相比射频识别技术主要有以下特点：

(1) 数据的读写功能：只要通过 RFID 即可不需接触，直接读取信息至数据库内，且可一次处理多个标签，并可以将物流处理的状态写入标签，供下一阶段物流处理的读取判别之用。

(2) 可以有小型化和多样化的形状：RFID 在读取上并不受尺寸大小与形状的限制，无需为读取精确度而固定纸张的尺寸和印刷品质。此外，RFID 更可往小型化与多样形态发展，以应用在不同产品。

(3) 耐环境性：纸张一受到脏污就会看不到，但 RFID 对水、油和药品等物质却有较强的抗污性。RFID 在黑暗或脏污的环境之中也可以读取数据。

(4) 可重复使用：由于 RFID 为电子数据，可以反复被覆写，因此回收标签可以重复使用，如被动式 RFID，不需要电池就可以使用，没有维护保养的需要。

(5) 穿透性：RFID 若被纸张、木材和塑料等非金属或非透明的材质包覆的话，也可以进行穿透性通讯。不过如果是金属的话，就无法进行通讯。

(6) 数据的记忆容量大：数据容量会随着记忆规格的发展而扩大，未来物品所需携带的数据量愈来愈大，对卷标所能扩充容量的需求也增加，对此 RFID 不会受到限制。

需要补充说明的是，对于一项技术我们不能只看优点，而应该全面看待这项技术，原因很简单，任何的技术都有自身的缺点，更何况 EPC-RFID 技术体系属于快速发展的新技术，有种种缺点是在所难免的，目前系统的安全性是其所面临的最大问题。然而，电子标签的廉价再加上具有实时监控供应链各个环节的能力，使 EPC-RFID 技术有极其强大竞争力。

尽管射频识别系统因应用不同其组成会有所不同，但基本都是由电子标签、读写器和高层系统这三大部分组成，如图 2－3 所示。

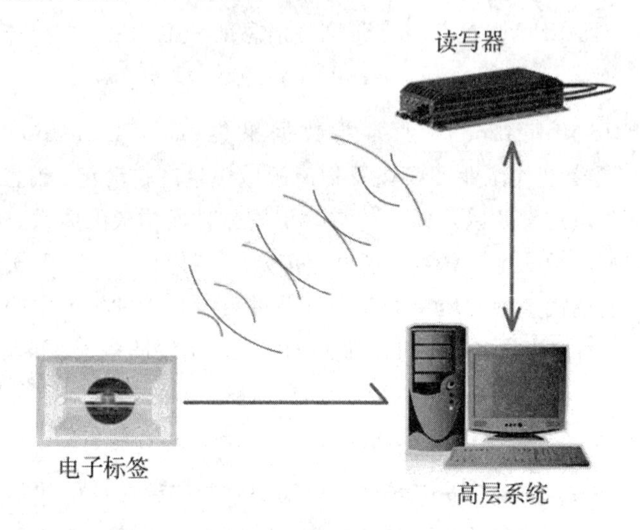

图 2－3　RFID 系统结构图

构成 RFID 系统的三大组成部分如下：

(1) 电子标签。电子标签由芯片及天线组成，附着在物体上标识目标对象，每个电子标签具有唯一的电子编码，存储着被识别物体的相关信息，如图 2－4 所示。

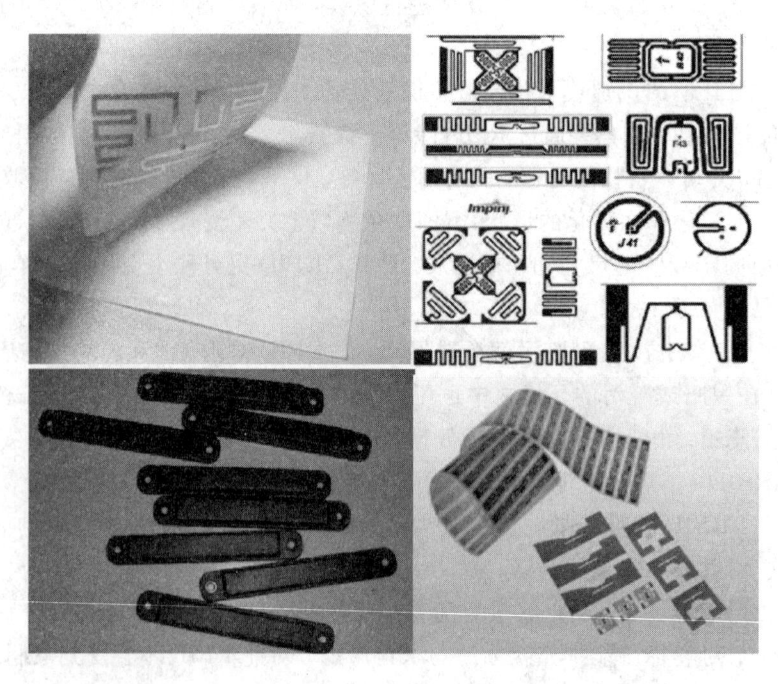

图 2－4　电子标签示例

(2) 读写器。读写器是利用射频技术读写电子标签信息的设备。RFID 系统工作时，一般首先由读写器发射一个特定的询问信号，当电子标签感应到这个信号后，就会给出应答信号，应答信号中含有电子标签所携带的数据信息。读写器接收这个应答信号，并对其进行处理，然后将处理后的应答信号返回外部主机，进行相应的操作。读写器示例如图 2－5 所示。

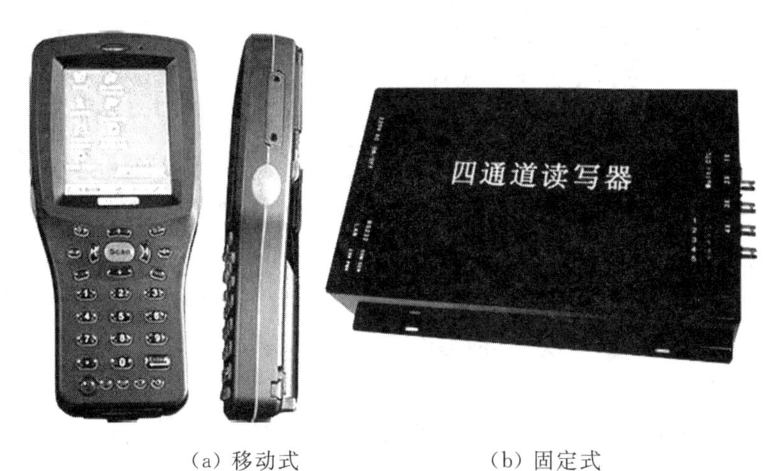

(a) 移动式　　　　(b) 固定式

图 2－5　读写器示例

(3) 高层系统。最简单的 RFID 系统只有一个读写器，它一次只对一个电子标签进行操作，如公交车上的票务系统。复杂的 RFID 系统会有多个读写器，每个读写器要同时对多个电子标签进行操作，并要实时处理数据信息，这就需要高层系统处理问题。高层系统是计算机网络系统，数据交换与管理由计算机网络完成，读写器可以通过标准接口与计算机网络连接，计算机网络完成数据处理、传输和通信的功能。

2.3　产品电子代码标准化组织——EPCglobal 简介

美国麻省理工学院的 Auto-ID 中心是富有创造力的实验室：该实验室开启了一项自动化识别系统(Automatic Identification Technology)的研究，将 RFID 技术应用于全球的商业贸易领域，从而开启了一个全新的时代。Auto-ID 中心于 1999 年成立，以零售业为研究对象，开启了对 EPC 的研发。2003 年 10 月，Auto-ID 中心将 EPC 转交给 GS1 旗下的 EPCglobal Inc.，从而将 EPC 从学术研究阶段推向商业应用阶段。

Auto-ID 中心以美国麻省理工学院(MIT)为领队，在全球拥有实验室。Auto-ID 中心构想了物联网的概念，这方面的研究得到 100 多家国际大公司的通力支持。EPCglobal 是由美国统一代码协会(UCC)和国际物品编码协会(EAN)于 2003 年 9 月共同成立的非营利性组织，其前身是 1999 年 10 月 1 日在美国麻省理工学院成立的非营利性组织 Auto-ID 中心。EPCglobal 负责 EPC 网络的全球化标准，以便更加快速、自动、准确地识别供应链中产品。同时，EPCglobal 是一个中立的、非营利性标准化组织。EPCglobal 它继承了 EAN•UCC 与产业界近 30 年的成功合作传统。企业和用户是 EPCglobal 网络的最终受益者，通过 EPCglobal 网络，企业可以更高效弹性地运行，可以更好地实现基于用户驱动的运营管理。Auto-ID 将

EPC 标准化工作交给了 GS1，自己则专注于 EPC 网络中的技术问题。

2.3.1 EPCglobal 网络设计的目标

EPCglobal 的目的是促进 EPC 网络在全球范围内更加广泛地应用。EPC 网络由自动识别中心开发，其研究总部设在麻省理工学院，并且还有全球顶尖的 5 所研究型大学的实验室参与。2003 年 10 月 31 日以后，自动识别实验室(Auto-ID)的管理职能正式停止，但保留研究功能、组织标准文档的撰写并提供技术支持，开展研讨培训等学术活动。EPCglobal 将继续与自动识别实验室密切合作，以改进 EPC 技术使其满足将来自动识别的需要。理解、EPCglobal 的目标是理解 EPC 技术的关键，EPC 除了提供全球统一的电子编码之外，创造性的将网络设定为一个自动实时识别、信息共享、透明和可视的网络平台，具体来说：

(1) EPCglobal 网络是实现自动实时识别和供应链信息共享的网络平台。EPCglobal 网络可提高供应链上贸易单元信息的透明度与可视性，以此各机构组织将会更有效运行。通过整合现有信息系统和技术，EPCglobal 网络将提供对全球供应链上贸易单元即时准确自动的识别和跟踪。

(2) EPCglobal 的目标是解决供应链的透明性，透明性是指供应链各环节中所有合作方都能够了解单件物品的相关信息，如位置、生产日期等信息。目前 EPCglobal 已在中国、加拿大、日本等国建立了分支机构，专门负责 EPC 码段在这些国家的分配与管理、EPC 相关技术标准的制定、EPC 相关技术在本国的宣传普及以及推广应用等工作。

(3) EPCglobal 的主要职责是在全球范围内对各个行业建立和维护 EPC 网络，保证供应链各环节信息的自动实时识别采用全球统一标准。通过发展和管理 EPC 网络标准来提高供应链上贸易单元信息的透明度与可视性，以此来提高全球供应链的运作效率。

2.3.2 EPCglobal 服务范围

EPCglobal 现已经合并到了 GS1 的旗下，EPCglobal 为期望提高其有效供应链管理的企业提供了下列服务：

(1) 分配、维护和注册 EPC 管理者代码；

(2) 对用户进行 EPC 技术和 EPC 网络相关内容的教育和培训；

(3) 参与 EPC 商业应用案例实施和 EPCglobal 网络标准的制定；

(4) 参与 EPCglobal 网络、网络组成、研究开发和软件系统等的规范制定和实施；

(5) 引领 EPC 研究方向；

(6) 认证和测试，与其他用户共同进行试点和测试。

EPCglobal 将系统成员大体分为两类：终端成员和系统服务商。终端成员包括制造商、零售商、批发商、运输企业和政府组织。一般来说，终端成员就是在供应链中有物流活动的组织。而系统服务商是指那些给终端用户提供供应链物流服务的组织机构，包括软件和硬件厂商、系统集成商和培训机构等。

EPCglobal 在全球拥有上百家成员。机构组织结构 EPCglobal 由 EAN 和 UCC 两大标准化组织联合成立 EPCglobal 管理委员会—由来自 UCC、EAN、MIT、终端用户和系统集成商的代表组成。EPCglobal 主席—对全球官方议会组和 UCC 与 EAN 的 CEO 负责。EPCglobal 员工—与各行业代表合作，促进技术标准的提出和推广、管理公共策略、开展推广和交流活动并进行行政管理。架构评估委员会(ARC)—作为 EPCglobal 管理委员会的技术支持，向 EPCglobal 主席做出报告，从整个 EPCglobal 的相关构架来评价和推荐重要的需求。商务推动委员会(BSC)—针对终端用户的需求以及实施行动来指导所有商务行为组和工作组。国家政策推动委员会(PPSC)—对所有行为组和工作组的国家政策发布(例如安全隐私等)进行筹划和指导。技术推动委员会(TSC)—对所有工作组所从事的软件、硬件和技术活动进行筹划和指导。行为组(商务和技术)—规划商业和技术愿景，以促进标准发展进程。商务行为组明确商务需求，汇总所需资料并根据实际情况，使组织对事务达成共识。技术行为组以市场需求为导向促进技术标准的发展。工作组—是行为组执行其事务的具体组织。工作组是行为组的下属组织(可能其成员来自多个不同的行为组)，经行为组的许可，组织执行特定的任务。Auto-ID 实验室一由 Auto-ID 中心发展而成，总部设在美国麻省理工学院，与其他五所学术研究处于世界领先的大学(英国剑桥大学，澳大利亚阿德莱德大学，日本庆应大学、中国复旦大学和瑞士圣加仑大学)通力合作研究和开发 EPCglobal 网络及其应用。

2.3.3　EPCglobal 协议体系

在 EPCglobal 定义的规范中，结构框架(Architecture Framework)是其相关各个标准的集合体，包括了 EPCglobal 运行相关的软硬件、信息标准以及核心服务等，是理解 EPCglobal 规范的一个整体框架。通过结构框架，可以清晰地看到协议的分层结构，以及协议之间的接口情况。结构框架的最终目标就是让终端用户真正受益，因此定义了软件、硬件、信息标准与核心服务，并在结构框架中说明了上述定义内容之间的关联性。

1. EPCglobal 的目标

1) 标准的角色扮演

(1) 协助完成贸易伙伴之间信息与实体物品的交换。贸易伙伴之间想要交换信息，必须先就信息的结构和信息交换的定义和结构，以及交换执行的机制等方面达成协议。EPCglobal 标准即信息标准和跨公司信息交换标准。另外，贸易伙伴之间在交换实体物品时，则必须在实体物品中附加贸易双方都明确的产品电子编码。EPCglobal 标准定义了 RFID 设备与 EPC 编码信息标准的规格。

(2) 促进系统组件在竞争市场中具有存在的意义和价值。EPCglobal 标准定义了系统组件之间的接口，以促进不同厂商所生产的组件之间的互通性，从而提供给终端用户的多种选择，并保证不同系统和不同贸易伙伴之间的交换能够顺利进行。

(3) 鼓励创新。EPCglobal 标准只是定义接口，并没有定义详细过程。在接口标准确保不同系统之间的互通性后，实施者可以自行创新开发相关产品与系统。

2) 全球标准

EPCglobal 致力于全球标准的创造与应用。这个目标就是要确保 EPCglobal 结构框架能够在全球通用，并以此来支持结构方案的提供者获得开发的基础。

为了实现上述目标，EPCglobal 制定了标准开发过程规范，它规范了 EPCglobal 各部门的职责以及标准开发的业务流程。它对递交的标准草案进行多方审核，技术方面的审核内容包括防碰撞算法性能、应用场景、标签芯片占用面积、读写器复杂度、密集读写器组网、数据安全六个方面，确保制定的标准具有很强的竞争力。下面分别介绍 EPCglobal 体系框架和相应的 RFID 技术标准。

3）开放系统

EPCglobal 结构框架保持开放与客观中立性，所有的结构单元之间的接口都以公开标准的方式制定和公布。参与开发的团体和组织都需要通过 EPCglobal 标准开发流程，或者其他标准组织中类似流程。EPCglobal 的知识产权政策可以确保 EPCglobal 标准具有自由与开放的权利，在与 EPCglobal 兼容的系统中得到顺利的执行。

2. EPCglobal 制定的协议体系

EPCglobal 是以美国和欧洲为首、全球很多企业和机构参与的 RFID 标准化组织。它属于联盟性的标准化组织，在 RFID 标准制定的速度、深度和广度方面都非常出色，受到全球广泛地关注。EPCglobal 制定的协议体系框架如图 2-6 所示。有关 RFID 标准制定过程和最新的相关标准可以访问网站 http：//www. epcglobalinc. org。

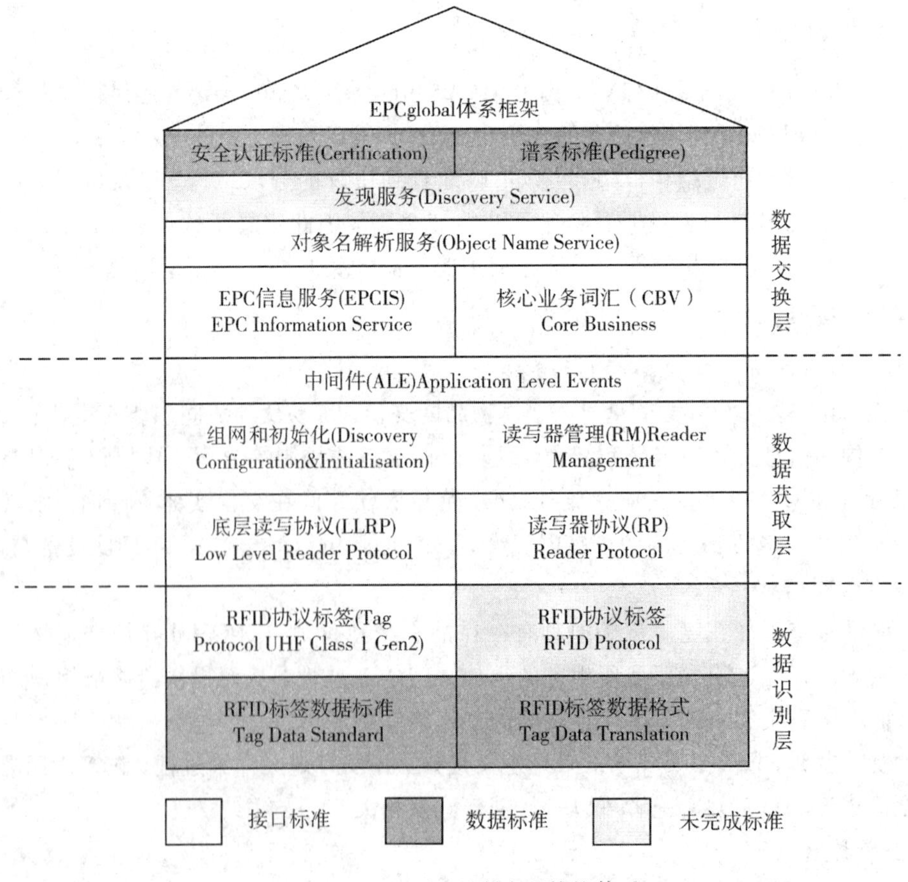

图 2-6　EPCglobal 制定的协议体系

1) EPCglobal RFID 标准体系框架

在 EPCglobal 标准组织中，体系架构委员会 ARC 的职能是制定 RFID 标准体系框架，协调各个 RFID 标准之间关系使它们符合 RFID 标准体系框架要求。体系架构委员会对于复杂的信息技术标准制定来说非常重要。ARC 首先给出 EPCglobal RFID 体系框架，它是 RFID 典型应用系统的一种抽象模型，包含三种主要活动，如图 2-7 所示，具体内容说明如下：

(1) EPC 物理对象交换标准：用户与带有 EPC 编码的物理对象进行交互。对于 EPCglobal 用户来说，物理对象是产品，用户是该物品供应链中的成员。EPCglobal RFID 体系框架定义了 EPC 物理对象交换标准，从而能够保证当用户将一种物理对象提交给另一个用户时，后者将能够确定该物理对象 EPC 编码，并能方便地获得相应的物品信息。

(2) EPC 基础设施标准：为实现 EPC 数据的共享，每个用户在应用时为新生成的对象进行 EPC 编码，通过监视物理对象携带的 EPC 编码对其进行跟踪，并将搜集到的信息记录到基础设施内的 EPC 网络中。EPCglobal RFID 体系框架定义了用来收集和记录 EPC 数据的主要设施部件接口标准，因而允许用户使用操作部件来构建其内部系统。

(3) EPC 数据交换标准：用户通过相互交换数据来提高物品在物流供应链中的可见性。EPCglobal RFID 体系框架定义了 EPC 数据交换标准，为用户提供了一种端到端共享 EPC 数据的方法，并提供了用户访问 EPCglobal 核心业务和其他相关共享业务的方法。

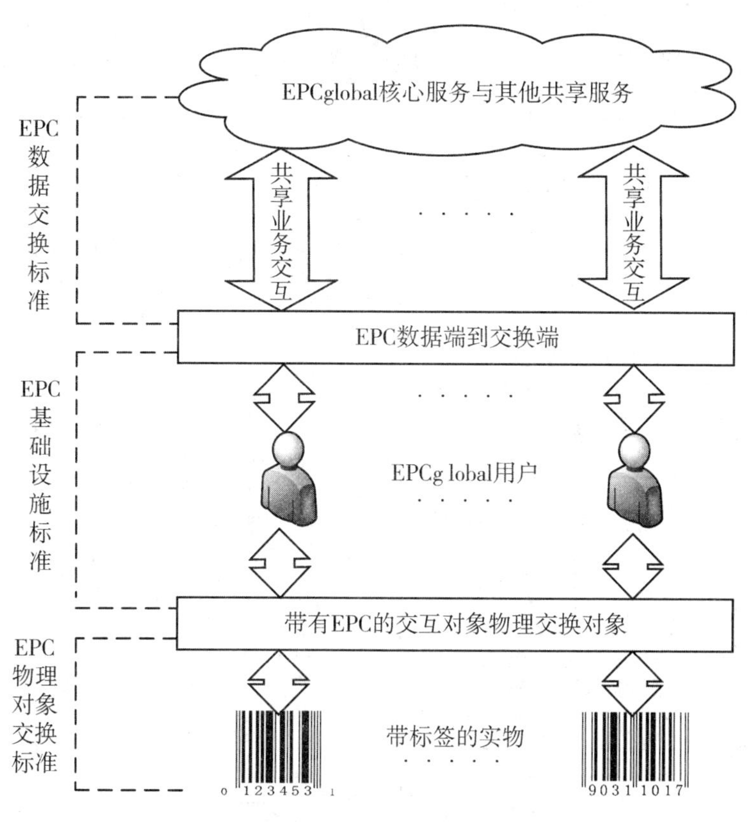

图 2-7　EPCglobal RFID 协议体系框架对应 EPC

更进一步，ARC 从 RFID 应用系统中凝练出多个用户之间 RFID 体系框架模型图(如图 2-8所示)和单个用户内部 RFID 体系框架模型图(如图 2-9 所示)，它是典型 RFID 应用系统组成单元的一种抽象模型，目的是表达实体单元之间的关系。在模型图中实线框代表实体单元，它可以是标签、读写器等硬件设备，也可以是应用软件、管理软件、中间件等软件设备；虚线框代表接口单元，它是实体单元之间信息交互的接口。

体系结构框架模型清晰表达了实体单元以及实体单元之间的交互关系，实体单元之间通过接口实现信息交互。“接口”就是制定通用标准的对象，因为接口统一以后，只要实体单元符合接口标准就可以实现互连互通。这样允许不同厂家根据自己的技术和 RFID 应用特点来实现“实体”，也就是说提供相当的灵活性来适应技术的发展和不同应用的特殊性。“实体”就是制定应用标准和通用产品标准的对象。“实体”与“接口”的关系，类似于组件中组件实现与组件接口之间的关系，接口相对稳定，而组件的实现可以根据技术特点与应用要求由企业自己来决定。

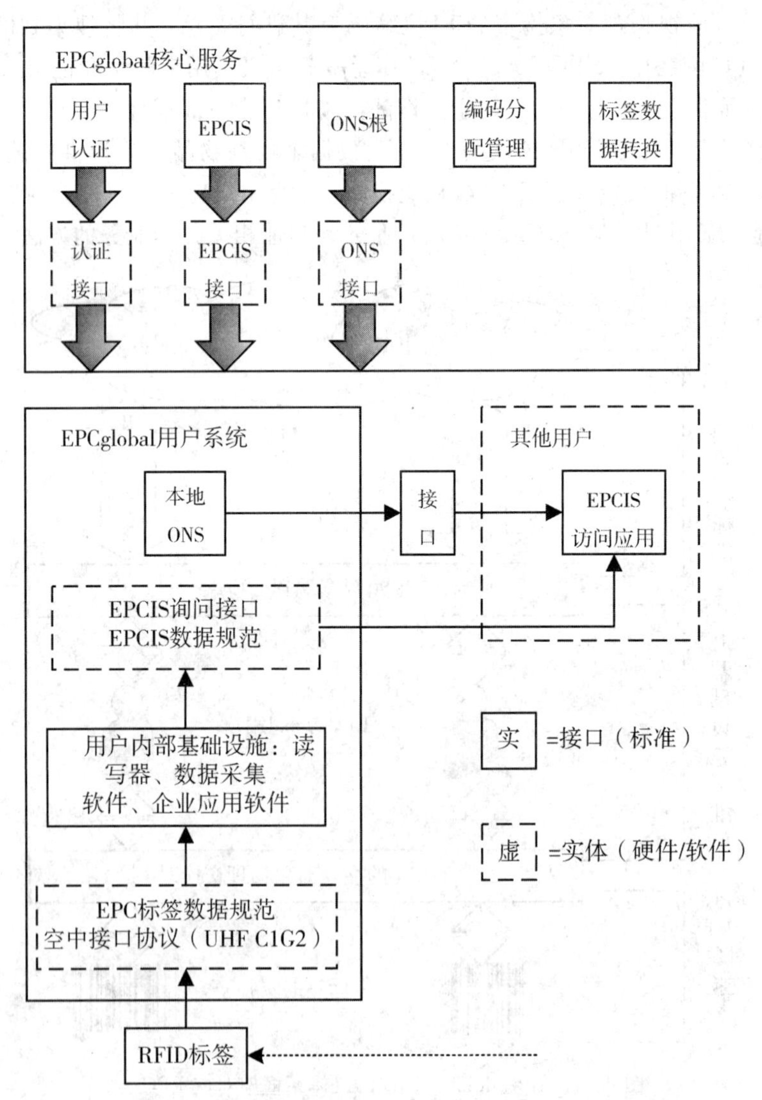

图 2-8　多用户交换 EPC 信息的 EPCglobal 体系框架模型

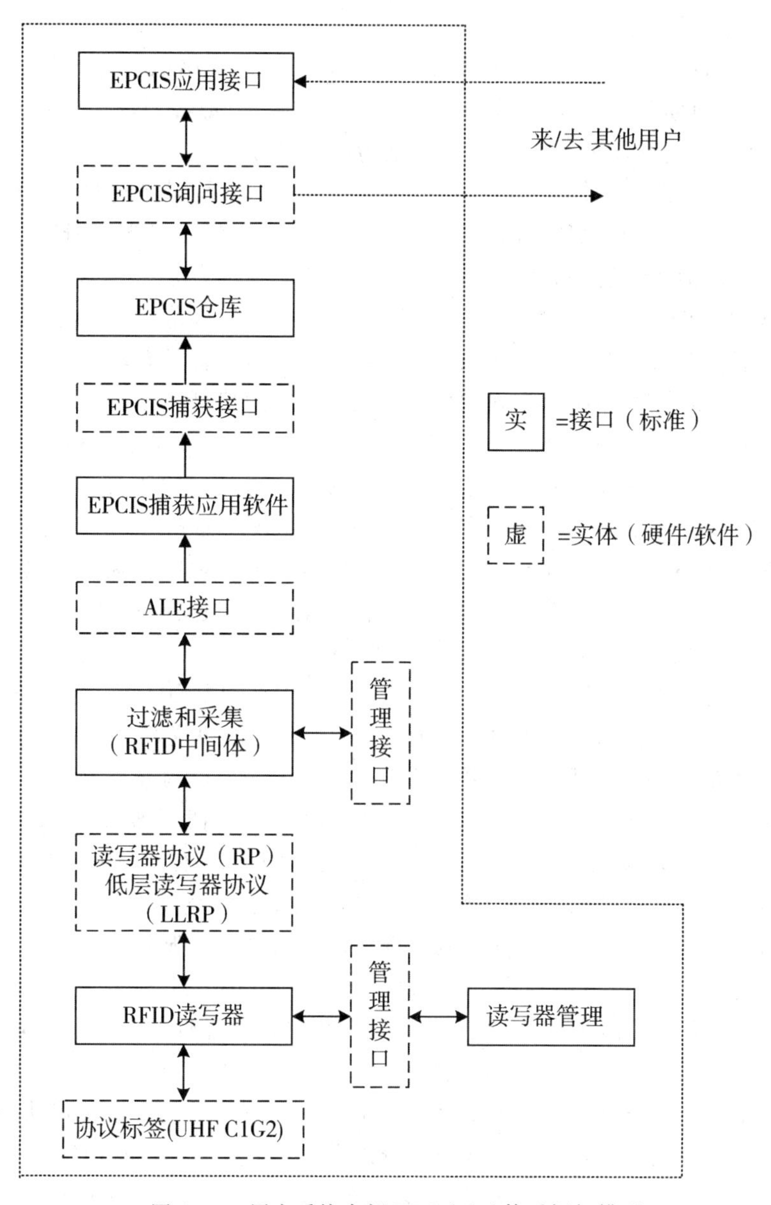

图2-9　用户系统内部EPCglobal体系框架模型

2）EPCglobal标准的介绍

EPCglobal标准是全球中立、开放的标准，由各行各业、EPCglobal研究工作组的服务对象用户共同制定，最终由EPCglobal管理委员会批准和发布并推广实施，它们包括从数据的采集、信息的发布、信息资源的组织管理、信息服务的发现等方面。除此之外，部分实体单元实际上也可能组成分布式网络，如读写器、中间件等，为了实现读写器、中间件的远程配置、状态监视、性能协调等就会产生管理接口。下面是对相关标准的介绍：

(1) EPC标签数据转换(TDT)标准。本标准是关于EPC标签数据标准规范的可机读版本，可以用来确认EPC格式以及不同级别数据表示间的转换。此标准描述了如何解释可机读版本，并包括了可机读标准最终说明文件的结构和原理细节，并提供了在自动转换或验证软件中如何使用该标准的指南。

(2) EPC 标签数据(TDS)标准。本标准规定 EPC 体系下通用识别符(GID)、全球贸易项目代码(SGLN)、系列货运集装箱代码(SSCC)、全球位置编码(SGTN)、全球可回收资产代码(GRAI)、全球个别资产代码(GIAI)的代码结构和编码方法。

(3) 空中接口协议标准。本标准协议规范了电子标签与读写器之间的命令和数据交互。

① 900 MHz Class 0 射频(RF)识别标签接口规范。本规范规定 900MHz Class 0 操作的通信接口和协议，包括在该波段通信的射频和标签要求、操作算法。

② 13.56 MHz ISM 波段 Class 1 射频(RF)识别标签接口规范。本规范规定 13.56 MHz Class1 操作的通信接口和协议，包括在该波段内通信的射频和标签要求。

③ 860 MHz～930 MHz Class 1 射频(RF)识别标签射频和逻辑通信接口规范。本规范被命名为 Class 1 Generation 2 UHF 空中接口协议标准——“Gen 2”，通常被称为 Gen 2 标准。本标准规定在 860～960 MHz 频率范围内操作的无源反射散射、应答器优先沟通(ITF)、RFID 系统的物理和逻辑要求。RFID 系统由应答器(也叫读写器)和标签组成。

(4) 读写器协议(RP)标准。本标准是一个接口标准，详细说明了在一台具备读写标签能力的设备和应用软件之间的交互作用。提供读写器与主机(主机是指中间件或者应用程序)之间的数据与命令交互接口，与 ISO/IEC 15961、15962 类似。它的目标是主机能够独立于读写器、读写器与标签之间的接口协议，即适用于不同智能程度的 RFID 读写器、条码读写器，也适用于多种 RFID 空中接口协议，适用于条形码接口协议。该协议定义了一个通用功能集合，但是并不要求所有的读写器实现这些功能。它分为三层功能：读写器层规定了读写器与主计算机交换的消息格式和内容，它是读写器协议的核心，定义了读写器所执行的功能；消息层规定了消息如何组帧、转换以及在专用的传输层传送；规定了安全服务(比如身份鉴别、授权、消息加密以及完整性检验)；规定了网络连接的建立、初始化建立同步的消息、初始化安全服务等。传输层对应于网络设备的传输层。读写器数据协议位于数据平面。

(5) 低层读写器协议(LLRP)标准。EPCglobal 于 2007 年 4 月 24 日发布了低层读写器协议(LLRP)标准。低层读写器协议的使用，使得读写器发挥最佳性能，以生成丰富、准确、可操作的数据和事件。低层读写器协议标准将进一步提高读写器互通性，并为技术提供商提供基础以扩展其具体行业需求的能力。它为用户控制和协调读写器的空中接口协议参数提供通用接口规范，它与空中接口协议密切相关。它可以配置和监视 ISO/IEC 18000-6 TypeC 中防碰撞算法的时隙帧数、Q 参数、发射功率、接收灵敏度、调制速率等，可以控制和监视选择命令、识读过程、会话过程等。在密集读写器环境下，通过调整发射功率、发射频率和调制速率等参数，可以大大消除读写器之间的干扰等。它是读写器协议的补充，负责读写器性能的管理和控制，使得读写器协议专注于数据交换。低层读写器协议位于控制平面。

(6) 读写器管理(RM)标准。读写器通过管理软件来控制符合 EPCglobal 要求的 RFID 读写器的运行状况。另外，它定义了读写器与读写器管理之间的交互接口。它规范了访问读写器配置的方式，比如天线数等；它规范了监控读写器运行状态的方式，比如读到的标签数、天线的连接状态等。另外它还规范了 RFID 设备的简单网络管理协议(Simple Network Management Protocol，SNMP)和管理系统库(Management Information Base，MIB)。读写器管理协议位于管理平面。

(7) 读写器发现配置安装协议(DCI)标准。本标准规定了 RFID 读写器和访问控制机和其工作网络间的接口，便于用户配置和优化读写器网络。

(8) 应用层事件(ALE)标准。本标准规定客户可以获取来自各渠道、经过过滤形成的统一 EPC 接口，增加了完全支持 Gen2 特点的 TID、用户存储器、锁定等功能，并可以降低从读写器到应用程序的数据量，将应用程序从设备细节中分离出来，在多种应用之间共享数据，当供应商需求变化时可升级拓展，采用标准 XML/网络服务技术容易集成。

通过该统一 EPC 接口，用户可以获取过滤后、整理过的 EPC 数据。ALE 基于面向服务的架构(SOA)。它可以对服务接口进行抽象处理，就像 SQL 对关系数据库的内部机制进行抽象处理那样。应用可以通过 ALE 查询引擎，不必关心网络协议或者设备的具体情况。

(9) 产品电子代码信息服务(EPCIS)标准。本标准为资产、产品和服务在全球的移动、定位和部署带来前所未有的可见度，标志着 EPC 发展的又一里程碑。EPCIS 为产品和服务生命周期的每个阶段提供可靠、安全的数据交换。

(10) 对象名称服务(ONS)标准。本标准规定了如何使用域名系统定位与一个指定 EPC 中 SGTIN 部分相关的命令元数据和服务。此标准的目标读者为有意在实际应用中实施对象名称服务解决方案系统的开发商。

(11) 谱系标准。本标准及其相关附件对供应链中主要参与方使用的电子谱系文档的维护和交流定义了架构。该架构的使用符合成文的谱系法律。

(12) EPCglobal 认证标准。为了在确保可靠使用的同时，保证广泛的互操作性和快速部署，EPCglobal 认证标准定义了实体在 EPCglobal 网络内 X.509 证书签发及使用的概况。其中定义的内容是基于互联网工程特别工作组(IETF)的关键公共基础设施(PKIX)工作组制定的两个 Internet 标准，这两个标准在多种现有环境中已经成功实施、部署和测试。

3) EPCglobal 与 ISO/IEC RFID 标准之间的对应关系

目前 EPCglobal RFID 标准还在不断完善过程中，EPCglobal 以联盟形式参与 ISO/IEC RFID 标准的制定工作，比任何一个单独国家或者企业具有更大的影响力。ISO/IEC 比较完善的 RFID 技术标准是前端数据采集类，标签数据采集后如何共享和读写器设备管理等标准制定工作刚刚开始，而 EPCglobal 已经制定了 EPCIS、ALE、LLRP 等多个标准。EPCglobal 将 UHF 空中接口协议、LLRP 低层读写器控制协议、RP 读写器数据协议、RM 读写器管理协议、ALE 应用层事件标准递交给 ISO/IEC，其中 2006 年批准的 ISO/IEC 18000-6 TypeC 就是以 EPC UHF 空中接口协议为基础，正在制定的 ISO/IEC 24791 软件体系框架中设备接口也是以 LLRP 为基础。Class 0 与 ISO/IEC 18000-3、Class 1 与 18000-6 标准对应，而 UHF C1 G2 已经成为 ISO/IEC 18000-6C 标准。EPCglobal 借助 ISO 的强大推广能力，使自己制定的标准成为广泛采用的国际标准。EPC 系列标准中包含了大量专利，EPCglobal 是非营利性的组织，专利许可则由相关的企业自己负责，因此采纳 EPCglobal 标准必须十分关注其中的专利问题。

4) 应用中 EPCglobal 体系框架的分类

EPCglobal 在使用过程中支持单用户和多用户两种工作模式：

(1) 图 2-8 所示为多用户交换 EPC 信息的 EPCglobal 体系框架模型，它为所有用户的 EPC 信息交互提供了共同的平台，不同用户 RFID 系统之间通过它可实现信息的交互。因此需要考虑认证接口、EPCIS 接口、ONS 接口、编码分配管理和标签数据转换。

(2) 图 2-9 所示为单用户系统内部 EPCglobal 体系框架模型，一个用户系统可能包括很多 RFID 读写器和应用终端，还可能包括一个分布式网络。它不仅需要考虑主机与读写器、读写器与标签之间的交互，读写器性能控制与管理、读写器设备管理，还需要考虑与核心系统、与其他用户之间的交互，确保不同厂家设备之间兼容性。

2.4 EPCglobal RFID 实体单元及其主要功能

为方便本章后续部分的介绍，本小节首先对 EPCglobal 体系框架中实体单元的主要功能做简要说明，后续章节将进一步介绍 EPC 体系中的设备。一个完全兼容 EPC 网络架构的设备是 RFID，因此介绍 EPC 体系一般都从 RFID 系统开始说明的，这里 EPC 的感知层也采用 RFID 设备。EPCglobal RFID 网络架构如图 2-10 所示，EPCglobal RFID 主要器件如图 2-11 所示。

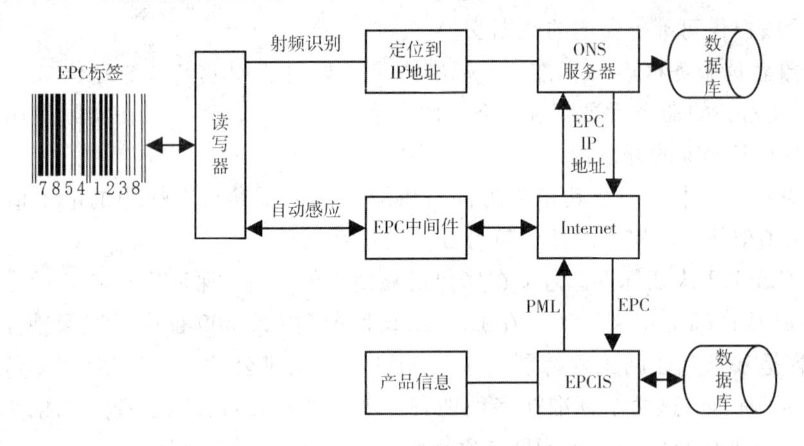

图 2-10　EPCglobal RFID 网络架构

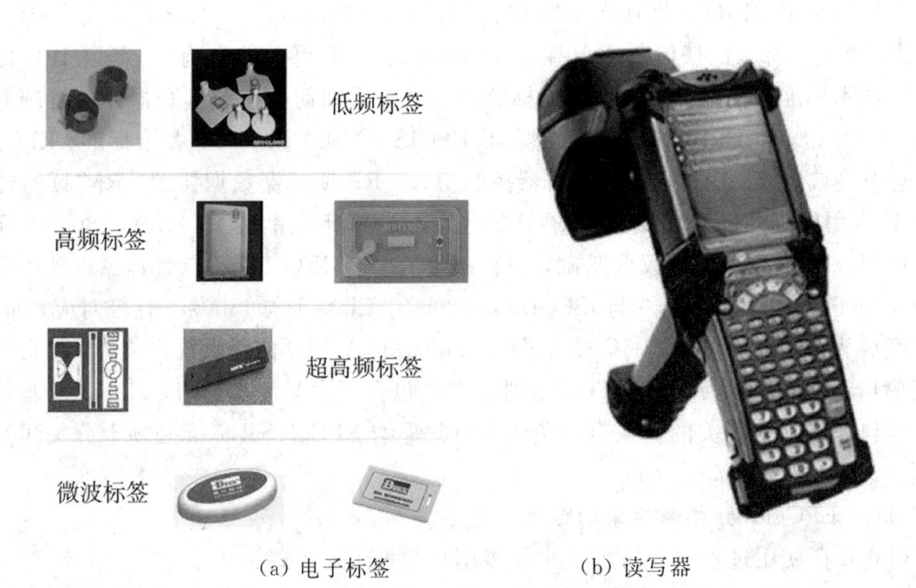

(a) 电子标签　　(b) 读写器

图 2-11　EPCglobalRFID 主要器件

(1) RFID 标签：保存 EPC 编码，还可能包含其他数据。标签可以是有源标签和无源标签，它能够支持读写器的识别、读数据、写数据等操作。

(2) RFID 读写器：能从一个或多个电子标签中读取数据并将这些数据传送给主机等。

(3) 读写器管理：监控一台或多台读写器的运行状态，管理一台或多台读写器的配置等。

(4) 中间件：从一台或多台读写器接收标签数据、处理数据等。

(5) EPCIS 信息服务：为访问和持久保存 EPC 相关数据提供了一个标准的接口，已授权的贸易伙伴可以通过它来读写 EPC 相关数据，对具有高度复杂的数据进行存储与处理，支持多种查询方式。

(6) ONS 根服务器：为 ONS 查询提供查询初始点；授权本地 ONS 执行 ONS 查找等功能。

(7) 编码分配管理：通过维护 EPC 管理者编号的全球唯一性来确保 EPC 编码的唯一性等。

(8) 标签数据转换：提供了一个可以在 EPC 编码之间转换的文件，它可以使终端用户的基础设施部件自动地知道新的 EPC 格式。

(9) 用户认证：验证 EPCglogal 用户的身份等。

2.5　EPC 物联网的应用与价值

物联网(Internet of Things，IOT)是一种将所有物品串连在一起的智能网络，利用射频识别、无线通信、实时定位、视频处理和传感等技术与设备，使任何智能化物体通过网络进行信息交流。它把物理对象无缝集成到信息网络，其目的是让每一件物品都与网络相连，方便管理和识别。物联网是利用多种网络技术建立起来的，其中非常重要的技术之一是 RFID 电子标签技术。该技术以 RFID 系统为基础，结合已有的网络技术、传感技术、数据库技术、中间件技术等，构筑一个比因特网更为庞大的且由大量联网的读写器和移动标签组成的巨大网络。在这个网络中，系统可以自动、实时的对物体进行识别、定位、追踪、监控并触发相应事件。

物联网的应用十分广泛，尤其是在交通、环保节能、政府机构、工业监督、全球安防、家居安全和医疗保健领域。物联网将不仅使更多的业务流程取得更高的效率，在其他应用包括材料处理和物流、仓储、产品追踪、数据管理、降低生产成本、加速资产流动、防伪、减低生产错误，即时召回缺陷产品、更有效的回收利用和废物管理、提高药物处方的安全性，以及改进食品安全和质量等方面也有非常有效的提升作用。此外，加入了物联网的智能科技，如机器人及穿戴式智能终端，可以让日常物品成为思考和沟通的装备。

EPC 系统是在计算机互联网的基础上，利用射频识别(RFID)、无线数据通信等技术，构造的一个覆盖世界上万事万物的实物互联网(Internet of Things)，旨在提高现代物流、供应链管理水平，降低成本，被誉为是一项具有革命性意义的新技术。

EPC 概念的提出源于射频识别技术和计算机网络技术的发展。射频识别技术的优点在于可以以无接触的方式实现远距离、多标签甚至在快速移动的状态下进行自动识别。计算机网络技术的发展，尤其是互联网技术的发展使得全球信息传递的即时性得到了基本保证。

EPC 系统设计的目标就是为了满足人们设想为世界上的每一件物品都赋予一个唯一的编码的需求，EPC 标签即是这一编码的载体。当 EPC 标签贴在物品上或内嵌在物品中的时候，即将该物品与 EPC 标签中的唯一编码(标准说法是“产品电子代码”或“EPC 代码”)建立起了一对一的对应关系。

EPC 标签从本质上来说是一个电子标签，通过射频识别系统的电子标签读写器可以实现对 EPC 标签内存信息的读取。读写器获取的 EPC 标签信息送入互联网 EPC 体系中的 EPCIS

后，即实现了对物品信息的采集和追踪，进一步利用 EPC 体系中的网络中间件等，可实现对所采集的 EPC 标签信息的利用。

综上可以看出，EPC 系统的提出满足了物联网发展的需要，当前没有其他的系统做到如此廉价和方便地对物体的自动识别。可以预想：未来的每一件物品上都安装了 EPC 标签，在物品经过的所有路径节点上都安装 EPC 标签读写器，读写器获取的 EPC 标签信息源源不断地汇入互联网 EPC 系统的 EPCIS 中。

最后指出的是，有传感功能的无源 RFID 系统对于物联网的构建十分重要。这一技术能够将目前的传感器网络和 RFID 系统进行融合，简化了物联网感知层的结构，降低了网络建设过程的成本。因此应该予以高度的重视。

RFID 系统已经在多个行业开始使用，如表 2－1 所示。

表 2－1　RFID 系统在行业中的应用

物流	零售	制造业	服装业	医疗	身份识别
物流过程中的货物追踪、仓储、邮政、快递交付等过程中的信息自动采集	商品的销售数据自动统计、补货、防盗和结算等	生产数据的实时监控，质量追踪，自动化生产	自动化生产，仓储管理，品牌管理，单品管理，渠道管理	医疗器械管理，病人身份识别，婴儿防盗	电子护照，身份证，学生证
防伪	资产管理	交通	食品	动物识别	图书馆
贵重物品防伪，票证防伪	各类资产管理（贵重或数量巨大或危险品）	高速 ETC，出租车管理，公交枢纽管理，铁路机车识别	生鲜、蔬菜、蔬果等保鲜度管理	野生、驯养动物管理	书店、图书馆、出版社等应用
汽车	航空	军事			
制造、防盗、定位以及汽车钥匙	制造、机票和行李包裹追踪	弹药、枪支、物资、人员以及卡车等识别与追踪			

1）邮政/航空包裹分拣

意大利邮政局采用 ICODE 射频识别系统用于邮包分拣，包括普通邮包和 EMS 速递业务，大大提高了分拣速度和效率。在邮包上封装了电子卷标，被各地的识别装置识别，识别是否该邮包被正确地投递，并将信息输入联网主机。该系统能够达到 100％准确读卡。防碰撞技术可以允许 30 张卡同时经过安置天线的货物信道。Philips 公司还将 ICODE 射频识别系统成功推广到航空包裹的分拣。2001 年，英国航空公司在 Heathrow（英国伦敦希思罗机场）安装了 ICODE 射频识别系统，在两个月内的测试中，对来自德国慕尼黑，英国曼彻斯特等地的乘客 75000 件行李进行识别，测试效果令人满意，而且射频卡电路设计得非常薄，可以嵌在航空专用行李包里。

2）图书馆图书管理

图书馆和音像制品收藏馆面临的巨大难题是要对数以万计的图书音像数据进行目录清单

管理，而且要准确迅速地为读者提供服务。ICODE 技术可以满足这些需求，可以实现在书架上确定书的位置，并且借书登记处可以同时对多本书录入，同时具有 EAS 功能(电子防盗)，不经录入而拿出的书将启动 EAS 报警。

3) 零售业

零售业中需要解决的三个问题是：产品商标、防伪标志和商品防盗。这三项要求可以通过一个小小的电子卷标就很容易得到满足。商品出厂时，厂家把固化有商品型号，商品相关信息及防伪签名等信息的射频卡与商品配售。在销售点这些信息可以通过读卡器读出，还可以启动 EAS 功能为销售商提供商品防盗功能，消费者可以通过电子卷标信息辨别商品是否货真价实。

4) 高速公路自动收费及交通管理

高速公路自动收费系统是 RFID 技术最成功的应用之一。目前中国的高速公路发展非常快，在地区经济发展中占据的位置也越来越重要。而现在的人工收费系统却常常造成交通堵塞。将 RFID 系统用于高速公路自动收费，能够在携带射频卡的车辆高速通过收费站的同时自动完成收费，可以有效解决这个问题。1996 年，佛山安装了 RFID 系统用于自动收取路桥费以提高车辆通过率，缓解公路瓶颈。车辆可以在 250 公里的时速下用少于 0.5 ms 的时间被识别，并且正确率达 100%。通过采用 RFID 系统，中国有把握改善其公路基础设施。

5) RFID 金融卡

无纸交易是必然的发展方向，目前已经出现了 RFID 金融卡。在香港非常普及的 Octopus (八达通卡)从 1997 年发行至今，已售出近 800 万张卡，遍布于超市，公交系统，餐厅酒店及其他消费场所。由于 RFID 系统能适用于不同的环境，包括磁卡、IC 卡不能适用的恶劣环境，比如公共汽车的电子月票、食堂餐卡等。由于射频卡上的存储单元能够分区，每个分区可以采用不同的加密体制，一个射频卡就可同时应用于不同金融收费系统，甚至可同时作为医疗保险卡、通行证、驾驶执照、护照等等使用。一卡多用也是未来的发展潮流。射频识别技术由于使用方便，因而很有竞争力。

6) 生产线自动化

在生产中采用 RFID 技术流水线可实现自动控制，提高生产率，改进生产方式，节约成本。例如德国宝马汽车公司在装配流水在线应用射频识别技术实现了用户定制的生产方式，即可按用户要求的样式来生产，用户可以从上万种内部和外部选项中选定自己所需车的颜色、引擎型号还有轮胎样式等，这样一来，汽车装配流水在线就得装配上百种不同式样的宝马汽车，如果没有一个高度组织的、严密的控制系统是很难完成这样复杂的任务的。宝马公司就在其装配流水在线安装 RFID 系统，他们使用可重复使用的射频卡，该射频卡上带有详细的汽车定制要求，在每个工作点处都有识读器，这样可以保证汽车在各个流水线工作点处能毫不出错地完成装配任务。世界上最大的复印机制造商 Xerox 公司，每年从英国的生产基地向销往欧洲各国 400 多万台设备，得益于基于 RFID 的货运管理系统，他们杜绝了任何运送环节出现的漏洞，实现了 100%的准确配送，也因此获得了良好的声誉，他们采用了 TI 公司的射频识别装置。Xerox 在每台复印机上的包装箱上贴有电子卷标(最终的设想是将卡片集成到复印机架上)，在 9 条装配在线，RFID 识读器自动读出每一个要运走的货物唯一的卡号，并将相应的配送信息在数据库中与该卡信息对应，随后编入货物配送计划表中。当任何一台设备不小心被误送到的其他的运输车里，出检的 RFID 识读器将提供报警和纠正信息。

整个流程可以大大节省开支和减少误送可能，提高货物配送效率。

7）防伪技术

将射频识别技术应用在防伪的领域有它自身的技术优势。防伪技术本身要求成本低，但是却很难伪造。射频卡的成本就相对便宜，而芯片的制造需要有昂贵的芯片工厂，使伪造者望而却步。射频卡本身具有内存，可以储存、修改与产品有关的数据，利于销售商使用；并且体积十分小，便于产品封装。像计算机、激光打印机、电视等等产品上都可使用。建立严格的产品销售渠道是防伪问题的关键，利用射频识别技术，厂家、批发商、零售商之间可以使用唯一的产品号来标识产品的身份，生产过程中在产品上封装入射频卡，记载上唯一的产品号，批发商、零售商用厂家提供的识读器就可以严格检验产品的合法性。同时注意利用这种技术不能改变现行的数据管理体制，利用标准的产品标识号完全可以做到与已用数据库体系兼容。

习　题

1．请说明 EPCglobal 的目标。

2．说明射频识别相比较于其他的识别系统的优势？

3．请说明 EPC-RFID 系统中实体单元及其功能？

4．列举目前 EPC-RFID 物联网的行业应用？

5．EPCglobal 协议体系主要有哪些协议组成？

6．EPCglobal 定义的 RFID 实体单元主要有那几个部分？

第 3 章　EPC 系统组成与 EPCglobal 编码标准

3.1　EPC 系统组成

1999 年美国麻省理工学院(MIT)成立了自动识别技术中心(Auto-ID Center)，提出 EPC 概念，其后四所世界著名研究性大学：英国剑桥大学、澳大利亚阿德雷德大学、日本 Keio 大学、上海复旦大学相继加入参与研发 EPC，并得到了 100 多个国际大公司的支持，其研究成果已在世界范围内大量使用。关于编码方案，目前已有多种编码方案，并得到了 GS1 的支持，受到了业界广泛的关注。基于 RFID 技术发展的 EPC 编码逐渐成为一种新的研究方向，按照 EPCglobal 的标准，EPC 编码技术已不仅仅是考虑编码而是在整个网络上的设备都统一给出了详细的规范，从而重新构筑了基于 GS1 电子数据交换技术和互联网技术的全新网络——EPC 网络系统。

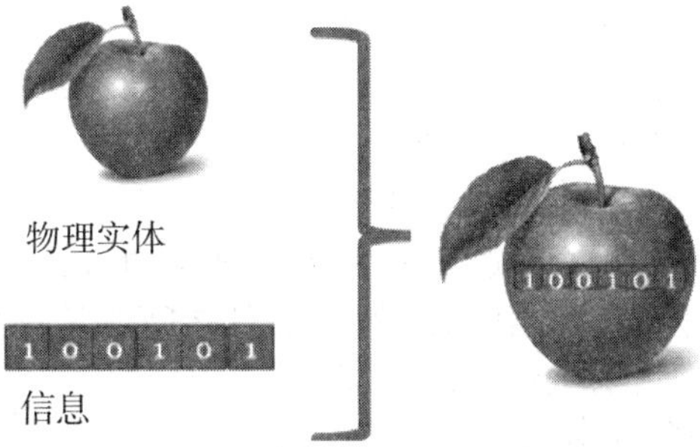

图 3-1　物理实体与唯一编码融合成一体

EPC 适用于对每一件物品都进行编码的通用编码方案，它仅仅对物品用唯一的一串数字代码标记出来，而不涉及物品本身的任何属性。EPC 编码方法告诉我们应该给世界上每一个实体，或有物理意义的群组分配唯一的数字序列号。当物理实体被电子标签重新命名后，物理实体和信息就融合为一体，而且伴随物品存在的整个过程，如图 3-1 所示。

虽然让世界上任意物品都有自己唯一的名称的想法有些疯狂，但是好在对人们有价值的物品并非想象的那么多。EPC 编码的冗余度的例子如表 3-1 所示。

表 3-1　EPC 编码的冗余度

比特数	唯一编码数	对象
23	6.0×10^{6}/年	汽车
29	5.6×10^{8}使用中	计算机
33	6.0×10^{9}	人口
34	2.0×10^{10}/年	剃刀刀片
54	1.3×10^{16}/年	大米粒数

EPC 由代表版本号、制造商、物品种类以及序列号的编码组成，是唯一存储在 RFID 标签中的信息。这使得 RFID 标签能够维持低廉的成本并具有灵活性，这是因为在数据库中无数的动态数据能够与 EPC 相链接。

3.1.1 EPC 系统的主要组成

EPC 网络及其主要设备如图 3-2 所示，EPC 系统主要由以下七方面组成：

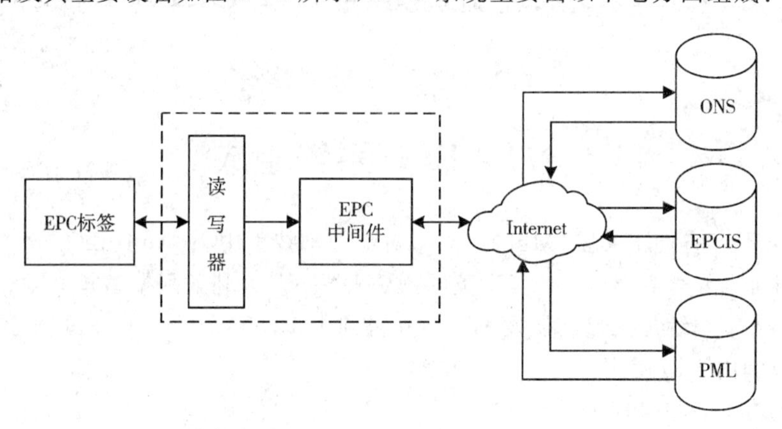

图 3-2 EPC 网络及其主要设备

1）EPC 编码标准

编码标准为 EPC 物联网勾勒出了设计的框架，符合标准的 EPC 网络能够实现不同国家不同厂商之间的硬件和软件之间的互联互通，从而为 EPC 物联网的发展形成合力。

2）EPC 标签

EPC 标签主要以射频标签为主，由控制和存储单元组成，控制单元主要完成通信、加密、编码等任务，而存储单元主要存储电子编码。

3）读写器

读写器是构成物联网的重要部件，主要负责读写标签以及与互联网上其他的设备进行通信，部分读写器维护一个小型数据库，以便于管理和维护局域网内的物品编码。

4）中间件①(旧称 Savant(神经网络软件))

尽管有最新的标准架构规定用 ALE (Application Level Events，应用层事件)代替Savant 标准，但 ALE 继承 Savant 技术，两者密不可分，且为了兼顾现有的文献，部分章节仍然采用旧称。后面章节有关于 ALE 的专门的讲述。ALE 是介于应用系统和系统软件之间的一类软件，它使用系统软件提供的基础服务(功能)，衔接网络上应用系统的各个部分或不同的应用，以达到资源共享、功能共享的目的。中间件是一种独立的系统软件或服务程序，分布式应用软件借助这种软件在不同的技术之间共享资源。中间件位于客户机服务器的操作系统之上，管理计算资源和网络通信。

EPC 中间件具有一系列特定属性的“程序模块”或“服务”，并被用户集成以满足他们的特定需求。EPC 中间件基于事件的高层通信机制，也就是说 EPC 中间件观察到的数据块是以事件为单位的(详细的细节请参阅第 9 章内容)。

EPC 中间件是加工和处理来自读写器的所有信息的事件流软件，是连接读写器和企业应用程序的纽带，主要任务是在将数据送往企业应用程序之前进行标签数据校对、读写器协

① 中间件技术在 EPCglobal 早期版本的框架协议中被称为 Savant，最新的标准框架重新命名为应用层事件(Application Level Events，ALE)。

调、数据传送、数据存储和任务管理。图 3－3 描述了 EPC 中间件组件与其他应用程序通信。

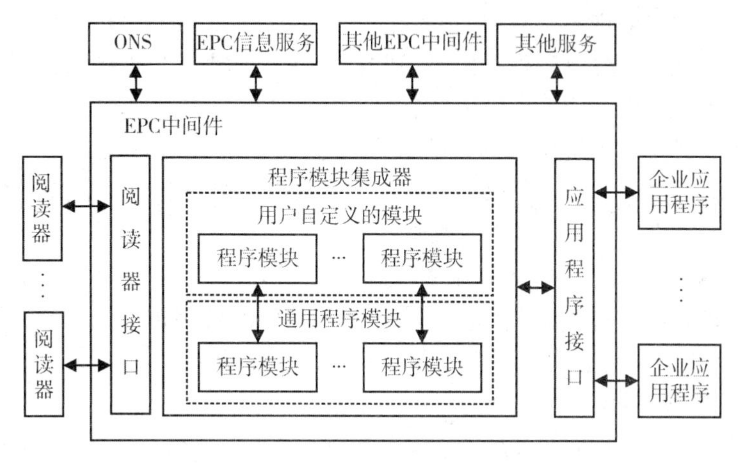

图 3－3　EPC 中间件及其应用程序通讯

5）对象名解析服务（Object Naming Service，Ons）

Auto-ID 中心认为一个开放式的、全球性的追踪物品的网络需要一些特殊的网络结构，因为除了将 EPC 码存储在标签中外，还需要一些将 EPC 码与相应商品信息进行匹配的方法。这个功能就由对象名解析服务（ONS）来实现，它是一个自动的网络服务系统，类似于域名解析服务（DNS），DNS 是将一台计算机定位到互联网上的某一具体地点的服务。

当一个解读器读取一个 EPC 标签的信息时，EPC 码就传递给了 Savant 系统（参看前文）。Savant 系统然后再在局域网或互联网上利用 ONS 对象名解析服务找到这个产品信息所存储的位置。ONS 给 Savant 系统指明了存储这个产品的有关信息的服务器，因此就能够在 Savant 系统中找到这个文件，并且将这个文件中关于这个产品的信息传递过来，从而应用于供应链的管理。

与互联网上的域名解析服务相比对象名解析服务可以处理更多的请求，因此，公司需要在局域网中有一台存取信息速度比较快的 ONS 服务器。这样一个计算机生产商就可以将他现在供应商的 ONS 数据存储在自己的局域网中，而不是货物每次到达组装工厂，都需要到万维网上去寻找这个产品的信息。这个系统也会有内部的冗余，例如，当一个包含某种产品信息的服务器崩溃时，ONS 将能够引导 Savant 系统找到存储着同种产品信息的另一台服务器。

6）物理标记语言（Physical Markup Language，PML）

EPC 码识别单品，但是所有关于产品有用的信息都用一种新型的标准计算机语言——物理标记语言（PML）所书写。PML 是基于为人们广为接受的可扩展标记语言（XML）发展而来的，因为它将会成为描述所有自然物体、过程和环境的统一标准，PML 的应用将会非常广泛，并且进入到所有行业。Auto-ID 中心的目标就是以一种简单的语言开始，鼓励采用新技术。PML 还会不断发展演变，就像互联网的基本语言 HTML 一样，演变为更复杂的一种语言。

PML 将提供一种通用的方法来描述自然物体，它将是一个广泛的层次结构。例如，一罐可口可乐可以被描述为碳酸饮料，它属于软饮料的一个子类，而软饮料又在食品大类下面。当然，并不是所有的分类都如此的简单，为了确保 PML 得到广泛的接受，Auto-ID 中心依赖于标准化组织已经做了大量工作，比如国际重量度量局和美国国家标准和技术协会等标准化组织制定的相关标准。

除了那些不会改变的产品信息(如物质成分)之外，PML 将包括经常性变动的数据(动态数据)和随时间变动的数据(时序数据)。在 PML 文件中的动态数据包括船运的水果的温度，或者一个机器震动的级别。时序数据在整个物品的生命周期中离散且间歇地变化，一个典型的例子就是物品所处的地点。所有的这些信息通过 PML 文件都可得到，公司将能够以新的方法利用这些数据。例如，公司可以设置一个触发器，以便当有效期将要结束时，降低产品的价格。

PML 文件将被存储在一个 PML 服务器上，此 PML 服务器将配置一个专用的计算机，为其他计算机提供它们需要的文件。PML 服务器将由制造商维护，并且储存这个制造商生产的所有商品的文件信息。

7) EPC 信息服务(EPCIS)

EPCIS 提供了一个模块化、可扩展的数据和服务接口，使得 EPC 的相关数据可以在企业内部或者企业之间共享。它处理与 EPC 相关的各种信息，例如：

(1) EPC 的观测值：What/When/Where/Why，通俗地说，就是观测对象、时间、地点以及原因，这里的原因是一个比较泛的说法，它应该是 EPCIS 步骤与商业流程步骤之间的一个关联，例如订单号、制造商编号等商业交易信息。

(2) 包装状态：例如物品是在托盘上的包装箱内。

(3) 信息源：例如位于 Z 仓库的 Y 通道的 X 读写器。

EPCIS 有两种运行模式，一种是 EPCIS 信息被已经激活的 EPCIS 应用程序直接应用；另一种是将 EPCIS 信息存储在信息数据库中，以备今后查询时进行检索。独立的 EPCIS 事件通常代表独立步骤，比如 EPC 标记对象 A 装入标记对象 B，并与一个交易码结合。对于 EPCIS 数据库的 EPCIS 查询，不仅可以返回独立事件，而且还有连续事件的累积效应，比如对象 C 包含对象 B，对象 B 本身包含对象 A。

最后给出 PML 语言的知识链接，PML 语言是可扩展标记语言(XML)的一个子集，为了更方便的说明 PML 语言，了解 XML 语言的规范和标准是很有必要的。

XML(Extensible Markup Language)即可扩展标记语言，它与 HTML 一样，都是 SGML(Standard Generalized Markup Language，标准通用标记语言)。XML 是 Internet 环境中跨平台的依赖于内容的技术，是当前处理结构化文档信息的有力工具。XML 是一种简单的数据存储语言，使用一系列简单的标记描述数据，XML 已经成为数据交换的公共语言。

在 EPC 系统中，XML 用于描述有关产品、过程和环境信息，供工业和商业中的软件开发、数据存储和分析工具之用。它将提供一种动态的环境，使与物体相关的静态的、暂时的、动态的和统计加工过的数据可以互相交换。

EPC 系统使用 XML 的目标是为物理实体的远程监控和环境监控提供一种简单、通用的描述语言，可广泛应用在存货跟踪、自动处理事务、供应链管理、机器控制和物对物通信等方面。

XML 文件的数据将被存储在一个数据服务器上，企业需要配置一个专用的计算机，为其他计算机提供它们需要的文件。数据服务器将由制造商维护，并且储存这个制造商生产的所有商品的信息文件。在最新的 EPC 规范中，这个数据服务器被称作 EPCIS(EPC Information Service)服务器。

3.1.2　EPC 系统的特点

EPC 系统以其独特的构想和技术特点赢得了广泛的关注，其特点如下：

(1) 开放性。EPC 系统采用全球最大的公用 Internet 网络系统，避免了系统的复杂性，大大降低了系统的成本，并有利于系统的增值。梅特卡夫(Metcalfe)定律表明，一个网络开放的结构体系远比复杂的多重结构更有价值。

(2) 通用性。EPC 系统可以识别十分广泛的实体对象。EPC 系统网络是建立在 Internet 网络系统上，并且可以与 Internet 网络所有可能的组成部分协同工作，具有独立平台，且在不同地区、不同国家的射频识别技术标准不同的情况下具有通用性。

(3) 可扩展性。EPC 系统是一个灵活的、开放的、可持续发展的体系，可在不替换原有体系的情况下就可以做到系统升级。

EPC 系统是一个全球系统，供应链各个环节、各个节点、各个方面都可受益，但对低价值的产品来说，要考虑 EPC 系统引起的附加成本。目前，全球正在通过 EPC 本身技术的发展来进一步降低成本，同时通过系统的整体改进使供应链管理得到更好的应用，提高效益，以降低或抵消附加成本。

EPC 网络使用射频技术(RFID)实现供应链中贸易项信息的真实可见性。它由五个基本要素组成：产品电子代码(EPC)、射频识别系统(EPC 标签和识读器)、发现服务(包括 ONS)、EPC 中间件、EPC 信息服务(EPCIS)。EPC 物联网系统组件如表 3－2 所示。

表 3－2　EPC 物联网系统组件列表

系统构成	名　称	说　明
EPC 编码体系	EPC 编码标准	识别目标的特定代码
射频识别系统	EPC 标签	贴在物品表面上或内嵌于物品中
	射频读写器	识读 EPC 标签
信息网络系统	ALE 与中间件(旧称 Savant，神经网络软件)	EPC 系统的软件支持系统
	对象名解析服务(ONS，Object Name Service)	类似于互联网的 DNS 功能，定位产品信息存储位置
	物理标记语言 PML(Physical Markup Language)	提供描述实物体，动态环境的标准，供软件开发、数据储存和数据分析之用

与现有的条码系统相比较，EPC-RFID 系统具有以下特点：

(1) 不像传统的条码系统，网络不需要人的干预与操作而是通过自动识别技术实现网络运行；

(2) 使用 IP 数据与现有的 Internet 互联，实现数据的无缝链接；

(3) 网络的成本相对较低；

(4) 本网络是通用的，可以在任何环境下运行；

(5) 采纳一些管理实体的标准，如 UCC、EAN、ANSI、ISO 等。

3.1.3 EPC 系统的工作流程

在由 EPC 标签、读写器、EPC 中间件、Internet、ONS 服务器、EPCIS 服务器以及众多数据库组成的实物互联网中，读写器读出的 EPC 代码只是一个信息参考（指针），由这个信息参考从 Internet 找到 IP 地址并获取该地址中存放的相关的物品信息，并由采用分布式的 EPC 中间件处理由读写器读取的一连串 EPC 信息。由于在标签上只有一个 EPC 代码，计算机需要知道与该 EPC 匹配的其他信息，这就需要 ONS 来提供一种自动化的网络数据库服务，EPC 中间件将 EPC 传给 ONS，ONS 指示 EPC 中间件到一个保存着产品文件的 EPCIS 服务器查找，该产品文件可由 EPC 中间件复制，因而文件中的产品信息就能传到供应链上。EPC 系统工作流程如图 3-4 所示。

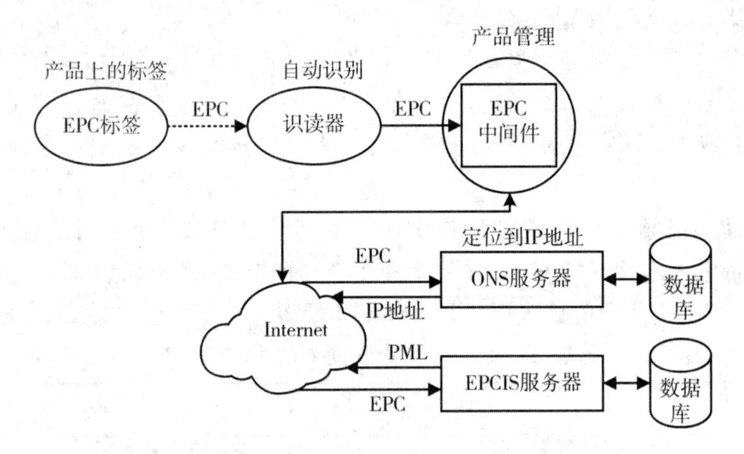

图 3-4　EPC 系统工作流程示意图

携带电子标签的物品被整个网络监控并跟踪着，最适合的技术方案就是通过网络共享数据实现网络实时跟踪监控的目标。EPC（电子产品码）、ID System（信息识别系统）、EPC 中间件、Discovery Service（信息发现服务）、EPCIS（EPC 信息服务）被认为是实现网络共享的五个关键技术。

3.2 EPCglobal 的产品电子代码

在过去的 25 年里，EAN/UCC 编码已大大提高了供应链的生产率，并且已成为全球最通用的标准之一。随着因特网的飞速发展，信息数字化和全球商业化促进了更具现代化的产品标识和跟踪方案的研发。在过去的 25 年中，条码已经成为识别产品的主要手段。但条码有如下缺点：

（1）它们是可视传播技术即扫描仪必须"看见"条码才能读取它，这表明人们通常必须将条码对准扫描仪才有效。相反，无线电频率识别并不需要可视传输技术，RFID 标签只要在解读器的读取范围内就行了。

（2）如果印有条码的横条被撕裂、污损或脱落，就无法扫描这些商品。

（3）我们认为唯一产品的识别对于某些商品非常必要。而条码只能识别制造商和产品名称，而不是唯一的商品。牛奶纸盒上的条码到处都一样，辨别哪盒牛奶先超过有效期是不可能的。

那么如何才能识别和跟踪供应链上的每一件单品呢？有多种方法可以实现，但目前公认的最好的解决方法就是 EPCglobal 标准下为每一个商品设置唯一的号码——产品电子码(EPC)作为产品的“身份证号”。EPC 是在本世纪初由美国 MIT 的 AUTO-ID 中心提出的，它是一个非常先进的、综合性的和复杂的系统，得到了众多组织和众多厂商的支持。

随着射频技术趋于成熟，EPC 可以为供应链提供前所未有的、近乎完美的解决方案，其实质就是把产品编码存储在电子逻辑单元中，然后利用射频技术进行通信的装置，看起来是一种微不足道的一种变化，然而仔细地对比以前的产品标识系统就会发现它在多个方面的巨大优势。也就是说，公司将能够及时知道每个商品在他们供应链上任何时间的位置信息。

产品电子代码(EPC)是一种标识方案，通过射频识别标签和其他方式普遍地识别物理对象。标准化 EPC 数据包括独特地标识个别对象的 EPC(或 EPC 识别符)以及为能有效地解读 EPC 标签认为有必要的可选过滤值。

EPC 系统是在计算机互联网的基础上，利用射频识别(RFID)、无线数据通信等技术，构造的一个覆盖世界上万事万物的实物互联网(Internet of Things)，旨在提高现代物流、供应链管理水平，降低成本，被誉为是一项具有革命性意义的现代物流信息管理新技术。

EPC 概念的提出源于射频识别技术和计算机网络技术的发展。射频识别技术的优点在于可以以无接触的方式实现远距离、多标签甚至在快速移动的状态下进行自动识别。计算机网络技术的发展，尤其是互联网技术的发展使得全球信息传递的实时性得到了基本保证。在此基础上，人们开始将这两项技术结合起来应用于物品标识和供应链的自动追踪管理，由此诞生了 EPC。

人们设想为世界上的每一件物品都赋予一个唯一的编号，EPC 标签即是这一编号的载体。当 EPC 标签贴在物品上或内嵌在物品中时，即将该物品与 EPC 标签中的唯一编号(标准说法是“产品电子代码”或“EPC 代码”)建立起了一对一的对应关系。

EPC 标签从本质上来说是一个电子标签，通过射频识别系统的电子标签读写器可以实现对 EPC 标签内存信息的读取。读写器获取的 EPC 标签信息送入互联网 EPC 体系中的 EPCIS 后，即实现了对物品信息的采集和追踪，进一步利用 EPC 体系中的网络中间件等，可实现对所采集的 EPC 标签信息的利用。

可以预想：未来的每一件物品上都安装了 EPC 标签，在物品经过的所有路径上都安装了 EPC 标签读写器，读写器获取的 EPC 标签信息源源不断地汇入互联网 EPC 系统的 EPCIS 中。

(1) EPC 标签无所不在，数量巨大，一次赋予物品，伴随物品终生；

(2) EPC 标签读写器广泛分布，但数量远少于 EPC 标签，主要进行数据采集；

(3) EPC 标签与读写器遵循尽可能统一的国际标准，以最大限度地满足兼容性和低成本要求。

3.2.1　EPC 编码标准

EPC 标签的编码标准对应于 EPCglobal 最新发布的 EPC Tag Data Standard v1.9 版本。EPCglobal 的主要目标是实现任何物理实体的唯一标识，因此协议首先规定了 EPC 编码标准，并且解决跟现有的编码体系之间的兼容问题，因此编码标准覆盖两大宽泛的问题：

(1) 产品电子代码的规格，包括 EPCglobal 框架下各个层次的表示以及与 GS1 关键字和其他现存编码之间的对应关系。

(2) 定义 Gen 2 标准下 RFID 电子标签的数据规格，包括 EPC 用户数据、控制信息和标签制造信息。

3.2.2　EPC 编码结构

EPC 的目标是为每一物理实体提供唯一标识，它是由一个版本号和另外三段数据(依次为域名管理者、对象分类、序列号)组成的一组数字，编码示例如表 3-3 所示。其中 EPC 的版本号标识 EPC 的长度或类型；域名管理者是描述与此 EPC 相关的生产厂商的信息，例如“青岛啤酒公司”；对象分类记录产品精确类型的信息，例如：“中国生产的瓶为 500 ml 出口棕色青岛啤酒”；序列号唯一标识货品，它会精确地指明所说的究竟是哪一罐 500 ml 罐装青岛啤酒。

表 3-3　编码示例

EPC 编码示例						
X	·	XXXXX	·	XXXXX	·	XXXXX
头字段		EPC 管理者		对象分类		序列号
2 位		21 位		17 位		24 位

1. EPC 的版本号(EPC Version)

设计者采用版本号标识 EPC 的结构，规范 EPC 中编码的总位数和其他三部分中每部分的位数。三个 64 位的版本有 2 位的版本号，而 96 位版本和三个 256 位的版本则各有 8 位的版本号。三个 64 位的 EPC 的版本号只有两位，即 01、10、11。为了和 64 位的 EPC 区别，所有长度大于 64 位的 EPC 的版本号的高两位须为 00，这样就定义了所有 96 位的 EPC 版本号开始的位序列是 001。同样，所有长度大于 96 位的 EPC 的版本号的前三位是 000；同理，定义所有的 256 位 EPC 开始的位序列是 00001。已定义的各类 EPC 版本号详细情况见表 3-4 所示。

表 3-4　EPC 版本

EPC 版本		值(二进制)	值(十六进制)
EPC－64	TypeI	01	1
	TypeIII	10	2
	TypeIII	11	3
	Expansion	NA	NA
EPC－96	TypeI	00100001	21
	Expansion	00100000	20
EPC－256	TypeI	00001001	09
	TypeII	00001010	0A
	TypeIII	00001011	0B
	Expansion	00001000	08
保留区		00000000	00

2. 域名管理者(Domain Manager)

不同版本的域名管理者编码因为长度的可变性，使得更短的域名管理者编号变得更为宝贵。EPC-64II 型有最短的域名管理者部分，它只有 15 位。因此，只有域名管理者编号小于 $2^{15}=32768$ 的才可以由该 EPC 版本表示。

出于特殊考虑，两个 EPC 域名管理者编号已经留做备用：0 和 167 842 659(十进制)。零(0)已经分配给 MIT(麻省理工学院内部使用)。因此 MIT 控制着包括零(0)的域名管理者编号在内的所有产品电子码的分配；167 842 659(十进制)已经留做内部使用。内部使用域名管理者编号需要避免产品电子码的预先使用模式。有需要使用产品电子码来识别自己的内部物品的个人和组织可以使用任何便利的内部产品电子码而无需在全球对象名解析系统中进行注。

3. 对象分类(Object Class)

对象分类部分作为一个产品电子码的分类编号，标识厂家的产品种类。对于拥有特殊对象分类编号的管理者来说，对象分类编号的分配没有限制。但是 Auto-ID 中心建议第 0 号对象分类编号不要作为产品电子码的一部分来使用。

4. 序列号(Serial Number)

序列号部分用于产品电子码的序列号编码，此编码只是简单的填补序列号值的二进制。一个对象分类编号的拥有者对其序列号的分配没有限制。但是 Auto-ID 中心建议第 0 号序列号不要作为产品电子码的一部分来使用。

3.2.3　EPC 编码分类

目前，EPC 的位数有 64 位、96 位或者更多位。为了保证所有物品都有一个 EPC 并使其载体—标签成本尽可能降低，建议采用 96 位，这样它可以为 2.68 亿个公司提供唯一标识，每个生产厂商可以有 1600 万个对象分类并且每个对象分类可有 680 亿个序列号，这对未来世界所有产品已经足够用了。鉴于当前不需要那么多序列号，所以只采用 64 位 EPC，这样会进一步降低标签成本。至今已经推出 EPC-96 Ⅰ型、EPC-64 Ⅰ型、Ⅱ型、Ⅲ型，EPC-256 Ⅰ型、Ⅱ型、Ⅲ型等编码方案，如表 3－5 所示。

表 3－5　EPC 版本

		头字段 (Header)	EPC 管理者 (EPC Manager)	对象分类 (Object Class)	序列号 (Serial No)
EPC-64	TypeⅠ	2	21	17	24
	TypeⅡ	2	15	13	34
	TypeⅢ	2	26	13	23
EPC-96	TypeⅠ	8	28	24	36
EPC-256	TypeⅠ	8	32	56	192
	TypeⅡ	8	64	56	128
	TypeⅢ	8	128	56	64

3.2.4 EPC 编码实现

1. 编码设计思想

为了更好地理解 EPC 标签数据标准的全部框架，首先要充分理解 EPC 标识符的三个层次，即纯标识层、编码层和物理实现层，如图 3-5 所示。

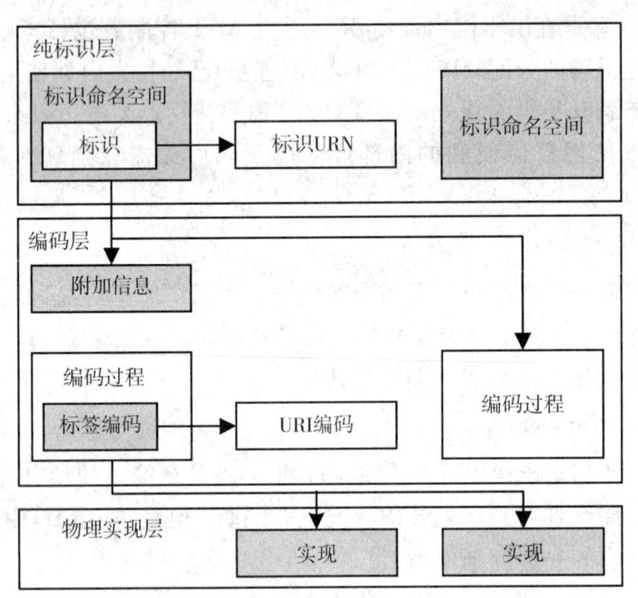

图 3-5 标识命名空间、编码与物理实现

(1) 纯标识(Pure Identity)层：标识一个特定的物理或逻辑实体而不依赖于任何具体的编码载体，比如射频标签、条码或数据库等。一个给定的纯标识可能包括许多编码，比如条码、各种标签编码和各种 URI[①] 编码。因此，一个纯标识是标识一个实体的一个抽象的名字或号码。一个纯标识只包括特定实体的唯一标识信息，而不包含其他的内容。

(2) 编码(Encoding)层：纯标识和附加信息(比如滤值)一起组成的特定序列。一个给定的纯标识可能存在许多编码，比如条码编码、各种标签编码和各种 URI 编码。编码结构可能除了统一编码之中的附加数据(比如滤值)外，还可能包含其他信息，那么，该编码方案就要指明其包含的附加数据的内容。

(3) 编码的物理实现(Physical Realization)层：具体的编码，可以通过某些机器读出，例如，一个特定的射频标签或特定的数据库字段。一个给定的编码可能有多种物理实现，例如，EAN·UCC 系统定义的 SSCC 就是一个纯标识的例子。一个 SSCC 编码成 EPC SSCC96 格式就是一编

---

① URI 是(Uniform Resource Identifier，统一资源标识符)用来唯一地标识一个资源。而 URL(Uniform Resource Iocator，统一资源定位器)是一种具体的 URI，即 URL 可以用来标识一个资源，而且还指明了如何找到这个资源。而 URN(Uniform Resource Name，统一资源命名)是通过名字来标识资源，比如 mailto：maple@maple.com。也就是说，URI 是以一种抽象的，高层次概念定义统一资源标识，而 URL 和 URN 则是具体的资源标识的方式。URI 可以分为 URL、URI 或同时具备 locators 和 names 特性的一个东西。URN 就好像一个人的名字，URL 就像一个人的地址。换句话说：URN 确定了东西的身份，URL 提供了找到它的方式。

码例子。而这个 96 位编码写到一个 UHF Class 1 射频标签里，则是一个物理实现的例子。

2. 编码实现

EPC 标签编码的通用结构是一个比特串，由一个分层次、可变长度的标头以及一系列数字字段组成，如图 3－6 所示，码的总长、结构和功能完全由标头的值决定。

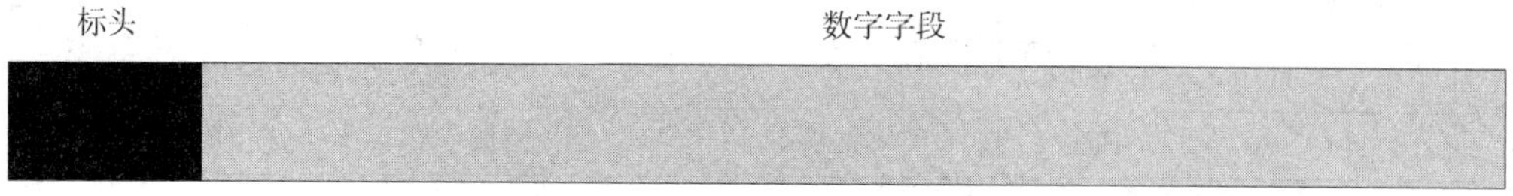

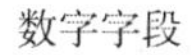

图 3－6　EPC 标签编码的通用结构

1）标头

EPC 标签数据标准定义的编码方案标头如表 3－6 所示。标头定义了总长、识别类型（功能）和 EPC 标签编码结构。标头是八位二进制值，值的分配规则已经出台，有 63 个可能的值（11111111 保留，允许使用长度大于 8 位的标头）。

表 3－6　产品电子代码标头分配

标头值（二进制）	标头值（十六进制）	编码长度（位）	编码方案
00000000	00	未定义	未编码标签
00000001 0000001x 000001xx	01 02,03 04,05,06,07	未定义	预留作将来使用 预留作将来使用 预留作将来使用
00001000	08	64	预留作 64 位<SSCC-64>使用
00001001	09	64	预留作 64 位<SGLN-64>使用
00001010	0A	64	预留作 64 位<GRAI-64>使用
00001011	0B	64	预留作 64 位<GIAI-64>使用
00001100 至 00001111	0C 至 0F		由于 Gen1 的 64 位编码规则，预留作 64 位使用
00010000 至 00101110	10 至 2E	未定义	预留作将来使用
00101111	2F	96	DoD-96
00110000	30	96	SGTIN-96
00110001	31	96	SSCC-96
00110010	32	96	SGLN-96
00110011	33	96	GRAI-96
00110100	34	96	GIAI-96
00110101	35	96	GID-96
00110110	36	198	SGTIN-198
00110111	37	170	GRAI-170
00111000	38	202	GIAI-202
00111001	39	195	SGLN-195
00111010 至 00111111	3A 至 3F		预留作将来标头值
01000000 至 01111111	40 至 4F		预留作 64 位使用
10000000 至 10111111	80 至 8F	64	预留作<SGTIN-64>64 位使用（64 个标头值）

续表

标头值(二进制)	标头值(十六进制)	编码长度(位)	编码方案
11000000 至 11001101	C0 至 8D		预留作 64 位使用
11001110	CE	64	预留作＜DoD-64＞64 位使用
11001111 至 11111110	CF 至 FE		预留作 64 位使用
11111111	FF	未定义	预留作将来大于 8 位的标头

2) 通用标识符 GID-96

EPC 标签数据标准的定义了一种通用的标识类型。通用标识符(GID-96)定义为 96 位的 EPC 代码，它不依赖任何已知的，现有的规范或标识方案。此通用标识符由 3 个字段组成；通用管理者代码、对象分类代码和序列代码。GID-96 的编码包含四个字段，标头保证 EPC 命名空间的唯一性，如表 3-7 所示。

表 3-7 通用标识符(GID-96)

	标头	通用管理者代码	对象分类代码	序列代码
GID-96	36	28	28	24
	00110101 (二进制值)	268,435,456 (十进制容量)	16,777,21 (十进制容量)	68,719,476,736 (十进制容量)

通用管理者代码标识一个组织实体(本质上一个公司，管理者或其他管理者)，负责维持后继字段的编号——对象分类代码和序列代码。EPCglobal 分配通用管理者代码给实体，确保每一个通用管理者代码是唯一的。

对象分类代码被 EPC 管理实体使用来识别一个物品的种类或“类型”。当然这些对象分类代码，在每一个通用管理者代码之下必须是唯一的。对象分类代码的例子包含消费性包装品(Consumer Packaged Goods，CPG)的库存单元(Stock Keeping Unit，SKU)或高速公路系统的不同结构，比如交通标志，灯具，桥梁，这些产品的管理实体为一个国家。

最后，序列代码在每一个对象分类代码之内是唯一的。换句话说，管理实体负责为每一个对象分类代码分配唯一的、不重复的序列代码。

3) EAN•UCC 系统标识类型

EPC 标签数据标准定义了 5 种 EPC 标识类型，来自于产品编码的 EAN•UCC 系统家族，下面对每一种标识类型进行描述。

EAN•UCC 系统代码具备一个共同的结构，以固定的十进制位进行编码，并加上一个额外的“校验位”组成，校验位由其他位通过算法计算出来。在非校验位里，固定的分为两个域：由 EAN 或 UCC 分配的厂商识别代码作为管理实体代码，剩下的位由管理实体分配(厂商识别代码之外的每部分被 EAN•UCC 系统代码命名不同的名字)。厂商识别代码如果按十进制表示，位数在 6 到 12 之间变化，这依赖于已分配的特定的厂商识别代码。剩下的位数则要做出相反的变化，使得对一种特定的 EAN•UCC 系统代码类型来说，位数的总数固定不变。

EAN•UCC 推荐将 EAN•UCC 系统标识编入条码中，同时也便于相关的数据处理软件使用，规定组成 EAN•UCC 系统代码的十进制位应该永远作为一个单位进行处理，并且不被解析成各个单独的字段。然而，这个建议对 EPC 网络并不适合，把一个代码的一部分分配给管理实体(EAN•UCC 系统类型中的厂商识别代码)的能力，相对于管理实体负责的部分(剩下的部分)而言，对象名解析(ONS)的机能是非常必要的。此外，我们相信区分厂商识别代码的能力在过滤时以及在其他对 EPC 派生数据安全处理过程中是非常有用的。因此，特定的 EAN•UCC 代码类型的 EPC 编码，具备如下方面特点：

① EPC 编码中厂商识别代码和剩下位之间有清楚的划分，每一个单独编码成二进制。因此，需要从一个传统的 EAN•UCC 系统代码的十进制进行转换，并需要有关 EPC 编码厂商识别代码长度方面的知识。

② EPC 编码不包括校验位。因此，从 EPC 编码到传统的十进制表示的代码转换需要根据其他的位重新计算校验位。

(1) 系列化全球贸易标识代码(SGTIN)。SGTIN(Serialized Global Trade Identification Number)是一种新的标识类型，它基于 EAN•UCC 通用规范中的 EAN•UCC 全球贸易项目代码(GTIN)。一个单独的 GTIN 不符合 EPC 纯标识中的定义，因为它不能唯一标识一个具体的物理对象。GTIN 标识一个特定的对象类，比如特定产品类或 SKU[①]。

所有 SGTIN 表示法支持 14 位 GTIN 格式。这就意味着在 UCC-12 厂商识别代码以 0 开头和 EAN•UCC-13 零指示位，都能够编码并能从一个 EPC 编码中进行精确的说明。EPC 现在不支持 EAN•UCC-8，但是支持 14 位 GTIN 格式。

为了给单个对象创建一个唯一的标志符，GTIN 增加了一个序列代码，管理实体负责分配唯一的序列代码给单个对象分类。GTIN 和唯一序列代码的结合，称为一个序列化 GTIN (SGTIN)。SGTIN 由以下信息元素组成：

① 厂商识别代码：由 EAN 或 UCC 分配给管理实体。厂商识别代码在一个 EAN•UCC GTIN 十进制编码内同厂商识别代码位相同。

② 项目代码：由管理实体分配给一个特定对象分类。EPC 编码中的项目代码是从 GTIN 中获得，通过连接 GTIN 的指示码和项目参考代码，看作一个单一整数而得到，如图3－7所示。

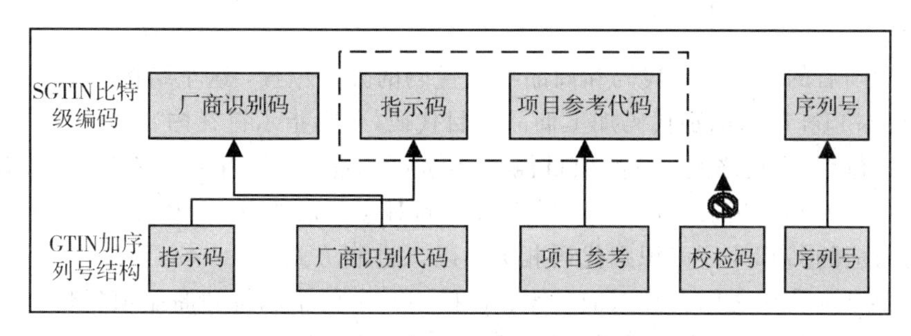

图 3－7　SGTIN 编码转换方案

① SKU＝Stock Keeping Unit(库存量单位)，即库存进出计量的单位，可以是以件、盒、托盘等为单位。SKU 这是对于大型连锁超市 DC(配送中心)物流管理的一个必要的方法。现在已经被引申为产品统一编号的简称，每种产品均对应有唯一的 SKU 号。

③ 序列代码：由管理实体分配给一个单个对象。序列代码不是 GTIN 的一部分，而是 SGTIN 的组成部分。

SGTIN 的 EPC 编码方案允许 EAN•UCC 系统 GTIN 和序列代码代码直接嵌入 EPC 标签。所有情况下，校验位不进行编码。下面将详细说明关于 SGTIN 的两个编码方案：SGTIN-96(96 位)和 SGTIN-198(198 位)。

a. SGTIN-96。除了标头之外，SGTIN-96 还包括 5 个字段：滤值、分区、厂商识别代码、商品项目代码和序列号，如表 3－8 所示。

表 3－8　SGTIN-96 代码结构

<table>
<tr><td rowspan="3">SGTIN-96</td><td>标头</td><td>滤值</td><td>分区</td><td>厂商识别代码</td><td>商品项目代码</td><td>序列号</td></tr>
<tr><td>8</td><td>3</td><td>3</td><td>20—40</td><td>24—4</td><td>38</td></tr>
<tr><td>00110000
(二进制值)</td><td>(值参照
表 3－9)</td><td>(值参照
表 3－10)</td><td>999999—9999999
99999(最大十进
制范围)＊</td><td>9999999—9
(最大十进制
范围)＊</td><td>274877906943
(最大十进制值)</td></tr>
</table>

＊厂商识别代码和商品项目代码字段范围根据分区值的不同而变化，标头 8 位，二进制值为 00110000。

滤值用来快速过滤和确定基本物流类型，SGTIN-96 的滤值见表 3－9 所示。

表 3－9　SGTIN-96 滤值

类型	二进制值
所有其他	000
零售消费者贸易项目	001
标准贸易项目组合	010
单一货运/消费者贸易项目	011
不在 POS 销售的内部贸易项组合	100
保留	101
保留	110
保留	111

分区指示随后的厂商识别代码和商品项目代码的分开位置，这个结构与 GS1 GTIN 中的结构相匹配。GTIN 厂商识别代码加上商品项目代码(包括指示符在内)共 13 位，其中，厂商识别代码在 6 位到 12 位之间，商品项目代码(包括单一指示符)相应地在 7 位到 1 位之间。分区值以及厂商识别代码和商品项目代码两者长度的对应关系见表 3－10 所示。SGTIN-96 厂商识别代码与对应的 GTIN 厂商识别代码相同，以二进制方式表示。SGTIN-96 商品项目代码与 GTIN 商品项目代码之间存在对应关系：连接 GTIN 的指示符和商品项目代码，将二者组合看作一个整数，编码成二进制作为 SGTIN-96 的商品项目代码字段。把指示符放在商品项目代码的最左侧可用位置，GTIN 商品项目代码中以“零”开头是非常重要的。例如，00235 同 235 是不同的，如果指示符为 1，GTIN 商品项目代码为 00235，那么 SGTIN-96 商品项目代码为 100235。

序列号为一个数字，这个数字应在 GS1 系统规定的序列号有效值范围内，且序列号只能为整数。

表 3－10　SGTIN-96 分区

分区值	厂商识别代码		指示符和商品项目代码	
	二进制	十进制	二进制	十进制
0	40	12	4	1
1	37	11	7	2
2	34	10	10	3
3	30	9	14	4
4	27	8	17	5
5	24	7	20	6
6	20	6	24	7

b. SGTIN-198。除了标头之外，SGTIN-198 同样还包括滤值、分区、厂商识别代码、商品项目代码和序列号 5 个字段。但其标头和序列号与 SGTIN-96 不同，代码结构如表 3－11 所示。

表 3－11　SGTIN-198 代码结构

	标头	滤值	分区	厂商识别代码	商品项目代码	序列号
SGTIN-198	8	3	3	20～40	24～4	140
	0011011 （二进制值）	（值参照 表 3－9）	（值参照 表 3－10）	999999－999999999999 （最大十进制范围）*	9999999－9 （最大十进制范围）*	最大 20 个字符

*厂商识别代码和商品项目代码字段范围根据分区值的不同而变化

标头 8 位，二进制值为 00110110。SGTIN-198 滤值和 SGTIN-96 滤值相同，见表 3－9 所示；SGTIN-198 分区和 SGTIN-96 分区相同，见表 3－10 所示；SGTIN-198 厂商识别代码和商品项目代码关系与 SGTIN-96 相同。序列号由字符组成，SGTIN-198 编码中序列号允许最多 20 个字符，支持以 UCC/EAN-128 条码为载体的应用标识符 AI(21)的全体范围，见表 3－12 所示。

表 3－12　唯一图形字符的分配

图形符号	名称	编码表示	图形符号	名称	编码表示
!	感叹号	2/1	M	拉丁大写字母 M	4/13
"	双引号	2/2	N	拉丁大写字母 N	4/14
%	百分号	2/5	O	拉丁大写字母 O	4/15
&	和	2/6	P	拉丁大写字母 P	5/0
′	撇号	2/7	Q	拉丁大写字母 Q	5/1
(	左圆括号	2/8	R	拉丁大写字母 R	5/2
)	右圆括号	2/9	S	拉丁大写字母 S	5/3
*	星号	2/10	T	拉丁大写字母 T	5/4
+	正号	2/11	U	拉丁大写字母 U	5/5
,	逗号	2/12	V	拉丁大写字母 V	5/6
－	负号	2/13	W	拉丁大写字母 W	5/7
.	句点	2/14	X	拉丁大写字母 X	5/8

续表

图形符号	名称	编码表示	图形符号	名称	编码表示
/	斜线	2/15	Y	拉丁大写字母 Y	5/9
0	数字 0	3/0	Z	拉丁大写字母 Z	5/10
1	数字 1	3/1	_	下横线	5/15
2	数字 2	3/2	a	拉丁小写字母 a	6/1
3	数字 3	3/3	b	拉丁小写字母 b	6/2
4	数字 4	3/4	c	拉丁小写字母 c	6/3
5	数字 5	3/5	d	拉丁小写字母 d	6/4
6	数字 6	3/6	e	拉丁小写字母 e	6/5
7	数字 7	3/7	f	拉丁小写字母 f	6/6
8	数字 8	3/8	g	拉丁小写字母 g	6/7
9	数字 9	3/9	h	拉丁小写字母 h	6/8
：	冒号	3/10	i	拉丁小写字母 i	6/9
；	分号	3/11	j	拉丁小写字母 j	6/10
＜	小于记号	3/12	k	拉丁小写字母 k	6/11
＝	等号	3/13	l	拉丁小写字母 l	6/12
＞	大于记号	3/14	m	拉丁小写字母 m	6/13
?	问号	3/15	n	拉丁小写字母 n	6/14
A	拉丁大写字母 A	4/1	o	拉丁小写字母 o	6/15
B	拉丁大写字母 B	4/2	p	拉丁小写字母 p	7/0
C	拉丁大写字母 C	4/3	q	拉丁小写字母 q	7/1
D	拉丁大写字母 D	4/4	r	拉丁小写字母 r	7/2
E	拉丁大写字母 E	4/5	s	拉丁小写字母 s	7/3
F	拉丁大写字母 F	4/6	t	拉丁小写字母 t	7/4
G	拉丁大写字母 G	4/7	u	拉丁小写字母 u	7/5
H	拉丁大写字母 H	4/8	v	拉丁小写字母 v	7/6
I	拉丁大写字母 I	4/9	w	拉丁小写字母 w	7/7
J	拉丁大写字母 J	4/10	x	拉丁小写字母 x	7/8
K	拉丁大写字母 K	4/11	y	拉丁小写字母 y	7/9
L	拉丁大写字母 L	4/12	z	拉丁小写字母 z	7/10

(2) 系列货运包装箱代码(SSCC)。SSCC在EAN·UCC通用规范中给出了定义。与GTIN不同的是，SSCC的设计本身已经分配给个体对象，因此不需要任何附加字段来作为一个EPC纯标识。

SSCC由以下信息元素组成：

① 厂商识别代码，由EAN或UCC分配给一个管理实体。厂商识别代码同EAN·UCC的SSCC十进制编码中的厂商识别代码相同。

② 序列代码，由管理实体分配给明确的货运单元。EPC 编码的序列代码是从 SSCC 中获取——通过连接 SSCC 的扩展位和序列代码位组成一个唯一的整数，如图 3-8 所示。

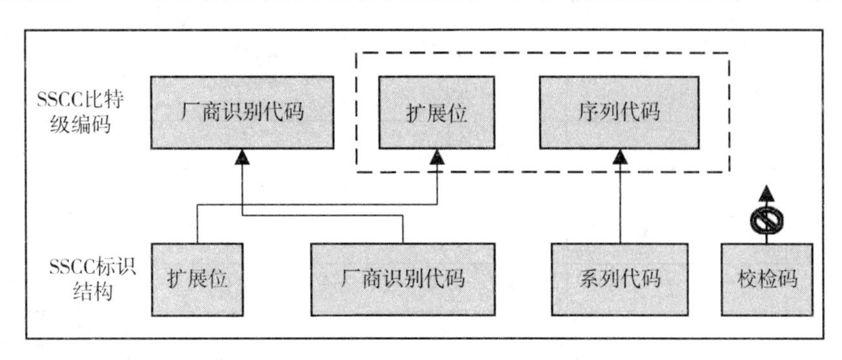

图 3-8　SSCC 的 EPC 编码方案

SSCC 的 EPC 编码方案允许 EAN·UCC 系统的 SSCC 代码直接嵌入到 EPC 标签中。在所有情况下，校验位不进行编码。SSCC 的 EPC 编码方案有 SSCC-96(96 位)。

除了标头之外，SSCC-96 还包括 4 个字段：滤值、分区、厂商识别代码和序列号，代码结构如表 3-13 所示。

表 3-13　SSCC-96 代码结构

	标头	滤值	分区	厂商识别代码	序列号	未分配
SSCC-96	8	3	3	20～40	38～18	24
	00110001 (二进制值)	(值参照 表 3-14)	(值参照 表 3-15)	999999—999999999999 (最大十进制范围)*	99999999999—99999 (最大十进制范围)*	未使用

* 厂商识别代码和序列号字段最大十进制范围根据分区字段内容的不同而变化。

标头 8 位，二进制值为 00110001。滤值用来快速过滤和确定基本物流单元类型，SSCC-96 的滤值见表 3-14 所示。

表 3-14　SSCC-96 滤值

类型	二进制值
所有其他	000
未定义	001
物流/货运单元	010
保留	011
保留	100
保留	101
保留	110
保留	111

分区指示随后的厂商识别代码和序列号分开位置。这个结构与商品条码 SSCC 的结构相匹配。在 SSCC-96 代码结构中，厂商识别代码在 6 到 12 位之间变化，序列号在 11 到 5 位之间变化。表 3-15 给出了分区字段值及相关的厂商识别代码长度和序列号长度。

表 3-15　SSCC-96 分区

分区值(P)	厂商识别代码		序列号和扩展位	
	二进制(M)	十进制(L)	二进制(N)	十进制
0	40	12	18	5
1	37	11	21	6
2	34	10	24	7
3	30	9	28	8
4	27	8	31	9
5	24	7	35	10
6	20	6	38	11

SSCC-96 的厂商识别代码是对商品条码 SSCC 厂商识别代码的逐位编码。SSCC-96 的序列号由 SSCC 的序列号和扩展位组成。扩展位同序列号字段通过以下方式结合：扩展位放在 SSCC 序列号最左边的可用位置上，若 SSCC 序列号以零开头，仍须保留。由表 3-15 可见，SSCC-96 的序列号(不包括前置的一个扩展位)的数值范围在厂商识别代码为 12 位时的 9，999到厂商识别代码为 6 位的 9，999，999，999 之间未分配字段没有使用，用零填充。

(3) 系列化全球位置码(SGLN)。SGLN 在 EAN·UCC 通用规范中给出了定义。一个 SGLN 能够标识一个不连续的、唯一的物理位置，比如一个码头门口或一个仓库箱位，或标识一个集合物理位置，比如一个完整的仓库。此外，一个 SGLN 能够代表一个逻辑实体，比如一个执行某个业务功能的“机构”，比如下订单。正因为上述这些不同，EPC GLN 考虑仅仅采用 SGLN 的物理位置标识。

SGLN 由以下信息元素组成：

① 厂商识别代码，由 EAN 或 UCC 分配给管理实体。厂商识别代码同 EAN/UCC GLN 十进制编码中的厂商识别代码相同。

② 位置参考代码，由管理实体唯一分配给一个集合的或具体的物理位置。

③ 扩展代码，由管理实体分配给一个个体的唯一地址。

SGLN 编码方案，如图 3-9 所示，允许在 EPC 标签上将 EAN·UCC 系统 GLN 直接嵌入其中，不对校验位进行编码，目前制定了 SGLN-96(96 位)和 SGLN-195(195 位)两种编码方案。

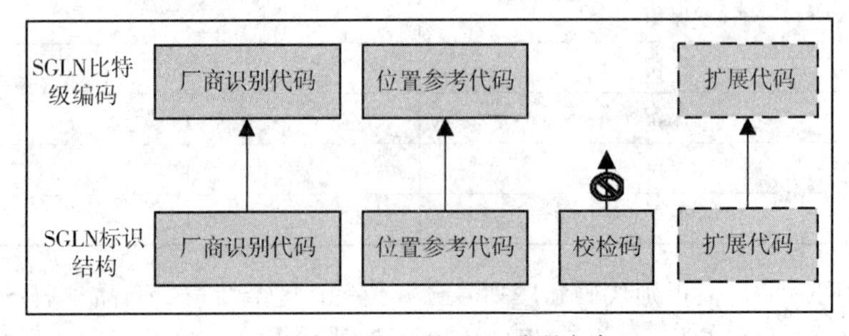

图 3-9　SGLN 的 EPC 编码方案

a. SGLN-96。除了标头之外，SGLN-96 还包括 5 个字段：滤值、分区、厂商识别代码、位置参考代码、扩展代码，代码结构如表 3-16 所示。

表 3-16　SGLN-96 代码结构

	标头	滤值	分区	厂商识别代码	位置参考代码	扩展代码
SGLN-96	8	3	3	20～40	21～1	41
	00110010（二进制值）	（值参照表 3-17）	（值参照表 3-18）	999999—999999999999（最大十进制范围）*	999999—0（最大十进制范围）*	999999999999（最大十进制范围）

* 厂商识别代码和位置参考代码字段范围根据分区值的不同而变化。（注：扩展代码最小值为 1，预留值为 0。标头 8 位，二进制值为 00110010）

滤值用来快速过滤和确定基本位置类型。SGLN-96 的滤值见表 3-17 所示。

表 3-17　SGLN-96 滤值

类型	二进制值
所有其他	000
保留	001
保留	010
保留	011
保留	100
保留	101
保留	110
保留	111

分区指示随后的厂商识别代码和位置参考代码的分开位置，这个结构与商品条码 GLN 中的结构相匹配。在 GLN 结构中，厂商识别代码加上位置参考代码共 12 位。SGLN-96 中，厂商识别代码在 6 位到 12 位之间，位置参考代码相应在 6 位到 0 位之间。分区值与厂商识别代码和位置参考代码二者长度的对应关系见表 3-18 所示。

表 3-18　SGLN-96 分区

分区值	厂商识别代码		位置参考代码	
(P)	二进制(M)	十进制(L)	二进制(N)	十进制
0	40	12	1	0
1	37	11	4	1
2	34	10	7	2
3	30	9	11	3
4	27	8	14	4
5	24	7	17	5
6	20	6	21	6

SGLN-96 厂商识别代码与对应的商品条码 GLN 厂商识别代码相同，以二进制方式表示。如果存在 SGLN-96 位置参考代码，那么与商品条码 GLN 位置参考代码相同，以二进制方式表示。扩展代码为一个序列号，可以是表 3-16 中规定范围内的整数值，或者是使用应

用标识符 AI(254)的 GLN，此时 AI(254)的扩展代码应为数字。如果不使用扩展代码，这个值被设置为二进制 00000000000000000000000000000000000000000。

b. SGLN-195。除了标头之外，SGLN-195 还包括 5 个字段：滤值、分区、厂商识别代码、位置参考代码、扩展代码，但其标头和扩展代码与 SGLN-96 不同，SGLN-195 代码结构如表 3－19 所示。

表 3－19 SGLN-195 代码结构

	标头	滤值	分区	厂商识别代码	位置参考代码	扩展代码
SGLN-195	8	3	3	20～40	21～1	140
	00111001 （二进制值）	（值参照 表 3－17）	（值参照 表 3－18）	999999—999999999999 （最大十进制范围）*	9999999—0 （最大十进制 范围）*	最多 20 个字符

* 厂商识别代码和商品项目代码字段范围根据分区值的不同而变化

标头 8 位，二进制值为 00111001。SGLN-195 滤值和 SGLN-96 滤值相同，见表 3－17 所示；SGLN-195 分区和 SGLN-96 分区相同，见表 3－18 所示；SGLN-195 厂商识别代码和位置参考代码与 SGLN-96 相同。扩展代码为一个序列号，如果不使用扩展代码，这个值被设置为二进制 0110000 和其后 133 个 0。SGLN-195 编码中序列号允许最多 20 个字符，支持 UCC/EAN-128 条码表示的应用标识符 AI(254)的全体范围，见表 3－12 所示。

(4) 全球可回收资产标识符(GRAI)。GRAI 在 EAN·UCC 通用规范中给出了定义。与 GTIN 不同的是，GRAI 已经是为单品分配的，因此不需要任何附加字段便可用做 EPC 纯标识。

全球可回收资产标识符 GRAI 包含如下信息元素：

① 厂商识别代码：由 EAN 或 UCC 分配给一个管理实体，该厂商识别代码与 EAN·UCC GRAI 十进制代码中的厂商识别代码相同。

② 资产类型：是由管理实体分配给资产的某个特定类型的。

③ 序列号：由管理实体分配给单个对象。EPC 表示法只能用于描述 EAN·UCC 通用规范中所规定的序列代码子集。特别地指出，只有那些具有一个或多个数字、非零开头的序列代码可以使用。

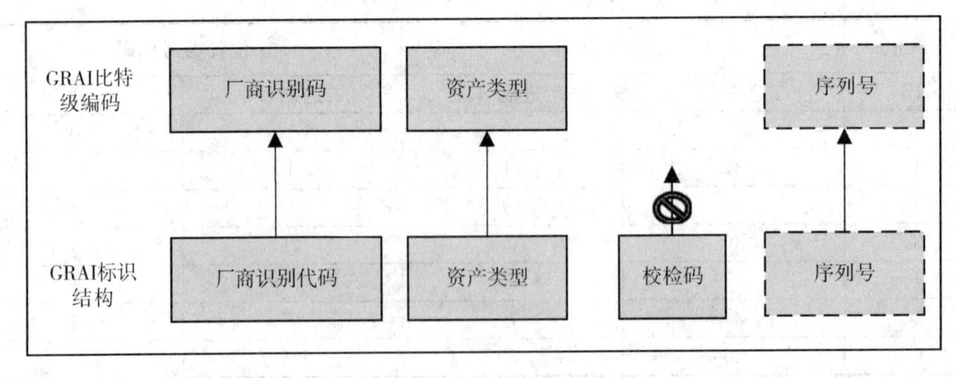

图 3－10 GARI 编码方案

如图 3－10 所示，EPC 对 GRAI 的编码方案允许在 EPC 标签上将 EAN·UCC 系统 GRAI 直接嵌入其中。EPCglobal 制定了 GRAI-96 和 GRAI-170 两种编码方案。

a. GRAI-96。除了标头之外，GRAI-96 还包括 5 个字段：滤值、分区、厂商识别代码、资产类型代码和序列号，标头 8 位，二进制值为 00110011。GRAI-96 的代码结构如表 3－20 所示。

表 3－20　GRAI-96 代码结构

	标头	滤值	分区	厂商识别代码	资产类型代码	序列号
GRAI-96	8	3	3	20～40	24～4	38
	00110011（二进制值）	（值参照表 3－21）	（值参照表 3－22）	999999－999999999999（最大十进制范围）*	9999999－9（最大十进制范围）*	274877906943（最大十进制值）

* 厂商识别代码和资产类型字段范围根据分区值的不同而变化

滤值用来快速过滤和确定基本资产类型，GRAI-96 的滤值见表 3－21 所示。

表 3－21　GRAI-96 滤值

类型	二进制值
所有其他	000
保留	001
保留	010
保留	011
保留	100
保留	101
保留	110
保留	111

分区指示随后的厂商识别代码和资产类型的分开位置，这个结构与商品条码 GRAI 中的结构相匹配。在商品条码 GRAI 代码结构中，厂商识别代码加上资产类型代码共 12 位。这里，厂商识别代码在 6 位到 12 位之间，资产类型代码相应地在 6 位到 0 位之间。分区值与厂商识别代码和资产类型代码二者长度之间的对应关系见表 3－22 所示。

表 3－22　GRAI-96 分区

分区值	厂商识别代码		资产类型代码	
(P)	二进制(M)	十进制(L)	二进制(N)	十进制
0	40	12	4	0
1	37	11	7	1
2	34	10	10	2
3	30	9	14	3
4	27	8	17	4
5	24	7	20	5
6	20	6	24	6

GRAI-96 厂商识别代码与对应的商品条码 GRAI 厂商识别代码相同，以二进制方式表示。GRAI-96 资产类型代码与商品条码 GRAI 资产类型代码相同，以二进制方式表示。序列号为一个

数字。这个数字应在表 3－20 规定的序列号有效值范围内，且序列号只能为整数，不能以零开头。

b. GRAI-170。除了标头之外，GRAI-96 还包括 5 个字段：滤值、分区、厂商识别代码、资产类型和序列号，但其标头和序列号与 GRAI-96 不同，如表 3－23 所示。

表 3－23　GRAI-170 代码结构

	标头	滤值	分区	厂商识别代码	资产类型代码	序列号
GRAI-170	8	3	3	20～40	24—4	112
	00110111（二进制值）	（值参照表 3－21）	（值参照表 3－22）	999999—999999999999（最大十进制范围）*	9999999—9（最大十进制范围）*	最多 16 个字符

* 厂商识别代码和商品项目代码字段范围根据分区值的不同而变化

标头 8 位，二进制值为 00110111。GRAI-170 滤值和 GRAI-96 滤值相同，见表 3－21 所示。GRAI-170 分区和 GRAI-96 分区相同，见表 3－22 所示。GRAI-170 厂商识别代码和资产类型代码与 GRAI-96 相同。

(5) 全球单个资产标识符(GIAI)。GIAI(GlobalIndividualAssetIdentifier)在 EAN•UCC 通用规范中给出规定。与 GTIN 不同的是，GIAI 原来就设计为用于单品，因此不需要任何附加字段用于 EPC 的纯标识。

GIAI 由下面的信息元素组成：

① 厂商识别代码，由 EAN•UCC 分配给公司实体，该厂商识别代码与 EAN•UCC GIAI 十进制代码中的厂商识别代码数字相同。

② 单个资产参考代码，是由管理实体唯一地分配给某个具体资产的。EPC 表示法只能用于描述 EAN•UCC 通用规范中规定的单个资产参考代码。需要特别指出的是，只能是那些具有一个或多个数字、非零开头的单个资产项目代码可以使用。GIAI 编码方案如图 3－11所示。

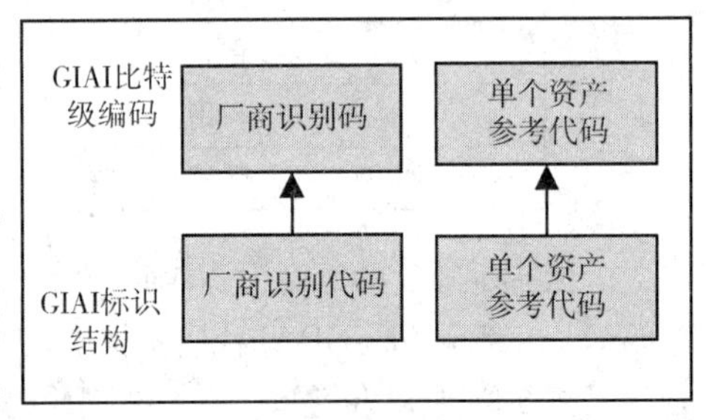

图 3－11　GIAI 编码方案

EPC 编码方案中规定了 GIAI-96 和 GIAI-202 两种编码，允许直接将符合 EAN•UCC 系统标准的 GIAI 代码直接嵌入 EPC 标签。

a. GIAI-96。除了标头之外，GIAI-96 还包括 4 个字段：滤值、分区、厂商识别代码、单个资产参考代码，GIAI-96 的代码结构如表 3－24 所示。

表 3－24　GIAI-96 代码结构

	标头	滤值	分区	厂商识别代码	单个资产参考代码
GIAI－96	8	3	3	20～40	62～42
	00110100（二进制值）	（值参照表 3－25）	（值参照表 3－26）	999999—999999999999（最大十进制范围）*	4611686018427387903—4398046511103（最大十进制范围）*

* 厂商识别代码和资产类型字段范围根据分区值的不同而变化

标头 8 位，二进制值为 00110100。滤值用来快速过滤和确定基本资产类型，GIAI-96 的滤值见表 3-25 所示。

表 3-25 GIAI-96 滤值

类型	二进制值
所有其他	000
保留	001
保留	010
保留	011
保留	100
保留	101
保留	110
保留	111

分区指示随后的厂商识别代码和单个资产参考代码的分开位置，这个结构与商品条码 GIAI 中的结构相匹配。厂商识别代码在 6 位到 12 位之间。分区值与厂商识别代码和资产类型代码二者长度的对应关系见表 3-26 所示。GIAI-96 厂商识别代码与对应的商品条码 GIAI 厂商识别代码相同，以二进制方式表示。单个资产参考代码是每个资产唯一的代码。商品电子编码 GIAI 的单个资产参考代码小于商品条码 GIAI 的单个资产参考代码范围，且只能为数字，不能以零开头。

表 3-26 GIAI-96 分区

分区值	厂商识别代码		单个资产参考代码	
(P)	二进制(M)	十进制(L)	二进制(N)	十进制
0	40	12	42	13
1	37	11	45	14
2	34	10	48	15
3	30	9	52	16
4	27	8	55	17
5	24	7	58	18
6	20	6	62	19

b. GIAI-202。除了标头之外，GIAI-202 还包括 4 个字段：滤值、分区、厂商识别代码和单个资产参考代码，GIAI-202 的代码结构如表 3-27 所示。

表 3-27 GIAI-202 代码结构

	标头	滤值	分区	厂商识别代码	单个资产参考代码
GIAI-202	8	3	3	20～40	168～148
	00111000（二进制值）	（值参照表 3-25）	（值参照表 3-28）	999999—999999999999（最大十进制范围）*	最多 24 个字符

* 厂商识别代码和资产类型字段范围根据分区值的不同而变化。

标头 8 位，二进制值为 00111000。滤值用来快速过滤和确定基本资产类型。GIAI-202 的滤值见表 3－25 所示。分区指示随后的厂商识别代码和单个资产参考代码的分开位置，这个结构与商品条码 GIAI 中的结构相匹配。厂商识别代码在 6 位到 12 位之间，分区值与厂商识别代码和资产类型代码二者长度之间的对应关系见表 3－28 所示。

表 3－28　GIAI-202 分区

分区值	厂商识别代码		单个资产参考代码	
(P)	二进制(M)	十进制(L)	二进制(N)	十进制
0	40	12	148	18
1	37	11	151	19
2	34	10	154	20
3	30	9	158	21
4	27	8	161	22
5	24	7	164	23
6	20	6	168	24

GIAI-202 厂商识别代码与对应的商品条码 GIAI 厂商识别代码相同，以二进制方式表示。单个资产参考代码是单个资产参考代码唯一的代码，由字符组成。GIAI-202 编码中序列号允许最多 24 个字符，支持以 UCC・EAN-128 条码为载体的应用标识符 AI(8004)的全体范围①，见表 3－12 所示。

3.2.5　EPC 编码转换

遍布 140 多个国家的 120 多万个成员公司使用的 EAN•UCC 编码体系和几十亿货品使用的 GTIN 体系条码，至今已成为历史上最成功的标准之一。因此，在此背景下我们希望将全球接受的 EAN•UCC 识别体系结构整合到新的 EPC 产品电子码中。虽然看起来难度可能比较大，然而事实上这两大体系的整合可能并非如此复杂。GTIN 体系与 EPC 体系的有效兼容性将使“智能化基础设施”更多更快地应用到使用传统条码的行业中来，比如零售业和分销业，同时能够扩展全球标准新的领域，比如健康护理业和制造业。

EAN•UCC 条码可以满足销售业的各种需求，但不同领域的应用对条码的数据结构有不同的要求，因此就需要多套 GTIN 编码方案并且不同的编码结构来存储不同的数据信息。然而，EPC 编码结构则适合描述几乎所有的货品，同时通过 IP 地址可以识别所有网络节点上的存有某货品信息的计算机。EPC 编码组织和识别包括零售业、制造业、健康护理业、国防、电子、服务业等行业所包含的物理实体。要达到以上目的，EPC 编码必须广泛应用于这些领域。

GTIN 体系无法依赖于网络资源。在许多情况下，GTIN 体系必须在没有任何外部连接甚至没有计算机系统的情况下进行有效的工作。许多外部数据比如价格和保质期等(这些数据对不同的单品来说是不同的)都必须存储在条码结构中，这增加了成本与复杂性。EPC 编

① 注：厂商识别代码和单个资产参考代码的总长不能超过 30 个字符。

码中则不包含有关识别货品的具体信息，而只提供指向这些目标信息的有效的网络指针。EPC 有一个固定的简单的结构，我们只需要识别拥有这些目标参考信息的组织及其计算机服务器的信息即可。

EAN•UCC GTIN 体系作为一套识别与跟踪零售业的贸易项和贸易配送的重要方法已经在全球普遍应用。看起来好像 GTIN 可以直接作为像 EPC 那样以网络化信息为依托的新一代编码体系，然而事实上，这种直接将 GTIN 作为 EPC 应用的观点是不合理的，因为：

(1) GTIN 体系不是一套单独的编码方案，而是一族编码方案，包含 UPC，EAN-13，SCC-14 和 EAN-8，这不符合 EPC 的全球统一性要求。

(2) GTIN 体系包含一些局部扩展应用和非常规应用领域，这些应用包括称重货品，药品，优惠券和出版物等。

(3) 货运包装箱代码(SCC-14)，即 EAN•UCC-14，是为物流单元(运输、储藏)提供唯一标识的代码。而当使用 EPC 后，关于货运和装配等信息将以 PML 文件的方式进行存储与表现，并且货物包装在整个供应链流动的过程都将在 PML 数据库中被记录和更新，显然 GTIN 体系不符合这种要求。

(4) GTIN 总的地址空间有点狭窄。EAN•UCC-13 理论上最多允许分配 10 000 000 个公司，每个公司又可以有 100 000 种商品的空间。即便如此，GTIN 总空间还是小于 EPC 规划的最大应用空间。

(5) GTIN 包含用于线性条码扫描的校验位，而 EPC 只是简单的识别编码方案，不含校验位，是独立于具体通信方式的。

(6) GTIN 在当前的情形下还不便于扩展，因为 GTIN 缺少 EPC 所拥有的版本号。

(7) GTIN、EAN•UCC-13 包含国家代码部分，用来指示管理制造商编码的成员组织。而 EPC 编码则与 IP 地址类似，EPC 编码不包含对国家的识别。关于公司所在国家和所有相关的商业信息都将存储在与 EPC 编码相关的在线资源(PML 文档)当中。

(8) GTIN 在它的规范中包含了一些基础信息，这些信息包括定价信息，截止日期和包装等信息。然而在 EPC 的制定过程中将这些信息删除了，改为由 PML 文件存储相关信息。

AUTO-ID CENTER 希望将大多数 EAN•UCC 数据结构内容应用到新的网络数据库中。GTIN 体系结构里制造商编码与产品编码部分将以 EPC 管理编码和 EPC 对象分类编码的形式保留在 EPC 产品电子码里，但条码扫描必需的校验值属性将从数据结构中删除。其中，常规 UPC 编码(UCC-12)可以直接转换到 EPC 编码。比如，UCC-12 编码结构的企业编码和货品编码部分分别与 EPC 编码结构的管理编码和对象分类编码部分相吻合。常规的 UPC 编码有五位企业编码，这五位数没有特殊的意义。因此从 UPC 制造商编码到 EPC 管理识别码的转换是简单的——这两部分号码是完全相同的。另外，EPC 产品电子码尝试缩减其编码结构内在信息和分类的数量，以国家编码来划分公司分类码的形式将被取消。因此与互联网 IP 地址编码中没有国家或地区区别类似，EPC 也将弱化国家间区别，并且是直接面向全球导向的。

EPC V1.3 编码体系包含三大类，共 11 种编码方案：通用标识类型(GID)、EAN•UCC 全球贸易产品码(SGTIN)的序列化版本，EAN•UCC 系列货运包装箱代码(SSCC)，EAN•UCC 全球位置码(SGLN)、EAN•UCC 全球可回收资产标识类型(GRAI)、EAN•UCC 全球单个资产标识类型(GIAI)和 DoD 标识类型。

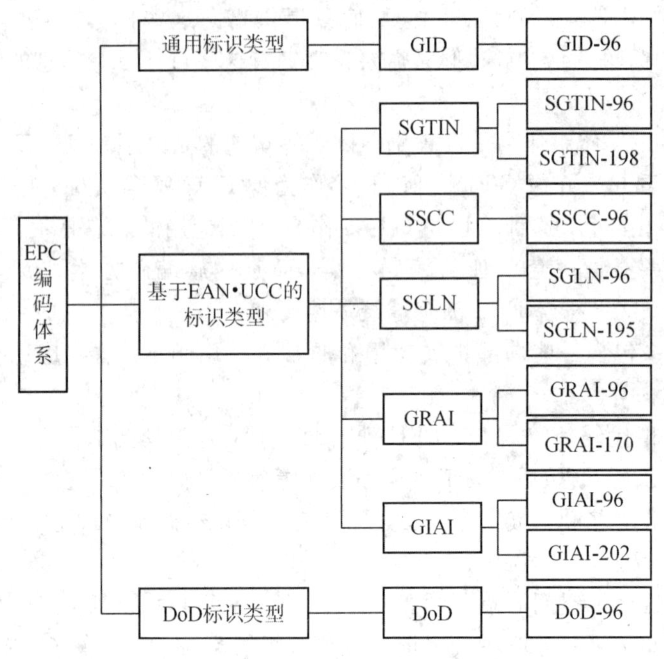

图 3-12　EPC 编码体系

1. 常规 UPC 编码向 EPC 编码的转换

常规的 UPC 编码(UCC-12)可以直接转换为 EPC 编码。转换时，UCC-12 结构里制造商编码与贸易项编码部分分别和 EPC 结构的管理者编码与对象分类编码部分相对应。注意，UPC 的十进制编码要转换成 EPC 的十六进制符号。如图 3-13 中所示，其中 UPC 制造商编码和贸易项编码分别用十进制表示为‘02354’和‘08156’，转换为 EPC 编码后，相应部分分别用十六进制表示为‘932’和‘1FDC’。

最后，UPC 编码体系里第一位属性位和最后一位校验位在转换过程中被删除。另外，常规 UPC 编码不包含一个唯一的贸易项识别序列号，而这个序列号将在 EPC 中被定义和使用，这使得 EPC 编码可以识别单个货品，转换关系如图 3-13 所示。

图 3-13　UPC 与 EPC 直接的转换关系

2. UPC 编码向 EPC 编码的转换

除了常规 UPC 编码，其他 UPC 编码可以存储如可变重量信息，国家药品编码，内部公司码，优惠券信息等。在这些编码里，只有国家药品编码可以按照与常规 UPC 编码相同的方式转换为 EPC 编码(其 FDA 标签和产品/包装编码必须确保唯一性)，其他各种编码数据将转换成相应的 PML(物理标记语言)文件。换句话说，除了产品识别以外的所有的数据信息皆存储在 PML 文件里。以可变重量编码为例说明转换成 PML 数据的过程，如图 3－14 所示，价格“＄7.56"被转换成 PML 文件的价格元素。优惠券信息和公司内部码等信息将以类似的方式存储在 PML 文件里。实际上，更多详细信息或者运算法则都可以存储为 PML 文件。

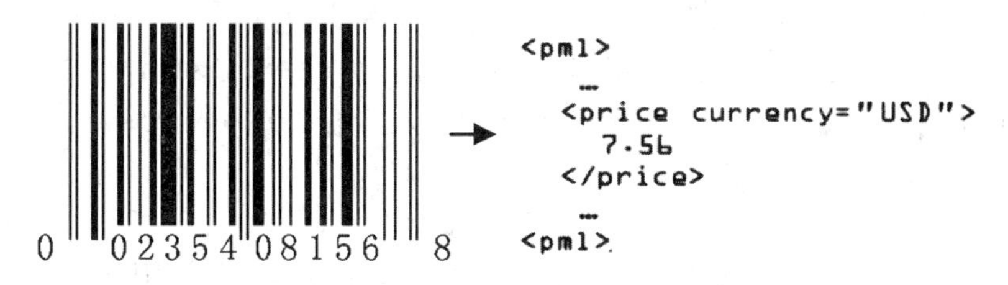

图 3－14 PML 文件储存编码信息

3. EAN-13 编码向 EPC 编码的转换

EAN•UCC-13 编码也可以转换为唯一的 EPC 编码，如图 3－15 所示。但要注意，转换后的域名管理者编码由 EAN•UCC-13 制造商识别码和补位码共同组成。确切的补位码体系还没有最终确定，但将由 EAN•UCC-13 国家编码经过某种换算后生成。每个 EAN•UCC 国家编码将对应一个唯一的补位码，这个补位码将与制造商识别码结合而产生一个全球唯一的域名管理者编码。

图 3－15 EAN-13 编码向 EPC 编码的转换

举例说明，我国大陆地区已使用的前缀码为 690～693，香港地区前缀码为 489，台湾地区的前缀码为 471。我们以 690 为例，假设经过某种转换，其对应的补位码为 900，000。制造商识别码“2354”则与补位码“900，000”进行相加，产生域名管理者编码“902，354”。EAN•UCC-13 贸易项编码部分直接与 EPC 对象分类编码相对应。在此例中，贸易项编码“8156”直接转换为 EPC 对象分类编码“8156”或者“1FDC”(十六进制)。最后，EAN-13 校验位在转换过程中将被删除。

编码示例：

(1) SGTIN-96 编码步骤：

当进行 SGTIN-96 编码时，假定：

① 由数位 d1d2…d14 组成的 GS1 GTIN-14。

② GTIN 厂商识别代码长度 L。

③ 序列号 S(0≤S<238)，或是由字符 s1s2…sk 组成的 UCC·EAN-128 应用标识符 AI(21)。

④ 滤值 F，这里 0≤F<8。

因此，编码步骤如下：

① 在 SGTIN 分区(表 3-10 所示)的"厂商识别代码"列查找厂商识别代码的长度 L，确定分区值 P、厂商识别代码字段的位数 M、商品项目代码与指示符字段的位数 N。如果在表中没有查找到 L，该 GTIN 就不能编码成 SGTIN-96，取消编码操作。

② 通过串联数位 d2d3…d(L+1)并转换该结果为十进制整数 C，确定厂商识别代码。

③ 通过串联数位 d1d(L+2)d(L+3)…d13 并转换该结果为十进制整数 I，确定商品项目代码。

④ 如果序列号是整数 S，且 0≤S<238，继续步骤⑤。

⑤ 如果序列号规定为一个由字符 s1s2…sk 组成的 UCC·EAN-128 应用标识符 AI(21)，那么通过串联数位 s1s2…sk 确定序列号：

(a) 如果这些字符中有一个不为数字，那么这个序列号不能用SGTIN-96进行编码，取消编码操作。

(b) 如果 K>1 且 s1=0，那么这个序列号不能用 SGTIN-96 进行编码(因为以零开头是不允许的，序列号是一个零的情况除外)，取消编码操作。

(c)上述两种情况之外，转换为十进制整数 S。如果 S≥238，那么这个序列号不能用 SGTIN-96进行编码，取消编码操作。

⑥ 通过从最高有效位到最低有效位串联以下字段确定 SGTIN-96 二进制最终编码：标头 0011 0000(8 位)、滤值 F(3 位)、分区值 P(3 位)、厂商识别代码 C(M 位)、商品项目代码 I(N 位)、序列号 S(38 位)。

注：M 与 N 的和是 44。

(2) SGTIN-96 编码实例。举例来说，将 GTIN 1 6901234 00235 8 连同序列代码 8674734 转换为 EPC，步骤如下：

① 标头(8 位)0011 0000。

② 设置零售消费者贸易项目(3 位)，001。

③ 由于厂商识别代码是 7 位(6901234)，分区值是 5，二进制(3 位)表示是 101。

④ 6901234 转换为 EPC 管理者分区，二进制(24 位)表示为 011010010100110111110010。

⑤ 首位数字和项目代码确定成 100235，二进制(20 位)表示为 00011000011110001011。去掉检验位 8。

⑥ 将 8674734 转换为序列号，二进制(38 位)表示为

00000000000000100001000101110110101110

⑦ 串联以上数位为 96 位 EPC(SGTIN-96)

001100000011010110100101001101111100100001100001111000101100000000000000100
001000101110110101110

4. 其他的 EPC 编码

目前 EPC 标签数据标准定义了来自于 EAN·UCC 系统的 EPC 标识结构，即由传统的

EAN•UCC 系统转向 EPC 的编码方法。目前 EPC 编码通用长度为 96 位，今后可扩展至更多位。在最新的 EPCglobal 标签数据标准中新增了 SGTIN-198、SGLN-195、GRAI-170、GIAI-202。需要注意的是：EPC 编码不包括校验位，传统 EAN・UCC 系列代码的校验位在代码转化 EPC 过程中失去作用。

EPCglobal 通过定义标准的电子标签的结构，并提供 EAN・UCC 系列代码向标准结构转化方案，这种兼容方案对于 EPC 电子标签的推广和应用带来极大地推动作用。

3.2.6　互联网中 EPC 编码的转换

EPC 宏伟的目标是实现对任何物理实体全球统一的标识，它将需要追踪或其他应用的信息系统指向物理目标。具有计算系统也包括电子文档、数据库和电子信息的 EPC 采纳互联网统一资源标识符(Uniform Resource Identifier，URI)，这是真正的跟数据载体无关的(RFID 标签或者其他类型的数据载体)。此时的 URI 被称为"EPC 的纯身份 URI(Pure Identity EPC URI)"。下面就是纯身份 URI 的一个例子：

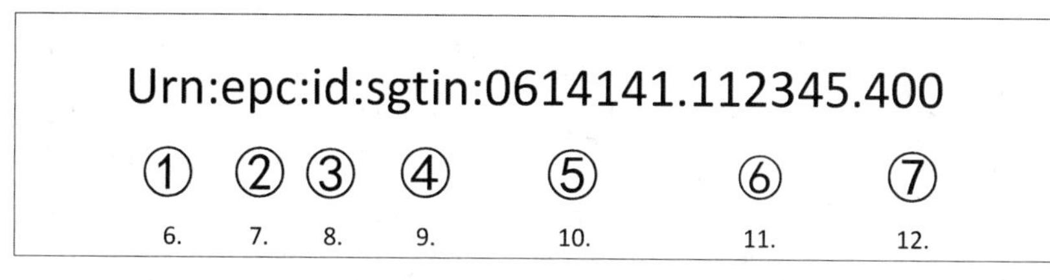

① 名称空间前缀 IANA Prefix for "Names"。

② EPC 编码名称 Names for EPCs。

③ EPC 纯识别符 EPC Pure Identity。

④ SGTIN 识别码类型 SGTIN Identifier Type。

⑤ 公司前缀 Company Prefix。

⑥ 项目名称 Item Reference&Indicator Digit。

⑦ 序列号 Serial Number。

当应用程序使用 EPC 时将会产生一个很大的子集，而 RFID 通常被认为是一个非常合适的数据载体，代码写在了 RFID 标签上，但由于内存的限制 EPC 的存储并不是直接以 URI 形式写入标签的而是通过紧凑的二进制编码的形式进行存储，这就是所谓的"EPC 二进制编码"。

现在重新对 EPC(产品电子代码)进行说明，EPC 被设计成制造过程和应用过程中需要对可视化数据进行操作的环境，这些数据用于对物理目标进行观测。EPC 是对物理目标的统一身份，是超越所有时间，在所有类别的世界上对所有物理对象独一无二的定义，所以 EPC 编码是名副其实的物理编码。而 GS1 的身份关键字只能够识别物体的分类信息而非是对物体的识别，下面通过一个例子说明统一识别的必要性。

该例子说明可视化的数据是如何产生的并且 EPC 作为任何物理目标的统一身份所扮演的重要角色。例子中，设有一个医院的存储放射性样品的仓库，医院的安全负责人需要追踪是什么东西存储在仓库中以及存储了多长时间，以保证放射性物品暴露时间能够限制在可接受的范围内。每一个可能存入仓库的物体都通过 RFID 的标签加上统一的电子产品代码，RFID 的读写器放置于仓库的门上并对进入仓库和已在仓库中存在的物品产生可视数据。

如图 3－16 和表 3－29 所示，安全负责人感兴趣的数据流是一系列的事件，记录了物品规格和进出时间以及在仓库中存储的时间。对于每一个物品的统一的 EPC 可以将所有的物品都当做统一的产品进行处理，可以当做数据库一个基本的关键字，大大方便了数据库的生产、管理维护工作。

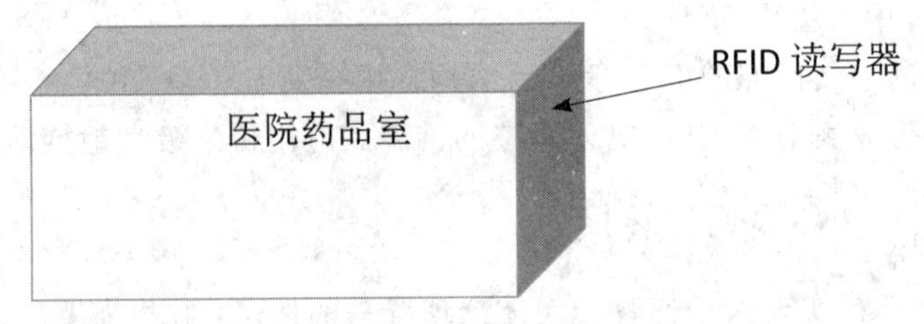

图 3-16　一个医院存储放射性样品的仓库

表 3-29　某段时间内 EPC 医药仓储可视化数据流

医院药品室的可视化数据流			
时间	存/取	EPC 记录	Comment
8：23am	存	urn：epc：id：sgtin：0614141.012345.62852	10ccsyringe＃62852(tradeitem)
8：52am	存	urn：epc：id：grai：0614141.54321.2528	PharmaTote＃2528(reusabletransport)
8：59am	存	urn：epc：id：sgtin：0614141.012345.1542	10ccsyringe＃1542(tradeitem)
9：02am	取	urn：epc：id：grai：0614141.17320508	InfusionPump＃52(fixedasset)
9：32am	存	urn：epc：id：gsrn：0614141.0000010253	NurseJones(servicerelation)
9：42am	取	urn：epc：id：gsrn：0614141.0000010253	NurseJones(servicerelation)
9：52am	存	urn：epc：id：gdti：0614141.00001.1618034	PatientSmith ′ schart(document)

使用 EPC 后全部物品的项目种类：贸易项目、可再用资源的传输、固定资产、服务关系、文档、其他相关项都会出现。在 EPC 编码中没有必要对物品分类信息做特殊的说明。

习　　题

1. EPC 系统有主要组成部分有哪些？
2. 简述 EPC 系统的特点。
3. 简要说明 EPC 编码与 EAN·UCC 编码有哪些不同？
4. 说明通用 UPC 编码向 EPC 编码的转换的方法？
5. EAN-13 编码向 EPC 编码的转换的步骤？
6. EPC 的纯身份 URI(Pure Identity EPC URI)由哪些部分组成？

第4章　对象名称服务器

在物联网的标签中只存储了产品电子代码，而系统还需要根据这些产品电子代码匹配到相应的商品信息，这个寻址功能就是由对象名称解析服务来完成的，所以ONS的作用是建立起局域的RFID网络与Internet上的EPCIS服务器之间联系的桥梁。ONS在EPC网络中的作用相当于互联网中的DNS(动态域名服务)，实际上EPCglobal在设计ONS的时候通过巧妙的设计充分利用了DNS在互联网中的寻址作用，构成了ONS-DNS的寻址架构。

在EPCglobal提出的物联网这一宏伟远景下，所有携带电子标签的物品被整个网络监控并跟踪着。就物联网的技术实现上，EPCglobal提出了必须由五大技术组成，分别是EPC(电子产品码)、ID System(信息识别系统)、EPC中间件实现信息的过滤和采集、Discovery Service(信息发现服务)、EPCIS(EPC信息服务)。本章将解析ONS服务(信息发现服务的核心组件)在EPC物联网框架下的作用、技术原理、实现架构和应用前景。

4.1　ONS系统架构

EPC系统是一个全球开放的、可追踪物品生命周期轨迹的网络系统，需要一些技术工具，将物品生命周期不同阶段的信息与物品已有的信息实时动态整合。帮助EPC系统动态地解析物品信息管理中心的任务就由对象名称解析服务(ONS)实现。ONS系统是一个自动的网络服务系统，类似于DNS的分布式的层次结构，主要由映射信息、根ONS(Root ONS)服务器、ONS服务器(Local ONS)、ONS本地缓存、本地ONS解析器(Local ONS Resolver)等五个部分组成，其简化图(如图4-1所示)是对象名称解析服务(ONS)的技术原理。

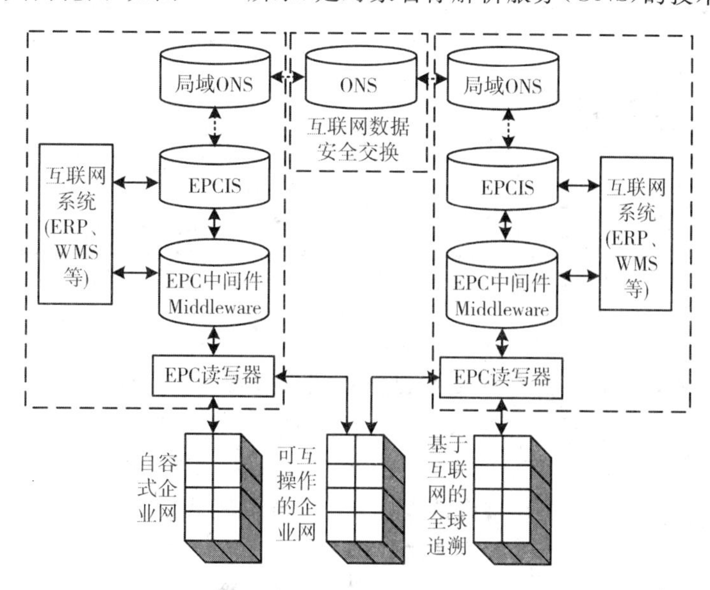

图4-1　EPC物联网中ONS的架构示意图

ONS 作为 EPC 物联网组成技术的重要部件，在 EPC 网络中完成信息发现服务，包括对象名称解析服务 ONS(Object Naming Service)以及配套服务。ONS 的作用就是通过电子产品码，获取 EPC 数据访问通道信息。

作为 EPC 信息发现服务中的最重要组成部分，对象名称解析服务 ONS 存储 EPC 信息服务的地址信息，主键是电子产品码；另外，其记录存储是授权的，只有电子产品码的拥有者可以对其进行更新、添加、删除等操作。

从图 4-1 可以看出，单个企业维护的本地 ONS 服务器包括两部分功能，一是实现与产品对应的 EPC 信息服务地址信息的存储，二是提供与外界交换信息的服务，并通过根 ONS 服务器进行级联，组成 ONS 网络体系。这一网络体系主要完成以下两种功能：

(1) 企业内部的本地 ONS 服务器实现其地址映射信息的存储，并向根 ONS 服务器报告该信息并获取网络查询结果。

(2) 在这个物联网内，基于电子产品码实现 EPC 信息查询定位功能。

4.2 ONS 解析服务的分类

ONS 是读写器与 EPCIS 之间联系的桥梁，为每个标签找到对应的 EPCIS 数据库。ONS 提供静态 ONS 与动态 ONS 两种服务。静态 ONS 指向货品的制造商的信息，动态 ONS 指向一件货品在供应链中流动时所经过的不同的管理实体。静态 ONS 服务，通过电子产品码查询供应商提供的该类商品静态信息；动态 ONS 服务，通过电子产品码查询该类商品更确切的信息，譬如在供应链中经过的各个环节上的信息。

(1) 静态的 ONS 直接指向货品制造商的 EPCIS，也就是说，每一个物品总是由制造商的服务器管理和维护。当查询该标签时，标签由 ONS 内的指针对应固定的 IP 地址并指向制造商的服务器。在实际情况中，每个物品会由于不同的状态，例如制造、销售、运输、库存等而存储在不止一个数据库中。由此可见，静态 ONS 解析要达到高度有效，必须保证解析过程网络的健壮性、访问控制的独立性。静态 ONS 的链式查询过程如图 4-2 所示。

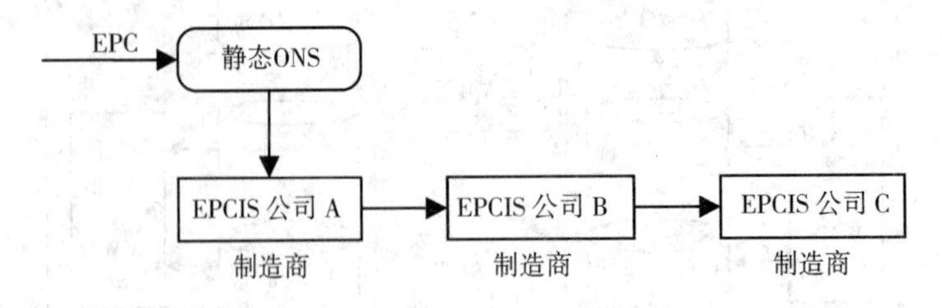

图 4-2　静态 ONS 的链式查询过程

静态 ONS 解析过程可以为电子标签提供链式的链接过程，同时也支持反向链接过程。这种解析过程的信息是由 ONS 记录保存的，解析速度是快速的。但是由于维护物品标签往往是大量的，这对于 ONS 的存储能力是一个不小的挑战。同时大多数物品往往由多个公司维护，静态的 ONS 对产品制造和供应链管理支持的程度较低。

(2) 动态 ONS 指向多个 EPCIS 数据库，是由分布式的 ONS 服务器共同协作完成的，为物品在供应链流动过程中提供所有的管理实体。动态 ONS 的连续实时查询过程如图 4-3 所示。

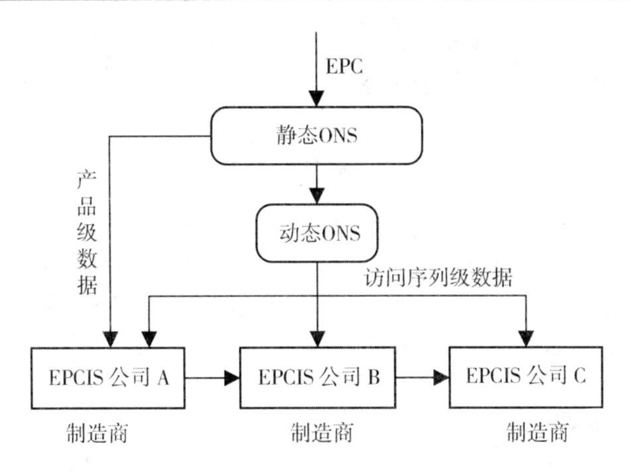

图 4-3　动态 ONS 的连续实时查询过程

动态的 ONS 为每个供应链管理商在移交时更新注册列表，以支持连续的实时查询。在更新过程中，更新内容往往包含管理商信息变动、产品跟踪时 EPC 变动以及是否特别标记的用于召回的 EPC 信息。

静态 ONS 工作模式下，任何一个链路无法响应或者互联时，则整个链路都将失效，所以网络的健壮性很差，而动态 ONS 机制要好得多，一旦其中的一条链路断掉，还有其他的链路能够继续查询。

1）静态 ONS

静态 ONS 假定每个对象有一个数据库，提供指向相关制造商的指针，并且给定的 EPC 编码总是指向同一个 URL，如图 4-2 所示。

（1）静态 ONS 分层。由于同一个制造商又可以拥有多个数据库，因此 ONS 可以分层使用。一层是指向制造商的根 ONS 服务，另一层是制造商自己的 ONS 服务，可以指示制造商的某个特定的数据库。

（2）静态 ONS 局限性。静态 ONS 假定一个对象只拥有一个数据库中，给定的 EPC 编码总是解析到同一个 URL。而事实上 EPC 信息是分布式存储的，每个货品的信息存储在不止一个数据库中，不同的实体（制造商、分销商、零售商）对同一个货品建立了不同的信息，因此需要定位所有相关的数据库。同时，静态 ONS 在维持解析过程的安全性和一致性时需要提高自身的稳健性和访问控制的独立性。

2）动态 ONS

动态 ONS 指向多个数据库，指向货品在供应链流动所经过的所有管理者实体。

每个供应链管理商在移交时都会更新注册列表，以支持连续查询。需要更新的动态 ONS 注册内容包括：

（1）管理商信息变动（到达或离开）。

（2）产品跟踪时的 EPC 变动：货物装进集装箱、重新标识或重新包装。

（3）是否标记特别的用于召回的 EPC。同时，可以查询动态 ONS 注册。

（4）向前跟踪到当前的管理者。

（5）获得当前关于位置和状态的信息；判断谁应该进行产品召回。

（6）向后追溯找到供应链的所有管理者及相关信息。

目前，EPCglobal 正在考虑以数据发现服务(Data Discovery)来代替动态 ONS 的概念，确保供应链上分布的各参与方数据可以共享，数据发现服务的详细标准和技术内容正在开发中。

4.3 ONS 的网络工作原理

为了支持现有的 GS1 标准和现有的网络基础设施，ONS 使用现有的 DNS 查询 GS1 识别码，这意味着 ONS 在查询和响应过程中的通信格式必须支持 DNS 的标准格式，同时 GS1 识别码将被转化成域名和有效的 DNS 资源记录。

4.3.1 DNS 的工作原理

DNS 服务器是计算机域名系统(Domain Name System 或 Domain Name Service)的缩写，它是由域名解析器和域名服务器组成的。域名解析器是指保存有该网络中所有主机的域名和对应 IP 地址，并具有将域名转换为 IP 地址功能的服务器。其中域名必须对应一个 IP 地址，而 IP 地址不一定有域名，域名系统采用类似目录树的等级结构。域名服务器为客户机/服务器模式中的服务器方，它主要有两种形式：主服务器和转发服务器。将域名映射为 IP 地址的过程就称为“域名解析”。图 4－4 表示了由 DNS 服务器和其他网络设备构成的互联网网络拓扑图。

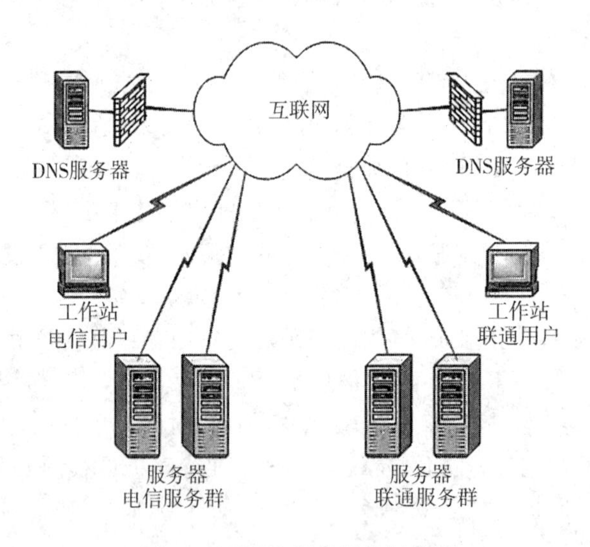

图 4－4 DNS 服务网络拓扑图

域名解析有正向解析和反向解析两种。正向解析就是将域名转换成对应的 IP 地址的过程，它应用于在浏览器地址栏中输入网站域名时的情形；反向解析是将 IP 地址转换成对应域名的过程，但在访问网站时无需进行反向解析，即使在浏览器地址栏中输入的是网站服务器 IP 地址，因为互联网主机的定位本身就是通过 IP 地址进行的，只是在同一 IP 地址下映射多个域名时需要。另外，反向解析经常被一些后台程序使用，用户看不到。

除了正向、反向解析之外，还有一种称为“递归查询”的解析。“递归查询”的基本含义就是在某个 DNS 服务器上查找不到相应的域名与 IP 地址对应关系时，自动转到另外一台 DNS 服务器上进行查询。通常递归到的另一台 DNS 服务器对应域的根 DNS 服务器。因为对于提供互联网域名解析的互联网服务商，无论从性能上，还是从安全上来说，都不可能只有一台DNS服务器，而是有一台或者两台根DNS服务器(两台根DNS服务器通常是镜像关系)，然后再在下面配置多台子DNS服务器来均衡负载(各子DNS服务器都是从根DNS服务器中复制查询信息的)，根DNS服务器一般不接受用户的直接查询，只接受子DNS服务器的递归查询，以确保整个域名服务器系统的可用性。

当用户访问某网站时，输入了网站网址(其实就包括了域名)后，首先就有一台首选子DNS服务器进行解析，如果在它的域名和IP地址映射表中查询到相应的网站的IP地址，则立即可以访问，如果在当前子DNS服务器上没有查找到相应域名所对应的IP地址，它就会自动把查询请求转到根DNS服务器上进行查询。如果是相应域名服务商的域名，在根DNS服务器中是肯定可以查询到相应域名IP地址的，如果访问的不是相应域名服务商域名下的网站，则会把相应查询转到对应域名服务商的域名服务器上。

DNS服务器解析的过程如图4-5所示。

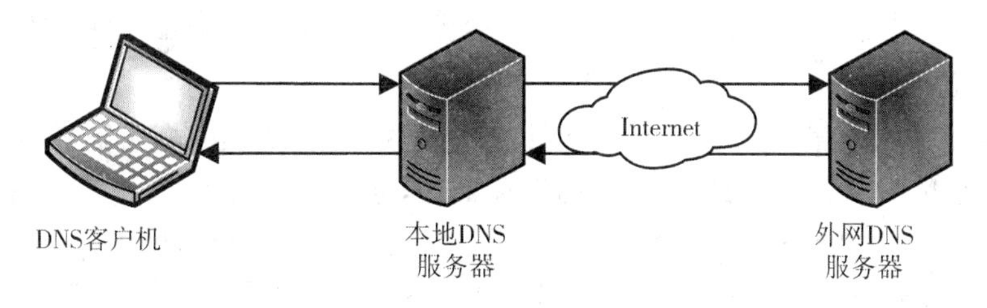

图 4-5　DNS 服务器的解析过程

(1) 客户机提出域名解析请求，并将该请求发送给本地的域名服务器。

(2) 当本地的域名服务器收到请求后，就先查询本地的缓存，如果有该记录项，则本地的域名服务器就直接把查询的结果返回。

(3) 如果本地的缓存中没有该记录，则本地域名服务器就直接把请求发给根域名服务器，然后根域名服务器再返回给本地域名服务器一个所查询域(根的子域)的主域名服务器的地址。

(4) 本地服务器再向上一步返回的域名服务器发送请求，然后接受请求的服务器查询自己的缓存，如果没有该记录，则返回相关的下级的域名服务器的地址。

(5) 重复第(4)步，直到找到正确的记录。

(6) 本地域名服务器把返回的结果保存到缓存，以备下一次使用，同时还将结果返回给客户机。

下面举例说明解析域名的过程。如果客户机想要访问站点：www.linejet.com，此客户本地的域名服务器dns.company.com，一个根域名服务器是NS.INTER.NET，所要访问的网站的域名服务器是dns.linejet.com，域名解析的过程如下所示：

(1) 客户机发出请求解析域名www.linejet.com的报文。

(2) 本地的域名服务器收到请求后，查询本地缓存，假设没有该记录，则本地域名服务器dns.company.com则向根域名服务器NS.INTER.NET发出请求解析域名www.linejet.com。

(3) 根域名服务器NS.INTER.NET收到请求后查询本地记录得到如下结果：linejet.com NS dns.linejet.com(表示linejet.com域中的域名服务器为：dns.linejet.com)，同时给

出 dns. linejet. com 的地址，并将结果返回给域名服务器 dns. company. com。

(4) 域名服务器 dns. company. com 收到回应后，再发出请求解析域名 www. linejet. com 的报文。

(5) 域名服务器 dns. linejet. com 收到请求后，开始查询本地的记录，找到如下一条记录：www. linejet. com A 211. 120. 3. 12，(表示 linejet. com 域中域名服务器 dns. linejet. com 的 IP 地址为：211. 120. 3. 12，并将结果返回给客户本地域名服务器 dns. company. com。

(6) 客户本地域名服务器将返回的结果保存到本地缓存，同时将结果返回给客户机。

4.3.2 ONS 的工作原理

ONS 的作用就是将一个 EPC 映射到一个或者多个 URL 中，在这些 URL 中可以查找到关于这个物品的更多的详细信息。通常就是对应着一个 EPC Information Service。当然也可以将 EPC 关联到与这些物品相关的 web 站点或者其他 Internet 资源。ONS 提供静态和动态的两种内容服务。静态服务可以返回物品制造商提供的 URL，动态服务可以顺序记录物品在供应链上移动过程的细节。

对象命名服务的技术采用了域名解析服务(DNS)的实现原理。域名解析服务对客户端来说，相当于一个黑盒子，通过 DNS 提供的简单 API，获取其 MX()地址解析信息，而无需关心 DNS 的具体实现。但实际上，DNS 的实现需要提供一个足够健壮的架构，满足其对扩展性、安全性和正确性的要求，其实现是分层管理、分级分配的。

由于 ONS 系统主要处理电子产品码与对应的 EPCIS 信息服务器 PML 地址的映射管理和查询，而电子产品码的编码技术采用了遵循 EAN-USS 的 SGTIN 格式，和域名分配方式很相似，因此，完全可以借鉴互联网络中已经很成熟的域名解析服务(DNS)技术思想，并利用 DNS 构架实现 ONS 服务。ONS 服务对电子产品码的分级解析机制如图 4-6 所示。

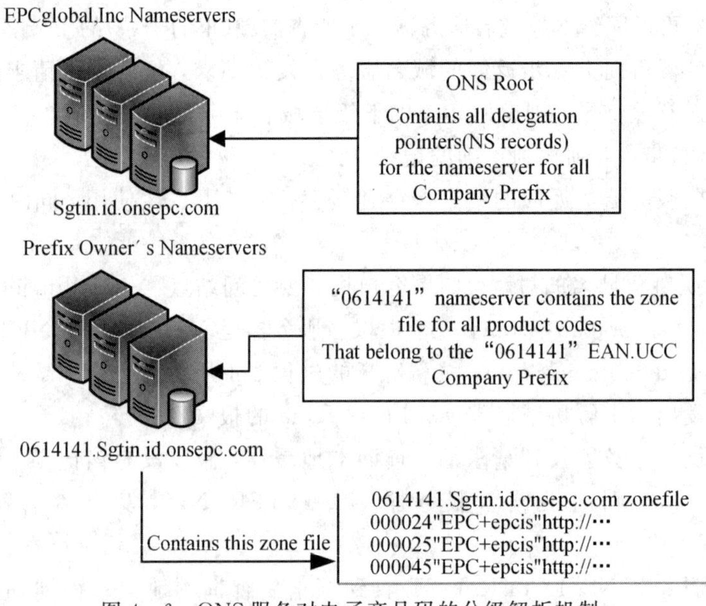

图 4-6 ONS 服务对电子产品码的分级解析机制

EPCglobal 提供的电子产品码由过滤位，公司索引位，产品索引位和产品序列号组成。基于公司索引位，确定具体的公司 EPCIS 信息服务器地址信息。其 ONS 记录格式如表 4－1 所示。

表 4－1 ONS 记录格式

Order	Pref	flag	Service	Regexp	Replacement
0	0	u	EPC+ecpis	! ^. * $! http//example. com/cgi-bin/epcis!	. (aperiod)

下面我们来总结一下，一个 EPC 编码如何在解析阶段格式化为一个域名的：

ONS 的网络通信是架构在 DNS 基础上的，一旦 EPC 被转化成域名格式，DNS 就可以用来查询和存储相关的 EPC 服务器了(PML 服务器)。

EPC 的域名格式为：EPC 域名＝EPC 域前缀名＋EPC 根域名，前缀名由 EPC 编码经过计算过程得到，根域名是不变的，后缀名为“epc. objid. net”。

(1) 本地 ONS 服务器将二进制 EPC 编码转化为具体步骤为：

① 先将二进制的 EPC 编码转化为整数；

② 转化后的整数头部添加“urn：epc”。

(2) 本地的 ONS 解析器把 URI 转化成 DNS 域名格式的方法为：

① 清除 urn：epc；

② 清除 EPC 序列号；

③ 颠倒数列；

④ 添加“. onsroot. org”。

当前，ONS 记录分为几类，对应于提供的不同服务种类：

(1) EPC＋WSDL，定位 WSDL 的地址，然后基于获取的 WSDL，访问产品信息。WSDL 是 Web Service 的描述语言，是一种接口定义语言，用于描述 Web Service 的接口信息等。WSDL 文档可以分为两部分，顶部分由抽象定义组成，而底部分则由具体描述组成。

(2) EPC＋EPCIS，定位 EPCIS 服务器的地址，然后访问其产品信息。

(3) EPC＋HTMI，定位报名产品信息的网页。

(4) EPC＋XMIRPC，在 EPCIS 等服务由第三方进行托管时，使用该格式作为路由网管访问其产品信息。XMLRPC，顾名思义就是应用了 XML(标准通用标记语言的子集)技术的 RPC。RPC 就是远程过程调用(Remote Procedure Call)，是一种在本地的机器上调用远端机器上的一个过程(方法)的技术，这个过程也被大家称为“分布式计算”，是为了提高各个分立机器的“互操作性”而发明出来的技术。

XMLRPC 是使用 HTTP 协议作为传输协议的 RPC 机制，使用 XML 文本的方式传输命令和数据。一个 RPC 系统，必然包括 2 个部分：① RPC CLIENT，用来向 RPC SERVER 调用方法，并接收方法的返回数据；② RPC SERVER 用于响应 RPC CLIENT 的请求，执行方法，并回送方法执行结果。

可以用 XML 语言调用，调用的方法与下面的语句非常类似：

```
<methodCall>
<methodName>some service. somemethod</methodName>
<params>
<param><value><string>some parameter</string>></value></param>
```

```
</params>
</methodCall>
```

4.3.3 ONS 和 DNS 的联系与区别

ONS 服务是建立在 DNS 基础之上的专门针对 EPC 编码的解析服务，在整个 ONS 服务的工作过程中，DNS 解析是作为 ONS 不可分割的一部分存在的，在 EPC 编码转换成 URI 格式，再由客户端将其转换为标准域名时，下面的工作就由 DNS 承担了，DNS 经过解析，将结果以 NAPTR 记录格式返回给客户端，ONS 才算完成一次解析任务。

两者的区别主要在于输入和输出内容的差别上。ONS 输入的是 EPC 编码，输出的是 NAPTR 记录，而 DNS 的作用就是把域名翻译成 IP 地址。

4.3.4 对象名称服务的实现架构

图 4－7 展示了对象名称服务器的技术架构。

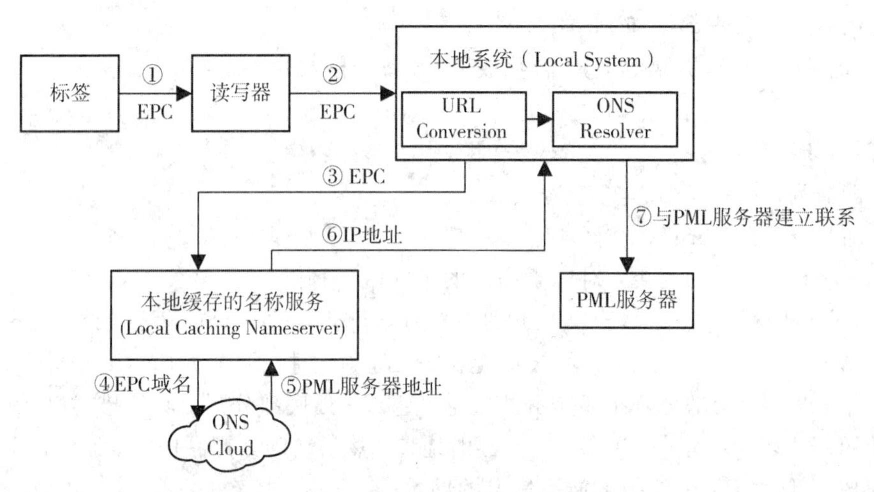

图 4－7 ONS 技术框架与工作流程

1. ONS 之角色与功能

在 EPC Network 网络架构中，ONS 的角色就好比是指挥中心，协助 EPC 为 Key Index 之商品数据在供应链成员中传递与交换。ONS 标准文件中，制定 ONS 运作程序及规则，让 ONS Client 与 ONS Publisher 来遵循。ONS Client 是一个应用程序，希望通过 ONS 能解析到 EPCIS，来服务指定的 EPC 码；ONS Server 为 DNS Server 的反解析应用，ONS Publisher 组件主要提供 ONS Client 查询储存于 ONS 内指针纪录(Pointer Entry)服务。

2. 组成 ONS 的三要素

(1) ONS Client 需遵循标准将 EPC 码转成 URI(Universal Resource Identifier)，再将 URI 转成网域格式，然后向 ONS Server 查询。

(2) ONS Server 按照 ONS Client 查询，提供储存于 ONS Server 内的 NAPTR 记录。例如 EPC 的服务指标(Pointers)或 Local ONS 服务指标(Pointers)的 URL。

(3) ONS Client 提供 ONS 解析结果 URL 给应用程序，此应用程序依此 URL 找到服务服务器，例如 EPCIS。

3. Root ONS 与 Local ONS

如同 Internet 网络中 Root DNS 与 Local DNS 的阶层式架构，Root ONS 按照 EPC 的 Manager Number 提供对应的 Local ONS 指标 URL，而 Local ONS 按照 EPC 的 Object Class Identifier 提供对应的 EPCIS 指标 URL。企业可经由相关部门受理申请取得 EPC 管理者码(Manager Number)，Root ONS 同时记录 Manager Number 与 Prefix Owner 的 Name server 网址，即 Local ONS 的网址，而 Local ONS 按照企业的产品 EPC 信息服务 EPC Information Service 或是 Discovery Service 服务的 URL。

EPCglobal 目前约有六个 Root ONS 复制(Replicate)服务点，而 Local ONS 则可由企业自建或委托一些大型局域网络服务公司提供信息服务，同时他们也提供一些加值应用服务，如 EPC 信息服务(EPC Information Service，EPCIS)、搜寻服务(Discovery Service)，若由企业内部自建 Local ONS，将需考虑成本效益与管理等方面的问题。

4.3.5　ONS 应用 DNS 的过程

ONS 在使用 DNS 方法的过程中，为了给一个标签找到相应的属性信息，标签内的 GS1 识别码必须首先转化成 DNS 能够读懂的格式，这个格式就是我们常见的用点分割的从左到右的域名格式，具体参考前面章节中关于 URI 的介绍。

ONS 系统主要由 ONS 服务器网络和 ONS 解析器组成。

1. ONS 服务器网络

ONS 服务器网络分层管理 ONS 记录，同时负责对提出的 ONS 记录查询请求进行响应。

2. ONS 解析器

ONS 解析器完成电子产品码到 DNS 域名格式的转换，以及解析 DNS NAPTR 记录，获取相关的产品信息访问通道。

ONS 系统层次结构如图 4－8 所示。

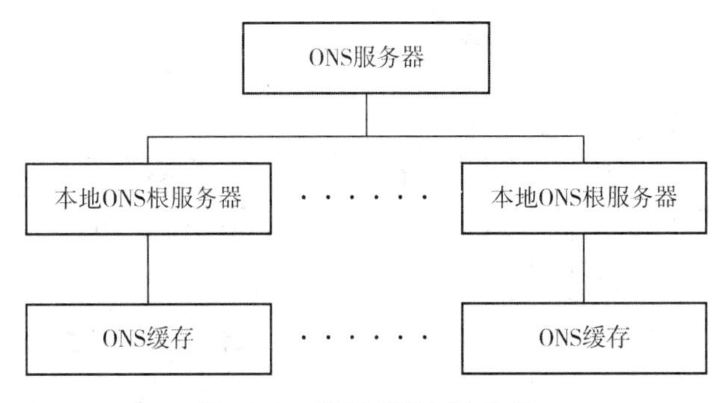

图 4－8　ONS 系统层次结构

当 ONS 为 GS1 的识别码和与之对应的数据集建立通信联系时，其过程可以用图 4－9 所描述的一个典型的 ONS 应用完整的查询过程为例加以说明，在该例中，起始点是条码或者是 RFID 标签。然而 GS1 识别码是不限制携带数据的，这些数据可能是交易文档(例如购买命令)的一部分、一个事件记录、一个主数据记录或者是其他形式的信源。

图 4－9 描述了如何基于 EPC 电子产品码搜索其产品信息的参考实现。

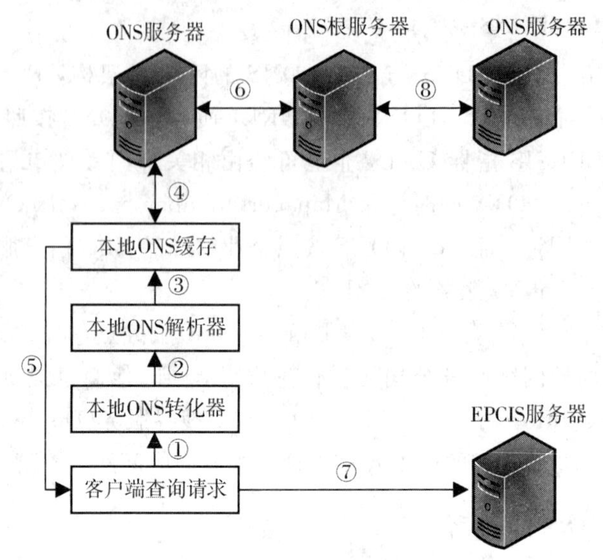

图 4－9　ONS 查询过程

ONS 查询过程如下：

(1) RFID 阅读器从一个 EPC 标签上读取一个电子产品码；

(2) RFID 阅读器将这个电子产品码送到本地服务器；

(3) 本地服务器对电子产品码进行相应的 URI 格式转换，发送到本地的 ONS 解析器；

(4) 本地 ONS 解析器把 URI 转换成 DNS 域名格式；

(5) 本地 ONS 解析器基于 DNS 域名访问本地的 ONS 服务器(缓存 ONS 记录信息)，如发现其相关 ONS 记录，直接返回 DNS NAPTR 记录；否则转发给上级 ONS 服务器(DNS 服务基础架构)，调用过程参见图 4－10 所示；

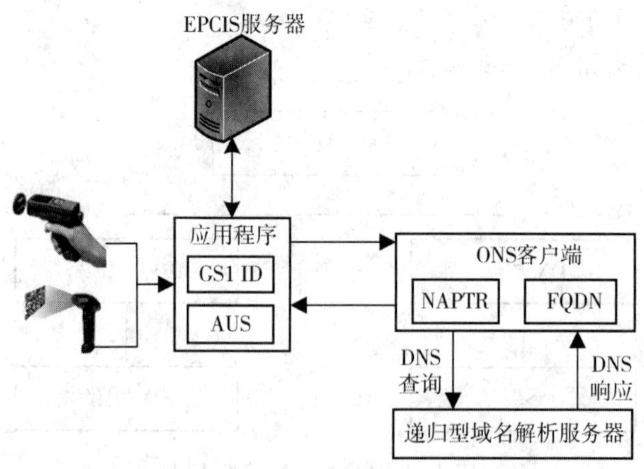

图 4－10　ONS 调用 DNS 查询过程

(6) DNS 服务基础架构基于 DNS 域名返回给本地 ONS 解析器一条或多条对应的 DNS NAPTR 记录，其格式如表 4－2 所示；

(7) 本地 ONS 解析器基于这些 ONS 记录，解析获得相关的产品信息访问通道；

(8) 本地服务器基于这些访问通道访问相应的 EPCIS 服务器或产品信息网页。

下面的描述进一步说明 ONS 查询过程：

(1) 记录了 GS1 识别码和任意补充数据的数据序列用合适的读写器从条码或者 RFID 标签中读取出来。该序列提交给应用层时，数据就呈现为文本形式。

(2) 读写器发送数据序列到 ONS 的应用程序中。

(3) ONS 应用程序从数据序列中抽取 GS1 识别码的类型和识别码本身。需要说明的是：没有必要将数据流中的 GS1 识别码描述成主识别码，举例来说，集装箱携带的串行集装箱代码(Serial Shipping Container Code，SSCC)作为主标示符，而应用程序可能对集装箱内的与 GTIN 码(Global Trade Item Number)对应的发现服务感兴趣，令人欣慰的是数据序列使用应用标示符 02 表明该 GTIN 所处的位置了，因此没有必要进行转换。例如从条码中抽取的数据序列转化成 GS1 元素字串为(00)306141417782246356(02)50614141322607(37)20 其中的 GTIN 为 50614141322607。

(4) ONS 应用程序显示 GS1 识别码类型信息、GS1 识别码自身、客户端语言代码(可选)以及客户端国家代码(可选)。举个例子：假设一个应用配置成加拿大的英语区：

en|ca|gtin|50614141322607

(5) ONS 客户端将 GS1 识别码类型和识别码转化成合适的 FQDN① 并且为该区域的名称权威指针 NAPTR 表示成 DNS 的查询：例如，

5.0.6.2.2.3.1.4.1.4.1.6.0.gtin.gs1.id.onsepc.com

(6) DNS 设备返回载有服务类型和关联数据(例如 Uniform Resource Locators，URLs)应答序列，这些应答序列往往指向一个或多个服务设备，例如 EPCIS 或者移动商业设备。

(7) ONS 客户端从 DNS NAPTR② 记录中抽取数据类型和服务数据，并根据一定的规则解析后返回给 ONS 应用程序。

(8) 应用程序说明数据对应的服务类型。其中的 ONS 实现 EPC 数据与 URI 的数据相互转换的过程为：

① EPC 码转换为 URI 格式。

例如：um：epc：id：sgtin. 厂商识别码.产品代码.系列码，其中，um：epc：id：sgtin 为前置码，而厂商识别码、产品代码、系列码这三部分码已经包含在 EPC 码中。

② URI 格式转换为 DNS 查询格式，步骤如下：

- EPC 码转换为标签标准 URI 格式，例如：
  um：epc：id：sgtin：0614141.000024.400
- 移除 um：epc：前置码，剩下 id：sgtin：0614141.000024.400。
- 移除最右边的序号(适用于 SGIN、SSCC、SGLN、GRAI 和 GID)，剩下 id：sgtin：0614141.000024c。

---

① FQDN(Fully Qualified Domain Name，完全限定域名)是指该名称在所有其他命名空间或类型中唯一标识该命名空间或类型。一种用于指定计算机在域层次结构中确切位置的明确域名，一台网络中的计算机包括两部分：主机名和域名。mycomputer.mydomain.com。

② 名称权威指针：DNS NAPTR 资源记录的功能是能够将原来的域名映射成一个新的域名或者 URI (Uniform Resource Identifier)，并通过 flag 域来指定这些新域名或 URI 在后继操作中的使用方法。(DNS 利用较短的新 URI 提高其工作效率)

- 置换所有"："为"."：id. sgtin. 0614141. 000024。
- 反转前后顺序：000024. 0614141. sgtin. id。
- 在字串的最后附加. onsepc. com：000024. 0614141. sgtin. id. onsepc. com。

4.3.6 综合举例说明 ONS 运作过程

1. URI 转成 DNS 查询格式的步骤

将 URI 转成 DNS 查询格式的步骤如下：

(1) EPC 转换成卷标数据标准 URI 格式：

urn：epc：id：sgtin：0614141. 000024. 400

(2) 移除 urn：epc：前置码，剩下 id：sgtin：0614141. 000024. 400；

(3) 移除最右边的序号字段(适用于 SGTIN、SSCC、SGLN、GRAI、GIAI 和 GID)，剩下 id：sgtin：0614141. 000024；

(4) 置换所有"："符号成为"."符号，剩下 id. sgtin. 0614141. 000024；

(5) 反转剩余字段：000024. 0614141. sgtin. id；

(6) 附加. onsepc. com 于字符串最后，结果为 000024. 0614141. sgtin. id. onsepc. com。

2. Local ONS 的 DNS 记录

DNS 解析器(Resolver)查询 Domain Name 是使用 DNS Type Code 35(NAPTR)记录，DNS NAPTR 记录的内容格式如表 4-2 所示。

表 4-2 NAPTR 记录的内容格式

Order	Pref	Flags	Service	Replacemer	Regexp
0	0	u	EPC+epcis	.	! ^. * $! http：//example. com/cgi-bin/epcis!
0	0	u	EPC+ws	.	! ^. * $! http：//example. com/autoid/widget100. wsdl!
0	0	u	EPC+html	.	! ^. * $! http：//example. com/products/tingies. asp!
0	0	u	EPC+xmlrpc	.	! ^. * $! http：//egateway1. xmlrpc. com/servlet/example. com!
0	1	u	EPC+xmlrpc	.	! ^. * $! http：//egateway2. xmlrpc. com/servlet/example. com!

各字段说明如下：

(1) Order：必须为 0；

(2) Pref：必须为非负值，需先由数字小的提供服务，范例中 Pref 值第 4 笔记录小于第 5 笔记录，故第 4 笔记录优先提供服务；

(3) Flags：当值为[u]时，意指 Regexp 字段内含 URI；

(4) Service：字符串需为[EPC+]加上服务名称，服务名称为不同于 ONS 的服务；

(5) Replacement：EPCglobal 没有使用，故用[.]取代空白；

(6) Regexp：将 Regexp 字段的[! ^. * $!]和最后的[!]符号移除，就可发现提供服务服务器的 URL，如 EPC 信息服务(EPC Information Service，EPCIS)或是搜寻服务(Discovery Service)的 URL。

由列表 4－2 中可以发现指标指向 EPCIS URL，Client 可以使用 URL 向 EPCIS 查询相关产品信息，EPCIS 的查询及 API 使用，可参考 EPCglobal 的标准文档。

3. EPC 码查询 ONS 步骤

（1）经由 RFID Reader 读取 96 bits Tag 内 EPC 码，转换为 URI 格式，例如：urn：epc：id：sgtin：0614141.000024.400；

（2）转换方法可参考本章的 EPC 码转换为 URI 的说明；

（3）通过 ONS 找到 Local ONS 网址；

（4）再通过 Local ONS 找到 EPC 信息服务（Information Service）URL；

（5）需先将 URI 转成 DNS 查询格式；

（6）使用 EPC 信息服务（Information Service）标准接口查询产品数据，标准接口可参考 EPC Information Services（EPCIS）Version 1.0 和 Specification Ratified Standard，5 April 12，2007。

列表 4－3 及图 4－11 说明 ONS 的查询步骤。

表 4－3　ONS 查询步骤

查询步骤	查询对象	数据维护	可查询的数据
1	Root ONS(ONS 根服务器)	EPC global	Local ONS 的网址
2	Local ONS(拥有该 EPC Manager Number)	EPC Manager Number 的拥有者	EPCIS 的服务地址
3	EPCIS	EPC 编码者	该 EPC 码的相关信息

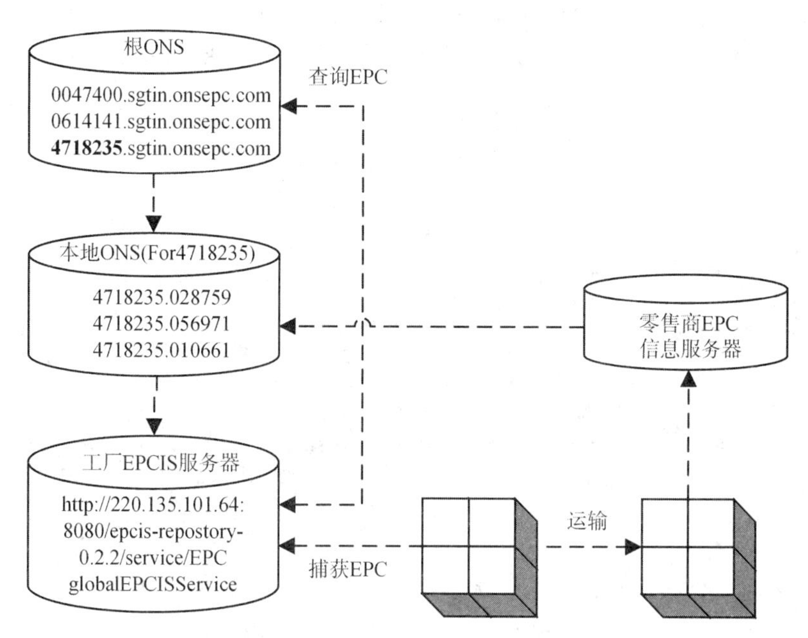

图 4－11　实例中 ONS 查询过程示意图

上述步骤可以下列情境并配合信息系统画面，做实地示范：

(1) 假设某一产品由一制造商经过仓储物流公司运送至零售点，零售点的 RFID 读取器读到 Tag 的数据 hex value 为 30751FFA6C0A694000000001 转成 EPC URI 格式为：urn：epc：tag：sgtin-96：3.4718235.010661.1 或是 urn：epc：id：sgtin：4718235.010661.1，如图 4－12 所示。

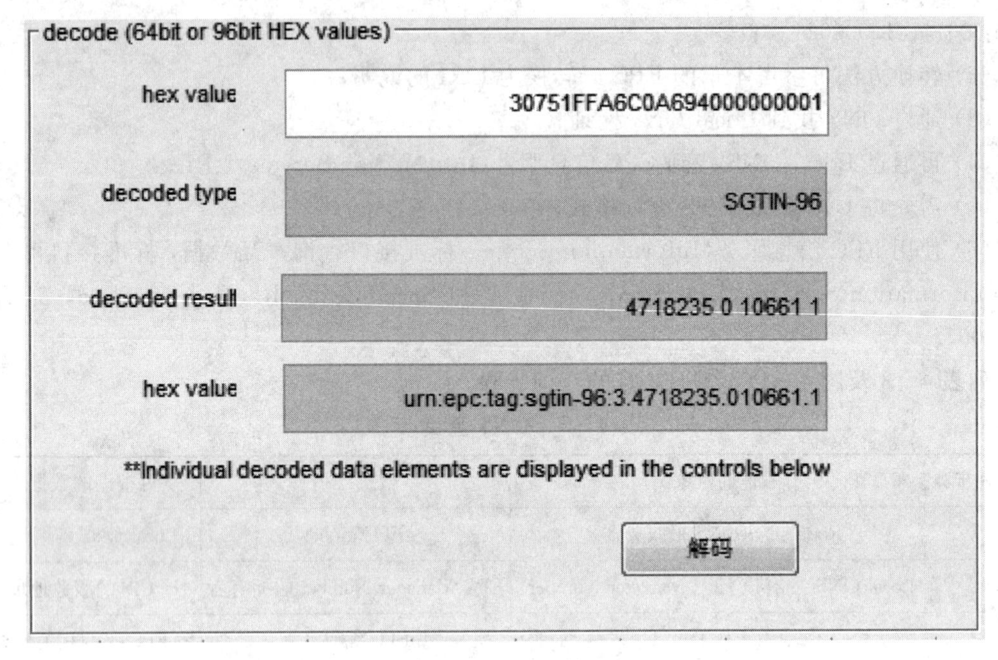

图 4－12　Tag 读取后之 URI 格式转换

(2) 将 URI 转成 DNS 查询格式 4718235. sgtin. id. onsepc. com 查询 ONS，得到 Local ONS 网址(例如：4718235. sgtin. id. onsepc. com. tw，图 4－13 所示操作界面。

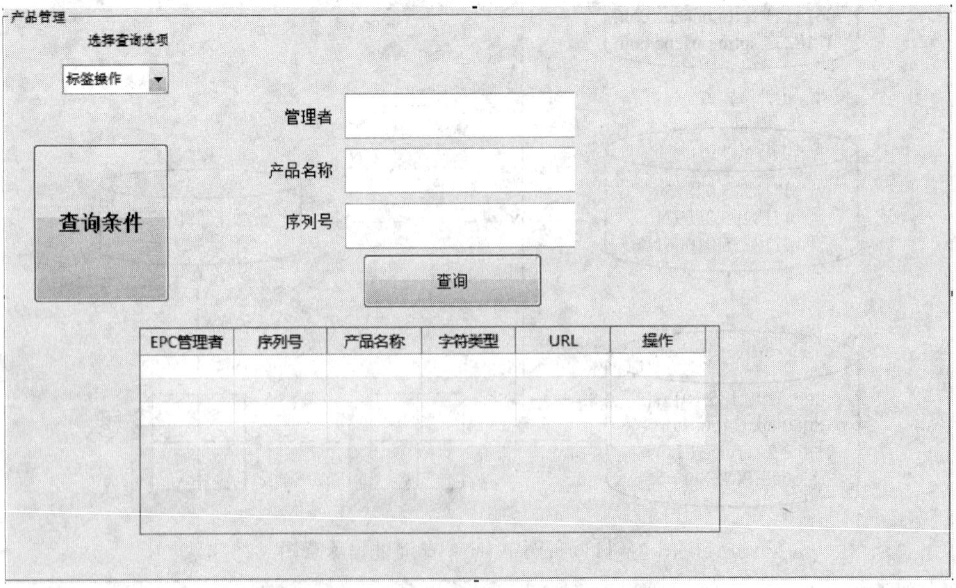

图 4－13　EPCIS 商品数据库操作界面

(3) 再向 Local ONS 4718235. sgtin. id. onsepc. com. tw 查询 EPCIS 的 URL，得到：http：//220. 135. 101. 64：8080/epcis-repository-0. 2. 2/services/EPCglobalEPCISService，查询结果界面如图 4 - 14 所示。

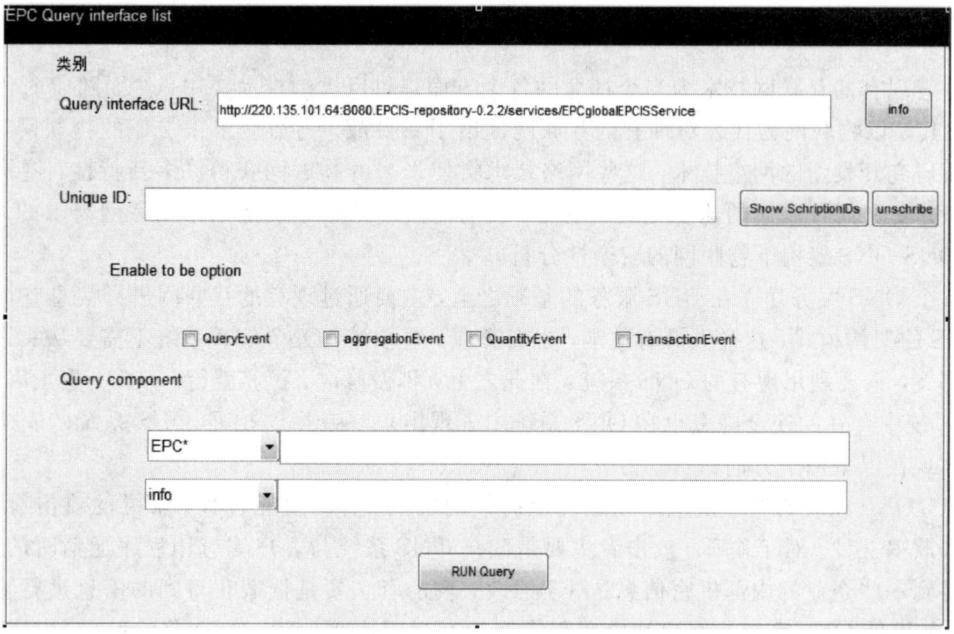

图 4 - 14　EPCIS 查询界面

(4) 按照 Local ONS 查询所得到 EPCIS 的 URL，查询该产品的 EPC 码在制造工厂所发生的 Event 数据，由范例中 EPCIS 查询结果可看到：Object Event 的 Event 发生时间与 Record(写入数据库)的时间有差异，此乃正常物流作业上可能产生的现象。例如 Reader 所读取之数据以批次方式整批的写入数据库中，就会造成读取时间与写入时间不同，此方式也符合 EPCIS 规格标准。

上述范例主要提供企业 ONS 服务在 EPC Network 架构中的角色及运作模式。在 EPC Network 架构下，任何贴上写有 EPC 码 RFID Tag 的产品，可以通过此网络架构所提供的信息接口(即 ONS)，取得商品物流中的商品信息，达到物流信息通透与实时分享的功能。

商品利用 EPCglobal 所制定 EPC 码达到商品在国际贸易、供应链成员间所衍生物流与信息流的介接；即利用 EPC 码当作商品物流与信息流的 Key Index，进而让商品信息可无缝式交换，进而可汇整成商品的产销履历，此方式也是让我国所生产的商品在国际舞台上呈现优良质量与精致服务的方式之一。通过国际标准一致的编码与解析机制，来管理商品所衍生出来的需求，如订单、库存、物流、客服、退货等，可以大大降低管理成本并提升营运绩效。

一般企业在架构 RFID 物流应用时，往往先考虑 RFID 硬件读取率与现场架设问题，但最终望之却步。这样会忽略了正确的信息交换平台架构可以给企业带来无限潜藏的效益。建议企业在初期投入时，可以用较少成本投入软件信息架构研究，转由在网络上收集相关信息或试用软件，这样虽然不完全符合最新标准规范，但有助于了解 EPC Network 的架构，或者咨询专业的产业协会或公会，也可收到不错的效益。

鉴于 Wal-Mart 及多家国际知名连锁零售公司，连续几年来对供货商的持续的要求，使得国际上知名供货商也纷纷加入 RFID 全球标准组织—EPCglobal Inc，进入 EPC Network 网络架构的新世界，享受着 RFID 所带来前所未有的好处。

4.3.7 DNS-ONS 网络技术

尽管现有的互联网技术为当今社会的各个方面提供巨大的推动作用，然而随着时代的变化，尤其是以物联网为代表对现有的互联网提出了新挑战。为适应未来宏伟的物联网，人们不得不研究开发新的网络技术，这些网络技术将使未来的物联网获得许多新特性：网络将更健壮、更安全而且流通的速度更快。显然，当前的网络是很难满足未来物联网需求的。下面是对 DNS-ONS 架构下物联网的安全性分析。

整个 ONS 服务建立在 DNS 服务的基础之上，主要通过现有的互联网进行信息查询并采用 DNS 的架构模式，这样做既有益端，也有弊端。益端是，ONS 解析系统不需要从头进行开发和部署，只要利用现有的 DNS 系统，在此之上，稍做修改、扩充就行。然而，也正因为此，DNS 系统中存在的安全隐患也在 ONS 系统中表现出来。基于 DNS 的 ONS 系统的安全隐患主要体现在以下两个方面：

(1) ONS 系统与客户端应用程序交互时候的安全。针对交互过程，常见的攻击有偷听，篡改和欺骗三种。对于偷听，攻击者主要是截获 ONS 系统与客户端应用程序通信时的数据，从而得到一些企业的内部机密信息。对于篡改，攻击者主要是把截获得到的信息进行篡改并发送，从而使 ONS 系统与客户端应用程序在交互过程出现错误，给企业的信息交互带来损失。对于伪装，攻击者主要是利用伪装技术，以伪装的身份欺骗 ONS 系统信任，从而进行查询服务。假如攻击者用非法手段得到了某产品的 EPC 标签，就可以通过伪装身份通过合法的 ONS 系统来查询这个 EPC 标签的详细信息或者得到进一步的相关服务的访问地址。

(2) 在 ONS 服务器内部，如何保证 ONS 子服务器和根服务器交互的可信是 ONS 系统的另一个安全问题。

现有的物联网命名解析服务 ONS 体系架构是在互联网域名解析 DNS 架构的基础上实现的，因此，DNS 中存在的多种问题，必然带入 ONS 命名解析过程中，例如根节点负载过重、查询延时较大、单点失效等方面问题，这些问题也将限制在物联网的进一步发展和 ONS 命名解析服务机制的广泛推广。

DNS-ONS 将会存在的问题如下：

(1) 根 ONS 归属权问题。现存的 ONS 根服务器是美国 Verisign 公司负责维护营运的，包括了全球共 14 台服务器。所以想得到 ONS 服务并建立相应的网络，就必须得到美国公司的授权，无法保障安全性。

(2) 编码方案多样性。目前物联网的研究中普遍存在多种编码方式共存的现状，统一的物联网编码标识体系尚未建立，企业无所适从，甚至很多自行编码不利于统一管理和信息共享，因此，物联网中普遍存在技术标准不够完善、编码标准不够统一的问题，急需建立一套公共统一的解析台和相应的编码标准。

(3) 解析体系的兼容性问题。由于物联网是一个新兴的行业，所以不同机构和国家都想在物联网标准方面进行控制，都有自己的编码和解析标准，基于 DNS 的 ONS 系统和这些标准之间的兼容性存在很多问题，除此之外，还有很多政治和经济上的问题有待解决。

(4) 查询解析时延过大和负载过重问题。物联网中的设备很多，所以需要大量的物品编码，查询量也随之变得很大。利用现有的 DNS 系统进行 ONS 解析服务，必然会造成很大的服务压力，引起巨大的时延和过载，并进而成为 ONS 服务的瓶颈。

最后对对象命名服务(ONS)的应用前景加以说明。作为快速、实时、准确采集与处理信息的高新技术和信息标准化的基础，RFID 已经被世界公认为本世纪十大重要技术之一，在生产、零售、物流、交通等各个行业有着广阔的应用前景。目前，国际上存在 5 个与 RFID 相关的标准制定组织，其中，EPCglobal 由于其出身的优越性，在这些组织中起着领导的地位，而其部分标准与 ISO 组织推荐的相关标准的融合，更是激发了其标准在全球推广的价值，目前，在欧美有众多的使用者，譬如沃尔玛，美国国防部，麦德龙，思科等诸多豪门。

现今全球 ONS 服务是 EPCglobal 委由 VeriSign 营运，现已设有 14 个信息中心用以提供 ONS 搜索服务，同时建立了 7 个 ONS 服务中心，它们共同构成了全球国际电子产品码访问网络。基于这一物联网，企业可以和网络内与之相配合的任一企业，进行供应链信息数据的交换。随着 RFID 技术的不断成熟和 EPCglobal 标准的不断完善，众多企业对 RFID 技术的应用将由企业内部的闭环应用过渡到供应链的开环应用上，ONS 服务作为物联网框架下的关键技术，有着广泛的应用前景。

习　　题

1. 画出 ONS 的工作流程图，并简述 ONS 的工作流程。
2. 简答 DNS 的工作原理。
3. 简答 ONS 调用 DNS 的方法
4. 简答 ONS 的作用和意义。
5. 动态 ONS 的特点是什么？

第 5 章　产品电子代码信息服务(EPCIS)

本章讨论网络中 EPC 信息服务的一些关键问题，产品电子代码信息服务是 EPCglobal 的一项标准，目的是使贸易伙伴之间共享供应链信息。它为企业提供了一个统一方法，即抓住供应链事例的“事件、地点、时间和原因”，并与企业内部应用和外部合作伙伴共享信息。任何与商品和财产的运动有关的商业流程，都会因产品电子代码提供的、不断提升的信息透明度而受益。

由于在标签上只有一个 EPC 代码，计算机需要知道与该 EPC 匹配的其他信息，由 ONS 来提供一种自动化的网络数据库服务，EPC 中间件将 EPC 代码传给 ONS，ONS 指示 EPC 中间件到一个保存着产品文件的服务器(EPCIS)查找，该文件可由 EPC 中间件复制，因而文件中的产品信息就能传到供应链上。

EPCIS 提供开放和标准的接口，允许在公司内部和公司之间使用定义良好的无缝集成服务。EPCIS 标准通过使用服务操作和相关数据标准实现可视化事件数据捕获和查询，同时实现了合适地安全机制以满足公司的需要。在多数情况下，通过基本的网络服务方法，为没有永久数据库存储的应用级的信息共享提供可视化事件数据的永久存储方法。

需要注意的是，EPCIS 规范并没有规定服务操作和数据本身如何执行的规定，这包括 EPCIS 服务如何获取计算所需的数据，除非捕获外部数据数据时使用了标准的 EPCIS 捕获操作。无论有没有永久数据库，规范仅仅说明了数据共享的接口。

EPCIS 所扮演的角色是 EPC 网络中的信息存储中心，所有与 EPC 码有关的信息都是放在 EPCIS 中。EPCIS 承担着数据存储和共享的任务。从信息的观点来看 EPCIS，其本身不只是一个实体的数据库，还有各种接口，以便于连接到各个数据库，真正与 EPC 编码有关的商品信息是放在这些实体数据库中的。在 EPC 网络的规划中，供应链中的企业包含制造商、流通环节或零售商，这些都需提供给 EPCIS，只是分享的信息内容有差别，而其沟通的界面是利用 Web Service 技术，让其他的应用系统或交易伙伴得以通过标准接口进行信息的更新或查询。

5.1　EPCIS 与 GS1 之间的关系

EPC 网络是严格遵循 GS1 构建的识别、捕获和共享三层网络分层框架下实施的网络。

EPCIS 提供了一个模块化、可扩展的数据和服务的接口，使得 EPC 的相关数据可以在企业内部或者企业之间共享。所以使用 EPCIS 目的在于应用 EPC 相关数据的共享来平衡企业内外部不同的应用。

GS1 标准支持供应链中相互联系的终端客户的信息需求，特别是供应链中商业过程的参与者之间的相互联系信息。这些信息可以是现实世界中的实体对象，也可以是业务流程的一部分。现实世界中的实体包括公司之间的交易，如产品、原材料、包装等，以及与现实实体相关的贸易伙伴所需要的设备和材料等贸易流程，例如存储、运输、加工、实体的实际位置等业务流程。现实世界中的实体可能是有形的物体，也可能是数字或概念。实体对象包括消费电子产品、运输存储，生产基地(实体)的位置。数字对象也是实体，包括电子音乐下载、电子书、电子优惠券等。

根据供应链的商业过程中的需求，GS1 标准需要对现实世界中的实体提供信息支撑。因而标准扮演了不同的角色，根据角色的不同 GS1 标准可被划分成识别、捕获和共享三个层次。而 EPCIS 属于捕获和共享层，属于 EPC 物联网的上层结构。EPCIS 位于整个 EPC 网络构架的最高层，不仅是原始 EPC 观测数据的上层数据，也是过滤和整理后的观测数据的上层数据。EPCIS 在物联网中的位置如图 5-1 所示。

EPCIS 接口为定义、存储和管理 EPC 标识的物理对象的所有数据提供了一个框架，EPCIS层的数据用于驱动不同企业的应用。

图 5-1　EPCIS 在物联网中的位置

将图 5-1 中的结构扩展开来，就形成了 EPCIS 与 GS1 详细的分层关系图，如图 5-2 所示。

图 5-2 中 EPCIS 捕获接口是架设在捕获和共享标准之间的桥梁，EPCIS 查询接口为贸易伙伴之间的内部应用程序和信息共享提供可视化的事件数据查询。

数据捕获应用程序的核心是数据采集工作流程，它负责监控业务流程的步骤并在其中实现数据捕获。接口设置的目的是为多层的数据捕获架构中的抽象的对象之间提供隔离。

建立 EPCIS 的关键就是用 PML 来组建 EPCIS 服务器，完成 EPCIS 的工作。PML Core 主要用于读写器、传感器、EPC 中间件和 EPCIS 之间的信息交换。由 PML 描述的各项服务构成了 EPCIS，EPC 编码作为一个数据库搜索的关键字使用，由 EPCIS 提供 EPC 所标识对象的具体信息。实际上 EPCIS 只提供标识对象的接口信息，可以连接到现有数据库、应用、信息系统、或者标识信息的永久数据库。

所有数据捕获组件之间的相互联系已经被统一成编码数据。底层数据捕获工作流是识别条码数据、RFID 编码数据和人工输入数据等，但传输接口屏蔽这些底层硬件的数据采集细节。

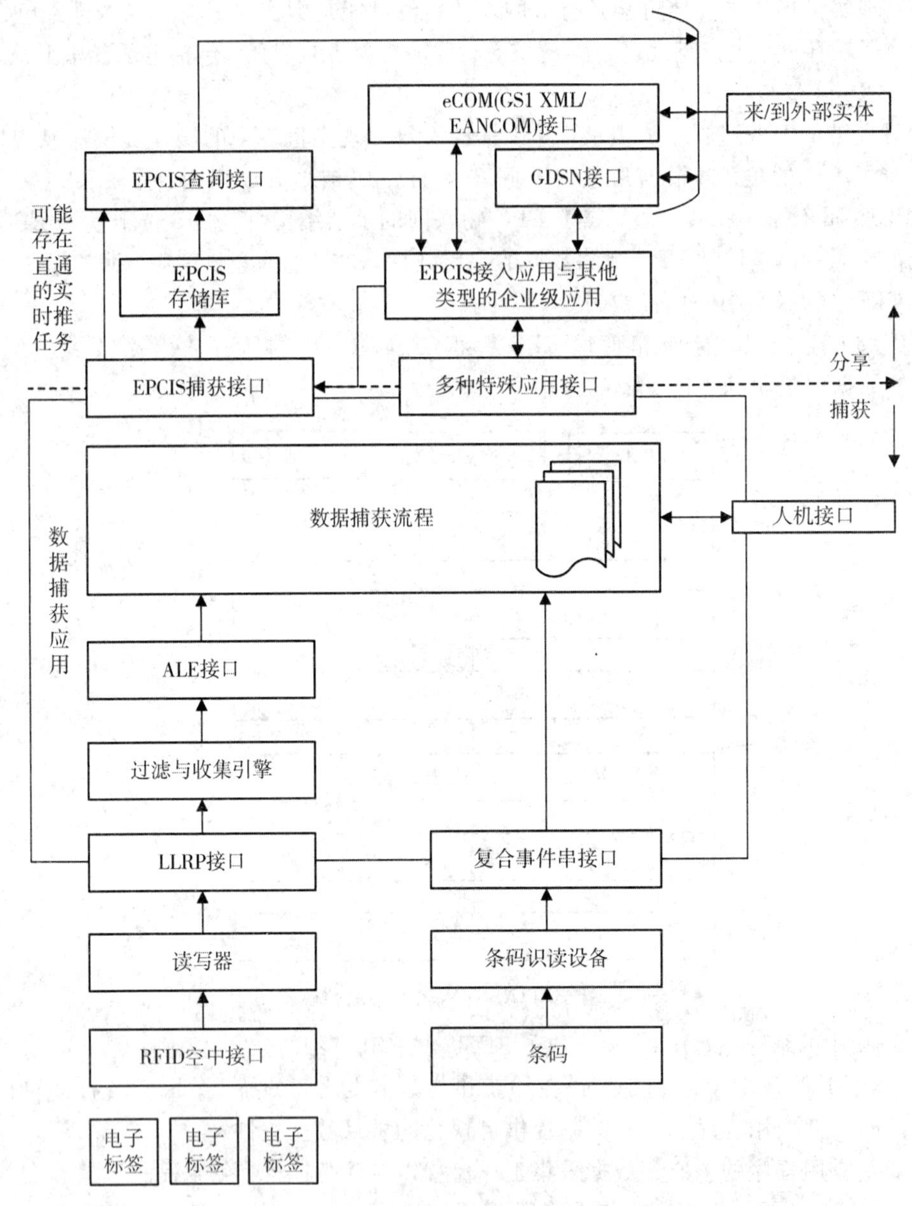

图 5-2　EPCIS 系统结构与其在物联网中的位置

5.2　EPCglobal 信息服务 EPCIS 规范

EPCglobal 定义了 EPC 规范，通过提供开放的标准，可以使物品被唯一标识，方便了物品在世界各地流通。EPCIS 是 EPCglobal 的标准，对物品在流通过程中物品地点和状态等进行详细描述。EPCIS 规范是一个中立的数据携带者，可以被用于来自 RFID 标签的数据、条形码或者其他数据载体，并且它为交易各方提供 EPC 数据共享的规范，从而提高全球供应链的效率、安全以及可见性。图 5-3 中所示，EPCIS 处于 EPCglobal 规范的中层，它捕获来自下层的数据，经过一些逻辑处理存储到自身的数据库中，然后接受来自其他应用系统等外部系统的查询请求和提供查询接口，以达到信息共享的目的。

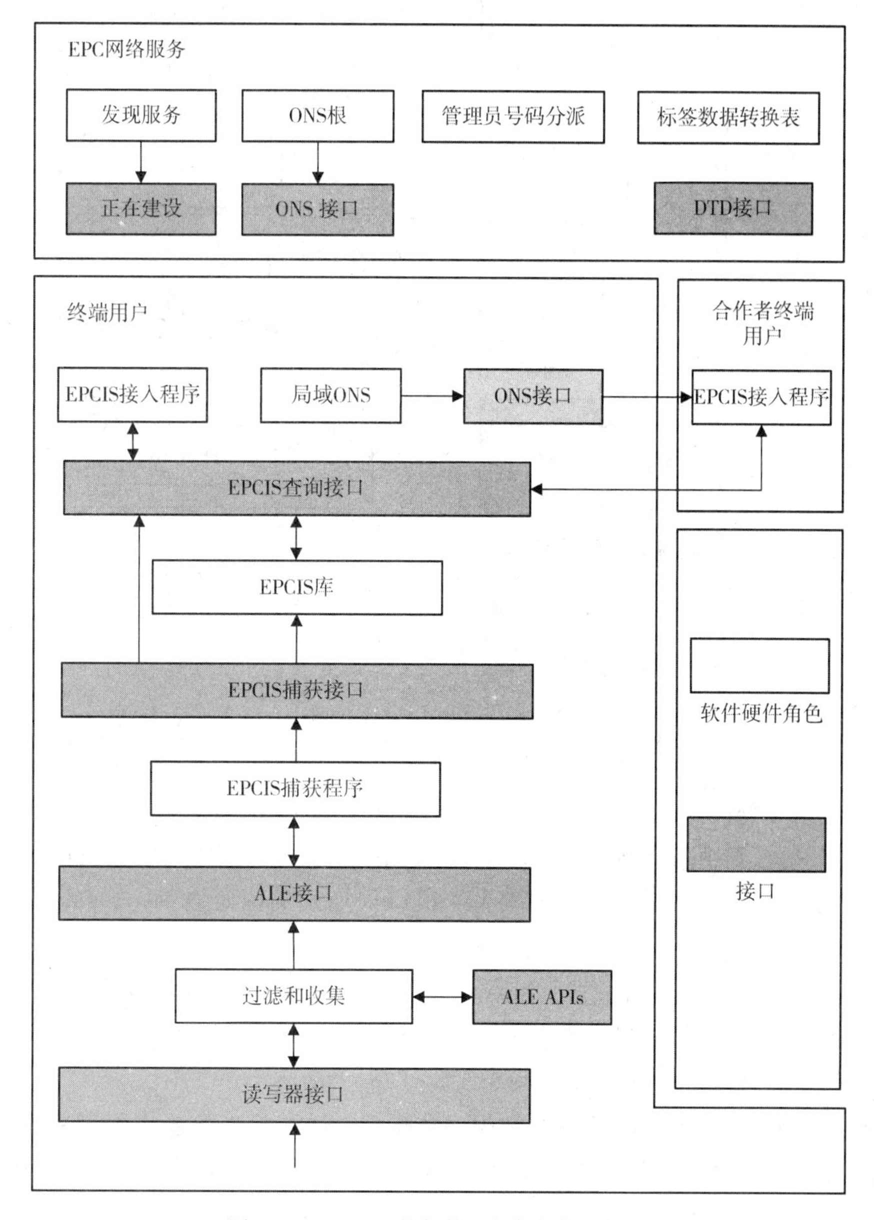

图 5-3　EPCIS 的架构：角色与接口规范

EPCIS 规范是一个层次化、可扩展和模块化的框架结构。它的扩展性体现在这个规范不仅仅定义了抽象层次数据的结构和意义，也提供了面向特定应用或者工业领域的数据扩展方法。它的模块化主要体现在它模块之间是低耦合和高内聚的。它的层次化主要体现在它是一个分层的架构。各个层次描述如图 5-4 所示。

(1) Capturing Interface(捕获接口)：只有一个函数 capture()，包含了四种触发事件 ObjectEvent、AggregationEvent、QuantityEvent 及 TransactionEvent，当外部传送事件及相对应属性的 EventType 类别进来时，经过解析之后会将各项属性值记录至数据库。

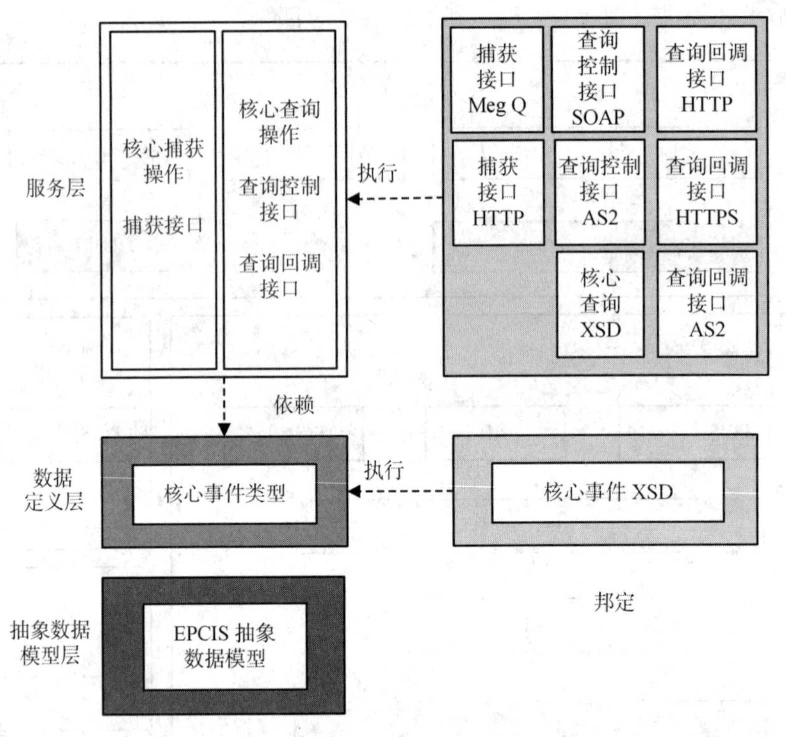

图 5-4　EPCIS 分层结构

(2) Query Interface(查询接口)：有三个函数 subscribe()、unsubscribe()及 poll()。主要的查询函数是 poll，分为 SimpleEventQuery 和 SimpleMasterDataQuery 两种类型，前者是查询 event 记录，后者则用来查询 vocabulary，查询结果是以 XML 格式回传。Subscribe 的作用是让使用者可以自行定义查询条件及时间，执行周期式的固定查询，unsubscribe 是取消 subscribe功能。

(3) Vocabulary：只有一个函数 addVocabulary()，让使用者订阅想要使用但却不在标准中任何的 vocabulary item，作为扩充使用。但是仍需遵守 vocabulary 的定义规则，定义的结果按照自行设定的 schema 存储于数据库中。

(4) EPCIS Repository：是存 EPC 数据的数据库，存放 EPCIS 规格所定义的四种 event type 数据，以及使用者自行定义的 vocabulary 数据。

5.2.1　抽象数据模型层(Abstract Data Model Layer)

抽象数据模型层定义了 EPCIS 数据的抽象结构。EPCIS 主要处理两种数据：事件数据和主数据。事件数据指的是在进行业务逻辑过程中产生的数据，比如在 2014 年下午 1：23 分 EPC x 在地点 L 被观测到，且事件数据随着业务的进行在数量上有增长。主数据是为了理解事件数据而提供的上下文信息数据，比如上面的事件数据中地点 L 指的是中国上海 A 公司的分发中心。主数据不随着业务的进行而增加，但是当组织增加规模而需要另外的数据来解释事件数据的时候主数据要相应的增加。抽象数据模型层包括以下部分：事件数据、事件类型、事件字段、主数据、词汇表、词汇表项和主数据属性，定义所有 EPCIS 内部数据的通用结构，摘要数据模型层主要涉及事件数据(Event data)和高级数据(Master data)两种类型。

事件数据和主数据如图 5-5 所示。

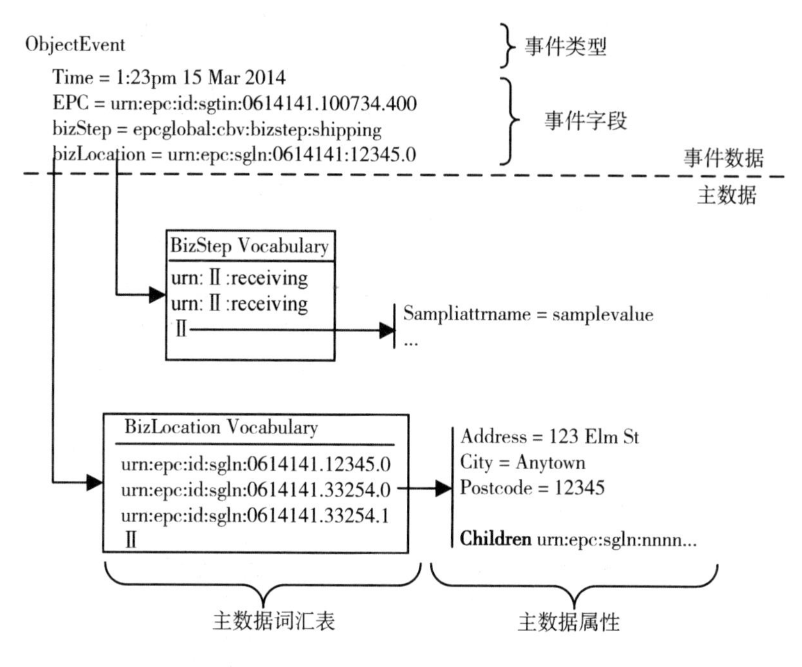

图 5-5　事件数据和主数据

Event Data 是用来表示业务流程，它通过 EPCIS Capture Interface 来获取所发生的事件。若要查询这些 Event Data，则是通过 EPCIS Query Interface 来做查询的动作。

Master Data 则是提供一些额外附加信息来解释说明 Event Data。若要查询，则是利用 EPCIS Query Control Interface 来做查询的动作。

5.2.2　数据定义层(Data Definition Layer)

数据定义层是整个 EPCIS 规范的核心，主要定义了核心事件类型。如图 5-6 所示，此模块定义了一种基本事件和五个子事件，其中子事件来源于供应链活动：

(1) EPCIS 事件(EPCISEvent)：指基本事件。该事件是其他事件类型的父类。

(2) 对象事件(ObjectEvent)：指单个商品发生的事件信息。该事件类型较简单且应用方便。供应链中除下面三种事件类型，其他业务流程基本都可以用 ObjectEvent 来表示。

(3) 数量事件(QuantityEvent)：指一类产品所发生的事件。用于表示某特定数量的一批 EPC 号发生的事件，这是为了兼容条形码数据。

(4) 聚合事件(AggregationEvent)：指一些聚合或解散事件。在供应链活动中，“打包”与“解包”操作时常可见。针对这种需求，AggregationEvent 中包含了被聚合或解散的物体 EPC 列表，同时包含其“容器”的标识，即图中 AggregationEvent 的 parentID。

(5) 交易事件(TransactionEvent)：指与商业表单相关联的事件，表示与商业交易有关的事件，如销售事件。

(6) 转化事件(TransformationEvent)：商品有的时候是要被转化为其它形态的商品的，例如一块牛肉被分割为多个部分，或者被绞肉机转化为汉堡肉片，这个时候转化事件将起到应有的作用。转化事件可以捕获被实例层或者类层识别的物理或数字对象的信息，而这些信息是指输入和输出之间关系的。一些商业转化过程具有很长的周期，中间可能经过多次转化，合适的做法是设置一个转化 ID(TransformationID)，并为转化 ID 赋予两个或多个转化事件以连接转化的输入输出。

对象事件是物理意义上的读写器读到标签的事件，聚合事件是若干个带有标签的物品被放入到一个容器(包含与被包含、父标签和子标签)，统计事件是统计某种标签标识的物品的库存容量，而交易事件是一次标签识读标识某种交易的发生。转化事件是为了描述商品被另加工的过程的一种被 EPCglobal 认可的新事件。这些事件集的定义可以大大改善产品的可追溯性、供应链的安全性、规范性和互操作性。更为详细的事件应用方法和事件域的定义问题，请参阅 EPCIS 标准中的相关文档。

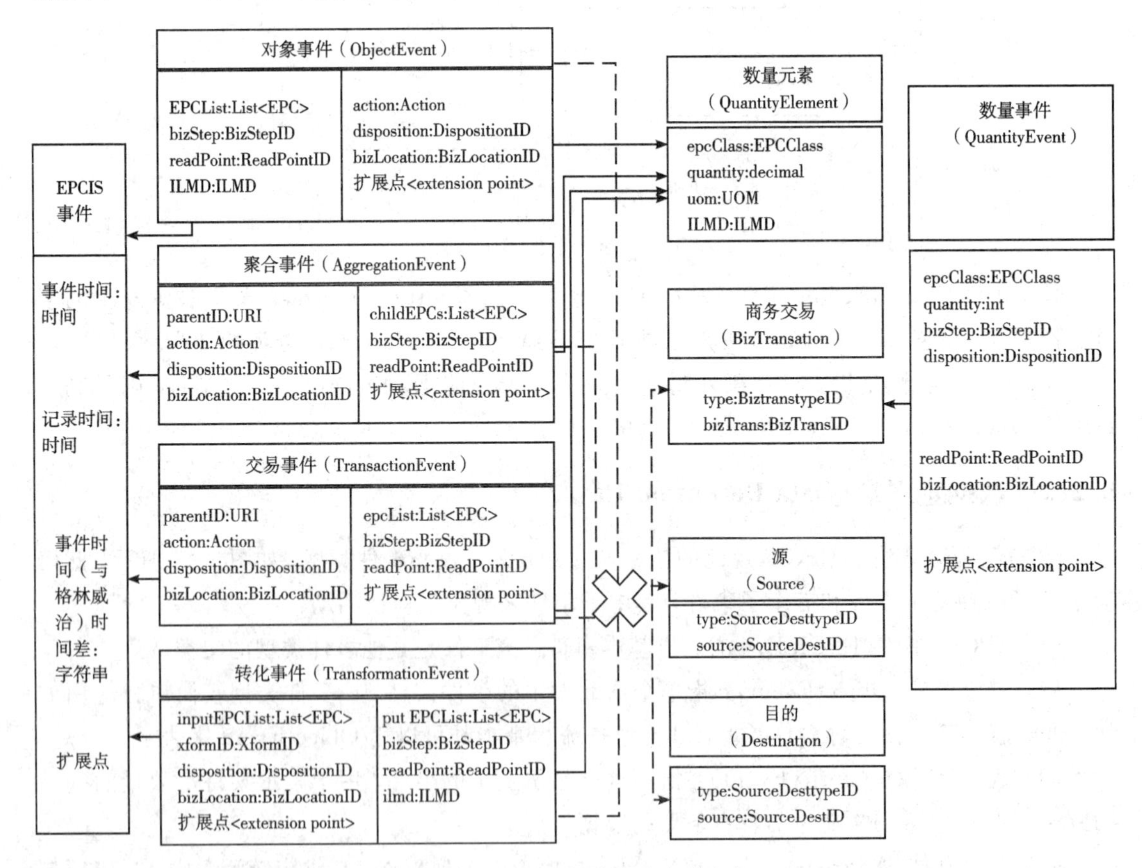

图 5-6　EPCIS 规范中的事件定义

5.2.3　服务层(Service Layer)

服务层定义了 EPCIS 最重要的 4 个接口规范，分别是 Core Capture 接口规范、Core Query 接口规范、Query Control 接口规范和 Query Callback 接口规范。其中第一个处于下层，后面三个处于上层，是两层式结构。Core Capture 接口规范定义了从底层取得数据并向上发送的操作。Query Control 接口与 Query Callback 接口均继承了 Core Query 接口。Query Control 接口规范，定义获取数据的方式为“拉式”，即是一次请求一次应答。Query Callback 接口规范定义了获取数据的方式为“推式”，即指的是用户先对感兴趣的数据进行注册，然后可以通过该接口周期性的返回数据。

5.2.4　绑定(Bindings)

绑定是指数据定义层的具体实现和服务，其目的在于连接数据定义层与服务层的元件，好让 EPCIS 具有数据分享的能力。数据定义层中的各个事件数据形态都有相对应的 XML Schema。例如：Service layer 左边，核心 Query Operations(核心查询操作)模块中的 Query Control Interface(查询控制接口)是经由一个 WSDL 绑定(Binding)到 HTTP 中的 SOAP 协议。

在本规范中共有九个绑定定义了数据和服务。核心数据定义了事件类型，数据定义模块给出了到 XML 模式的绑定。在核心 EPCIS 捕获接口中的捕获操作模块给出了消息队列和 HTTP 服务之间的绑定。EPCIS 查询控制接口中的核心查询操作模块，给出通过 WSDL 绑定到 HTTP 上的 SOAP web 服务的描述。

5.3　EPCIS 的工作原理

EPCIS 主要由客户端模块、数据存储模块、数据查询模块三部分组成。其工作流程可描述为：

(1) 客户端完成 RFID 标签信息向指定 EPCIS 服务器的传输；

(2) 数据存储模块将数据存储于数据库中，在产品信息初始化的过程中调用通用数据生成针对每一个产品的 EPC 信息，并将其存入 PML 文档中；

(3) 数据查询模块根据客户端的查询要求和权限，访问相应的 PML 文档，生成 HTML 文档，再返回客户端。具体的工作内容如表 5-1 所示：

表 5-1　EPCIS 主要的工作内容

目标模块	任 务 描 述
实体的分类和描述	标签授权，将信息按照不同的层次写入标签
数据监控和存储	捕获信息
数据查询服务	观测对象的整个运动，修改标签冗余信息并记录，以备查阅

EPCIS 有两种运行模式，一种是 EPCIS 信息被已经激活的 EPCIS 应用程序直接应用；另一种是将 EPCIS 信息存储在数据库中，以备今后查询时进行检索。

5.4　EPCIS 系统设计的一个示例

整个 EPCIS 系统设计主要包括数据库设计、文件结构设计、程序流程设计三部分。

5.4.1 数据库设计

数据库用来记录产品类型等信息，当单个产品 RFID 码对应的信息传入系统时，应用程序访问数据库表，获取相关信息加入 PML 文档中。数据库主要维护两张表一个是 Generate 表，另一个是 show 表。generate 表中每个记录对应一个产品类型，show 表中每个记录对应一个具体的产品。

表 5-2 数据库内 generate 的数据类型

字段名称	说　明
Producttypenum	产品类型编号字段，如 101
Order	产品类型编号字段已分配序列号字段
Productname	产品类型名称字段，如“可口可乐”
Manage ASP URL	产品类型字段，用于批量生成 PML 文档的 ASP 程序的路径
Password	密码字段，用于保护批量生成 PML 文档的 ASP 文件

表 5-3 数据库内的 show 表

<table>
<tr><th>字段名称</th><th>说　明</th></tr>
<tr><td>RFID</td><td>产品类型编号字段，如 101</td></tr>
<tr><td>PML URL</td><td>产品对应 PML 文档所在的路径字段</td></tr>
<tr><td>SHOW ASP URL</td><td>路径指示字段，用于指示负责将读写器捕获的信息输入 PML 文档及文档内容 ASP 程序所在路径</td></tr>
<tr><td><time></td><td rowspan="5">传感信息字段，代表了读写器传过来的传感信息</td></tr>
<tr><td><address></td></tr>
<tr><td><temperture></td></tr>
<tr><td><humidlity></td></tr>
<tr><td><air_pressure></td></tr>
<tr><td><permission></td><td>客户端传过来的其所有权的权限</td></tr>
</table>

5.4.2 EPCIS 的文件结构设计

表 5-4 给出了 EPCIS 的文件目录，每种产品类型 xxx 需要一个 xxxshow.asp 文件、1 个 xxx.asp 文件和一个 xxx 文件夹。表中程序除了 Client.exe，其余程序均运行在 EPCIS 服务器端。

表 5-4　EPCIS 的文件目录

文件名称	说　　明
Productmanage. mdb	数据库文件，包含 generate 和 show 表
Client. exe	客户端程序，用于从事串口读取的 RFID 码和传感器信息，连同权限传送给 EPCIS 服务器
Server. asp	服务程序，根据 EPCIS 码将传感信息及权限插入到 show 表相应的条目中，然后调用 SHOWASPURL 字段所指定的 ASP 程序
xxxshow. asp	产品信息处理程序
Login. asp	权限管理文件
xxx. asp	用于批量生成 PML 文档
xxx	用于存储同一类型产品 PML 文件的文件夹

5.4.3　EPCIS 的程序流程设计

客户端程序的设计主要完成 RFID 数据的读取，从串行数据转换为 IP 数据包发送至服务的过程。EPCIS 客户端程序工作流程如图 5-7 所示。

数据存储程序的主要流程主要维护 generate 表和 show 表，数据存储程序的主要流程如图 5-8 所示。

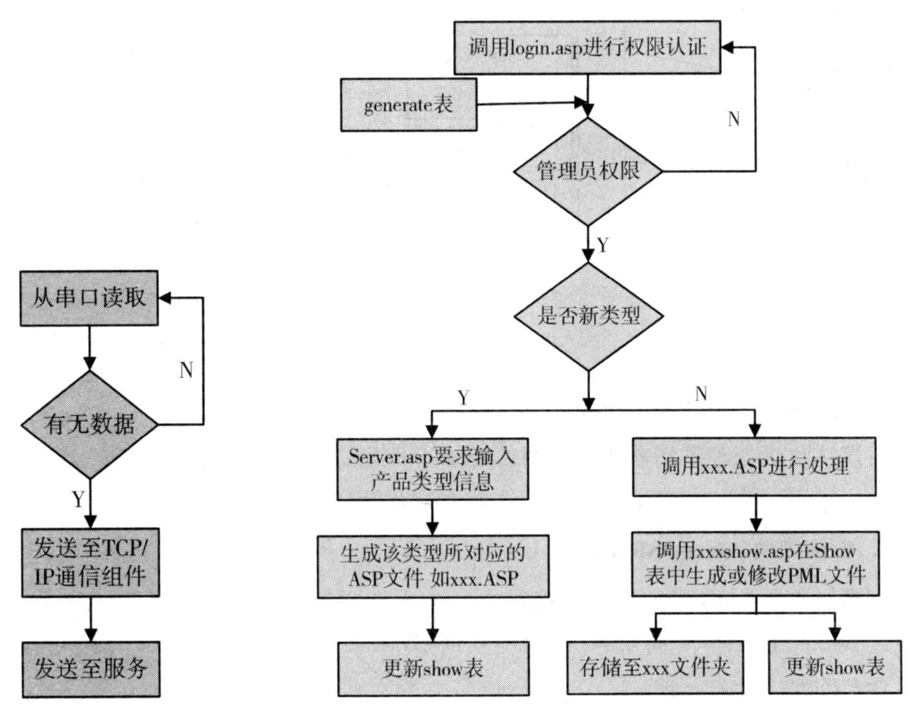

图 5-7　EPCIS 客户端程序工作流程　　　图 5-8　数据存储程序的主要流程图

数据查询程序的主要流程如图 5-9 所示。

系统的主要模块如图 5-10 所示。

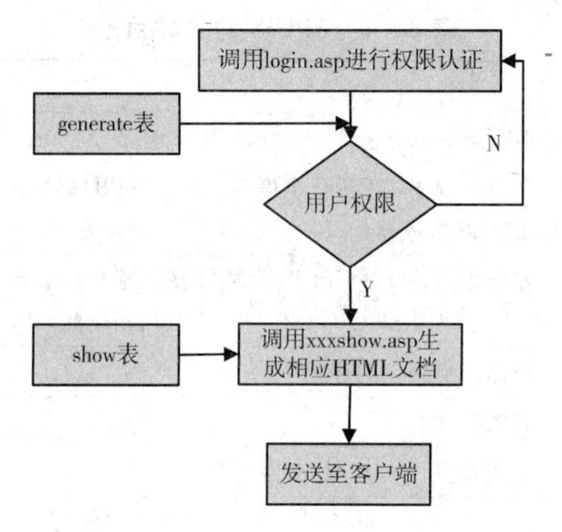

图 5-9　数据查询程序的主要流程图

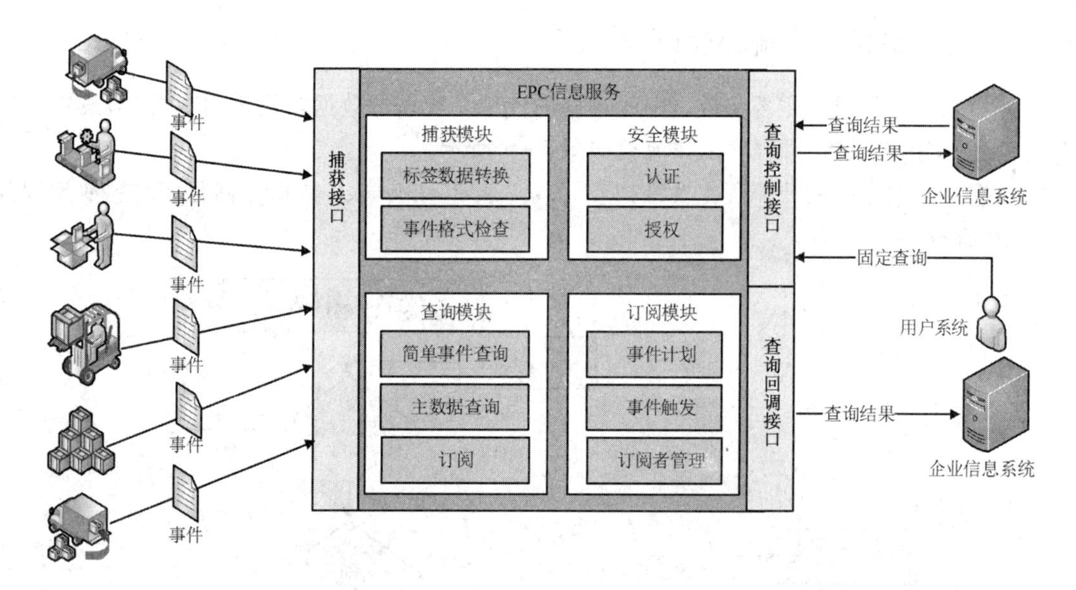

图 5-10　系统的主要模块

1. 捕获模块(Capture Module)

该模块负责处理被捕获来的事件数据。事件格式检查包括时间、EPC、URI 的格式检查，避免无法辨识、错误或描述不清的事件数据被存储到 EPCIS 中。

2. 查询模块(Query Module)

该模块主要为 EPCIS 使用者端提供一个事件资料查询界面。企业咨询系统或使用者可以通过 Query Interface 向 EPCIS 提出查询要求。

查询的要求分为三种：

(1) Simple Event Query 提供事件数据的查询，如供应链中包装、收货、送货动作等事件的查询。

(2) Master Data Query 提供事件相关的数据，包含商业流程所使用的专用术语、事件发生地点、物品处置的专用语等。

(3) Subscription 为非同步的 Simple Event Query，负责提供需周期性或持续追踪的事件查询。

3. 订阅查询模块(Subscription Module)

该模块主要负责提供周期性及持续性的事件查询，可能是追踪一笔订单的所有事件、某一个特定物品的所有事件、或某一个生产步骤的所有事件。

Subscription Management 负责管理并维护所有订阅者的查询需求，负责订阅以及取消订阅的管理。

订阅查询又分为两种查询方式：Schedule 和 Trigger，Schedule 为周期性查询，Trigger 为触发性查询。

4. 安全模块(Security Module)

该模块主要用途为改善事件数据存取的安全性及隐私性，以防止 EPCIS 使用者端存取未授权的其他公司的事件查询。

5.5　EPCIS 中 Web 服务技术

Web 服务是一种完全基于 XML 的软件技术。它提供了一个标准方式用于应用程序之间的通信和互操作，而不管这些应用程序运行在什么样的平台和使用什么架构。W3C 把 Web Service 定义为由一个 URI(Uniform Resource Identifier)识别的软件系统，使用 XML 来定义和描述公共界面及其绑定。通过使用这种描述定义，应用系统之间可以通过互联网传送基于 XML 的消息进行互操作。从使用者的角度而言，Web 服务实际上是一种部署在 Web 上的对象/组件。

通过 Web 服务，企业可以包装现有的业务处理过程，把它们作为服务来发布，可以查找和订阅其他的服务，以及在企业间交换信息和集成对方的服务。Web 服务使得应用到应用的电子交易成为可能，免除了人的参与，极大地提高了效率。Web Service 平台是一套标准，它定义了应用程序如何在 Web 上实现互操作性，允许使用任何语言，在任何平台上写 Web Service，只要通过 Web Service 标准对这些服务进行查询和访问。

Web Service 技术由以下标准构成了目前大众公认的 Web Service 最佳实现。

(1) SOAP：简单对象访问协议用来远程执行 Web 服务的技术。它是 Web Service 的基本通信协议。SOAP 规范定义了怎样用 XML 来描述程序数据(Program Data)，怎样执行 RPC(Remote Procedure Call)。

(2) WSDL：Web 服务描述语言用来描述服务的技术。WSDL 是一种 XML 文档，它定义 SOAP 消息和这些消息是怎样交换的。IDL(Interface Description Language)是用于 COM 和 CORBA 的，WSDL 是用于 SOAP 的。WSDL 是一种 XML 文档，所以我们可以阅读和编辑，但很多时候是用工具来创建、由程序来阅读。

(3) UDDI：统一描述、发现和集成协议用来查找服务的技术。UDDI 用来记录 Web Service 信息。可以不把 Web Service 注册到 UDDI。但如果要让所有的人知道该 Web Service

服务，需要注册到 UDDI。

(4) XML：可扩展标记语言。除了底层的传输协议外，整个 Web Service 协议栈是以 XML 为基础的，XML 贯穿于 Web Service 三大技术基础 WSDL、UDDI、SOAP 之中。

习　题

1. 简答 EPCIS 的定义，并说明其主要作用。
2. EPCIS 有哪些分层结构？
3. EPCIS 中的 Data Definition Layer 数据定义层主要定义了哪些事件？
4. Data Definition Layer 主要定义了哪些核心事件类型？
5. Web Service 技术由哪些标准构成了目前大众公认的最佳实现？

第 6 章　射频识别(RFID)系统

本章从 RFID 的工作原理出发，然后分别从标签、天线、读写器以及中间件四个构成 RFID 系统的部件展开描述，追踪各个部件的功能作用以及工程实现的基本方法。结合 RFID 的相关标准，重点介绍 EPC、ISO(Gen2)标准。

射频识别是当前支持 EPC 物联网的最优方案。图 6－1 表示一个简单的 RFID 系统功能模块。通过本章内容，读者能够了解射频识别产生的历史、电子标签和读写器的电路结构、工作原理和相关的行业标准。相比较于其他的物联网识别系统，电子标签在识别速度和价格上占有很大的优势，因此为物联网的识别提供了最佳的技术手段。但我们也必须认识到，电子标签自身在安全性以及对环境的依赖性等方面存在的缺陷。目前 RFID 已经成功推广到仓储、行李分拣、零售和生产等诸多环境中，图 6－2 表示了 RFID 在仓储管理中的典型应用。

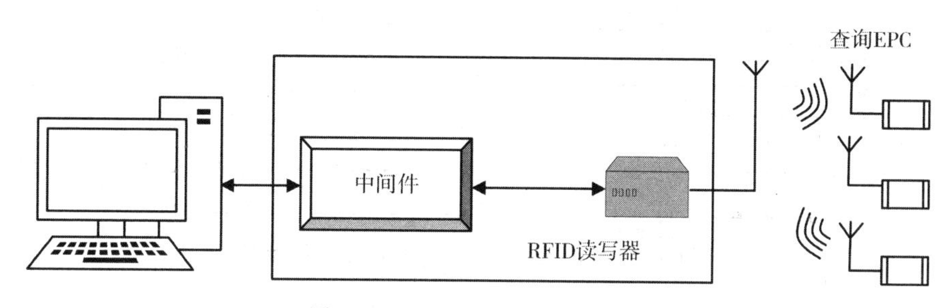

图 6－1　RFID 系统功能模块图

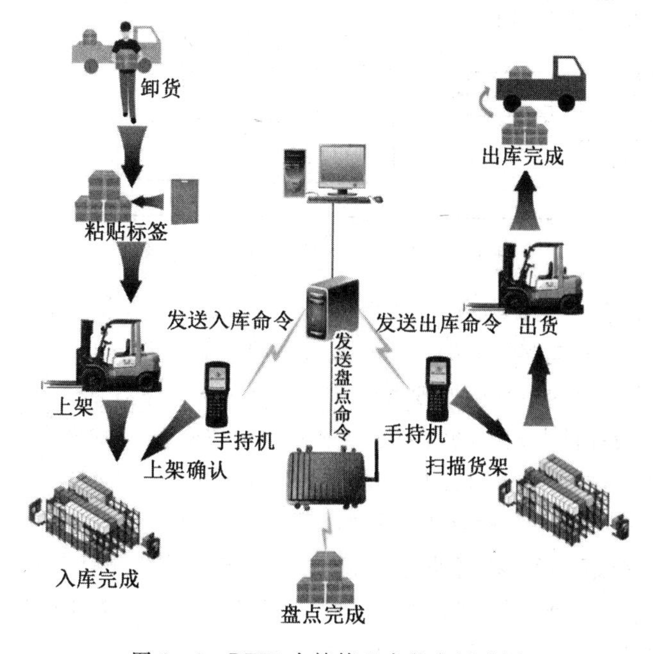

图 6－2　RFID 仓储管理中的应用示例

6.1 RFID系统概述

一个了解RFID系统的便捷方法是先了解日常广泛应用的IC卡。所谓的IC卡是一种带有数据存储器的系统，逻辑电路如图6-3所示，有的IC卡为了增强加密能力还附加一定的计算能力被称为CPU卡，通常称其为智能卡，逻辑电路如图6-4所示。通常学校、公司内部使用的是普通的IC卡，而银行或者保密机构所用的就是CPU卡。工作时将IC卡插入到读写器中，通过接触点为IC卡提供能量和定时脉冲，开始工作后通过双向串口进行通信。IC卡能够使信息或现金交易相关的服务变得更加简单、安全和经济。虽然IC卡是一种统称，但通过内部结构可再次申明它们的正规名称为存储器卡或微处理器卡。尽管有的存储器卡有加密电路保护，但实践证明该类存储器卡是很容易破解的。目前只有CPU卡尚未有破解报道。

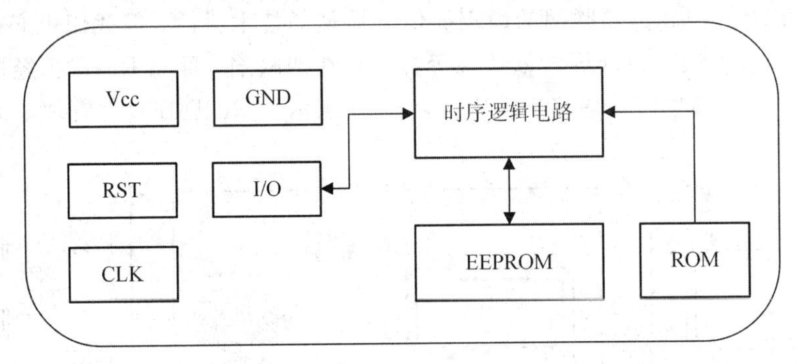

图6-3 具有安全算法的逻辑电路存储器卡

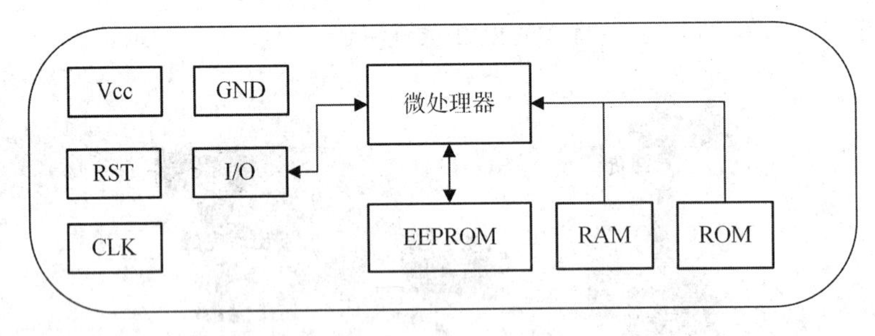

图6-4 具有微处理器的智能卡电路

IC卡是由一个或多个集成电路芯片组成，并封装成人们携带的卡片。IC卡按其内部封装的芯片种类和功能可分为存储卡(Memory Card)和智能卡(Smart Card)，存储卡和智能卡的区别就在于存储卡芯片内不含微处理器(CPU)，只具有存储数据信息的功能。存储卡又分为非加密存储卡(一般存储卡)和加密存储卡(简称逻辑加密卡)。加密卡有内建互相认证安全模块，是银行金融应用中在安全和成本上得到完美结合的卡。智能卡又名CPU卡、电脑卡、智慧卡、聪明卡，它不仅具有像存储卡一样的数据存储功能，也具有像微电脑一样的逻辑处理、逻辑判断、I/O控制、指令执行功能。智能卡既具有智能性又具有便于携带的特点，这就为现代信息处理带来了一种全新的思维和手段。IC卡按使用方法和信息交换方式的不同又可分为接触式IC卡和非接触式IC卡(射频卡)。接触式IC卡是通过物理接触方式，将卡插入卡座后，与外界交换信息，所用集成电路芯片露在塑料卡外面的一面是一块含有电路的接触片，大部分都镀金。非接触式 IC 卡是通过电磁波与外界交换信息，带有射频收发及相关电路的芯片与环形天线全部埋在塑料基片中，在进行读写时，读写设备向射频卡发射一组固定频率的电磁波，卡片内与读写设备发射频率相同的 LC 串联谐振电路，在电磁波的激励下产生共振，从而使电容内有了电荷，在这个电容的另一端，接有一个单向导通的电子泵，将电容内的电荷送到另一个电容内储存，当所积累的电荷达到 2V 时，此电容可作为电源为其他电路提供工作电压，从而完成将卡内数据发射出去或接收读写设备的数据。

根据卡中所镶嵌的集成电路的不同，IC 卡主要有存储器卡、加密存储卡、CPU 卡、射频卡四大类。它们的读写属性、安全性、容量、开发成本、设备成本、卡成本和使用方便性等性能如表6－1所示。

表 6－1　四大类 IC 卡性能比较

特性	类　型			
	存储卡	加密存储卡	CPU 卡	射频卡
读写属性	全部可读/写	可控制读/写	读/写	读/写
安全性	差	好	最好	最好
容量	1～64 KB	1～2 KB	2～16 KB	2～16 KB
开发成本	低	较低	高	最高
设备成本	低	低	较低	最高
卡成本	低	较高	高	最高
使用方便性	一般	一般	一般	最好

除上述四类卡之外，还有各种专用卡，如预付费卡等，其优势已引起广泛的重视。

射频识别系统是在继承 IC 卡内部电路基础上发展起来的新型识别系统，但 RFID 系统的读写器和应答器(射频标签)在能量供应以及通信方式上是不同的。RFID 系统通过无线的磁场或者电磁场进行能量供应和通信，因而是一种非接触式的识别系统。

射频识别以电子标签标识物体，通过电磁波实现电子标签与读写器之间的通信(数据交换)，读写器自动或者从上层服务器中接收指令后完成对电子标签的读写操作，再把电子标签内的数据传送到服务器，服务器完成对物品信息的存储、管理和控制，由于标签数量一般是十分巨大的，所以服务器一般要维护一个大型的数据库，而对于标签较少的环境，读写器内部也可以维护一个较小的本地数据库。究竟要在什么地方放置数据库，要依据实际系统的需求。通常的射频识别系统由电子标签(Tag)、读写器(Reader)和系统高层三部分组成。

电子标签由外部的天线和内部的电路组成，具体的电子标签有多种场合下的应用，因此外部的天线与内部的电路都不同。根据电子标签内部是否有电源，可以分为无源标签(Passive)、半无源标签(Semi-passive)和有源标签(Active)三种类型。由于无源标签在价格和使用期限等方面的优势，多数应用场合使用的是无源标签。电子标签如图 6－5 所示。

图 6 - 5　电子标签

6.2　天线理论基础与天线设计

天线是一种用来发射或接收电磁波的器件，是所有无线电系统中的基本组成部分。换句话说，发射天线将传输线中的导行电磁波转换为“自由空间”波，接收天线则与此相反。于是信息可以在不同地点之间不通过任何连接设备来传输，可用来传输信息的电磁波频率构成了电磁波谱。人类最大的自然资源之一就是电磁波谱，而天线在利用这种资源的过程中发挥了重要的作用。

6.2.1　传输线基础知识

在通信系统中，传输线(馈线)是连接发射机与发射天线或接收机与接收天线的器件。为了更好地了解天线的性能及参数，首先简单介绍有关传输线的基础知识。天线类型如图 6 - 6 所示。

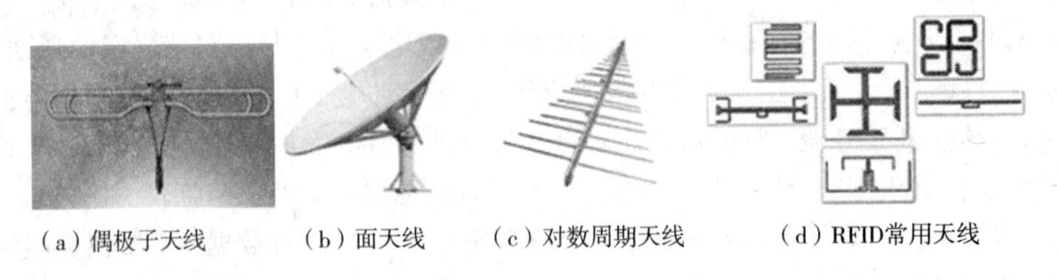

(a) 偶极子天线　(b) 面天线　(c) 对数周期天线　(d) RFID常用天线

图 6 - 6　天线类型

传输线根据频率的使用范围分为两种类型：一种是低频传输线；另一种是微波传输线。这里重点介绍微波传输线中无耗传输线的基础知识，主要包括反映传输线任一点特性的参量：反射系数 Γ、阻抗 Z 和驻波比 ρ。

1. 反射系数 Γ

此参量定义传输线上任一点处的电压反射系数为

$$\Gamma(z') = \frac{U^-(z')}{U^+(z')} = \frac{U^-(z'=0)\mathrm{e}^{-\mathrm{j}\beta z'}}{U^+(z'=0)\mathrm{e}^{\mathrm{j}\beta z'}} = \Gamma_l \mathrm{e}^{-\mathrm{j}2\beta z'} \tag{6-1}$$

由上式可以看出，反射系数的模是无耗传输线系统的不变量，即

$$|\Gamma(z')| = |\Gamma_l| \tag{6-2}$$

此外，反射系数呈周期性，即

$$\Gamma\left(z' + \frac{m\lambda_g}{2}\right) = \Gamma(z') \tag{6-3}$$

2. 阻抗 Z

此参量定义传输线上任一点处的阻抗为

$$Z(z') = \frac{U(z')}{I(z')} \tag{6-4}$$

经过一系列的推导，得出阻抗的最终表达式

$$Z(z') = Z_0 \frac{Z_l + jZ_0 \tan\beta z'}{Z_0 + jZ_l \tan\beta z'} \tag{6-5}$$

3. 驻波比 ρ (VSWR)

此参量定义传输线上任一点处的驻波比为

$$\rho = \frac{|U(z')|_{\max}}{|U(z')|_{\min}} \tag{6-6}$$

经过一系列的推导，得出阻抗的最终表达式

$$\rho = \frac{1+|\Gamma_l|}{1-|\Gamma_l|} \tag{6-7}$$

此外，这里还给出反射系数与阻抗的关系表达式

$$Z(z') = Z_0 \frac{1+\Gamma(z')}{1-\Gamma(z')}, \quad \Gamma(z') = \frac{Z(z') - Z_0}{Z(z') + Z_0} \tag{6-8}$$

这里还简单介绍一下传输线理论所要用到的一些基本参数，例如特性阻抗 Z_0 以及相位常数 β，具体表达式如下：

$$Z_0 = \sqrt{\frac{L}{C}}, \beta = \omega\sqrt{LC} = \frac{2\pi}{\lambda} \tag{6-9}$$

此外，不同的系统有不同的特性阻抗 Z_0，为了统一和便于研究，常常提出归一化的概念，即阻抗 $Z(z')/Z_0$ 称为归一化阻抗。

$$\overline{Z}(z') = \frac{Z(z')}{Z_0} \tag{6-10}$$

将注入高频电流的平行传输线其供电一段固定，张开180°后就形成最原始的天线类型。传输线理论提供的反射系数、阻抗匹配以及驻波比的概念为研究高频电路提供了重要的参数。由此可以认识到高频电磁场在阻抗变化的情况下，波的反射叠加等机制。

6.2.2　基本振子的辐射

1. 电基本振子的辐射

电基本振子 (Electric Short Dipole)又称电流元，无穷小振子或赫兹电偶极子，它是指一

段理想的高频电流直导线，其长度 l 远小于波长 λ，其半径 a 远小于 l，同时振子沿线的电流 I 处处等幅同相。在通常情况下，导线的末端电流为零，因此电基本振子难以孤立存在，但根据微积分的思想，实际天线常可以看作是无数个电基本振子的叠加，天线的辐射场等于所有这些电基本振子辐射的总和。因而电基本振子的辐射特性是研究更复杂天线辐射特性的基础。

如图 6-7 所示，考虑一个位于坐标原点、沿 z 轴方向、长为 Δz 的电流元，其上载有幅度和相位均匀分布的电流 I，根据电磁场理论，该电流元产生的矢量磁位(只有 z 分量)为

$$A_z = \mu_0 I \int_{-\Delta z/2}^{\Delta z/2} \frac{e^{-jkR}}{4\pi R} dz' \tag{6-11}$$

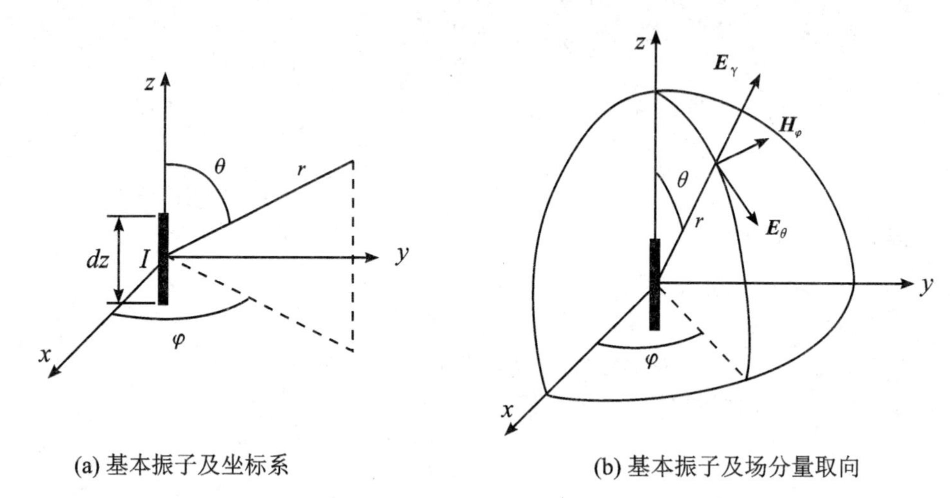

(a) 基本振子及坐标系　　(b) 基本振子及场分量取向

图 6-7　基本振子参数

由图 6-7 可以看到，长度 Δz 与波长 λ 相比以及与距离 R 相比都比较小，所以从电流元上任一点到场点 P 的距离 R(是 z' 的函数)非常接近于从坐标原点到场点的距离 r。将式(6-11)中的 R 替换为 r 后，被积函数已不含带撇坐标，所以积分退化为乘法，于是

$$A_z = \frac{\mu_0 I \Delta z}{4\pi} \cdot \frac{e^{-j\beta r}}{r} \tag{6-12}$$

得到矢量磁位 $\mathbf{A}$ 后，则磁场强度为

$$\boldsymbol{H} = \frac{1}{\mu_0} \nabla \times \boldsymbol{A} \tag{6-13}$$

经过公式替换及推导可得磁场强度(仅有 φ 分量)

$$\boldsymbol{H}_\varphi = \frac{jI\Delta z}{2\lambda}\left[1 + \frac{1}{j\beta r}\right]\frac{e^{-j\beta r}}{r}\sin\theta \tag{6-14}$$

又根据方程 $\boldsymbol{E} = \frac{1}{j\omega\varepsilon_0}\nabla \times \boldsymbol{H}$，可以得到电场强度(仅有 r 和 θ 分量)

$$\boldsymbol{E}_r = \frac{j\eta_0 I\Delta z}{2\lambda}\left[\frac{2}{j\beta r} + \frac{2}{(j\beta r)^2}\right]\frac{e^{-j\beta r}}{r}\cos\theta \tag{6-15}$$

$$\boldsymbol{E}_\theta = \frac{j\eta_0 I\Delta z}{2\lambda}\left[1 + \frac{1}{j\beta r} + \frac{1}{(j\beta r)^2}\right]\frac{e^{-j\beta r}}{r}\sin\theta \tag{6-16}$$

(1) 近区场。如果场点非常靠近电基本振子：βr 远小于 1 或 r 远小于 λ，则相对应的解为

$$\boldsymbol{H} = \hat{\varphi}\frac{I\Delta z\mathrm{e}^{-\mathrm{j}\beta r}}{4\pi r^2}\sin\theta \tag{6-17}$$

$$\boldsymbol{E} = -\mathrm{j}\frac{\eta_0 I\Delta z}{4\pi\beta}\frac{\mathrm{e}^{-\mathrm{j}\beta r}}{r^3}(\hat{r}2\cos\theta + \hat{\theta}\sin\theta) \tag{6-18}$$

(2) 远区场。如果场点远离电基本振子：βr 远大于 1 或 r 远大于 λ，则相对应的解为

$$E_\theta = \frac{\mathrm{j}\eta_0 I\Delta z}{2\lambda}\frac{\mathrm{e}^{-\mathrm{j}\beta r}}{r}\sin\theta \tag{6-19}$$

$$\boldsymbol{H}_\varphi = \frac{\mathrm{j}I\Delta z}{2\lambda}\frac{\mathrm{e}^{-\mathrm{j}\beta r}}{r}\sin\theta \tag{6-20}$$

从电基本振子远区场的表达式看出如下物理意义：

① E_θ、H_φ 均与距离 r 成反比，都含有相位因子 $\mathrm{e}^{-\mathrm{j}\beta r}$，说明辐射场的等相位面为 r 等于常数的球面，所以电基本振子发出的是球面波，传播方向上电磁场的分量为零，故称其为横电磁波，即 TEM 波。

② 该球面波的传播速度(相速)$v_p=\omega/\beta=c$(真空光速)，$\boldsymbol{E}_\theta$ 与 $\boldsymbol{H}_\varphi$ 的比值为常数，称为媒质的波阻抗 η。对于自由空间来说，$\eta=\eta_0=120\pi\,\Omega$。

③ 远区场是辐射场，但 $\boldsymbol{E}_\theta$、$\boldsymbol{H}_\varphi$ 与 $\sin\theta$ 成正比，说明电基本振子的辐射具有方向性，辐射场不是均匀球面波。电基本振子方向图如图 6-8 所示。

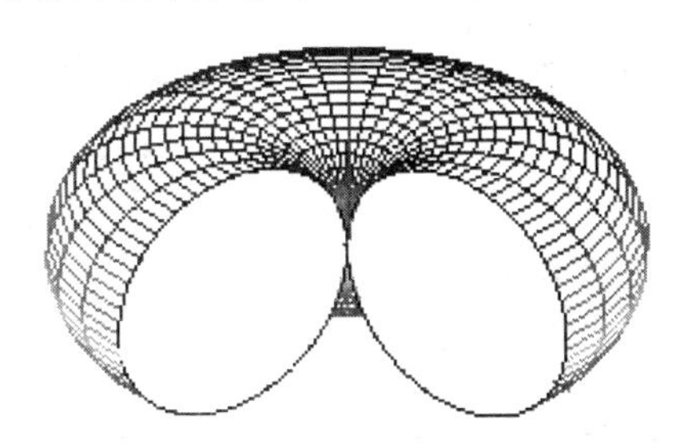

图 6-8　电基本振子方向图

2. 磁基本振子的辐射

磁基本振子(Magnetic short Dipole)又称磁流元，磁偶极子。尽管它是虚拟的，迄今为止还不能肯定在自然界中是否有孤立的磁荷和磁流存在，但是它可以与一些实际波源相对应，例如小环天线或者已经建立起来的电场波源，因此讨论它是有必要的。对于磁基本振子场的求解问题，采用对偶原理法进行求解。

设想一段长为 Δz 的磁流元 $I_m\Delta z$ 置于球坐标系原点，根据电磁对偶性原理，只需要进行如下变换：

$$\left.\begin{aligned} &\boldsymbol{E}_e \Leftrightarrow \boldsymbol{H}_m \\ &\boldsymbol{H}_e \Leftrightarrow -\boldsymbol{E}_m \\ &I_e \Leftrightarrow I_m,\ Q_e \Leftrightarrow Q_m \\ &\varepsilon_0 \Leftrightarrow \mu_0 \end{aligned}\right\} \tag{6-21}$$

则磁基本振子远区辐射场的表达式为

$$\boldsymbol{E}_\varphi = -\frac{\mathrm{j}I_m\Delta z}{2\lambda}\frac{\mathrm{e}^{-\mathrm{j}\beta r}}{r}\sin\theta \tag{6-22}$$

$$\boldsymbol{H}_\theta = \frac{\mathrm{j}I_m\Delta z}{2\lambda\eta_0}\frac{\mathrm{e}^{-\mathrm{j}\beta r}}{r}\sin\theta \tag{6-23}$$

6.2.3 天线的电参数

描述天线工作特性的参数称为天线电参数，又称电指标。它们是衡量天线性能的尺度。我们有必要了解天线电参数，以便正确设计或选择天线。

1. 方向函数

由电基本振子的分析可知，虽然天线辐射出去的电磁波是一球面波，但却不是均匀球面波，因此，任何一个天线的辐射场都具有方向性。所谓方向性，就是在相同距离的条件下天线辐射场的相对值与空间方向(θ, φ)的关系。

天线在(θ, φ)方向辐射的电场强度$(\boldsymbol{E}(\theta, \varphi))$的大小可以写成

$$|\boldsymbol{E}(\theta, \varphi)| = A_0 f(\theta, \varphi) \tag{6-24}$$

式中，A_0 是与方向无关的常数；$f(\theta, \varphi)$为场强方向函数，则可以得到

$$f(\theta, \varphi) = \frac{|\boldsymbol{E}(\theta, \varphi)|}{A_0} \tag{6-25}$$

为了便于比较不同天线的方向性，常采用归一化方向函数，用 $F(\theta, \varphi)$表示，即

$$F(\theta, \varphi) = \frac{f(\theta, \varphi)}{f_{\max}(\theta, \varphi)} = \frac{|\boldsymbol{E}(\theta, \varphi)|}{|\boldsymbol{E}_{\max}|} \tag{6-26}$$

下面以电基本振子为例具体介绍方向函数的概念。

若天线辐射的电场强度为 $\boldsymbol{E}(r, \theta, \varphi)$，把电场强度的模值$|\boldsymbol{E}(r, \theta, \varphi)|$为写成

$$|\boldsymbol{E}(r, \theta, \varphi)| = \frac{60I}{r} f(\theta, \varphi) \tag{6-27}$$

因此，场强方向函数 $f(\theta, \varphi)$可定义为

$$f(\theta, \varphi) = \frac{|\boldsymbol{E}(r, \theta, \varphi)|}{\dfrac{60I}{r}} \tag{6-28}$$

将电基本振子的辐射场表达式 $\boldsymbol{E}_\theta = \frac{\mathrm{j}\eta_0 I\Delta z}{2\lambda}\frac{\mathrm{e}^{-\mathrm{j}\beta r}}{r}\sin\theta$ 代入上式，则电基本振子的方向函数为

$$f(\theta, \varphi) = f(\theta) = \frac{\pi\Delta z}{\lambda}|\sin\theta| \tag{6-29}$$

因此电基本振子的归一化方向函数可写为

$$F(\theta, \varphi) = |\sin\theta| \tag{6-30}$$

为了分析和对比方便，我们定义理想点源是无方向性天线，它在各个方向上、相同距离处的辐射场的大小是相等的，因此，它的归一化方向函数为

$$F(\theta, \varphi) = 1 \tag{6-31}$$

2. 方向图

在距天线等距离(r=常数)的球面上，天线在各点产生的功率通量密度或场强(电场或磁

场)随空间方向(θ, φ)的变化曲线，称为功率方向图或场强方向图，它们的数学表示式称为功率方向函数或场强方向函数。天线方向图结构示意图与三维图如图 6-9 所示。

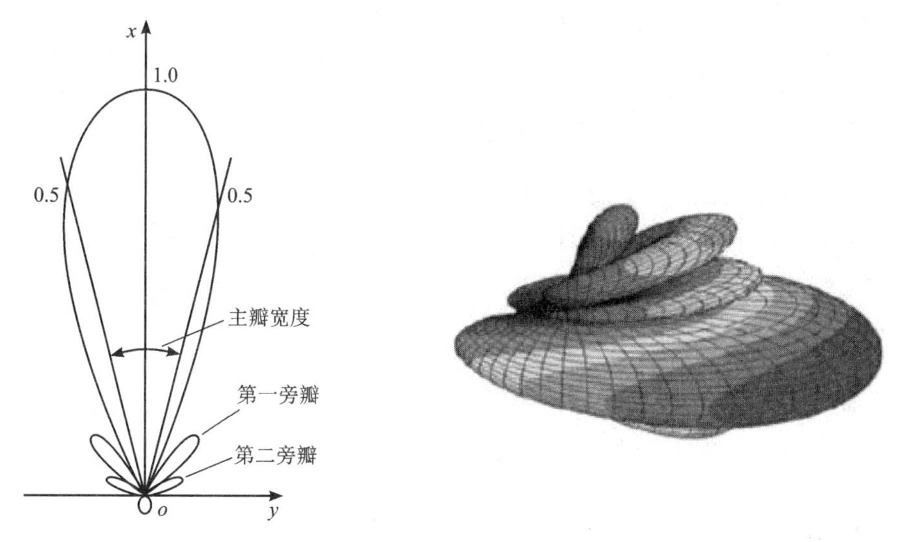

图 6-9　天线方向图结构示意图(左图)与三维图(右图)

研究超高频天线，通常采用的两个主平面是 E 面和 H 面。E 面是最大辐射方向和电场矢量所在的平面，H 面是最大辐射方向和磁场矢量所在的平面。

此外，方向图形状还可用方向图参数简单地定量表示。例如：零功率波瓣宽度、半功率波瓣宽度、副瓣电平以及前后辐射比等参数。

3. 方向系数

为了更明确地从数量上描述天线的方向性，说明天线方向性的定义是：在同一距离及相同辐射功率的条件下，把某天线在最大辐射方向上辐射的功率密度 P_{max} 和无方向性天线(点源)的辐射功率密度 P_0 之比称为此天线的方向系数，用符号 D 表示。

$$D = \left.\frac{P_{max}}{P_0}\right|_{P_\Sigma \text{相同}} = \left.\frac{|E_{max}|^2}{|E_0|^2}\right|_{P_\Sigma \text{相同}} \tag{6-32}$$

由于

$$P_0 = \frac{P_\Sigma}{4\pi r^2} = \frac{|E_0|^2}{240\pi} \tag{6-33}$$

故

$$|E_0| = \frac{\sqrt{60P_\Sigma}}{r} \tag{6-34}$$

将式(6-34)代入式(6-32)，得

$$D = \frac{r^2 \ |E_{max}|^2}{60P_\Sigma} \tag{6-35}$$

4. 输入阻抗

天线输入阻抗是指天线馈电点所呈现的阻抗值。显然，它直接决定了馈电系数之间的匹配状态，从而影响了馈入到天线上的功率以及馈电系统的效率等。

输入阻抗和输入端功率与电压、电流的关系是

$$Z_{in}=\frac{2P_{in}}{|I_{in}|^2}=\frac{V_{in}}{I_{in}}=R_{in}+jX_{in} \tag{6-36}$$

式中，P_{in}一般为复功率，R_{in}和X_{in}分别为输入电阻和输入电抗。

为实现与馈线间的匹配，需要时可用匹配消去天线的电抗并使电阻等于馈线的特性阻抗。

5. 天线的效率

天线效率，对发射天线来说，用来衡量天线将高频电流或导波能量转换为无线电波能量的有效程度，是天线的一个重要电参数。天线效率(辐射效率)η_A是天线所辐射的总功率P_Σ与天线从馈线得到的净功率P_A之比，即

$$\eta_A=\frac{P_\Sigma}{P_A} \tag{6-37}$$

6. 天线的增益

该参量表征天线辐射能量集束程度和能量转换效率的总效益，成为天线增益。天线在某方向的增益$G(\theta, \varphi)$是它在该方向的辐射强度$U(\theta, \varphi)$同天线以同一输入功率向空间均匀辐射的辐射强度$P_A/4\pi$之比，即

$$G(\theta, \varphi)=4\pi\frac{U(\theta, \varphi)}{P_A}=D(\theta, \varphi)\eta_A \tag{6-38}$$

未曾指明时，某天线的增益通常指最大辐射方向增益

$$G=4\pi\frac{U_M}{P_A}=D\eta_A \tag{6-39}$$

7. 接收天线的电参数以及弗利斯传输公式

通常用互易定理分析接收天线，继而得到相关的电参数。

(1) 效率。接收天线效率的定义是：天线向匹配负载输出的最大功率和假定天线无耗时向匹配负载输出的最大功率(即最佳接收功率)的比值，即

$$\eta_A=\frac{P_{max}}{P_{opt}} \tag{6-40}$$

(2) 增益。接收天线的增益定义为：假定从各个方向传来电波的场强相同，天线在最大接收方向上接收时向匹配负载输出的功率与天线在各个方向接收且天线是理想无耗时向匹配负载输出功率的平均值的比值。不难证明

$$G=\eta_A D \tag{6-41}$$

(3) 有效接收面积。接收天线在某方向的有效接收面积是天线在极化匹配和共轭匹配条件下对该方向来波的接收功率与入射平面波功率通量密度之比，即

$$A(\theta, \varphi)=\frac{P_R(\theta, \varphi)}{S} \tag{6-42}$$

经过公式变换，得到

$$A(\theta, \varphi)=\frac{\lambda^2}{4\pi}GF^2(\theta, \varphi) \tag{6-43}$$

天线无耗情况下，最大接收方向的有效接收面积，记为

$$A_m=\frac{\lambda^2}{4\pi}D \tag{6-44}$$

(4) 弗利斯(Friis)传输公式。设两相距很远的天线，天线 1 为发射天线，天线 2 为接收天线，则两天线的功率传递比为

$$P_r = \frac{P_t}{4\pi r^2} G_t G_r \frac{\lambda^2}{4\pi} \tag{6-45}$$

6.2.4　天线阵的方向性

为了加强天线方向性，由若干辐射单元按某种方式排列而成的天线系统，称为天线阵。组成天线阵的辐射单元称为天线元或阵元，可以是任何形式的天线。

1. 二元阵与方向图乘积定理

设由空间取向一致的两个相同形式及尺寸的天线构成一个二元阵。通过数学物理推导出次二元阵的辐射场表达式。继而得到方向图乘积定理，即

$$|f(\theta, \varphi)| = |f(\theta, \varphi)| \cdot |f_a(\theta, \varphi)| \tag{6-46}$$

2. 均匀直线阵

均匀直线阵是等间距且各元电流的幅度相等(等幅分布)而相位依次等量递增的直线阵，通过几何数学推导，得到均匀直线阵的表达式为

$$|f_a(\theta, \varphi)| = \left| \frac{\sin\left(\frac{N}{2}\psi\right)}{\sin\left(\frac{\psi}{2}\right)} \right| \tag{6-47}$$

继而得到均匀直线阵的通用方向图。接着，分析几种常见的均匀直线阵，例如：边射直线阵、原型端射直线阵、相位扫描直线阵以及强端射直线阵等。对几种均匀直线阵进行方向性分析，例如：零辐射方向、主瓣宽度、副瓣最大值方向、副瓣电平以及方向系数等。

通过方向图乘积定理可以看到阵列天线能够有效地调整方向图的特性，可以通过图 6－10感性地认识一下天线呈现阵列后方向图的改变。

以半波振子天线作为阵元的天线阵列，半波振子的方向图被称为元因子 $E_1 = \left|\frac{\cos(\pi\cos\varphi/2)}{\sin\varphi}\right|$，阵列对应的相称为阵因子 $E_2 = |\cos\pi(\sin(\varphi/4)/4)|$，则该天线阵列的方向图为 $F(\varphi) = \left|\frac{\cos(\pi\cos\varphi/2)}{\sin\varphi}\right| \times |\cos\pi(\sin(\varphi/4)/4)|$。图 6－10 表示了天线方向图定理的作用。

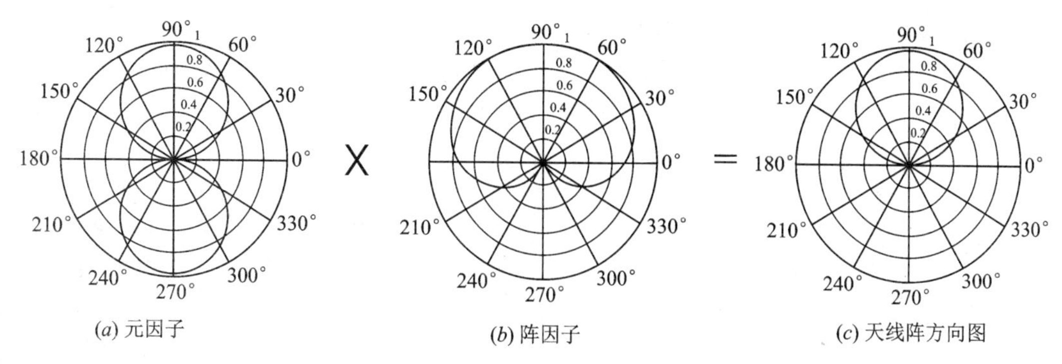

图 6－10　天线方向图乘积定理

6.3 RFID 系统中的通信调制方式

6.3.1 电子标签通信过程中的编码与调制

从物联网的概念可以看出物联网的组成必须具备以下三个部分：物品编码标识系统、自动信息获取和感知系统以及网络系统。其中的物品编码是按一定的规则赋予物品且易于机器和人识别、处理的代码，它是物品在信息网络中实现身份标识的关键，是将物理与信息联系在一起的特殊编码，也可称之为物理编码。物品编码实现了物品的数字化，从而为物品实现自动识别奠定了基础，是沟通物理世界和信息世界的桥梁。物品编码为物品命名了全球唯一且易于机器识别的名称，是实现物联网的关键技术之一。自动信息获取和感知属于系统解决海量信息采集的问题，网络技术就是通过通信技术实现信息的交互。

从以上物联网的组成可以看出，物联网与信息学关系紧密，在物品编码、自动信息获取以及通信过程中都与信息论的编码理论密不可分。物联网的建设必须以科学的物品编码和解析方法为基础，物品编码解决的是物联网底层数据结构的统一问题，物品编码的解析将解决物联网信息传输过程中寻址问题。物品代码必须通过一定的编码机制才能对应到特定的网络地址。物联网将会是一个高度复杂的网络，应该以科学的方法处理该网络的基本问题，从信息论和系统论的观点对物联网的结构进行解析，立足物联网的自身特点，发展和改进现有的信息论、控制论与系统理论，然后才能有效地促进物联网标准化的建设。

1. 编码与调制

编码目的主要包括两个方面：信源编码和信道编码。

(1) 信源编码。主要是利用信源的统计特性，解决信源的相关性，去掉信源冗余信息，从而达到压缩信源输出的信息率，提高系统有效性的目的。信源编码包括语音压缩编码、各类图像压缩编码及多媒体数据压缩编码。数据(Data)是实体特征(包括性质、形状、数量等)的符号说明，泛指那些能被计算机接受、识别、表示、处理、存储、传输和显示的符号。模拟数据是在给定的定义域内表示为时间的连续函数值，例如声音和视频数据。数字数据指时间离散、幅度量化的数值，可以用二进制代码 0 或 1 的比特序列表示。

(2) 信道编码。为了保证通信系统的传输可靠性，克服信道中的噪声和干扰。它根据一定的(监督)规律在待发送的信息码元中(人为地)加入一些必要的(监督)码元，在接收端利用这些监督码元与信息码元之间的监督规律，发现和纠正差错，以提高信息码元传输的可靠性。信道编码的目的是试图以最少的监督码元为代价，以换取最大程度的可靠性的提高。

图 6-11 通信模型涉及几个术语，分别解释如下：

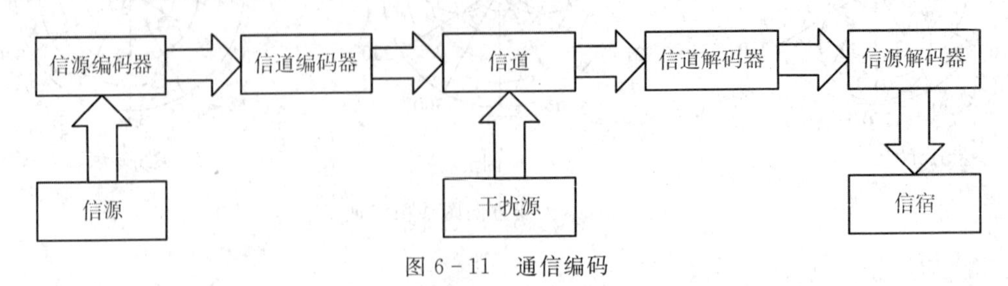

图 6-11　通信编码

① 信源。是产生消息和消息序列的源头，可以是人、机器或其他事物。信源实际上就是事物各种运动状态或存在状态的集合，信息论对状态集合往往采用概率统计的方式描述。这里的消息可以是文字、图像、语言等。对于信源的研究主要集中在表征消息的统计特性以及产生消息的特征。

② 信宿。是消息传送的对象，接收消息的人、机器或其他事物。

③ 信道。是指通信系统把载荷消息从某地传送到其他地方的通道。信道从物理的观点上看就对应着光纤、波导、电磁波等传输实体。对于广义的信道来讲，往往我们认为是具有一定衰减、色散并附加了噪声的信号通道。信道的特性决定了信号传输的距离、接收时误码率等特性。

④ 编码与解码器。编码是把消息进行变换以适应通信系统需要的一种方法，解码(译码)是编码的反变换。通常信源、信宿产生的信号并不适合直接用于通信过程，而必须通过编码的方式才能有效传输，经解码过程信号再变回信宿适合读取或者存储的信号形式。

编码器可以分为信源编码器和信道编码器两类。信源编码是对信源输出的消息进行适当的变换和处理，目的是提高信息传输的效率。信道编码是为了提高信息传递的可靠性而进行的变换和处理。

举例来说，两个人打电话的过程，首先人们的语音信号通过话筒转化为电流信号，电流信号是连续模拟信号，为了传输的需求，必须通过编码的方式将其变成数字信号进行传输，到了接收端后，再经过解码等逆过程，变成人能够听懂的信号。

对于任意的射频系统来讲，通信系统数据传输过程至少需要三部分的功能模块：信源、信道和信宿。参考以上的通信模型，RFID 系统中读写器与电子标签之间也是通过天线发射的电磁波建立信道的，因而系统通信模型如图 6-12 所示。

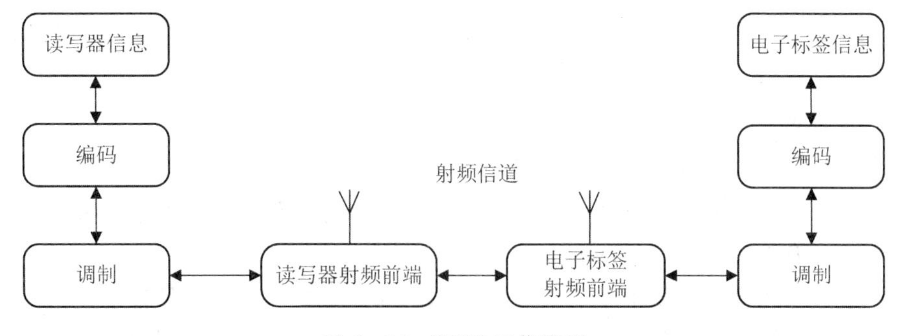

图 6-12　RFID 通信模型

在射频识别系统中，当信息从标签流向读写器的时候，标签是信源、读写器是信宿，而射频电磁信号构成了信道。

信号编码系统的作用是使传输信息和它的信号表示形式能够尽可能地与传输信道相匹配。这样的处理包括对信息提供保护，防止信息收到干扰或者碰撞以及对某些信号特性的蓄意改变。信号编码又称为系带信号编码。

调制是改变高频载波的信号处理过程，使得其信号的振幅、频率或者相位携带系带信号。

传输介质是把信号传输一个预定距离的能量载体，可以是声、光、电磁波等。在 RFID 系统中采用的就是一定频率范围的电磁波信号。

解调的过程是调制的逆过程，可以把载波信号还原为基带信号。

2. 信道编码分类及其原理

1）信道编码分类

信道编码的目的是为了改善通信系统的传输质量。由于实际信道存在噪声和干扰，使发送的码字与信通传输后所接收的码字之间存在差异，即差错。一般情况下，信道噪声、干扰越大，码字产生差错的概率也就越大。

在无记忆信道中，噪声独立随机地影响着每个传输码元，因此接收的码元序列中的错误是独立随机出现的。以高斯白噪声为主体的信道属于这类信道。太空信道、卫星信道、同轴电缆、光缆信道以及大多数视距微波接力信道，均属于这一类型信道。

在有记忆信道中，噪声、干扰的影响往往是前后相关的，错误是成串出现的，通常称这类信道为突发差错信道。实际的衰落信道、码间干扰信道均属于这类信道。典型的有短波信道、移动通信信道、散射信道以及受大的脉冲干扰和串话影响的明线和电缆信道，甚至还包括在磁记录中划痕、涂层缺损造成成串的差错。

有些实际信道既有独立随机差错也有突发性成串差错，称它为混合信道。对不同类型的信道，要对症下药，设计不同类型的信道编码，才能收到良好效果。所以按照信道特性和设计的码字类型进行划分，信道编码可分为纠正独立随机差错码、纠正突发差错码和纠正混合差错码。从信道编码的构造方法看，其基本思路是根据一定的规律在待发送的信息码中加入一些多余的码元，以保证传输过程的可靠性。信道编码的任务就是构造出以最小冗余度代价换取最大抗干扰性能的编码。

纠错编码的目的是引入冗余度，即在传输的信息码元后增加一些多余的码元(称为校验元，也称为监督元)，以使受损或出错的信息仍能在接收端恢复。从不同的角度出发，纠错编码有不同的分类方法。

按码组的功能分，有检错码和纠错码之分。

按监督码与信息码元之间的关系可分为线性码和非线性码。线性码是指监督码元与信息码元之间的关系是线性关系，即它们的关系可用一组线性代数方程联系起来；非线性码是指二者具有非线性关系。

按照对信息码元处理方法的不同可分为分组码和卷积码。分组码是将 k 个信息码元划分为一组，然后由这 k 个码元按照一定的规则产生 r 个监督码元，从而组成一定长度的码组。在分组码中，监督码元仅监督本码组中的信息码元。分组码一般用符号表示，并且将分组码的结构规定为前面 k 位为信息位，后面附加的 r 位为监督位。分组码又可分为循环码和非循环码两种类型。循环码的特点是，若将其全部码字分成若干组，则每组中任一码字的码元循环移位后仍是这组的码字。非循环码是任意一个码字中码元循环移位后不一定再是该码组中的码字。在卷积码中，每组的监督码元不但与本码组的信息码元有关，而且还与前面若干组信息码元有关，即不是分组监督，而是每个监督码元对它的前后码元都实行监督，前后相连，因此有时也称为连环码。

按照信息码元在编码后是否保持原来的形式不变，可划分为系统码和非系统码。在差错控制编码中通常信息码元和监督码元在分组内有确定的位置。在系统码中，编码后的信息码元保持不变，而非系统码中信息码元则改变了原来的信号形式。系统码的性能大体上与非系统码的相同。但在某些卷积码中，非系统码的性能优于系统码。由于非系统码中的信息位已经改变了原有的信号形式，这对观察和译码都带来麻烦，因此很少应用，而系统码的编码和译码相对比较简单些，所以得到广泛的应用。

按照纠正错误类型可分为纠正随机错误码、纠正突发错误码、纠正混合错误码以及纠正同步错误码等。

按照每个码元取值来分，可分为二元码与多元码，也称为二进制码与多进制码。目前传输系统或存储系统大都采用二进制的编码，所以一般提到的纠错码都是指二元码。一般来说，针对随机错误的编码方法与设备比较简单，成本较低，而效果较显著；纠正突发错误的编码方法和设备较复杂，成本较高，效果不如前者显著。因此，要根据错误的性质设计编码方案和选择差错控制的方式。

2）信道编码的基本原理

在被传输的信息序列上附加一些码元(监督码元)，这些多余的码元与信息(数据)码元之间以某种确定的规则相互关联着。接收端根据既定的规则检验信息码元与监督码元之间的这种关系，如传输过程中发生差错，则信息码元与监督码元之间的这一关系将受到破坏，从而使接收端可以发现传输中的错误，乃至纠正错误。可见，用纠检错控制差错的方法来提高通信系统的可靠性是以牺牲有效性的代价来换取的。在通信系统中，差错控制方式一般可以分为检错重发、前向纠错、混合纠错检错和信息反馈等四种类型。

香农的信道编码定理指出：对于一个给定的有干扰的信道，如信道容量为 C，只要发送端以低于 C 的速率 R 发送信息(R 为编码器输入的二元码元速率)，则一定存在一种编码方法，使编码错误概率 P 随着码长 n 的增加，按指数下降到任意小的值。这就是说，可以通过编码使通信过程实际上不发生错误，或者使错误控制在允许的数值之下。香农理论为通信差错控制奠定了理论基础。

码的检错和纠错能力是用信息量的冗余度来换取的。一般信息源发出的任何消息都可以用二元信号“0”和“1”来表示。例如，要传送 A 和 B 两个消息，可以用“0”码代表 A；用“1”码表示 B。在这种情况下，若传输中产生错码，即“0”错成“1”，或“1”错成“0”，接收端都发现不了，因此这种编码没有检错和纠错能力。如果分别在“0”和“1”后面附加一个“0”和“1”，变为“00”和“11”(分别表示消息 A 和 B)，那么在传输“00”和“11”时，如果发生一位错码，则变成“01”或“10”，译码器将可判决为有错，因为没有规定“01”或“10”码字。这表明附加一位称为监督码的码后，码字具有了检出一位错码的能力，但因译码器不能判决哪位发生错码，所以不能纠正，即没有纠错能力。

上述的“01”和“10”称为禁用码，而“00”和“11”称为许用码。进一步，若在信息码后附加两位监督码，即用“000”代表 A，用“111”表示 B，码组成为长度为 3 的二元编码，而 3 位的二元码有 $2^3=8$ 种组合，选择“000”和“111”为许用码，其余 6 个 001、010、011、101、110 为禁用码。此时，如果传输中产生一位以上错误，接收端将收到禁用码，因此接收端可以判决传输有错。不仅如此，接收端还可以根据“大数”法则来纠正一个错码，即 3 位码字中如有 2 个或 3 个“0”，可判其为“000”(消息 A)；如有 2 个或 3 个“1”，也将判其为“111”(消息 B)。所以，此时还可以纠正一位错码。如果在传输中产生两位错码，也将变为上述的禁用码字，译码器仍可判为有错。这说明可以检出 2 位和 2 位以下的错码以及纠正一位错码。可见，纠错编码之所以具有检错和纠错能力，是因为在信息码之外附加了监督码。监督码不载荷信息，它的作用是用来监督信息码在传输中有无差错，对用户来说是多余的，最终也不传送给用户，但它提高了传输的可靠性。监督码的引入，降低了信道的传输效率。一般来说，引入监督码元越多，码的检错、纠错能力越可靠，但信通的传输效率下降也越多。人们研究的目标是寻找一种编码方法使所加的监督码元最少，而检错、纠错能力高且又便于实现。

电子标签系统常用的编码方式为反向不归零编码(NRZ)、曼彻斯特编码(Manchester)、单极性归零编码(RZ)、差动双相编码(DBP)、米勒编码(Miller)和差动编码。

(1) 反向不归零(NRZ, Non Return Zero)编码。该编码方式用高电平表示二进制“1”，低电平表示二进制“0”。射频识别技术中的调制方法一般使用调幅(AM)，也就是将有用信号调制在载波的幅度上传送出去。这里的“有用信号”指用高低电平表示的数据“0”或“1”。那么如何用高低电平表示数据“0”或“1”呢？最简单的办法就是用高电平表示“1”，用低电平表示“0”，如图 6-13 所示。

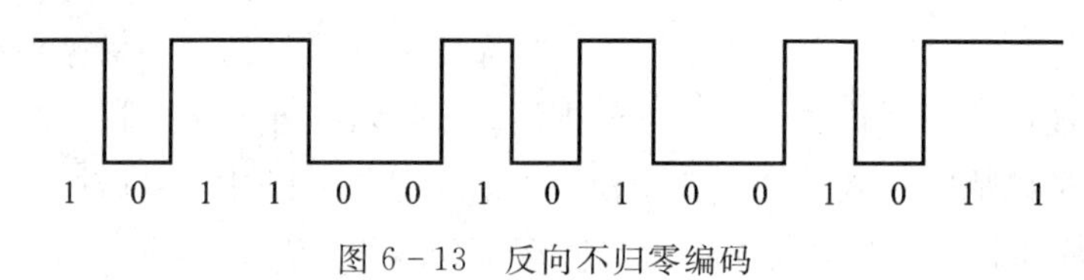

图 6-13 反向不归零编码

这种编码方式存在的最大缺陷就是数据容易失步。上图的数据我们看得很清楚，但是想想如果发送方连续发送 100 个“0”或 100 个“1”，就会有 100 个单位的连续高电平或 100 个单位的连续低电平。这种情况下，接收方极有可能把数据的个数数错，把 100 数成 99 或 101，这就是数据失步。所以这种编码很少直接采用。这就要求使用的编码既能让接收方知道发送方传送的是“1”还是“0”，又能让接收方正确分辨出每个二进制比特。实际的射频识别技术中采用的数据编码主要有以下几种，它们都能满足上述要求。

(2) 曼彻斯特(Manchester)编码。该编码方式也被称为分相编码(Split-Phase Coding)。在曼彻斯特编码中，某位的值是由该位长度内半个位周期时电平的变化(上升/下降)来表示的，在半个位周期时的负跳变表示二进制“1”，半个位周期时的正跳变表示二进制“0”，如图 6-14所示。

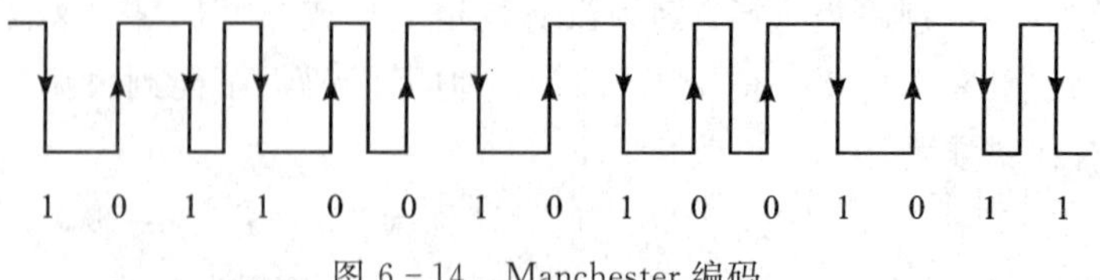

图 6-14 Manchester 编码

曼彻斯特编码在采用负载波的负载调制或者反向散射调制时，通常用于从电子标签到读写器的数据传输，因为这有利于发现数据传输的错误。这是因为在位长度内，“没有变化”的状态是不允许的。当多个电子标签同时发送的数据位有不同值时，接收的上升边和下降边互相抵消，导致在整个位长度内是不间断的负载波信号，由于该状态不允许，所以读写器利用该错误就可以判定碰撞发生的具体位置，如图 6－15 所示。

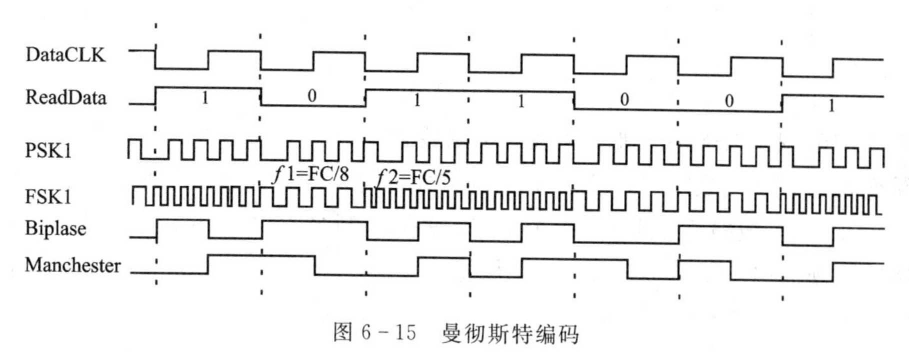

图 6－15　曼彻斯特编码

(3) 单极性归零(Unipolar RZ)编码。该编码方式在第一个半个位周期中的高电平表示二进制“1”，而持续整个位周期内的低电平信号表示二进制“0”，如图 6－16 所示。单极性归零编码可用来提取位同步信号。单极性归零编码与双极性归零编码的比较如图 6－17 所示。

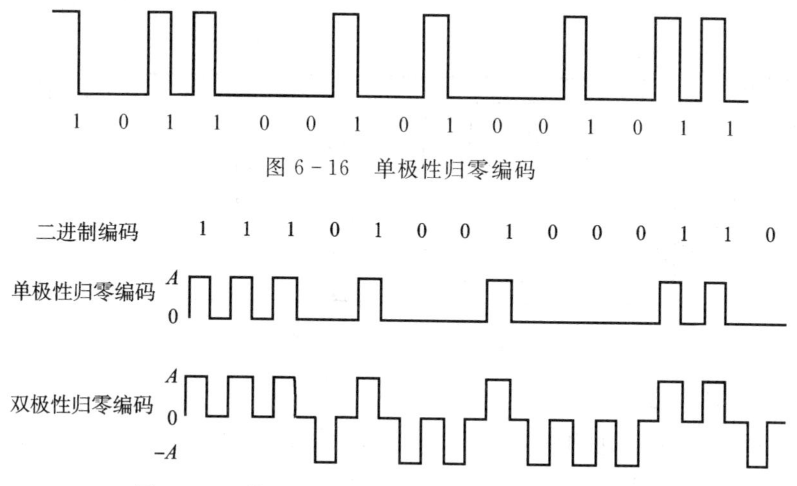

图 6－16　单极性归零编码

图 6－17　单极性归零编码与双极性归零编码的比较

(4) 差动双相(DBP)编码。该编码方式在半个位周期中的任意的边沿表示二进制“0”，而没有边沿就是二进制“1”，如图 6－18 所示。此外，在每个位周期开始时，电平都要反相。因此，对接收器来说，位节拍比较容易重建。

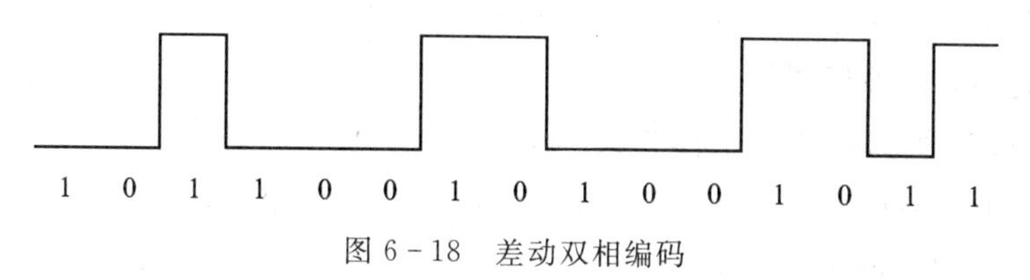

图 6－18　差动双相编码

(5) 米勒(Miller)编码。该编码方式在半个位周期内的任意边沿表示二进制“1”，而经过下一个位周期中不变的电平表示二进制“0”，如图 6－19 所示。位周期开始时产生电平交变。因此，对接收器来说，位节拍比较容易重建。

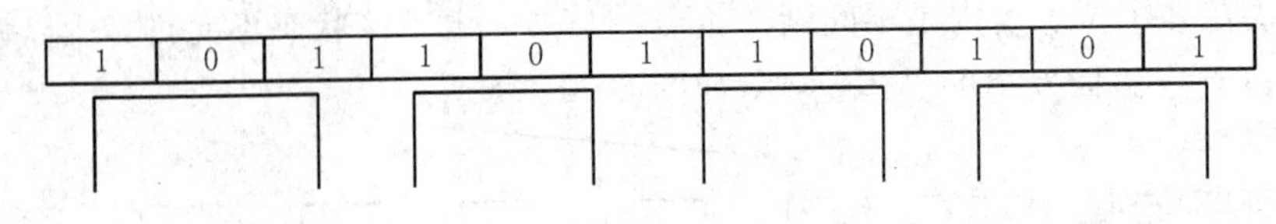

图 6-19　米勒编码

如图 6-19，米勒编码用数据中心是否有跳变表示数据。数据中心有跳变表示“1”，数据中心无跳变表示“0”。当发送连续的“0”时，则在数据的开始处增加一个跳变防止失步。

(6) 差动编码。该编码方式中，每个要传输的二进制“1”都会引起信号电平的变化，而对于二进制“0”，如图 6-20 所示。信号电平保持不变。用 XOR 门的 D 触发器就能很容易地从 NRZ 信号中产生差动编码。

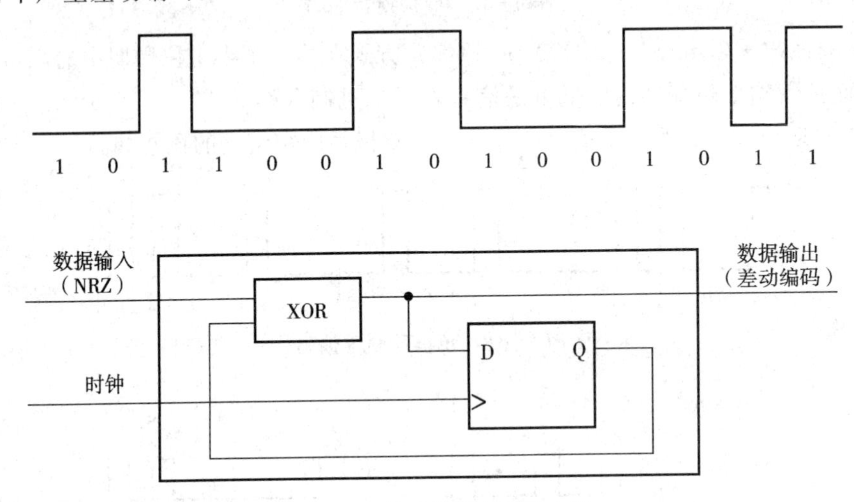

图 6-20　差动编码与实现电路

选择编码方法的考虑因素：

在 RFID 系统中，由于使用的电子标签常常是无源的，无源标签需要在 RFID 读写器的通信过程中获得自身的能量供应。为了保证系统的正常工作，信道编码方式首先必须保证不能中断读写器对电子标签的能量供应。另外，作为保障系统可靠工作的需要，还必须在编码中提供数据一级的校验保护，编码方式应该提供这些功能，并可以根据码型的变化来判断是否有误码或有电子标签冲突发生。

在 RFID 系统中，当电子标签是无源标签时，经常要求基带编码在每两个相邻数据位元间具有跳变的特点，这种相邻数据间有跳变的码，不仅可以保证在连续出现“0”的时候对电子标签的能量供应，而且便于电子标签从接收到的码中提取时钟信息源。在实际的数据传输中，由于信道中干扰的存在，数据必然会在传输过程中发生错误，这时要求信道编码能够提供一定程度检测错误的能力。

6.3.2　射频识别系统的通信调制方式

电子标签与读写器之间通过天线进行通信，然而由于天线的种类不同，导致天线之间的耦合方式不同，一种属于电感耦合，如图 6-21 所示，另外一种称为反向散射式耦合，如图

6－22所示。当读写器和标签之间的近距离通信采用线圈天线时，线圈和线圈之间存在磁场耦合，这种耦合方式我们称为电感耦合。无源标签通过吸收电磁能量后，激励内部电路工作后再与读写器通信的这种通信方式常被称为反向散射技术。

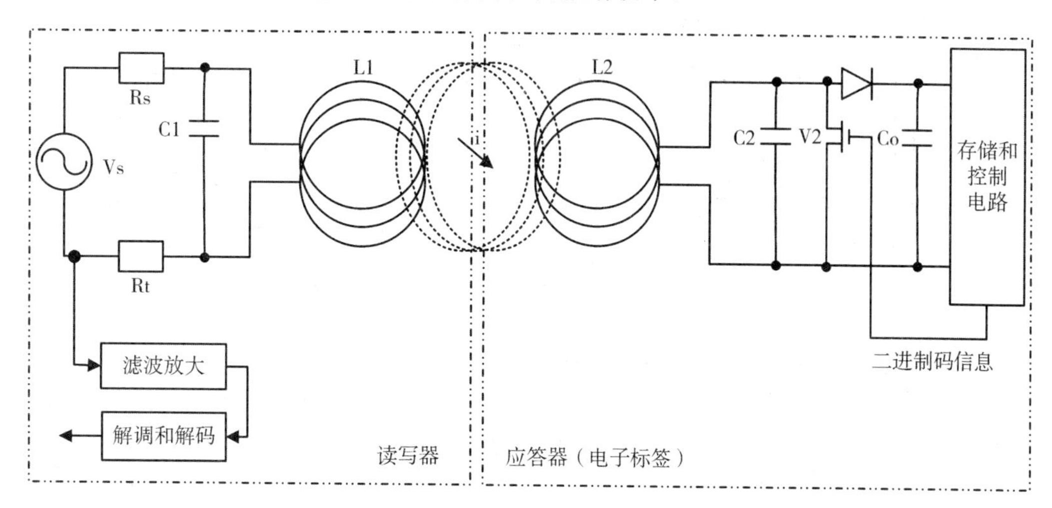

图 6－21　电感耦合功能框图与电路图

1. 负载调制

电感耦合属于一种变压器耦合，即作为初级线圈的读写器和作为次级线圈的标签之间的耦合。只要两者线圈之间的距离不大于 0.16λ(电磁波波长)，并且标签处于发送天线的近场内，变压器耦合就是有效的。如果把谐振的标签(标签的固有谐振频率与读写器的发送频率相符合)放入读写器天线的交变磁场中，那么该标签就从磁场中获得能量。标签天线上负载电阻的接通和断开促使读写器天线上的电压发生变化，实现远距离标签对天线电压的振幅调制。如果人们通过数据控制负载电压的接通和断开，那么这些数据就能从标签传输到读写器，这种数据传输方式称为负载调制。但是这种工作方式读写器天线与标签天线之间的耦合很弱，读写器天线输入有用信号的电压波动在数量级上比读写器的输出电压小，因此很难检测出来。此时如果标签的附加电阻以很高的频率接通或者断开，那么在读写器的发送频率上会产生两条谱线，很容易检测到，这种新的基本频率称为负载波，这种调制称为负载波调制。

2. 反向散射调制

电磁反向散射耦合方式一般应用于高频系统，对高频系统来说，随着频率的上升，信号的穿透性越来越差，而反射性却越来越明显。在高频电磁耦合的 RFID 系统中，当读写器发射的载频信号辐射到标签时，标签中的调制电路通过待传输的信号来控制电路是否与天线相匹配，以实现信号的幅度调制。当匹配时，读写器发射的信号被吸收，反之，信号被反射。在时序法中读写器到标签的数据和能量传输与标签到读写器的数据传输在时间上是交错进行的。读写器的发送器交替工作，其电磁场周期性地断开或连通，这些间隔被标签识别出来，并被应用于标签到读写器的数据传输。在读写器发送数据的间歇时刻，标签的能量供应中断，必须通过足够大的辅助电容进行能量的补偿。在充电过程中，标签的芯片切换到省电或备用模式，从而使接收到的能量几乎完全用于充电电容的充电。充电结束后，标签芯片上的振荡器被激活，其产生的弱交变磁场能被读写器接收，当所有的数据发送完后，激活放电模式以使充电电容完全放电。反向散射调制电子标签功能框图如图 6-22 所示。

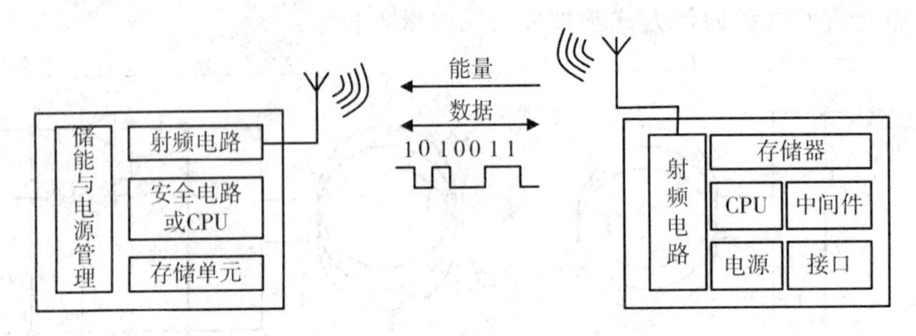

图 6-22　反向散射调制电子标签功能框图

6.3.3　反射式射频识别系统的通信方式

反向散射调制技术是标签和阅读器通信方式之一，这一技术原理是基于电磁波的反射，利用了标签天线和标签输入电路之间反射系数的变化，可以改变信号的振幅和相位。考虑处于工作状态的电子标签上一个连接到负载的天线，如图 6-23 所示。

如果天线与其负载匹配，在接口处没有反射发生如图 6-23(a)所示，相反，如果负载开路或者短路将出现全反射如图 6-23(b)所示，标签的接收功率为标签天线发射功率。因此，通过在这两种状态之间进行切换，阅读器所收到的功率会以 ASK 的方式进行调制。PSK 是基于反射系数相位的调制，在这种情况下，相位被改变 π 如图 6-23(c)和图 6-23(d)。

阅读器发射的射频信号功率一部分被标签吸收用于芯片供电，另外一部分被标签反向散射实现标签与阅读器之间的通信。前一部分的功率影响系统的有效识别距离，后一部分功率

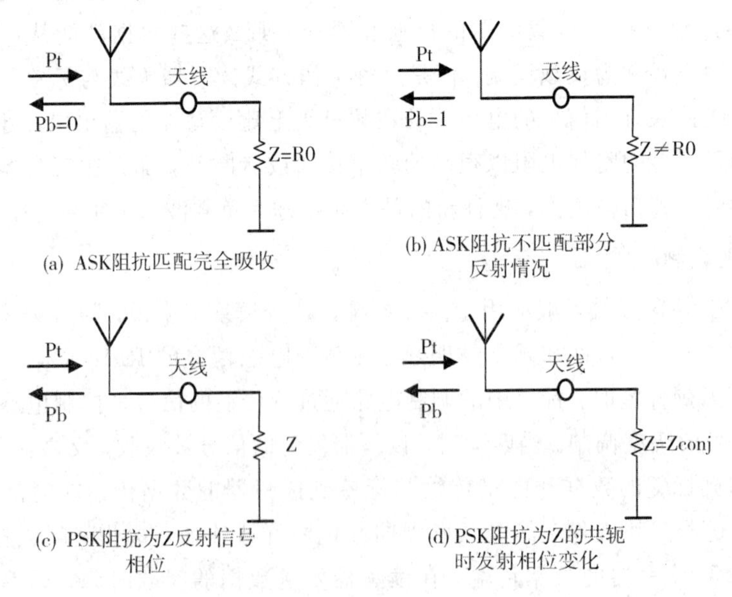

图 6-23　反射式电子标签的工作模式

影响通信的误码率。标准的 ASK 获得的最大吸收功率为天线接收功率的 50%，通过工作周期功耗管理可以提高这一值。在 PSK 方式下，最大的 50%的吸收功率是可能的，相较 ASK，PSK 调制状态下电路获得的吸收功率是常数，即稳定的供电。但是在采用反向散射调制的远距离供电时，在提供给标签电源的功率部分与提供给通信的功率部分存在严格的折中，理论推导表明，最佳的 ASK 和最佳的 PSK 之间并没有很大区别。按照标签可获得的吸收功率，ASK 更具优势，而当比较误码率时，PSK 性能更好。

阅读器的天线是实现发射和接收电磁波的一个重要设备。传统的固定式阅读器一般采用圆极化天线，原因是标签基本是线极化的，而且标签相对阅读器的位置是不确定的，使用圆极化的天线能够提高有效的识别率。当然，在近距离，可移动 RFID 阅读器的场合也可以采用线极化的阅读器天线。具体选用的天线的类型、增益等需要结合实际应用场合来考虑。

6.4　反射式射频识别读写器与电子标签的电路

反射式射频识别电子标签与读写器中的电路既有相同的部分，也有不同之处。例如射频前端电路是相同的，读写器的电路相比较于电子标签复杂一些。下面分别就电子标签与读写器的电路进行分析。

图 6-24 所示是一个反射式电子标签的电路组成，其中天线作为一个部分，双工器、放大器、混频器、滤波器、AD 转换电路及振荡器被称为射频前端电路，主要完成射频信号的调制和解调的任务。编码解码电路、存储、存储控制等被统称为数字电路。

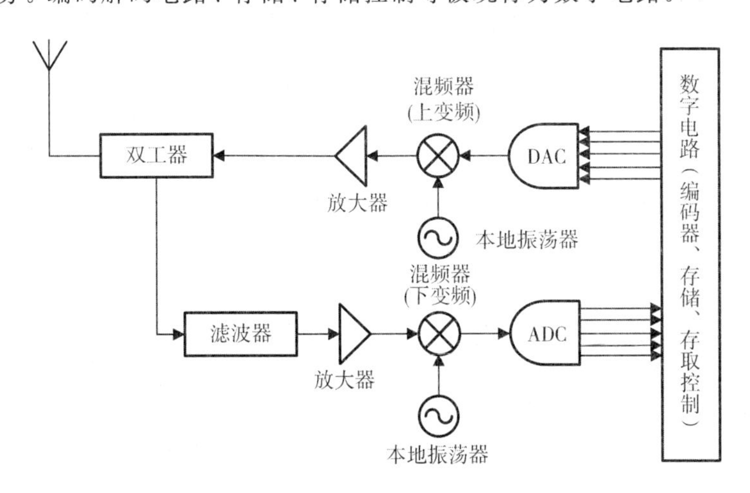

图 6-24　反射式电子标签的电路

6.4.1　射频滤波器

滤波器是一种选择装置，它对输入信号进行选频加权传输，从中选出某些特定的信号作为输出。滤波器是一种二端口网络，它具有选择频率的特性，即可以让某些频率顺利通过，而对其他频率加以阻拦，目前由于在雷达、微波、通信等部门，多频率工作越来越普遍，对分隔频率的要求也相应提高，所以需用大量的滤波器。再则，微波固体器件的应用对滤波器的发展也有推动作用，如参数放大器、微波固体倍频器、微波固体混频器等一类器件都是多频率工作的，都需用相应的滤波器。因此，滤波器在射频电路中有着十分重要的地位。

滤波器的输出与输入关系通常用电压转移函数 $H(S)$来描述，电压转移函数又称为电压增益函数，它的定义如式(6-48)所示。

$$H(s)=\frac{U_{\text{o}}(s)}{U_{\text{i}}(s)} \tag{6-48}$$

式中$U_{\text{o}}(s)$与$U_{\text{i}}(s)$分别为输出、输入电压的拉氏变换。在正弦稳态情况下，$S=\text{j}\omega$，电压转移函数可写成式(6-49)的形式。

$$H(\text{j}\omega)=\frac{\dot{U}_{\text{o}}(\text{j}\omega)}{\dot{U}_{\text{i}}(\text{j}\omega)}=|H(\text{j}\omega)|\text{e}^{\text{j}\varphi(\omega)} \tag{6-49}$$

式中$\dot{U}_{\text{o}}(\text{j}\omega)$、$\dot{U}_{\text{i}}(\text{j}\omega)$表示输出与输入的幅值比，称为幅值函数或增益函数，它与频率的关系称为幅频特性；$\varphi(\text{j}\omega)$表示输出与输入的相位差，称为相位函数，它与频率的关系称为相频特性。

滤波器可以分为四种：低通滤波器、高通滤波器、带通滤波器和带阻滤波器，图 6-25 给出了这四种滤波器的衰减因数与频率的关系。

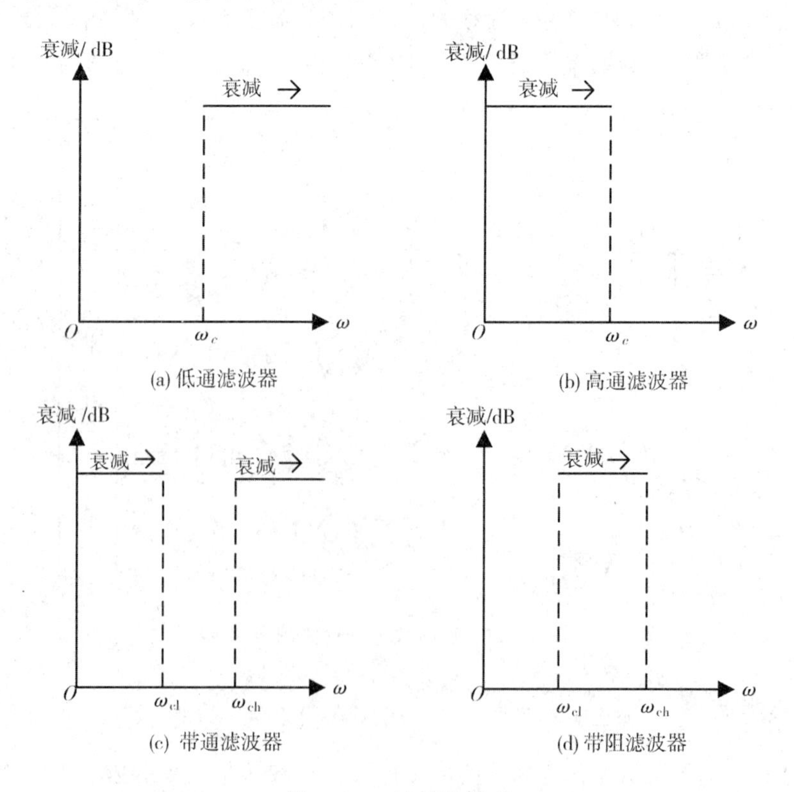

图 6-25　滤波器类型

下面就对这四种滤波器分别进行介绍：

(1) 低通滤波电路，其幅频响应如图 6-25(a)所示，图中 $H(\mathrm{j}\omega)$为增益的幅值，k 为增益常数。由图可知，它的功能是通过从零到某一截止频率 ω_c的低频信号，而对大于 ω_c的所有频率则衰减，因此其带宽：$B=\omega_c$。

(2) 高通滤波电路，其幅频响应如图 6-25(b)所示。由图可以看到，在 $0<\omega<\omega_c$范围内的频率为阻带，高于 ω_c的频率为通带。

(3) 带通滤波电路，其幅频响应如图 6-25(c)所示。图中 ω_{cl}为下截止频率，ω_{ch}为上截止频率，ω_0为中心频率。由图可知，它有两个阻带：$0<\omega<\omega_{cl}$和 $\omega>\omega_{ch}$，因此带宽 $B=\omega_{ch}-\omega_{cl}$。

(4) 带阻滤波电路，其幅频响应如图 6-25(d)所示。由图可知，它有两个通带：$0<\omega<\omega_{cl}$及 $\omega>\omega_{ch}$和一个阻带 $0<\omega<\omega_{ch}$。因此它的功能是衰减 ω_{cl}到 ω_{ch}间的信号。通带 $\omega>\omega_{ch}$也是有限的。带阻滤波电路阻带中点所在的频率 ω_z叫零点频率。

按照滤波器的制作方法和材料，射频滤波器又可以分为以下四种：波导滤波器、同轴线滤波器、带状线滤波器、微带滤波器。

了解了射频滤波器的分类，下面介绍一下滤波器的基本指标，滤波器的主要指标包括：

(1) 频率范围：滤波器通过或截断信号的频率界限。

(2) 通带衰减：由滤波器残存的反射以及滤波器元件的损耗引起。

(3) 阻带衰减：取通带外与截止频率为一定比值的某频率的衰减值。

(4) 寄生通带：由分布参数的频响周期性引起，在通带的一定距离处又产生新的通带。

(5) 群时延特性：是否线性由滤波器通带内的相移频率特性的线性程度决定。

在这些指标参数中，前两项是描述衰减特性的，是滤波器的主要技术指标，决定了滤波器的性能和种类(高通、低通、带通、带阻等)。输入电压驻波比描述了滤波器的反射损耗的大小。群时延是指网络的相移随频率的变化率，定义为 $\mathrm{d}U/\mathrm{d}\omega$，群时延为常数时，信号通过网络才不会产生相位失真。寄生通带是由于分布参数传输线的周期性频率特性引起的，它是离设计通带一定距离处又出现的通带，设计时要避免阻带内出现寄生通带。

6.4.2　振荡器

振荡器是一种能量转换器，并且振荡器无需外部激励，就能自动地将直流电源供给的功率转换为指定频率和振幅的交流信号功率输出。振荡器主要由放大器和选频网络组成，正弦波振荡器一般是由晶体管等有源器件和具有某种选频能力的无源网络组成的一个反馈系统。振荡器的种类很多，从电路中有源器件的特性和形成振荡的原理来看，可分为反馈式振荡器和负阻式振荡器；根据产生波形可分为正弦波振荡器和非正弦波振荡器；根据选频网络又可分为 LC 振荡器、晶体振荡器、RC 振荡器等。振荡器都需要满足起振条件，平衡条件以及稳定条件。

反馈式振荡器原理，如图 6-26 所示。

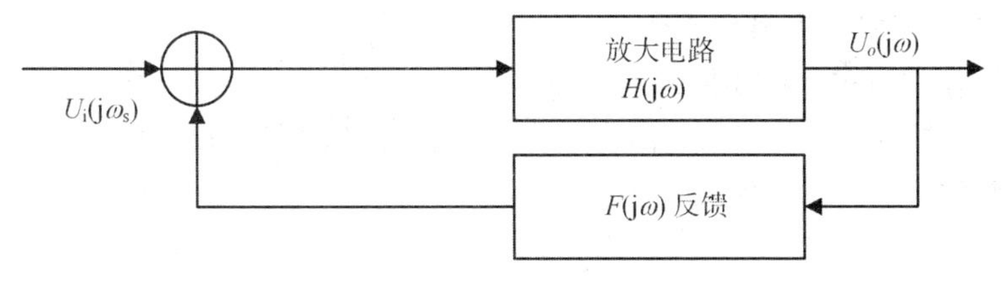

图 6-26　反馈式振荡器原理图

晶体振荡器示意图，如图 6-27 所示。

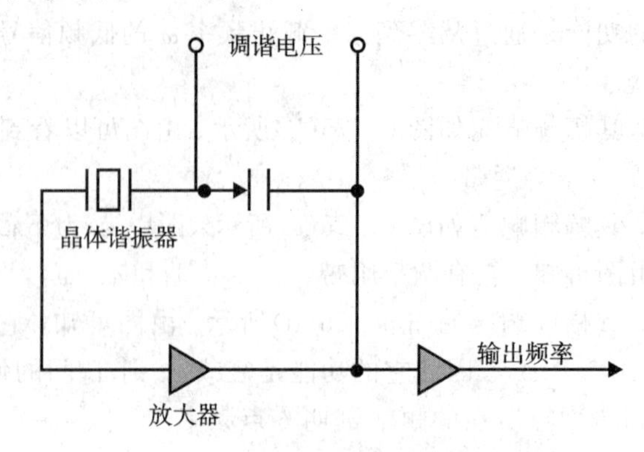

图 6-27　晶体振荡器示意图

振荡器的振荡条件：

1) 起振过程与起振条件

闭合环路中的环路增益：

$$T(\mathrm{j}\omega)=\frac{u_{\mathrm{f}}(\mathrm{j}\omega)}{u_{\mathrm{i}}(\mathrm{j}\omega)}=A(\mathrm{j}\omega)F(\mathrm{j}\omega) \tag{6-50}$$

式中，$u_{\mathrm{f}}(\mathrm{j}\omega)$，$u_{\mathrm{i}}(\mathrm{j}\omega)$，$A(\mathrm{j}\omega)$，$F(\mathrm{j}\omega)$分别是反馈电压、输入电压、主网络增益函数和反馈系数函数，均为复函数。要使振荡器在接通电源后振荡振幅能从小到大不断增长的条件是

$$u_{\mathrm{f}}(\mathrm{j}\omega_0)=T(\mathrm{j}\omega_0)u_{\mathrm{i}}(\mathrm{j}\omega_0)>u_{\mathrm{i}}(\mathrm{j}\omega_0) \tag{6-51}$$

即

$$T(\mathrm{j}\omega_0)>1 \tag{6-52}$$

由于 $T(\mathrm{j}\omega_0)$为复数，所以上式可以分别写成

$$|T(\mathrm{j}\omega_0)|>1,\ \varphi_{T(\omega_0)}=2n\pi(n=0,1,2\cdots) \tag{6-53}$$

两式分别称为反馈振荡器的振幅起振条件和相位起振条件。即说明起振的过程中，直流电源补充给电路的能量应该大于整个环路消耗的能量。

2) 平衡过程与平衡条件

反馈振荡器的平衡条件为：

$$T(\mathrm{j}\omega_0)=1 \tag{6-54}$$

又可以分别写成

$$|T(\mathrm{j}\omega_0)|=1,\ \varphi_{T(\omega_0)}=2n\pi\quad(n=0,1,2\cdots) \tag{6-55}$$

作为反馈振荡器，既要满足起振条件，又要满足平衡条件。起振时$|T(\mathrm{j}\omega_0)|>1$，起振过程是一个增幅的振荡过程；直到$|T(\mathrm{j}\omega_0)|=1$时，$u_{\mathrm{i}}$ 的振幅停止增大，振荡器进入平衡状态。

3) 平衡状态的稳定性和稳定条件

振荡器在工作过程中，不可避免地要受到各种外界因素变化的影响，如电源电压波动、温度变化、噪声干扰等。这些不稳定因素会引起放大器和回路参数发生变化，破坏原来的平衡条件。振幅平衡状态的稳定条件

$$\left.\frac{\partial T(\omega_0)}{\partial U_{\mathrm{i}}}\right|_{U_{\mathrm{i}}=U_{\mathrm{iA}}}<0 \tag{6-56}$$

上式中的 U_{iA} 为振幅平衡点上的平衡振幅。

相位平衡状态的稳定条件

$$\left.\frac{\partial\varphi_T(\omega_0)}{\partial\omega}\right|_{\omega=\omega_0}<0 \tag{6-57}$$

频率稳定度又称频率准确度，通常用相对频率准确度表示

$$\delta=\left.\frac{|f-f_s|_{\max}}{f_s}\right|_{\text{时间间隔}} \tag{6-58}$$

目前多用均方误差来表示频率稳定度，即

$$\delta=\sqrt{\frac{1}{n}\sum_{i=1}^{n}\left[\left(\frac{\Delta f}{f_s}\right)_i-\frac{\overline{\Delta f}}{f_s}\right]^2} \tag{6-59}$$

6.4.3　混频器

混频器在射频发射机中实现上变频，将已调至中频信号搬移到信道射频频段中，而在接收机中实现下变频，将接收到的射频信号搬移到中频波段。实现上变频的基本方法是乘法器与滤波器组合，下变频依靠非线性器件和滤波器组合方法实现。

在射频接收模块中，低噪声放大器将天线输入的微弱信号进行选频放大，然后再送入混频器。混频器的作用在于将不同载频的高频已调波信号变换为较低的同一个固定载频(一般为中频)的高频已调波信号，但保持其调制规律不变。

图 6-28 是混频电路原理示意图。混频电路的输入是载频为 f_c 的高频已调波信号$u_s(t)$。通常取 $f_i=f_l-f_c$，f_i 称为中频。可见，中频信号是本振信号和高频已调波信号的差频信号。以输入是普通调幅信号为例，若 $u_s(t)=u_{cm}[1+ku(\omega(t))]\cos(2\pi f_c t)$，本振信号为 $u_L(t)=U_{L_m}\cos(2\pi f_L t)$，则输出中频调幅信号为 $u_i(t)=U_{I_m}(1+ku\Omega(t))\cos(2\pi f_i t)$。可见调幅信号频谱从中心频率为 f_c 处到中心频率为 f_I 处，频谱宽度不变，包络形状不变。

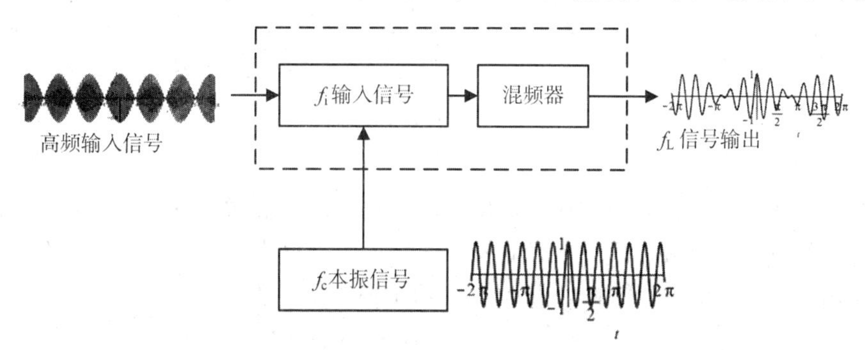

图 6-28　混频电路的原理示意图

混频器的主要性能指标有混频增益、噪声系数、隔离度和两项线性指标。

1. 混频增益

混频增益定义为混频器输出中频信号与输入信号大小之比，有电压增益和功率增益两种，通常用分贝来表示。

2. 噪声系数

混频器的噪声系数定义为混频器输入信噪功率之比和输出中频信号噪声功率比的比值，也是用分贝来表示。

由于混频器处于接收机前端，因此要求它的噪声系数很小。

3. 隔离度

隔离度是指三个端口(输入、本振和中频)相互之间的隔离程度，即本端口的信号功率与其泄露到另一个端口的功率之比。

例如，本振口至输入口的隔离度定义为

$$10\lg\frac{\text{本振口的本振信号功率}}{\text{泄露到输入口的本振信号功率}}(\text{dB}) \tag{6-60}$$

显然，隔离度应越大越好。由于本振功率较大，因此本振信号的泄露更为重要。

4. 线性度

1) 1 dB 压缩点

在正常情况下，射频输入电平远低于本振激励电平，此时中频输出随射频输入线性地增加，但当射频输入电平增加到某个电平时，混频器开始饱和，输入输出之间的线性关系开始破坏。定义混频实际功率增益低于理想线性功率增益 1 dB 时对应的信号功率点为 1 dB 压缩点，如图 6-29 所示。

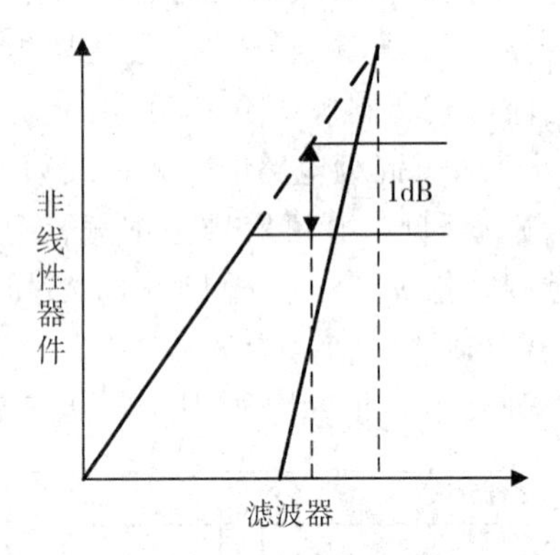

图 6-29　1 dB 压缩点

2) 三阶互调节点

当两个或更多的信号出现在混频器的输入端口时，由于混频器的非线性，在输出端口将产生不需要的互调失真分量。其中我们最关心的是三阶互调失真，中频滤波器不能滤除这些不需要的输出信号。令三阶非线性项为 $a_3V_{\text{in}}^3$，两个输入信号为：

$$V_{\text{in}}=V_1\cos(\omega_1t)+V_2\cos(\omega_2t)$$

则输出信号：

$$\begin{aligned}V_{\text{out3}}&=a_3[V_1^3\cos^3(\omega_1t)+V_2^3\cos^3(\omega_2t)\\&\quad+3V_1^2V_2\cos^2(\omega_1t)\cos(\omega_2t)+3V_1V_2^2\cos(\omega_1t)\cos^2(\omega_2t)]\\&=a_3[V_1^3\cos^3(\omega_1t)+V_2^3\cos^3(\omega_2t)\\&\quad+\frac{3}{2}V_1^2V_2\left\{\omega_2+\frac{1}{2}[\cos(2\omega_1-\omega_2)+\cos(2\omega_1+\omega_2)]\right\}\\&\quad+\frac{3}{2}V_1V_2^2\left\{\omega_1+\frac{1}{2}[\cos(2\omega_2-\omega_1)+\cos(2\omega_2+\omega_1)]\right\}]\end{aligned} \tag{6-61}$$

当两个频率十分接近的信号输入到混频器时，从式(6－61)可以看出三阶非线性产生了许多分量，一些是谐波分量，另外一些是互调失真分量，在这许多组合频率分量中，有可能落在带内的频率分量除了基波外，还可能有组合频率 $2\omega_1-\omega_2$ 和 $2\omega_2-\omega_1$，其他的频率分量则会落到带外，可用中频滤波器滤除。

GPS 信号使用 L 波段，配有两种载波，即频率为 1575.42 MHz 的 L1 载波和频率为 1227.6 MHz 的 L2 载波。我们考虑的民用 GPS 接收机只接收 L1 载波，也就是射频信道的中心频率为 1575.42 MHz。为便于处理，接收机射频前端电路需要把该射频信号进行下变频到一个合适的中频。如果采用多次混频方案，有利于提高镜像抑制及中频抑制性能，但是电路更复杂。为了得到比较纯的中频信号，同时又要兼顾电路不太复杂，体积不要太大，应该合理选择混频级数。

根据射频前端电路的要求和后继相关器电路的特点，这里采用三级混频结构，如图 6－30所示。

第一级混频器把前级低噪声放大器输出的1575.42 MHz的射频信号与锁相频率合成器送出的 175 MHz 的本地振荡信号混频，经外接 175 MHz 的滤波器滤波后得到 175 MHz 的混频信号。

第二级混频器的 140 MHz 的本地振荡信号与第一级输出的 175 MHz 的混频信号进行二级混频得到 35.42 MHz 的混频信号。

第三级混频器再把锁相频率合成器送出的本地 31.1 MHz 的振荡信号与第二级混频器输出的 35.42 MHz 的信号混频，经滤波后最终得到系统所需要的 4.309 MHz 的中频信号。

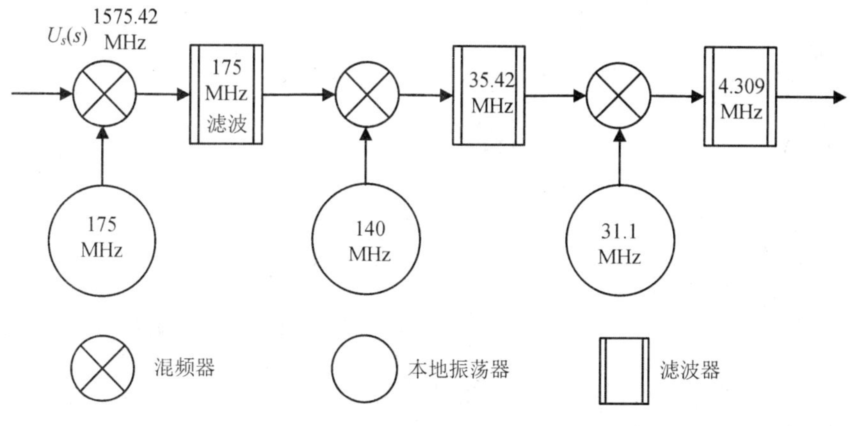

图 6－30　三级混频结构

混频器按照不同的分类标准可以进行不同的分类，根据功能、结构和功耗等不同标准，可以具体分类如下：

(1) 上变频混频器和下变频混频器。两者的主要区别在于输出信号的频率。上变频器用于发射机中，将频率较低的基带(Baseband)信号或中频(IF)信号转换到频率较高的射频(RF)信号。下变频器用于接收机中，将频率较高的射频(RF)信号转换到频率较低的中频(IF)信号或者基带(Baseband)信号。

(2) 有源混频器和无源混频器。两者的主要区别在于是否提供转换增益。有源混频器首先通过输入跨导级将射频输入电压信号转换为电流信号，然后通过控制开关的导通或关断来控制负载上的电流流向，相当于输出电流乘以一个方波，从而实现混频。跨导级将电压转换为电流时，提供了增益。

无源混频器，结构非常简单，不消耗直流功耗。通过开关直接控制加在负载上的电压来实现乘法，无源混频器在开关导通时，输入电压在负载和 MOS 管的导通电阻之间分压，因此无源混频器没有增益，而是衰减。为了减小衰减，要求开关 MOS 管具有较小的导通电阻。在 MOS 管关断的时候，要求 MOS 管要有较大的阻抗，从而提高隔离度。

另外混频器还有非平衡混频器和平衡混频器的具体分类方式。在这里就不一一介绍。

6.5 耦合式射频标签电路及其工作原理

1. 射频

射频(RF)法是运用 LC 振荡回路工作的，该振荡回路调到一个规定的谐振频率 f_R，早期的方案是用焊接在塑料壳(硬标签)中的电容和卷绕的漆包线电感。现代系统中采用在商品品牌薄膜的导体上蚀刻应答器线圈的方法。

图 6-31 是电感耦合式电子标签原理示意图。如果将振荡回路移入到交变磁场附近，那么能量便通过振荡回路的线圈感应出交变磁场能量(感应定律)。如果交变磁场的频率 f_G 与振荡回路的谐振频率 f_R 相符合，振荡回路就激发了谐振振荡，此振荡过程从交变磁场取得能量。因而，振荡线圈上的振荡过程，可以根据交变磁场中振荡线圈的短时电压变化或电流变化得到。这种线圈电流的短时上升(或者线圈电压下降)被直观地称作降落(Dip)。

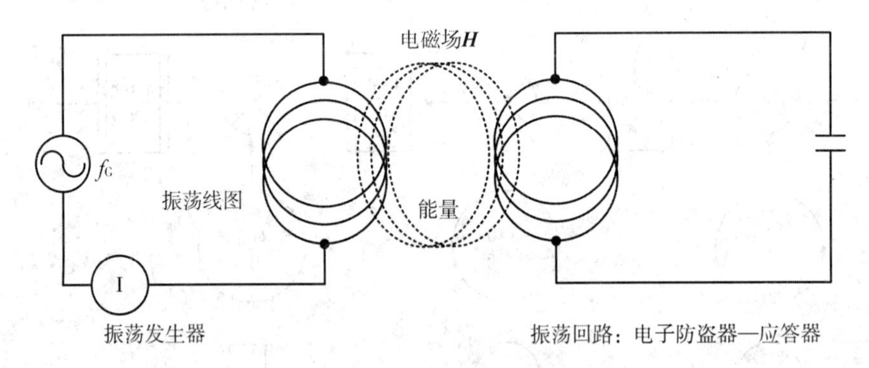

图 6-31　电子防盗器的射频作用原理

为了保证可靠地识别粘贴在产品上的 1 比特应答器振荡回路需要获得一个尽可能明显的 Dip，这是通过一个小技巧来实现的：使产生磁场的频率不是恒定的，而是“扫频”的。此时，振荡器频率不断扫过最大和最小频率之间的范围。8.2 MHz±10%的频率范围供“扫频”系统使用。

如果扫频的振荡器频率正好命中了(在应答器里振荡回路)共振频率，则振荡回路就开始起振，并由此在振荡器线圈的电源电流中产生一个明显的 Dip。对扫频系统来说，在应答器的谐振频率的位置上的 Dip 取决于扫频速率(频率变化速度)，而不是应答器的运动速度，并可调整到最佳的识别率。应答器的频率容许偏差受制造容许偏差或金属环境限制，但是，对识别的可靠性来说是没有问题的。图 6-32 在谐振频率处产生了“Dip”，振荡器的频率 f_G

在两个截止频率之间持续地扫描。振荡器场中的 RF 标签在它的谐振频率 f_R 上产生一明显的 Dip。

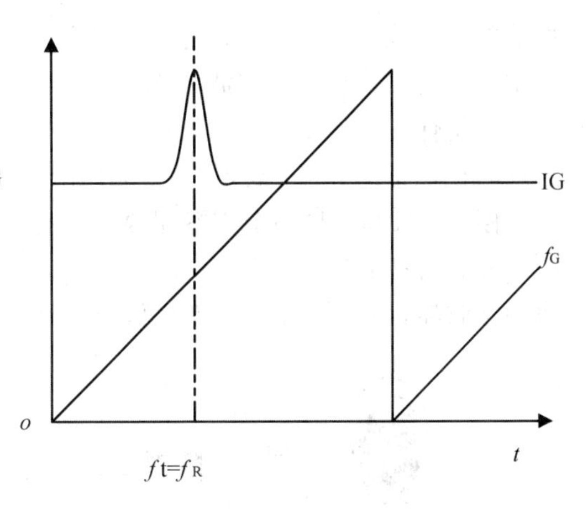

图 6－32　扫频示意图

如果在付款处理中不揭下标签，就必须改变标签以防止启动电子防盗器。为实现这一目的，收银员收款后将被保护的产品放到一个装置上，即去活化器。它产生一个足够强的磁场，其感生电压能破坏应答器的薄膜电容。电容器没有固定的短路点，即所谓的浅凹(Dimples)。因为，电容器的击穿是不可逆转的，并严重地破坏了振荡回路，以至于回路不再能被扫频信号激活。图 6－33 以微波标签为例说明了一个电子标签的基本电路和结构。

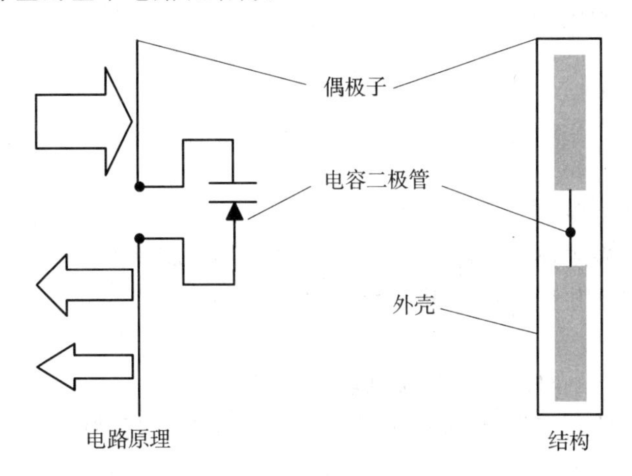

图 6－33　微波标签基本电路和经典的结构

2. 激活

微波范围内的电子防盗系统利用在非线性元件(例如二极管)上产生的谐波。给定频率 f_A 的正弦电压 A 的谐波是正弦电压 B，其频率 f_A 的整数倍。频率 f_A 的谐波是频率 $2f_A$、$3f_A$、$4f_A$ 等。在无线电工程中，人们把输出频率的 N 倍称作 N 次谐波，把输出频率称作载波或第一谐波。

原则上，每个具有非线性特征的二端网络都能产生载波的谐波。然而，对非线性电阻来说，能量被消耗了，只有小部分第一次谐波的功率转变成谐波震荡。在有利条件下，当 f 扩大到 $n \cdot f$ 倍时，效率 $\eta=1/n^2$。如果使用非线性能量存储器来倍增频率，那么在理想情况下没有功率损失。为了扩大频率，电容二极管非常适合非线性能量存储器。产生谐波的数量和强度取决于电容二极管的掺杂分布和特性曲线的效率。效率的计量单位(关于电容电压的特性曲线)是指数 n(也用 γ)。这个指数对平面扩散二极管来说是 0.33(例如：BA110)，对合金二极管来说是 0.5，对有突变 PN 结的调谐二极管来说大约是 0.75(例如：BB141)。

产生谐波的 1 比特应答器的构造极其简单；调整到载波频率的偶极子的总长为 6 cm。一般使用的载波频率为 915 MHz(欧洲以外地区)、2.45 GHz 或 5.6 GHz。如果应答器处在发射器的发射范围内。二极管内的电流产生并回射载波的谐波。按所用二极管的类型，可获得非常明显的二倍或三倍载波频率的信号。

为了保证产品不受损伤，首先使用这种结构形式的塑料浇注应答器(硬标签)。在付款处付款时把标签揭下来，还可以重新使用。

图 6-34 中，将一个应答器放入具有 2.45 GHz 的微波发送器的发射范围内。在应答器的二极管特性曲线上产生的 4.90 GHz 的二次谐波被反向发射，并由一个正好调整到这个频率的接收器检测到，用第二次谐波频率产生的信号能使一个报警设备启动。

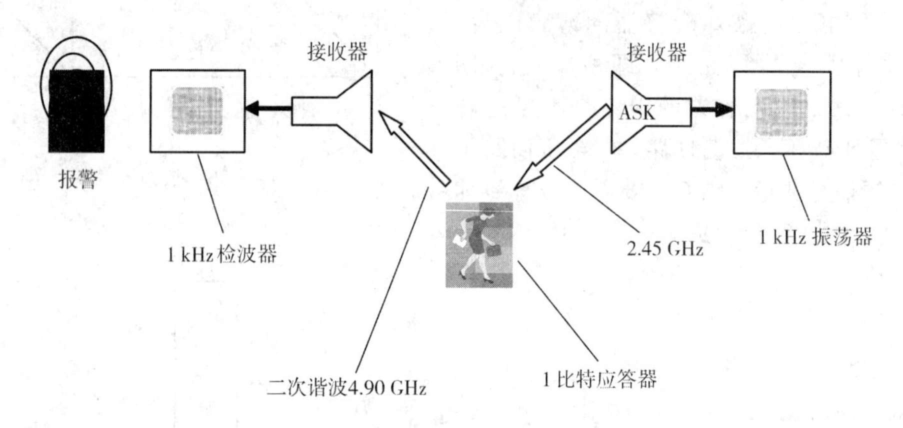

图 6-34　在一个检波器的响应范围内的微波标签

如果对载波的振幅或频率进行调制(振幅键控 ASK，频移键控)，那么所有的谐波也都有着相同的调制。由此可用于区别“干扰”信号和“有用”信号，以防止由于外来信号造成的错误报警。

在上述例子中，用 1 kHz 的信号调制载波的振幅(100%·ASK)。它在应答器上产生的二次谐波也被 1 kHz 进行了调制(ASK)。信号在接收器接收后被解调，然后送往 1 kHz 检测器。此时如果干扰信号碰巧处于 4.90 GHz 的接收频率则不会触发错误报警，因为它们没有被正常调制。

3. 分频器

这种方法在 100～135.5 kHz 的长波范围内进行工作。安全标签包含有半导体电路(微型芯片)以及漆包线的振荡回路线圈。用外接的电容，使电子防盗器系统的谐振电路在工作频率处产生振荡，应答器以硬标签(塑料)形式使用并且在买到东西时去掉。

应答器中微型芯片的能量供应来自安全装置的磁场。振荡回路线圈上的频率被微型芯片一分为二(DIV2)后送回安全装置。只有原频率一半的信号经一抽头送回谐振线圈。

用低频触发安全装置的磁场(经 ASK 调制)可以提高检测率。与谐波的产生过程类似，载波的调制(ASK 或 FSK)保持在原频率的半频波(分谐波)中。这可用来区别“干扰”信号和“有用”信号，这种系统几乎完全排除了错误报警。

如射频系统已经使用的那样，可用框形天线作传感器天线。典型的系统参数如表 6-2所示。

表 6-2　典型的系统参数

频率	130 Hz
调制方式	100%的振幅键控
调制频率/信号	12.5H 组或 25H 组，矩形 50%

4. 电磁法

电磁法用 10 Hz 至大约 20 kHz 的低频范围内的强磁场进行工作。安全标签为一条具有陡峭的磁滞迴线的坡莫合金软磁条。磁条位于强交变磁场中时，其极性被周期地反向磁化。磁条中的磁通密度 B 在所加磁场强度 H 跨越零的附近的跳跃变化产生频率为安全装置基频的谐波，这些谐波可以由安全装置接收和处理。电子防盗器分频过程的电原理图如图 6-35 所示。

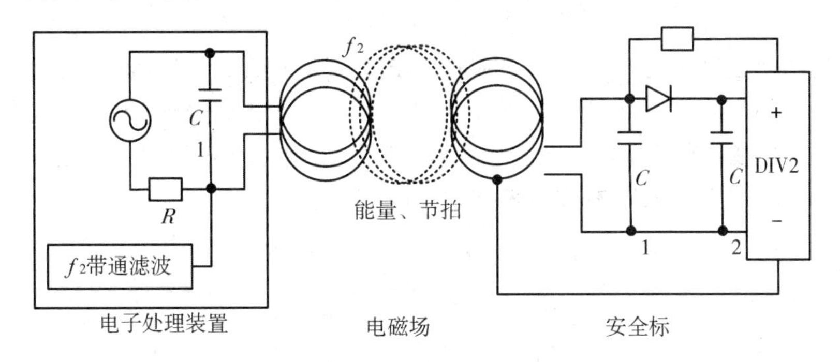

图 6-35　电子防盗器分频过程的电原理图：安全标签(应答器)和检测器

电磁法可以通过将附加的高频信号加到主信号上进行优化、磁条磁滞曲线显著的非线性不仅产生谐波，也产生所提供信号的和频与差频的信号。

假设主信号频率 $f_H=20$ Hz，附加信号频率 $f_1=3.5$ kHz 和 $f_2=5.3$ kHz，将产生以下信号(第一级)：

$$f_1+f_2=f_{1+2}=8.80\ \text{kHz}$$

$$f_1-f_2=f_{1-2}=1.80\ \text{kHz}$$

$$f_H+f_2=f_{H+1}=3.52\ \text{kHz}$$

这里，安全装置对基本频率的谐波没有反应，而是对附加信号的和频与差频有反应。

这里标签可作成几厘米至 20 cm 长的自动粘贴带形式。由于工作频率极低，电磁系统是唯一适用于含有金属商品的系统。然而，这种标签的缺点是对位置的依赖性：为了可靠地检测，安全装置的磁力线必须垂直通过坡莫磁条。

标签四周包有一个可轻度磁化的金属外壳以实现去活化的目的，该外壳在付款处被强永久磁铁磁化。由于这种永久性的预磁化，坡莫磁条通过安全装置的弱交变场时不会再被反复磁化，因而也检测不到。

通过去磁化，标签随时都可以重新活化。去磁化和活化过程往往是可随意进行的。因此，电磁商品标签主要用于图书馆外借。由于标签小(最小为 32 mm 长的磁条)而便宜，该系统也越来越对地用于食品零售业，如图 6-36 所示。

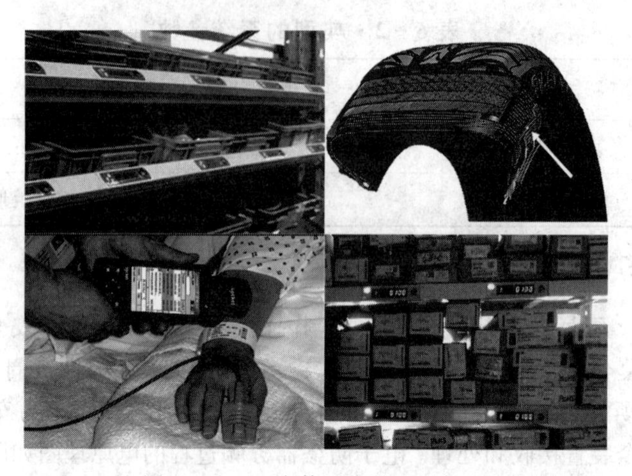

图 6-36　正在使用中的电子标签

为了能达到使坡莫磁条反复磁化时所需的场强，从两个门柱型线圈系统通道的两侧产生磁场，如图 6-37 所示。在两个门柱里有若干个单个线圈，典型的是 9～10 个，这些单独的线圈在中心产生弱磁场，在外部产生较强的磁场。所以用这种方式的闸门可达宽度为 1.50 m，检出率达到 70%。典型的系统参数如表 6-3 所示。

图 6-37　自动检测闸门

表 6-3　典型的系统参数

	设备 1	设备 2
频率	215 Hz	21 Hz+3.3 Hz+5 Hz
单个线圈数目	9	12
最大磁通量密度 B(单个线圈)	1037 μT	118 μT

6.6　电子标签分类与标准概述

电子标签是携带物品信息的数据载体。根据工作原理的不同，电子标签这个数据载体可以划分为两大类，一类是利用物理效应进行工作的数据载体，另一类是以电子电路为理论基础的数据载体。电子标签体系结构的分类如图 6-38 所示。

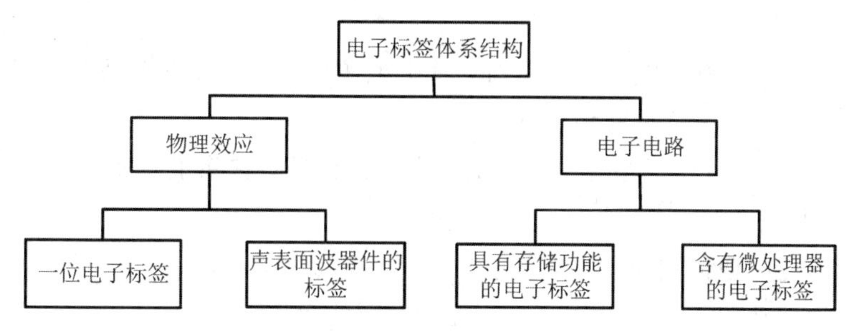

图 6-38　电子标签体系结构的分类

当电子标签利用物理效应进行工作时，属于无芯片的电子标签系统。这种类型的电子标签主要有“一位电子标签"和“声表面波器件的标签”两种工作方式。

当电子标签以电子电路为理论基础进行工作时，属于有芯片的电子标签系统。这种类型的电子标签主要由模拟前端(射频前端)电路、控制电路和存储电路构成，主要分为具有存储功能的电子标签和含有微处理器的电子标签两种结构。

EPC 标签是电子产品代码的信息载体，其中存储的唯一信息是 96 位或 64 位产品 EPC 代码。根据基本功能和版本号的不同，EPC 标签有类(Class)和代(Gen)的概念，Class 描述的是 EPC 标签的基本功能，Gen 是指 EPC 标签规范的版本号。

1. EPC 标签分类

为了降低成本，EPC 标签通常是被动式电子标签，根据功能级别的不同，EPC 标签可以分为 Class 0、Class 1、Class 2、Class 3 和 Class 4 五类。

(1) Class0。该类 EPC 标签一般能够满足供应链和物流管理的需要，可以在超市结账付款。超市货品扫描、集装箱活物识别及仓库管理等领域应用。Class 0 标签主要具有以下功能：

① 包含 EPC 代码、24 位自毁代码以及 CRC 码；

② 可以被读写器读取，可以被重叠读取，但存储器不可以由读写器写入；

③ 可以自毁，自毁后电子标签不能再被识读。

(2) Class1。该类 EPC 标签又称为身份标签，是一种无源、后向散射式的电子标签。该类 EPC 标签除了具备 Class0 标签的所有特征外，还具备以下特征：

① 具备一个电子产品代码标识符和一个标签标识符(Tag Identifier，TID)；

② 通过 Kill 命令能够实现标签自毁功能，使标签永久失效；

③ 具有可选的保护功能；

④ 具有可选的用户存储空间；

(3) Class2。该类 EPC 标签也是一种无源、后向散射式电子标签，它是性能更高的电子标签，它除了具备 Class1 标签的所有特征外，还有具备以下特征。

① 具有扩展的标签标识符 TID；

② 扩展的用户内存和选择性识读功能；

③ 访问控制中加入了身份认证机制，使标签永久失效。

(4) Class3。该类 EPC 标签是一种半有源、后向散射式标签，它除了具有 Class2 标签的所有特征外，还具有以下特征。

① 标签带有电池，有完整的电源系统，片上电源用来为标签芯片提供部分逻辑功能；

② 有综合的传感电路，具有传感功能。

(5) Class4。该类 EPC 标签是一种有源、主动式标签，它除了具备 Class3 标签的所有特征外，还具有以下特征。

① 标签到标签的通信功能；

② 主动式通信功能；

③ 特别组网功能。

2. EPC 标签代(Gen)的概念

EPC 标签的 Gen 和 Class 是两个不同的概念，EPC 标签的 Class 描述标签的基本功能，EPC 标签的 Gen 是指主要版本号。例如，EPC Class1 Gen2 标签指的是 EPC 第 2 代 Class1 类别的标签，这是目前使用最多的 EPC 标签。

EPC Gen1 标准是 EPC 射频识别技术的基础，EPC Gen1 主要是为了测试 EPC 技术的可行性。

EPC Gen2 标准主要是为了使这项技术与实践结合，满足现实的需求。EPC Gen2 标签于 2005 年投入使用，Gen1 到 Gen2 的过渡带来了诸多的益处，EPC Gen2 可以制定 EPC 统一的标准，识读准确率更高。EPC Gen2 标签提高了 RFID 标签的质量，追踪物品的效果更好，同时提高了信息的安全保密性。EPC Gen2 标签减少了读卡器与附近物体的干扰，并且可以通过加密的方式防止黑客的入侵。

世界上最大的连锁超市美国沃尔玛在 2005 年开始在货箱和托盘上应用射频识别技术。沃尔玛最早使用的是 EPC Gen1 标签，沃尔玛 EPC Gen1 标签 2006 年 6 月 30 日已停止使用，从 2006 年 7 月开始，沃尔玛要求供应商采用 EPC Gen2 标签。零售巨头沃尔玛的这一要求意味着许多公司(如 Metrologic 仪器和 MaxID 公司等)需要将其技术由 EPC Gen1 标准升级到 EPC Gen2 标准。

EPC Gen2 标签不适合于单品，首先是因为标签面积较大(主要是标签的天线尺寸大)，大致超过了 2 平方英寸，另外就是因为 Gen2 标签相互干扰。EPC Gen2 技术主要面向托盘和货箱级别的应用，在不确定的环境下，EPC Gen2 标签传输同一信号，任何读写器都可以接收，这对于托盘和货箱来说是很合适的。但 EPC Gen3 标准可以实现单品识别与追踪，解决了 EPC Gen2 技术所无法解决的问题。

下面讨论一下现有的 EPC 标签标准。EPC 原来有 4 个不同的标签制造标准，分别为英国大不列颠科技集团(BTG)的 ISO-180006A 标准、美国 Intermec 科技公司(Intermec Technologies Corp)的 IOS-180006B 标准、美国 Matrices 公司(现在已经被美国讯宝科技公司收购)的 Class0 标准和 Alien Technology 公司的 Class1 标准。上述每家公司都拥有自己标签产品的只是产权和技术专利，EPC Gen2 标准是在整合上述 4 个标签标准的前提下产生的，同时 EPC Gen2 标准扩展了上述 4 个标签标准。

EPC Gen2 标准的一个问题是特权许可和发行。Intermec 科技公司宣布暂停任何特权来鼓励标准的执行和技术的推进，BTG、Alien、Matrics 和其他大约 60 家公司签署了 EPCGlobal 的无特权许可协议，这意味着 EPC Gen2 标准及使用是免版税的。但 UHFRFID 产品(如电子标签和读写器等)并非免版税，Intermec 科技公司声称，基于 EPC Gen2 标准的产品包含了自己的几项专利技术。

3. EPC Gen2

EPC Gen2 标准详细描述了第二代 EPC 标签与读写器之间的通信，EPC Gen2 是符合"EPC Radio Frequency Identity Protocols/Class 1 Generation2 UHF/RFID/Protocol for Communications at 860 ～960 MHz"规范的标签。EPC Gen2 的特点如下：

1）开放和多协议的标准

EPC Gen2 的空中接口协议综合了 ISO/IEC-180006A 和 ISO/IEC-18000B 的特点和长处，并进行了一系列的修正和扩充，在物理层数据编码、调制方式和防碰撞算法等关键技术方面进行了改进，并促使 ISO/IEC-180006C 标准在 2006 年 7 月发布。

EPC Gen2 的基本通信协议采用了"多方菜单"。例如，调制方案提供了不同方法来实现同一功能，给出了双边带幅移键控(DB-ASK)、单边带幅移键控(SS-ASK)和反相幅移键控(PA-ASK)3 种不同的调制方案，供读写器选择。

2）860 ～960 MHz 的全球频率

Gen2 标签能够工作在 860～960 MHz 频段，这是 UHF 频谱所能覆盖的最宽范围。世界不同地区分配了不同功率不同电磁频谱用于 UHF RFID，Gen2 的读写器能适用不同区域的要求。

3）更大的识读速率

EPC Gen2 具有 80 kb/s、160 kb/s 和 640 kb/s 3 种数据传输速率，Gen2 标签的识读速率是原有标签的 10 倍，这使得 EPC Gen2 标签可以实现高速自动作业。

4）更大的存储能力

EPC Gen2 最多支持 256 位的 EPC 编码，而 EPC Gen1 最多支持 96 位的 EPC 编码。EPC Gen2 标签在芯片中有 96 字节的存储空间，并有特有的口令，具有更大的存储能力以及更好的安全性能，可以有效地防止芯片被非法读取。

5）免版税与 T 家设备兼容

EPC Gen2 宣布暂停任何特权来鼓励标准的执行和技术的推进，这意味着 EPC Gen2 标准及使用是免版税的，厂商在不缴纳版税的情况下可以生产基于该标准的成品。

EPC Gen2 标签将从多渠道获得，不同销售商的设备之间将具有良好的兼容性，它将促使 EPC Gen2 价格快速降低。

6）其他优点

EPC Gen2 芯片尺寸小，将缩小到原有版本的 1/2～1/3。EPC Gen2 标签具有"灭活"(Kill)功能，标签收到读写器的灭活指令后可以自行永久销毁。EPC Gen2 标签具有高读取率，在较远的距离测试具有将近 100%的读取率。EPC Gen2 具有实时性，容许标签延后进入识读区仍然被识读，这是 Gen1 所不能达到的。EPC Gen2 标签具有更好的安全加密功能，读写器在读取信息的过程中不会把数据扩散出去。EPC Gen2 标签的特点如图 6-39 所示。

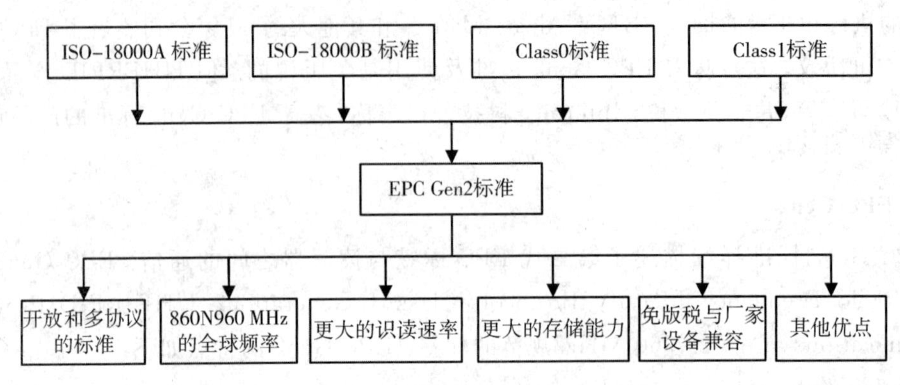

图 6 - 39　EPC Gen2 标签的特点

目前 RFID 技术标准主要定义了不同频段的空中接口及相关参数，包括基本术语、物理参数、通信协议和相关设备等。在 UHF 频段(300～3000 MHz)上的射频识别协议主要可以分为两大阵营：一方面是 ISO/IEC(国际标准化组织)标准体系，另一方面是 EPCglobal 标准体系。

ISO/IEC18000 是国际标准化组织的一个覆盖目前可用频段的 RFID 空中接口标准。目前支持 ISO/IEC18000 标准族的 RFID 产品最多，技术最为成熟。其中，ISO/IEC18000-6 标准定义了 860 ～960 MHz 频段下的 RFID 空中接口标准。EPC 规范由 Auto-ID 中心及后来成立的 EPCglobal 负责制定。EPC Classl Generation 2 标准是 EPCglobal 基于 EPC 和"物联网"概念推出的旨在为每件物品赋予唯一标识代码的电子标签和阅读器之间的空中接口通信技术标准。2006 年 6 月 EPCglobal Class1 Gen2 标准正式进入 ISO/IEC18000-6 标准，成为 ISO/IEC18000-6C。

根据出现的时间顺序，ISO18000 - 6 标准可分为 Type A、Type B 和 Type C 三代标准，它们之间的主要区别如表 6 - 4 所示，其各自的通信机制如图 6 - 40～图 6 - 42 所示。

表 6 - 4　ISO18000-6 各种标准比较

比较项	Type A	Type B	Type C(Gen-2)
前向链路编码	PIE	Manchester	PIE
后向数据编码	FM0	FM0	FM0、Millersubcarrier
调制方式	ASK	ASK	DSB-ASK、SSB-ASK、PR-ASK
调制深度	27%～100%	30%或 100%	80%～100%
位速率	33 kb/s	10～40 kb/s	26.7～128 kb/s
防冲突算法	ALOHA	二叉树	时隙随机算法
前进链路错误校验	所有命令采用 5 位 CRC 校验	16 位 CRC	16 位 CRC 除 Query 命令采用 5 位 CRC
后向链路错误校验	16 位 CRC	16 位 CRC	除 RN16 采用 16 位 CRC

表 6-4 中归纳的各项是设计 Gen2 标准的阅读器电路和软件时必须遵循的规范。概括来说 Type A 的特点是存储容量大，防冲突能力弱，指令类型多；Type B 的特点是存储容量小，防冲突能力强，指令简单；Type C 即 EPCglobal Gen2 标准下阅读器还具有较高的读取率和识读速度的优点，与以往的阅读器相比，其识读速率要快 5～10 倍；兼容全球的 RFID 频率；灵活的编码空间；良好的安全性和隐私保护性等特点。除此之外，Gen2 标准还增加了密集阅读器模式下工作的功能。

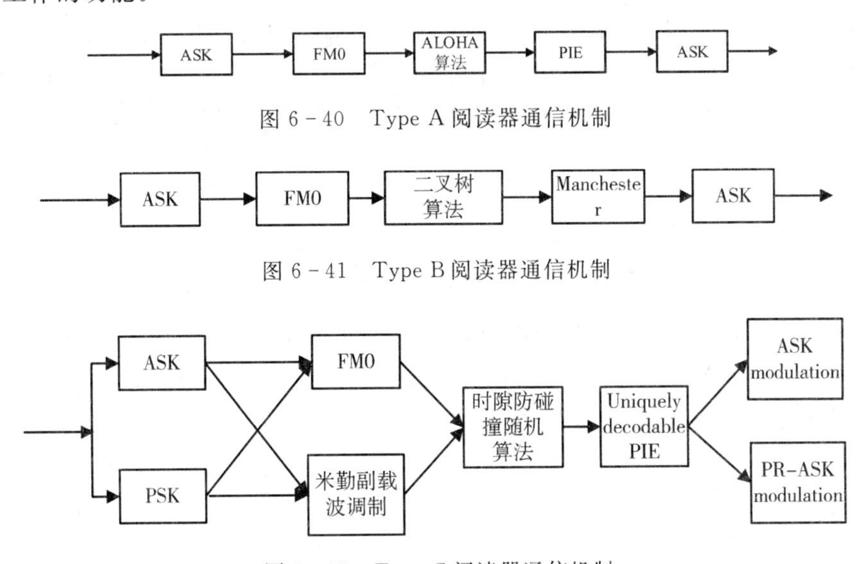

图 6-40　Type A 阅读器通信机制

图 6-41　Type B 阅读器通信机制

图 6-42　Type C 阅读器通信机制

4. EPC Class1 Gen2 RFID 标准简介

本节主要描述 EPC G2 UHF RFID 电子标签的定义及使用步骤，包括如下部分：EPC G2 UHF 标准的接口参数；电子标签数据存储结构；几个重要的 EPC 标签的概念说明；电子标签操作命令集。如果读者需要详尽了解该标准，请参考有关 EPC G2 UHF RFID ①电子标签完整的标准文档，主要描述符合 EPC G2 UHF RFID 标准的电子标签的说明、标签操作命令集以及标签的响应数据格式。在 EPC G2 的命令集包括对电子标签操作的基础命令集以及各厂商的提供的标签的可选用命令集。用户在具体使用某厂商的卡片时，还需参考各厂商卡片提供的专用命令集。但对于通用的命令集，各标签生产厂商提供的电子标签都应该是支持的。

6.6.1　EPC G2 UHF 标准的接口参数

对于每个公司生产的符合 EPC G2 UHF 标准的电子标签，其性能均应符合 EPC G2 UHF 相关无线接口性能的标准。从用户应用电子标签的角度来说，我们不需要详细了解该标准的各项参数及读写器与电子标签之间的无线通信接口性能指标。然而对以下重要的技术参数有一个大致的了解，对用户使用电子标签时的器件选型及系统设计会有较大的帮助。

首先我们来看 EPC G2 UHF 物理接口概念以及其简明说明，以帮助读者对该标准有一个了解。EPC 系统是一个针对电子标签应用的使用规范。一般系统包括有读写器、电子标签、

① http://www.gs1.org/gsmp/kc/epcglobal/uhfc1g2

天线以及上层应用接口程序等部分。每家厂商提供的产品应符合有家的相关标准，所提供的设备在性能上有不同，但功能会是相似的。系统工作过程可简单地表述为：读写器向一个或一个以上的电子标签发送信息，发送方式是采用无线通信的方式调制射频载波信号。标签通过相同的调制射频载波接收功率。读写器通过发送未调制射频载波和接收由电子标签反射(反向散射)的信息来接收电子标签中的数据。

EPC G2 UHF 标准规定了系统的射频工作频率为 860～960 MHz。但每个国家在确定自己的使用频率范围时，会根据自己的情况选择某段频率作为自己的使用频段。我国目前暂订的使用频段为 920～925 MHz。用户在选用电子标签和读写器时，应选用符合国家标准的电子标签及读写器。一般来说，电子标签的频率范围较宽，而读写器在出厂时会严格按照国家标准规定的频率来限定。

频道工作模式：跳频扩频模式读写器在有效的频段范围内，将该频段分为 20 个频道，在某个使用的时刻读写器与电子标签的通信只占用一个频道进行通信。为防止占用某个频道时间过长或该频道被其他设备占用而产生的干扰，读写器使用时会自动跳到下一个频道。用户在使用读写器时，如发现某个频道在某地已被其他的设备所占用或某个频道上的信号干扰很大，可在读写器系统参数设定中，先将该频道屏蔽掉，这样读写器在自动跳频时，会自动跳过该频道，以避免与其他设备的应用冲突。

读写器的发射功率是一个很重要的参数。读写器对电子标签的操作距离主要由该发射功率来确定，发射功率越大，则操作距离越远。我国的暂订标准为 2W，读写器的发射功率可以通过系统参数的设置来进行调整，可分为几级或连续可调，用户需根据自己的应用调整该发射功率，使读写器能在用户设定的距离内完成对电子标签的操作。对于满足使用要求的，可将发射功率调到较少，以减少能耗。

天线在读写系统中是非常重要的一部分，它对读写器与电子标签的操作距离有很大的影响。天线的性能越好，则操作距离可能会越远。用户在选用时需较多的关注。天线接口阻抗为 50 Ω，范围为 860～960 MHz。

读写器与天线的连接有两种情况，一种是读写器与天线装在一起，称为一体机，另一种是通过 50 Ω 的同轴电缆与天线相连，称为分体机。天线的指标主要有使用效率(天线增益)、有效范围(方向性选择)、匹配电阻(50 Ω)、接口类型等。用户在选用时，需根据自己的需要选用相关的天线。

一个读写器可以同时连接多个天线，在使用这种读写器时，用户需先设定天线的使用序列。数据传输速率：有高/低二种传输速率。一般的厂商我们都选择高速数据传输速率。

6.6.2 电子标签的存储器结构

一个电子标签的存储器结构，对于每个厂商生产的电子标签，其存储器的结构是相同的，但会存在容量大小的差别。

1. 电子标签存储器

在逻辑上来说，一个电子标签分为四个存储体，每个存储体可以由一个或一个以上的存储器组成。其存储逻辑图如图 6-43 所示。

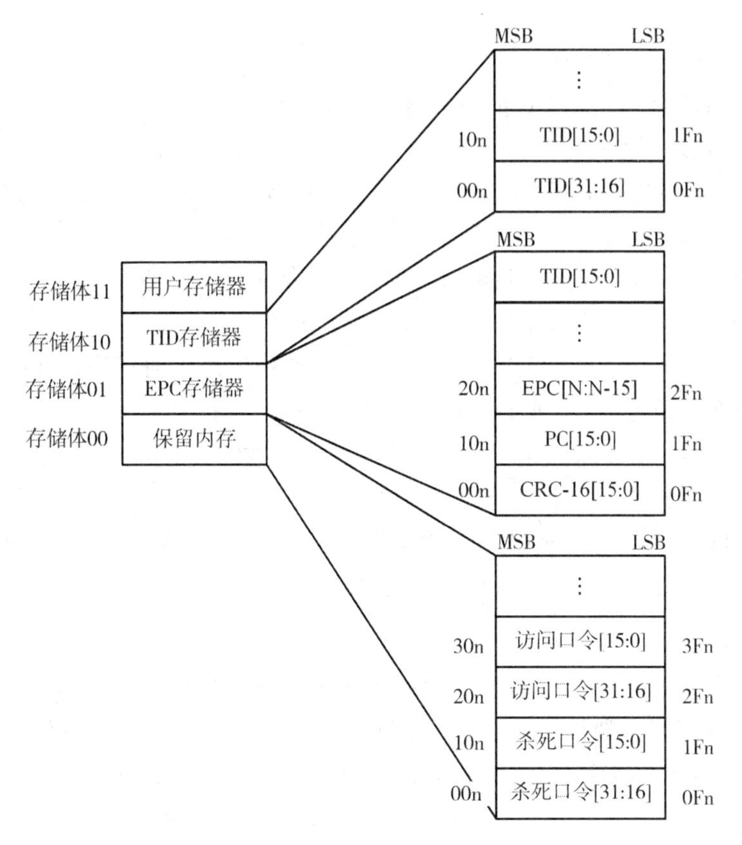

图 6-43 电子标签存储器结构图

从图 6-43 结构图中可以看到，一个电子标签的存储器分成四个存储体，分别是保留内存、EPC 存储器、TID 存储器和用户存储器。

(1) 保留内存，该内存为电子标签存储密码(口令)的部分。包括灭活口令和访问口令。灭活口令和访问口令都为 4 个字节。其中：灭活口令的地址为 00H～03H(以字节为单位)；访问口令的地址为 04H～07H。

(2) EPC 存储器，该存储器用于存储电子标签的 EPC 号、PC(协议—控制字)以及这部分的 CRC-16 校验码。其中：CRC-16 存储地址为 00H～03H，4 个字节，CRC-16 为本存储体中存储内容的 CRC 校验码。

PC：电子标签的协议—控制字，存储地址为 04H～07H，4 个字节。PC 表明本电子标签的控制信息，包括如下内容：

① PC 为 4 个字节，16 位，其每位的定义为：

00～04 位：电子标签的 EPC 号的数据长度。

=000002：EPC 为一个字，16 位；

=000012：EPC 为两个字，32 位；

=000102：EPC 为三个字，48 位；

…

=111112：EPC 为 32 个字

05～07 位：RFU＝000$_2$

08～0F 位：＝00000000$_2$

② EPC 号：若干个字，由 PC 的值来指定。EPC 为识别标签对象的电子产品码。EPC 存储在以 20H 存储地址开始的，MSB 优先。用于存储本电子标签的 EPC 号，该 EPC 号的长度在 PC 值中来指定。每类电子标签(不同厂商或不同型号)的 EPC 号长度可能会不同。用户通过读该存储器内容命令读取 EPC 号。

(3) TID 存储器，该存储体是指电子标签的产品类识别号，每个生产厂商的 TID 号都会不同。用户可以在该存储区中存储其自身的产品分类数据及产品供应商的信息。一般来说，TID 存储的长度为 4 个字，8 个字节。但有些电子标签的生产厂商提供的 TID 区会为 2 个字或 5 个字。用户在使用时，需根据自己的需要选用相关厂商的产品。

(4) 用户存储器，该存储区用于存储用户自定义的数据。用户可以对该存储区进行改、写操作。该存储器的长度由各个电子标签的生产厂商确定。每个生产厂商提供的电子标签，其用户存储区的长度会不同。存储长度大的电子标签会贵一些。用户应根据自身应用的需要，来选择相关长度的电子标签，以减低标签的成本。

2. 存储器的操作

对于电子标签的应用，由电子标签供应商提供的标签为空白标签，用户首先会在电子标签的发行时，通过读写器将相关数据存储在电子标签中(发行标签)。然后在标签的流通使用过程中，通过读取标签存储器的相关信息，或将某状态信息写入到电子标签中的完成系统的应用。

对于电子标签的四个存储区，读写器提供的存储命令都能支持对其的读写操作。但有些电子标签在出厂时就已由供应商设定为只读的，而不能由用户自行改写，这点在选购电子标签时需特别注意。

6.6.3 电子标签的操作命令集

用户在实际应用电子标签时，需要对电子标签的命令集有一个了解，才能有效地进行系统的设计及应用。这些命令集是编程开发的基础，对于电子标签的操作就是调用这些封装好的命令集，包括这几部分：电子标签的存储命令；电子标签的状态及其转换命令；电子标签的操作及命令说明；电子标签的使用步骤。

以下描述电子标签的一些重要的概念。这些是在应用电子标签的命令中经常遇到的，真正开发的过程中需详细了解这些概念，请参考 EPC G2 UHF 的标准文档。

1. 电子标签的操作命令集

在对电子标签的操作中，有三组命令集，用于完成相关的操作。这三种命令分别是：选择、盘存及访问，这三组命令集分别由一个或多个命令组成。

(1) 选择(SELECT)：由一条命令组成。读写器对电子标签的读写操作前，需应用相关的命令，使符合用户定义的标签进入相应的状态，而其他不符合用户定义的标签仍处于非活动状态，这样可有效地先将所有的标签按各自的应用分成几个不同的类，以利于进一步的标签操作命令。

(2) 盘存(INVENTORY)。由多条命令组成。盘存是将所有符合选择条件的标签循环扫描一遍，标签将分别返回其 EPC 号。用户利用该操作可以首先将所有符合条件的标签的EPC 号读出来，并将标签分配到各自的应用块中。盘存操作中有许多参数，并且是一个扫描的循环，在一个盘存扫描中，会组合应用到几条不同的盘存命令，故一个盘存又被称为一个盘存周期。

因为读写器与标签之间对于盘存命令的数据交换的时间响应有严格的要求，故读写器会将一个盘存周期操作设计成一个盘存循环算法，提供给用户使用，而不需要用户去自己设计盘存算法及盘存步骤。一般读写器会为各种不同的盘存需要设计几个优化的盘存算法命令，供用户使用。

(3) 访问(ACCESS)。用户应用该组命令完成对电子标签的各项读取或写入操作。该命令集包括电子标签的密码校验、读标签、写标签、锁定标签及灭活标签等。

6.6.4　标签命令相关概念

1. 会话(Session)和已盘存标记(Inventoried flag)

1) 会话

电子标签的工作区域有 4 个，称为 4 个会话(S0、S1、S2、S3)，一个标签在一个盘存周期中只能处于其中的一个会话中。例如我们可以用 SELECT 选择命令，使某个应用的标签群进入 S0 会话(称之为工作区域)，再用另一个 SELECT 选择命令，使另一个应用的标签群进入 S1 会话，这就相当于我们首先将标签群按其不同的应用分在不同的工作区域中。然而我们可以分别在不同的工作区域中，应用盘存命令将其标签进行进一步的盘存操作或其他读写操作。

2) 已盘存标记

对于一个标签，当其处于某个通话(工作区域)时，用户可以应用盘存命令对其进行盘存，标签会返回其 EPC 值，并且为其自身设置一个已盘存标记。这样对于今后的盘存，如果其参数中与标签的已盘存标记不符，标签就不会再响应该盘存命令。电子标签的已盘存标记值有：A 或 B。

用户在应用 SELECT 命令中，会有一个参数，确定符合选择条件的标签再进入一个通话后，并初始已盘存标记。当一个标签被盘存后，标签会按照用户的盘存命令中的参数要求，更改其已盘存标记。

以下举例说明了两个读写器如何利用通话和已盘存标记独立交错地盘存共用标签群：

(1) 打开读写器＃1 电源，然后启动一个盘存周期，使通话 S2 中的标签从 A 盘存为 B；

(2) 关闭电源；

(3) 打开询问机＃2 电源；

(4) 然后启动一个盘存周期，使通话 S3 中的标签从 B 盘存为 A；

(5) 关闭电源。

反复操作本过程直至询问机＃1 将通话 S2 的所有标签均放入标签 B，然后，将通话 S2 的标签从 B 盘存为 A。同样，反复操作本过程直至询问机＃2 将通话 S3 的所有标签放入 A，然后再将通话 S3 的标签从 A 盘存为 B。通过这种多级程序，各询问机可以独立地将所有标签盘存到它的字段中，无论其已盘标存记是否处于初始状态。通话图如图 6－44 所示。

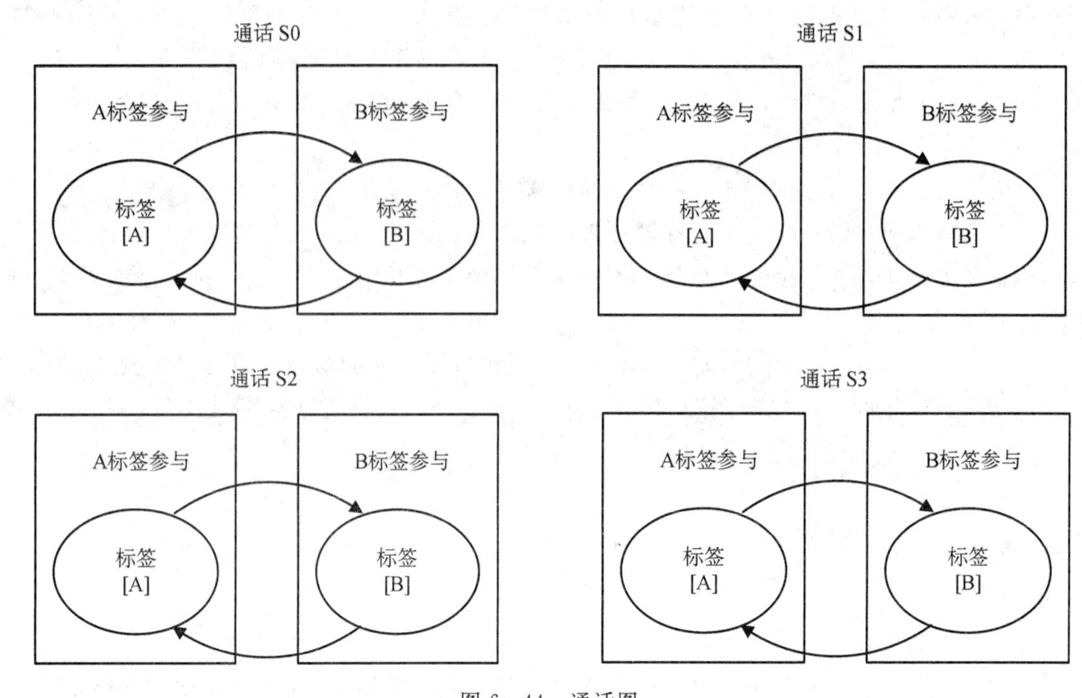

图 6-44　通话图

标签的已盘存标记持续时间应如表 6-5 所示。标签应采用以下规定的已盘存标记打开电源：

(1) S0 已盘存标记应设置为 A；

(2) S1 已盘存标记应设置为 A 或 B，视其存储数值而定，如果以前设置的已盘存标记比其持续时间要长，则标签应将其 S1 已盘存标记设置为 A，打开电源。由于 S1 已盘存标记不是自动刷新，因此可以从 B 回复到 A，即使在标签上电时也可以如此。

(3) S2 已盘存标记应设置为 A 或 B，视其存储的数值而定，若标签断电时间超过其持续时间，则可以将 S2 已盘存标记设置到 A，打开电源。

(4) S3 已盘存标记应设置为 A 或 B，视其存储的数值而定，若标签断电时间超过其持续时间，则可以将 S3 已盘存标记设置到 A，打开电源。

无论初始标记值是多少，标签应能够在 2 ms 或 2 ms 以下的时间将其已盘存标记设置为 A 或 B。标签应在上电时更新其 S2 和 S3 标记，这意味着每次标签断开电源，其 S2 和 S3 已盘存标记的持续时间如表 6-5 所示。当标签正参与某一盘存周期时，标签不应让其 S1 已盘存标记失去其持续性。相反，标签应维持此标记值直至下一个 Query 命令，此时，标记可以不再维持其连续性(除非该标记在盘存周期期间更新，在这种情况下标记应采用新值，并保持新的持续性)。

2. 选定标记(SL)

标签具有选定标记——SL，读写器可以利用 Select 命令予以设置或取消。

Query 命令中的 Sel 参数使读写器对具有 SL 标记或无 SL 标记(～SL)的标签进行盘存，或者忽略该标记和盘存标签。SL 与任何通话无关，SL 适用于所有标签，无论是哪个通话。

标签的 SL 标记的持续时间如表 6-5 所示。标签应以其被设置的或取消的 SL 标记开启电源，视所存储的具体数值而定，无论标签断电时间是否大于其 SL 标记持续时间。若标签断电时间超过 SL 持续时间，标签应以其被取消确认的 SL 标记开启电源(设置到～SL)。标签应能够在 2 ms 或 2 ms 以下的时间内确认或取消确认其 SL 标记，无论其初始标记值如何。打开电源时，标签应刷新其 SL 标记，这意味着每次标签电源断开，其 SL 标记的持续时间均如表 6－5 所示。

表 6－5　标签标记和持续值

标记	应持续时间
S0 已盘存标记	通电标签：不确定 未通电标签：无
S1 已盘存标记 1	通电标签： 标称温度范围持续时间：大于 500 ms 且小于 5 s 延长温度范围：未规定 未通电标签： 标称温度范围持续时间：大于 500 ms 且小于 5 s 延长温度范围：未规定
S2 已盘存标记 1	通电标签：不确定 未通电标签： 标称温度范围持续时间：>2 ms 延长温度范围：未规定
S3 已盘存标记 1	通电标签：不确定 未通电标签： 标称温度范围持续时间：>2 ms 延长温度范围：未规定
选定(SL)标记 1	通电标签：不确定 未通电标签： 标称温度范围持续时间：>2 ms 延长温度范围：未规定

注 1：对于随机选择的足够大的标签群，95％的标签持续时间应符合持续要求，应达到 90％的置信区间。

3. 标签状态

标签在使用过程中，会根据读写器发出的命令处于不同的工作状态，在各个状态下，可以完成各自不同的操作，即标签只有在相关的工作状态下才能完成相应的操作。标签亦是按照读写器命令将其状态转换到另一个工作状态。

标签的状态包括：就绪状态、仲裁状态、应答状态、确认状态、开放状态、保护状态和灭活状态。

(1) 标签在进入读写器天线有效激励射频场后，未灭活的标签就进入就绪状态。在此状态下，标签等待选择命令，按照其参数进入相应的工作区域(通话)，并设置其初始已盘存标记(A、B、SL～SL)，并等待某盘存命令，当一个盘存命令中的参数符合当前标签所处在于工作区域(通话)和已盘存标记，则匹配的标签就进入了一个盘存周期。标签会从其随机数发生器中抽出 Q 位数(参见槽计数器)，将该数字载入其槽计数器内，若该数字不等于时，则标签转换到仲裁状态；若该数字等于零，则标签转换到应答状态。对于掉电后的标签，当其电源恢复后，亦进入就绪状态。

(2) 在一个盘存周期中，各个标签的槽计数器值是不同的。所有标签会根据当前盘存扫描周期中的命令，完成其计数器的减一。当某个标签的槽计数器等于零时，表明该标签进入应答状态，而其他的标签则仍然会处于仲裁状态中。通过这种方式就会分别使所有的标签进入应答状态，从而完成对标签的更进一步的操作。

(3) 标签进入应答状态后，标签会发回(实际上是反向散射，但为叙述简便，我们在今后的描述中会说成是标签的响应或发射)一个 16 位的随机数 RN16。读写器在收到标签发射的 RN16 后，会向该标签发送一条含有该 RN16 的 ACK 命令。若标签收到有效的 ACK 的命令，则该标签会转换到确认状态，并发射标签自身的 PC、EPC 和 CRC－16 值。若标签未能接收到 ACK，或收到无效 ACK，则应返回仲裁状态。

(4) 标签进入确认状态后，读写器可以发出访问命令使标签进入以后的开发状态或保护状态。

(5) 如果该标签的访问口令不等于零，标签在读写器发出访问命令后，会进入开放状态。在此状态下，读写器需进一步发出访问口令的校验命令，当该命令有效时，标签进入保护状态。

(6) 如果标签的访问口令等于零，则标签在确认状态下，接收到访问命令后，即进入保护状态。

(7) 如果标签的访问口令不等于零，标签在开放状态下，接收到读写器的校验访问口令的命令后，如果该命令有效，则标签进入保护状态。标签在保护状态下，读写器可以完成对标签的各项访问操作，包括：读标签、写标签、锁定标签和灭活标签等。

标签在开放状态或保护状态下，接受到读写器的灭活标签命令，会使其进入灭活状态。表明该标签已被杀灭，而不能再被使用。灭活操作具有不可逆性。即一个标签被灭活后即不能再用。

4. 槽计数器与标签随机或伪随机数据发生器

每个标签中都含有一个 15 位的槽计数器，标签在准备状态下，收到盘存命令后，该盘存命令中含有一个参数 Q 值，标签会由自身的随机数产生器，产生一个$0\sim2^{Q-1}$之间的数值，载入标签的槽计数器。随后，该槽计数器的值会在一个盘存周期中随着盘存命令而减一，当其值为零时，标签就自动进入应答状态，而其他不为零的标签仍然处于仲裁状态中。

标签自身含有一个 16 位的随机数或伪随机数发生器(RNG)以作为响应读写器命令中的密钥参数等用途。

6.6.5 标签命令集

读写器与电子标签之间数据交换是由读写器先发出命令，标签根据自己的状态响应该命令，如该命令有效，标签在执行完该命令后，向读写器反向散射返回数据。为描述方便，我们将标签的反向散射描述为向读写器发送数据。

1. 读写器命令集

读写器对标签的操作包括如下三大类命令：

1) 盘存标签

下面对 SELECT 命令进行介绍，其参数包括：

(1) 目标，值为 0～4，分别表示：0—通话 S0；1—通话 S1；2—通话 S2；3—通话 S3；4—选择标记 SL。该参数表示应用选择命令后，将使符合用户需要的标签进入哪一个工作区域(通话)中。

(2) 动作，值为 0～7，分别表示的含义如表 6-6 所示，该参数表明对于被选择的符合条件的标签，设定其已盘存标记。

表 6-6　标签对动作参数的响应

动作	匹配	不匹配
000	确认 SL 标志或已盘存标记→A	取消确认 SL 标志或已盘存标记→B
001	确认 SL 标志或已盘存标记→A	无作为
010	无作为	取消确认 SL 标志或已盘存标记→B
011	否定 SL 标志 or(A→B, B→A)	无作为
100	取消确认 SL 标志或已盘存标记→B	确认 SL 标志或已盘存标记→A
101	取消确认 SL 标志或已盘存标记→B	无作为
110	无作为	确认 SL 标志或已盘存标记→A
111	无作为	否定 SL 标志或(A→B, B→A)

(3) 存储体：值为 0～3，分别表示，0—RFU，未用；1—EPC，EPC 存储体；2—TID，TID 存储区；3—User，用户存储区。该参数与以下的参数组合在一起，构成一个掩膜值，用于选择符合掩膜值内容的电子标签。

(4) 指针：1 个字节。该参数说明掩膜数据起始地址。

(5) 长度：1 个字节。该参数说明掩膜数据的数据长度。

(6) 掩膜数据：若干字节。该参数表示掩膜数据。

掩膜值的意义在于，当 SELECT 命令设置了有效的掩膜值后，表示符合该掩膜值的标签才算是本次选择的有效匹配标签，而其他的标签为未匹配标签。对于有效匹配标签，则作相应的已盘存标记动作(ACTION)，并进入 SELECT 命令中设定的通话(工作区域中)。对于无效的标签也会按照 ACTION 参数的要求进入相应的动作和相应的工作区域。

2) 唤醒标签/休眠标签

唤醒标签：只使一张标签处于开放状态或保护状态，在此状态下，该标签可以执行进一步的访问操作，而对其他标签的访问无效。

休眠标签：使一张被唤醒的标签处于休眠状态。在此说明的是：实际上标签在使用过程中并没有休眠状态，而是我们在使用过程中为方便用户的操作，人为地增加了一个唤醒状态，而与其对应地增加了一个休眠状态。

下面对 INVENTORY 参数进行介绍，其参数包括

(1) SEL，1 个字节，值为：0：全部；1：全部；2：～SL；3：SL；该参数与 SELECT 参数中的“目标”参数相对应，表明本盘存周期只针对相应的选定标签，而对其他标签无效。

(2) 通话，1 个字节，值为：0：S0；1：S1；2：S2；3：S3；该参数与 SELECT 参数中的

“目标”参数相对应，表明本盘存周期只针对相应的选定标签，而对其他标签无效。

(3) 目标，1 个字节，0：A；1：B；该参数表明是对于已盘存标记为 A 或 B 进行盘存。

(4) Q 值，1 个字节，0—15；该参数表明盘存命令的 Q 值，其解释参见前面章节的说明。

(5) 盘存算法，对于各种不同的盘存需要，一般读写器会提供用户几种不同的盘存算法，供用户在不同的盘存情况下使用，用户可以根据自己的要求选择相应的算法，以达到效率最高。

(6) 盘存周期，该参数表明在一个盘存周期中执行几次的盘存命令。

3) 访问标签

访问标签包括对标签的读、写、锁定、灭活等操作。

本命令集用于对已被唤醒的标签进行进一步的读、写操作。本部分的操作只对已被唤醒的标签有效。访问命令集包括如下基本命令：

(1) 校验访问口令，该命令用于将 16 位的访问口令以及 16 位的灭活口令设置在读写器中，以用于今后对标签进行进一步的校验和灭活操作。

(2) 读标签数据，本命令用于读取标签的某个存储块的数据。

(3) 写标签数据，本命令用于将某个字的数据写入到标签中

(4) 锁定标签数据，该命令用于将标签的读取/写入等状态进行锁定。对于已被锁定的状态，则只有在符合锁定状态的条件下，才能对标签进行读、写操作。

(5) 灭活标签，本操作命令将灭活标签，使符合条件的标签不再可用。在执行灭活命令前，必须先将灭活口令设置到读写器中。

(6) 块写入数据，本命令是将一个数据块一次性写入到标签中。

(7) 块擦除数据，用于一次性擦除标签中的某个数据块。

在进行标签操作的过程中，因参数设置不当会返回错误码。这些错误码对于开发人员非常有用。对标签的访问操作，如果命令码不正确或有其他一些错误出现，标签将无法有效地执行相关的操作，标签会返回出错信息，用户可以利用这些信息判别出错误的原因，如表 6-7所示。

表 6-7 标签错误代码

错误代码支持	错误代码	错误代码名称	错误描述
特定错误代码	000000002	其他错误	全部捕捉未被其他代码覆盖的错误
	000000112	存储器超限或不被支持的 PC 值	规定存储位置不存在或标签不支持 PC 值
	000001002	存储器锁定	规定存储位置锁定和/或永久锁定，且不可写入
	000010112	电源不足	标签电源不足，无法执行存储写入操作
非特定错误代码	000011112	非特定错误	标签不支持特定错误代码

6.7　RFID 技术国内外研发应用现状

随着 RFID 技术的广泛应用，特别是非接触公交卡、校园卡等项目在各地的推广，培养了一批芯片、封装、读写终端和系统集成厂商。这些国内厂商已经掌握了成熟的技术，初步形成了国内的 RFID 产业链。

RFID 产业链主要由以下几个部分组成：标准制定、芯片设计、标签封装(含天线设计)、识别系统设计与生产、系统集成与管理软件开发。下面从以下几个方面介绍国内外 RFID 产业链的现状。

(1) 标准制定，由于 13.56 MHz RFID 技术发展较早，相关标准也较为成熟，主要的国际标准有 ISO/IEC 14443 和 ISO/IEC 15693 两种，国内 13.56 MHz RFID 的标准也主要源自于这两个国际标准。在上文介绍的典型应用中，中国第二代居民身份证基于 ISO/IEC 14443－B 标准，各地公交卡、校园卡主要基于 ISO/IEC14443－A 标准。基于 ISO/IEC 15693 标准在国内的应用相对较少，典型的应用有教育部学生购票优惠卡。

相对 13.56 MHz RFID 国际标准的成熟与广泛应用，UHF、微波频段 RFID 还没有明确统一的国际标准。但近年来，RFID 技术领先的国家和地区明显加大了在标准制定上的投入，都在积极的制定各自的标准。

目前，国外主要有三个标准正在制定中：ISO/IEC 18000 标准、美国 EPCGlobal 的标准和日本泛在中心(UbiquitousID)的标准。这些标准(组织)都在积极进入中国，在国内设立代理机构，网罗各自的企业利益群体，都希望能够影响到国内 UHF 频段的 RFID 标准的制定，为日后在广大的中国市场的竞争中，赢得标准上的先机。

在国内，有关政府部门已经充分认识到 RFID 产业的重要性，并且对于产业标准的制定也越来越重视。在 2004 年初，国家标准化管理委员会式成立了中国电子标签国家标准工作组，其目的就是建立中国自己的 RFID 标准，推动中国自己的 RFID 产业。然而，国家标准的制定过程一波三折，2004 年底，由于种种原因，电子标签国家标准工作组被暂停。但电子标签国家标准的制定并未就此停住脚步。虽然关于国家标准依然存在着多种不同的声音，但兼容国际标准，支持自主知识产权，保护中国利益的主张得到了广泛的共识。目前信息产业部、科委、国标委等十四部委已完成编写《中国 RFID 白皮书》，以支持我国自主知识产权的 RFID 编码体系—NPC 系统的建立。目前新的 RFID 国家标准起草组已经成立，并由信息产业部产品司司长任该起草组的组长并已展开相应的标准起草工作。新标准将在具有自主知识产权的前提下，谋求与国际标准相互兼容。据悉，中国自主 RFID 规范有望尽早正式出台。

(2) 芯片设计，虽然在 RFID 芯片设计上，国内芯片公司的起步较晚，但随着国内芯片设计业在最近 10 年中的长远发展，缩小了与国际芯片设计水平的差距，国内公司在 RFID 芯片设计上完全有机会赶上，甚至超过国外芯片公司的技术水平。目前国内主要的 RFID 芯片厂商集中在北京和上海两地。

虽然在国内已经拥有成熟的卡片形式 RFID 的封装技术，新封装技术在今年也有了较快的发展，但是总体而言，在先进的封装技术方面与国外的差距很大，还不具备低成本 RFID 产品的封装能力。而随着 RFID 技术的发展与应用，对封装提出了越来越多的挑战，如：芯片装配技术如何将越来越小的芯片可靠装配。如何大幅度的提高封装的速度以适应爆炸式的需求。如何进一步降低封装的成本等等。目前，国内许多有远见的封装厂正准备引进国外的生产技术，以在未来的 RFID 封装上的竞争中占得先机。

(3) 识别系统设计与生产，目前国内在 13.56 MHz RFID 的识别系统(读卡机具)设计与生产方面技术成熟，拥有大量的厂商与产品，有着较强的竞争力；而相比之下，在 UHF 频段上的厂商、产品不多，技术实力和国外厂商差距较大。

(4) 系统集成与系统软件开发，它与识别系统设计与生产相同，13.56 MHz 与 UHF 频段 RFID 的系统集成也呈现出较大的不均衡：13.56 MHz RFID 的系统集成技术成熟，厂商众多；UHF RFID 系统集成厂商不多，技术实力与国外厂商有一定的差距。目前，国内的系统集成厂商具有一定的大型系统的集成能力，但使用的主要还是国外的软件产品。RFID 系统软件处理和分析由 RFID 系统产生的大量数据，提供用户真正有用的信息，是关系到 RFID 能否顺利推广的关键环节，也是未来 RFID 产业价值链上最高的一段。与国外大型软件公司的 RFID 系统软件开发相比，国内软件公司相对很少介入 RFID 系统软件开发，在这一点上，国内的能力与国外相差很大。

习　题

1. 标签存储器分为哪几个区？

2. 标签有哪几种状态？

3. 标签命令分为哪几类？

4. G2 协议中的灭活(Kill)命令效果怎么样？能否重新使用已灭活的标签？

5. 所谓冲突(collisions)是怎么回事，怎样抗冲突？G2 用什么机制抗冲突的？

6. 某循环冗余码(CRC)的生成多项式 $G(x)=x3+x2+1$，用此生成多项式产生的冗余位，加在信息位后形成 CRC 码。若发送信息位 1111 和 1100 则它的 CRC 码分别为________和________。由于某种原因，使接收端收到了按某种规律可判断为出错的 CRC 码，例如码字________、________和________。

供选择的答案

A：① 1111100　② 1111101　③ 1111110　④ 1111111

B：① 1100100　② 1100101　③ 1100110　④ 1100111

C～E：① 0000000　② 0001100　③ 0010111　⑤ 1000110　⑥ 1001111　⑦ 1010001　⑧1011000

7. 请简答天线方向图，阵列天线的方向图乘积定理。

8. 试说明电子标签常用的编码方法

9. 试说明 ISO18000-6 规定的 Type A，Type B，Type C 三类标签标准在调制方式、工作频率以及编码方式方面的差别。

10. 请说明混频器的工作原理。

第 7 章　EPC 物联网的网络技术

产品电子代码网络是建立在网络技术基础之上的，因此有必要掌握互联所需要的软、硬件技术以及用于辅助建立可通信的、安全的、健壮的网络相关的技术。然而毕竟 EPC 物联网与传统的 Internet 是不同的，这就造成了 EPC 物联网需要建立自己的网络技术，尤其是在局域的 RFID 网络，跟以往的任何网络都有很大的区别。

产品电子代码物联网是架构在互联网技术上的一种自动识别网络，它的最常见系统就是互联网加 RFID 的网络。我们知道互联网是利用计算机互联，实现信息通信和资源共享的网络。而 EPC 物联网相比较于互联网多了自动识别，正是自动识别技术让 EPC 物联网实现了物与物之间的互联，让整个物理世界跟信息世界实现了一一对应。随着理解的加深，物与信息这种结合带来的全新概念会让我们得到意想不到的收获，使物联网具备自治性、智能化等特征，这些特征是互联网所不具有的。另外，物的加入，也让物联网成为一个比互联网大得多的复杂网络。

任何的通信都会涉及通信协议的问题和安全技术问题，通信协议是解决网络如何实现信息传递和交换的问题，而安全问题是解决如何保证信息不被泄露或者系统不受攻击的问题。这两者对于通信系统是至关重要的。

7.1　电子标签的数据完整性

7.1.1　数据完整性与校验码

数字数据在其传输线路上会受到各种干扰的影响，有时候会产生误码，因此必须引入数据校验技术来验证数据传输的正确性和有效性。目前，最为普通的三种校验技术就是奇偶校验技术、海明码校检和循环冗余校验，下面将依次说明几种校验技术的原理。

二进制数据经过传送、存取等环节，会发生误码(1 变成 0 或 0 变成 1)，这就有产生如何发现及纠正误码的问题。所有解决此类问题的方法就是在原始数据(数码位)基础上增加几位校验(冗余)位。

码距：一个编码系统中任意两个合法编码(码字)之间不同的二进数位(bit)数叫这两个码字的码距，而整个编码系统中任意两个码字的最小距离就是该编码系统的码距。

如表 7－1 所示的一个编码系统 a，用三个 bit 来表示八个不同信息中。在这个系统中，两个码字之间不同的 bit 数从 1 到 3 不等，但最小值为 1，故这个系统的码距为 1。如果任何码字中一位或多位被颠倒了，结果这个码字就不能与其他有效信息区分开。例如，如果传送信息 001，而被误收为 011，因 011 仍是表中的合法码字，接收机仍将认为 011 是正确的信息。

然而，如果用四个二进数字来编 8 个码字，那么在码字间的最小距离可以增加到 2，如表 7－2 中编码系统 6 所示。

表 7-1 编码系统 *a*

信息序号	二进码字		
	a_2	a_1	a_0
0	0	0	0
1	0	0	1
2	0	1	0
3	0	1	1
4	1	0	0
5	1	0	1
6	1	1	0
7	1	1	1

表 7-2 编码系统 b

信息序号	二进码字			
	b_3	b_2	b_1	b_0
0	0	0	0	0
1	1	0	0	1
2	1	0	1	0
3	0	0	1	1
4	1	1	0	0
5	0	1	0	1
6	0	1	1	0
7	1	1	1	1

注意，表 7-2 的 8 个码字相互间最少有两位的差异。因此，如果任何信息的一个数位被颠倒，就成为一个不用的码字，接收机能检查出来。例如信息是 1001，误收为 1011，接收机知道发生了一个差错，因为 1011 不是一个码字(表中没有)，然而，差错不能被纠正。假定只有一个数位是错的，正确码字可以是 1001、1111、0011 或 1010。接收者不能确定原来到底是这 4 个码字中的哪一个。也可看到，在这个系统中，偶数个(2 或 4)差错也无法发现。

为了使一个系统能检查和纠正一个差错，码间最小距离必须至少是“3”。最小距离为 3 时，或能纠正一个错，或能检二个错，但不能同时纠一个错和检二个错。编码信息纠错和检错能力的进一步提高需要进一步增加码字间的最小距离。表 7-3 概括了最小距离为 1 至 7 的码的纠错和检错能力。

表 7-3 纠错和检错能力

码距	码能力
	检错 纠错
1	0 0
2	1 0
3	2 或 1
4	2 加 1
5	2 加 2
6	3 加 2
7	3 加 3

码距越大，纠错能力越强，但数据冗余也越大，即编码效率低了。所以，选择码距要取决于特定系统的参数。数字系统的设计者必须考虑信息发生差错的概率和该系统能容许的最小差错率等因素，要有专门的研究来解决这些问题。

1. 奇偶校验

奇偶校验是一种增加二进制传输系统最小距离的简单和广泛采用的方法。例如，单个的奇偶校验将使码的最小距离由 1 增加到 2。

一个二进制码字，如果它的码元有奇数个 1，就称为具有奇性。例如，码字“10110101”有

5 个 1，因此，这个码字具有奇性。同样，偶性码字具有偶数个 1。注意奇性检测等效于所有码元的模相加，并能够由所有码元的异或运算来确定。对于一个 n 位字，奇性由下式给出：

$$奇性=a_0\oplus a_1\oplus a_2\oplus\cdots\oplus a_n$$

奇偶校验可描述为：给每一个码字加一个校验位，用它来构成奇性或偶性校验。例如，在表 7-2 中，就是这样做的。可以看出，附加码元 a_0，是简单地用来使每个字成为偶性的。因此，若有一个码元是错的，就可以分辨得出，因为奇偶校验将成为奇性。奇偶校验编码通过增加一位校验位来使编码中 1 的个数为奇数(奇校验)或者为偶数(偶校验)，从而使码距变为 2。因为其利用的是编码中 1 的个数的奇偶性作为依据，所以不能发现偶数位错误。

再以数字 0 的 7 位 ASCII 码(0110000)为例，如果传送后右边第一位出错，0 变成 1。接收端还认为是一个合法的代码 0110001(数字 1 的 ASCII 码)。若在最左边加一位奇校验位，编码变为 10110000，如果传送后右边第一位出错，则变成 10110001，1 的个数变成偶数，就不是合法的奇校验码了。但若有两位(假设是第 1、2 位)出错就变成 10110011，1 的个数为 5，还是奇数，接收端还认为是一个合法的代码(数字 3 的 ASCII 码)。所以奇偶校验不能发现。

奇偶校验位可由硬件电路(异或门)或软件产生：

$$偶校验位\ a_n=a_0\oplus a_1\oplus a_2\oplus\cdots\oplus a_{n-1}$$

$$奇校验位\ a_n=\mathrm{NOT}(a_0\oplus a_1\oplus a_2\oplus\cdots\oplus a_{n-1})$$

在一个典型系统里，在传输以前，由奇偶发生器把奇偶校验位加到每个字中。原有信息中的数字在接收机中被检测，如果没有出现正确的奇偶性，这个信息标定为错误的，这个系统将把错误的字抛掉或者请求重发。在实际工作中还经常采用纵横都加校验奇偶校验位的编码系统——分组奇偶校验码。

现在考虑一个系统，它传输若干个长度为 m 位的信息。如果把这些信息都编成每组 n 个信息的分组，则在这些不同的信息间，也如对单个信息一样，能够作奇偶校验。表 7-4 中 n 个信息的一个分组排列成矩形式样，并以横向奇偶(HP)及纵向奇偶(VP)的形式编出奇偶校验位。

由表 7-4 可知：分组奇偶校验码不仅能检测许多形式的错误，并且在给定的行或列中产生孤立的错误时，还可对该错误进行纠正。

表 7-4　用纵横奇偶校验的分组奇偶校验码

m 位数字	m 位信息					横向校验位
n 个码字	a_1	a_2	…	a_{m-1}	a_m	HP_1
	b_1	b_2	…	b_{m-1}	b_m	HP_2
	c_1	c_2	…	c_{m-1}	c_m	HP_3
	…	…	…	…	…	…
	n_1	n_2	…	n_{m-1}	n_m	HP_n
纵向校验位	VP_1	VP_2	…	VP_{m-1}	VP_m	HP_{n+1}

一般解法应该是这样：先找一行或一列已知完整的数据，确定出该行(或列)是奇校验还是偶校验。并假设行与列都采用同一种校验(这个假设是否正确，在全部做完后可以得到验证)，然后找只有一个未知数的行或列，根据校验性质确定该未知数，这样不断做下去，就能

求出所有未知数。

例 7-1 由 6 个字符的 7 位 ASCII 编码排列，再加上水平垂直奇偶校验位构成下列矩阵（最后一列为水平奇偶校验位，最后一行为垂直奇偶校验位）

字符	7 位 ASCII 码							HP
3	0	X1	X2	0	0	1	1	0
Y1	1	0	0	1	0	0	X3	1
+	X4	1	0	1	0	1	1	0
Y2	0	1	X5	X6	1	1	1	1
D	1	0	0	X7	1	0	X8	0
=	0	X9	1	1	1	X10	1	1
VP	0	0	1	1	1	X11	1	X12

则 X1 X2 X3 X4 处的比特分别为________；X5 X6 X7 X8 处的比特分别为________；X9 X10 X11 X12 处的比特分别为________；Y1 和 Y2 处的字符分别为________和________。

［解］：

从 ASCII 码左起第 5 列可知垂直为偶校验。则：

从第 1 列可知 X4=0；从第 3 行可知水平也是偶校验。

从第 2 行可知 X3=1；从第 7 列可知 X8=0；从第 8 列可知 X12=1；

从第 7 行可知 X11=1；从第 6 列可知 X10=0；从第 6 行可知 X9=1；从第 2 列可知 X1=1；

从第 1 行可知 X2=1；从第 3 列可知 X5=1；从第 4 行可知 X6=0；

从第 4 列(或第 5 行)可知 X7=0；整理一下：

① X1X2X3X4=1110

② X5X6X7X8=1000

③ X9X10X11X12=1011

④ 由字符 Y1 的 ASCII 码 1001001=49H 知道，Y1 即是“I”(由“D”的 ASCII 码是 1000100=44H 推得)

⑤ 由字符 Y2 的 ASCII 码 0110111=37H 知道，Y2 即是“7”(由“3”的 ASCII 码是 0110011=33H 推得)

假如你能记住“0”的 ASCII 码是 0110000=30H；“A”的 ASCII 码是 1000001=41H，则解起来就更方便了。

2. 海明校验

我们在前面指出过要能纠正信息中的单个错误，所需的最小距离为 3。实现这种纠正的方法之一是海明码。

海明码是一种多重(复式)奇偶检错系统。它将信息用逻辑形式编码，以便能够检错和纠错。用在海明码中的全部传输码字是由原来的信息和附加的奇偶校验位组成的。每一个这种奇偶位被编在传输码字的特定位置上。实现的合适时，这个系统对于错误的数位无论是原有信息位中的，还是附加校验位中的都能把它分离出来。推导并使用长度为 m 位的码字的海明码，所需步骤如下：

（1）确定最小的校验位数 k，将它们记成 D_1、D_2、…、D_k，每个校验位符合不同的奇偶测试规定。

（2）原有信息和 k 个校验位一起编成长为 $m+k$ 位的新码字。选择 k 校验位（0 或 1）以满足必要的奇偶条件。

（3）对所接收的信息作所需的 k 个奇偶检查。

（4）如果所有的奇偶检查结果均为正确的，则认为信息无错误。

如果发现有一个或多个错了，则错误的位由这些检查的结果来唯一地确定。下面是海明码中几个重要部分。

1）校验位数的位数

推导海明码时的一项基本考虑是确定所需最少的校验位数 k。考虑长度为 m 位的信息，若附加了 k 个校验位，则所发送的总长度为 $m+k$。在接收器中要进行 k 个奇偶检查，每个检查结果或是真或是伪。这个奇偶检查的结果可以表示成一个 k 位的二进字，它可以确定最多 $2k$ 种不同状态。这些状态中必有一个所有奇偶测试都是真的，它便是判定信息正确的条件。于是剩下的 $2k-1$ 种状态，可以用来判定误码的位置。于是导出以下关系：

$$2k-1 \geqslant m+k$$

2）码字格式

从理论上讲，校验位可放在任何位置，但习惯上校验位被安排在 1、2、4、8…的位置上。表 7-5 列出了 $m=4$，$k=3$ 时，信息位和校验位的分布情况。

表 7-5　海明码中校验位和信息位的定位

码字位置	B1	B2	B3	B4	B5	B6	B7
校验位	x	x		x			
信息位			x		x	x	x
复合码字	P1	P2	D1	P3	D2	D3	D4

3）校验位的确定

k 个校验位是通过对 $m+k$ 位复合码字进行奇偶校验而确定的。

其中：P1 位负责校验海明码的第 1、3、5、7…（P1、D1、D2、D4…）位，（包括 P1 自己）；P2 负责校验海明码的第 2、3、6、7…（P2、D1、D3、D4…）位，（包括 P2 自己）；P3 负责校验海明码的第 4、5、6、7…（P3、D2、D3、D4…）位，（包括 P3 自己）。

对 $m=4$，$k=3$ 偶校验的例子，只要进行三次偶性测试。这些测试（以 A、B、C 表示）在表 7-6 所示各位的位置上进行。

表 7-6　奇偶校验位置

奇偶条件	码字位置						
	1	2	3	4	5	6	7
A	x		x		x		x
B		x	x			x	x
C				x	x	x	x

因此可得到三个校验方程及确定校验位的三个公式：

$$A=B1 \oplus B3 \oplus B5 \oplus B7=0 \text{ 得 } P1=D1 \oplus D2 \oplus D4$$

$$B=B2 \oplus B3 \oplus B6 \oplus B7=0 \text{ 得 } P2=D1 \oplus D3 \oplus D4$$

$$C=B4 \oplus B5 \oplus B6 \oplus B7=0 \text{ 得 } P3=D2 \oplus D3 \oplus D4$$

若四位信息码为 1001，利用这三个公式可求得三个校验位 P1、P2、P3 值和海明码，如表 7-7 则表示了信息码为 1001 时的海明码编码的全部情况。而表 7-8 中则列出了全部 16 种信息(D1D2D3D4=0000～1111)的海明码。

表 7-7 四位信息码的海明编码

码字位置	B1	B2	B3	B4	B5	B6	B7
码位类型	P1	P2	D1	P3	D2	D3	D4
信息码	—	—	1	—	0	0	1
校验位	0	0	—	1	—	—	—
编码后的海明码	0	0	1	1	0	0	1

表 7-8 未编码信息的海明码

P1	P2	D1	P3	D2	D3	D4
0	0	0	0	0	0	0
1	1	0	1	0	0	1
0	1	0	1	0	1	0
1	0	0	0	0	1	1
1	0	0	1	1	0	0
0	1	0	0	1	0	1
1	1	0	0	1	1	0
0	0	0	1	1	1	1
1	1	1	0	0	0	0
0	0	1	1	0	0	1
1	0	1	1	0	1	0
0	1	1	0	0	1	1
0	1	1	1	1	0	0
1	0	1	0	1	0	1
0	0	1	0	1	1	0
1	1	1	1	1	1	1

上面是发送方的处理，在接收方也可根据这三个校验方程对接收到的信息进行同样的奇偶测试：

$$A=B1 \oplus B3 \oplus B5 \oplus B7=0$$

$$B=B2 \oplus B3 \oplus B6 \oplus B7=0$$

$$C=B4 \oplus B5 \oplus B5 \oplus B7=0$$

若三个校验方程都成立，即方程式右边都等于 0，则说明没有错。若不成立即方程式右边不等于 0，说明有错。从三个方程式右边的值，可以判断哪一位出错。例如，如果第 3 位数字反了，则 C=0(此方程没有 B3)，A=B=1(这两个方程有 B3)，可构成二进制数 CBA，以 A 为最低有效位，则错误位置就可简单地用二进制数 CBA=011 指出。

同样，若三个方程式右边的值为 001，说明第 1 位出错。若三个方程式右边的值为 100，说明第 4 位出错。

海明码的码距应该是 3，所以能纠正 1 位出错。而奇偶校验码的码距才是 2，只能发现 1 位出错，但不能纠正(不知道哪一位错)。无校验的码距是 1，它的任何一位出错后还是合法代码，所以也就无法发现出错。

这是关于海明码的经典说法，即码距为 3，可以发现 2 位，或者纠正 1 位错，即应满足 $2k-1 \geqslant m+k$。

3. CRC

在串行传送中，广泛采用循环冗余校验码(CRC)。CRC 也是给信息码加上几位校验码，以增加整个编码系统的码距和查错纠错能力。

循环冗余校验码(CRC)的基本原理是：在 K 位信息码后再拼接 R 位的校验码，整个编码长度为 N 位，因此，这种编码又叫(N，K)码。对于一个给定的(N，K)码，可以证明存在一个最高次幂为 $N-K=R$ 的多项式 $G(x)$。根据 $G(x)$ 可以生成 K 位信息的校验码，而 $G(x)$ 叫做这个 CRC 码的生成多项式。

校验码的具体生成过程为：假设发送信息用信息多项式 $C(X)$ 表示，将 $C(x)$ 左移 R 位，则可表示成 $C(x)*2R$，这样 $C(x)$ 的右边就会空出 R 位，这就是校验码的位置。通过 $C(x)*2R$ 除以生成多项式 $G(x)$ 得到的余数就是校验码。

下面介绍几个有关 CRC 的基本概念及其生成步骤：

1) 多项式与二进制数码

多项式和二进制数有直接对应关系：x 的最高幂次对应二进制数的最高位，以下各位对应多项式的各幂次，有此幂次项对应 1，无此幂次项对应 0。可以看出：x 的最高幂次为 R，转换成对应的二进制数有 $R+1$ 位。多项式包括生成多项式 $G(x)$ 和信息多项式 $C(x)$。如生成多项式为 $G(x)=x^4+x^3+x+1$，可转换为二进制数码 11011，而发送信息位 1111，可转换为数据多项式为 $C(x)=x^3+x^2+x+1$。

2) 生成多项式

生成多项式是接受方和发送方的一个约定，也就是一个二进制数，在整个传输过程中，这个数始终保持不变。

在发送方，利用生成多项式对信息多项式做模 2 除生成校验码。在接受方利用生成多项式对收到的编码多项式做模 2 除检测和确定错误位置。

生成多项式应满足以下条件：

(1) 生成多项式的最高位和最低位必须为 1。

(2) 当被传送信息(CRC 码)任何一位发生错误时，被生成多项式做模 2 除后应该使余数不为 0。

(3) 不同位发生错误时，应该使余数不同。

(4) 对余数继续做模 2 除，应使余数循环。

将这些要求反映为数学关系是比较复杂的。但可以从有关资料查到常用的对应于不同码制的生成多项式如表 7－9 所示。

表 7－9　常用的生成多项式

N	K	码距 d	G(x)多项式	G(x)
7	4	3	x^3+x+1	1011
7	4	3	x^3+x^2+1	1101
7	3	4	$x^4+x^3+x^2+1$	11101
7	3	4	x^4+x^2+x+1	10111
15	11	3	x^4+x+1	10011
15	7	5	$x^8+x^7+x^6+x^4+1$	111010001
31	26	3	x^5+x^2+1	100101
31	21	5	$x^{10}+x^9+x^8+x^6+x^5+x^3+1$	11101101001
63	57	3	x^6+x+1	1000011
63	51	5	$x^{12}+x^{10}+x^5+x^4+x^2+1$	1010000110101
1041	1024		$x^{16}+x^{15}+x^2+1$	11000000000000101

3) 模 2 除(按位除)

模 2 除算法与算术除法类似，但每一位除(减)的结果不影响其他位，即不向上一位借位。所以实际上就是异或。然后再移位做下一位的模 2 减。步骤如下：

(1) 用除数对被除数最高几位做模 2 减，没有借位。

(2) 除数右移一位，若余数最高位为 1，商为 1，并对余数做模 2 减。若余数最高位为 0，商为 0，除数继续右移一位。

(3) 一直做到余数的位数小于除数时，该余数就是最终余数。

例 7－2　1111000 除以 1101：

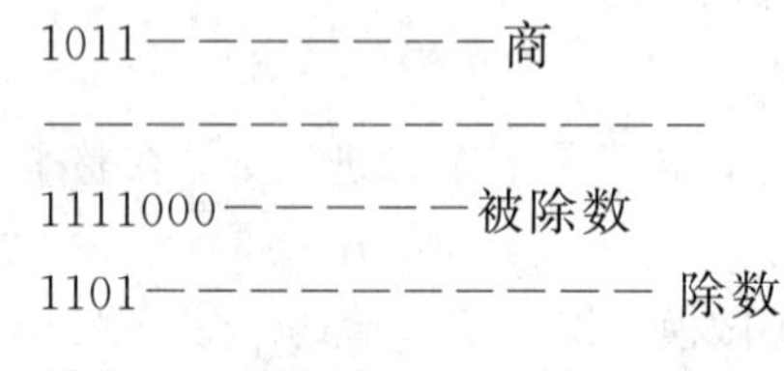

010000

1101

————————

01010

1101

————————

111————————余数

4) CRC 码的生成步骤

(1) 将 x 的最高幂次为 R 的生成多项式 G(x)转换成对应的 $R+1$ 位二进制数。

(2) 将信息码左移 R 位，相当于对应的信息多项式 C(x)×2R。

(3) 用生成多项式(二进制数)对信息码做模 2 除，得到 R 位的余数。

(4) 将余数拼到信息码左移后空出的位置，得到完整的 CRC 码。

例 7-3　假设使用的生成多项式是 $G(x)=x^3+x+1$。4 位的原始报文为 1010，求编码后的报文。

解：

① 将生成多项式 $G(x)=x^3+x+1$ 转换成对应的二进制除数 1011。

② 此题生成多项式有 4 位($R+1$)，要把原始报文 C(x)左移 3(R)位变成 1010000。

③ 用生成多项式对应的二进制数对左移 4 位后的原始报文进行模 2 除。

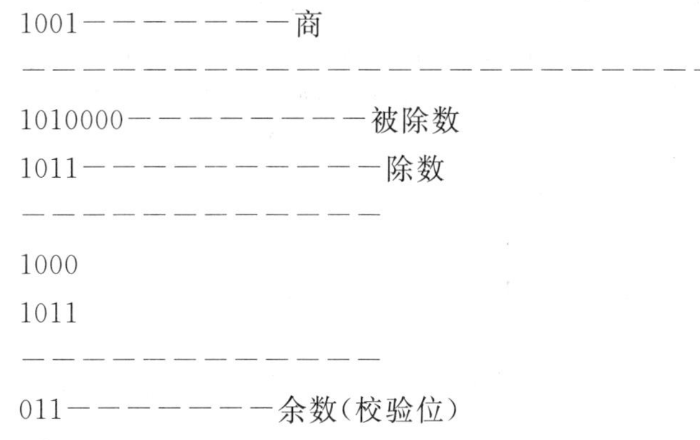

④ 编码后的报文(CRC 码)：

1010000

＋　011

———————————————

1010011

5) CRC 的纠错

在接收端收到了 CRC 码后用生成多项式为 G(x)去做模 2 除，若得到余数为 0，则码字无误。若有一位出错，则余数不为 0，而且不同位出错，其余数也不同。可以证明，余数与出错位的对应关系只与码制及生成多项式有关，而与待测码字(信息位)无关。表 7-10 给出了 G(x)=1011，C(x)=1010 的出错模式，改变 C(x)(码字)，只会改变表中码字内容，不改变余数与出错位的对应关系。

表 7-10　CRC 码的出错模式($G(x)=1011$)

	收到的 CRC 码字							余数	出错位
码位	A7	A6	A5	A4	A3	A2	A1		
正确	1	0	1	0	0	1	1	000	无
错误	1	0	1	0	0	1	0	001	1
	1	0	1	0	0	0	1	010	2
	1	0	1	0	1	1	1	100	3
	1	0	1	1	0	1	1	011	4
	1	0	0	0	0	1	1	110	5
	1	1	1	0	0	1	1	111	6
	0	0	1	0	0	1	1	101	7

如果循环码有一位出错，用 $G(x)$ 作模 2 除将得到一个不为 0 的余数。如果对余数补 0 继续除下去，我们将发现一个有趣的结果；各次余数将按表 7-10 顺序循环。例如第一位出错，余数将为 001，补 0 后再除(补 0 后若最高位为 1，则用除数做模 2 减取余；若最高位为 0，则其最低 3 位就是余数)，得到第二次余数为 010。以后继续补 0 作模 2 除，依次得到余数为 100，011…，反复循环，这就是“循环码”名称的由来，这是一个有价值的特点。如果我们在求出余数不为 0 后，一边对余数补 0 继续做模 2 除，同时让被检测的校验码字循环左移。表 7-10说明，当出现余数(101)时，出错位也移到 A7 位置。可通过异或门将它纠正后在下一次移位时送回 A1。这样我们就不必像海明校验那样用译码电路对每一位提供纠正条件。当位数增多时，循环码校验能有效地降低硬件代价，这是它得以广泛应用的主要原因。

例 7-4　对表 7-10 的 CRC 码($G(x)=1011$，$C(x)=1010$)，若接收端收到的码字为 1010111，用 $G(x)=1011$ 做模 2 除得到一个不为 0 的余数 100，说明传输有错。将此余数继续补 0 用 $G(x)=1011$ 做模 2 除，同时让码字循环左移 1010111。做了 4 次后，得到余数为 101，这时码字也循环左移 4 位，变成 1111010。说明出错位已移到最高位 A7，将最高位 1 取反后变成 0111010。再将它循环左移 3 位，补足 7 次，出错位回到 A3 位，就成为一个正确的码字 1010011。

6) 通信与网络中常用的 *CRC*

在数据通信与网络中，通常帧相当大，由一千甚至数千数据位构成一帧，而后采用 CRC 码产生 r 位的校验位。它只能检测出错误，而不能纠正错误。一般取 $r=16$，标准的 16 位生成多项式有 CRC－16＝$x16+x15+x2+1$ 和 CRC－CCITT＝$x16+x15+x2+1$。

一般情况下，r 位生成多项式产生的 CRC 码可检测出所有的出错、奇数位错和突发长度小于等于 r 的突发错以及($1-2-(r-1)$)的突发长度为 $r+1$ 的突发错和($1-2-r$)的突发长度大于 $r+1$ 的突发错。例如，对上述 $r=16$ 的情况，就能检测出所有突发长度小于等于 16 的突发错以及 99.997%的突发长度为 17 的突发错和 99.998%的突发长度大于 17 的突发错。所以 CRC 码的检错能力还是很强的。这里，突发错误是指几乎是连续发生的一串错，突发长度就是指从出错的第一位到出错的最后一位的长度(但是中间并不一定每一位都错)。

7.1.2　EPC 物联网网络的安全技术

EPC 物联网安全技术是一种整体提高 EPC 物联网安全性策略的综合，因为没有一种技术能够独立地确保 EPC 物联网是安全的，因此需要多个技术叠加起来。

在任何网络安全中都存在攻击和防御的问题，研究如何防御，从研究如何攻击入手是比较便捷的道路，攻击往往是简单有效的，然而防御是涉及众多网络安全问题的系统理论。因此，首先从简单的攻击入手说明 EPC 物联网存在的问题。

EPC 物联网相比较于 Internet 网、ZigBee、移动通信网等网络是相当脆弱的。这里任何器件都可能成为攻击的目标。关于 RFID 攻击的实例已经有很多有效的攻击方法。

第一个是零售行业标签复制攻击，对于任意的零售行业，一个黑客可以通过随身携带的读写器，对电子标签的内容进行修改，或者干脆，使用一个带静电屏蔽的东西，例如带一个金属镀膜的塑料袋可以很方便地对基于 RFID 物联网的自动支付系统进行欺骗。当修改电子标签内的金额从 200 元变成 2 元的时候，的确是可以骗过自动支付系统的。

另外一个例子是对门禁卡片的复制，现有的门禁都是基于 ID 卡的，只有一个代表身份的证号，是不加密的，因此，黑客可以通过复制，很容易在一个空白的卡上实现。

密钥破解，这是真正需要理论和技术的，通过系统的某些漏洞，可以得到密钥。很多时候这种密钥的获取并非是困难的。例如，很多厂家不按照规范操作，而没有修改初始密码，但这些初始密码是公开的。

射频操控又称为空中攻击，利用射频分析工具，可以很容易实现射频信号的捕获、伪造并对系统发起攻击。简单的例子是被称为拒绝服务的攻击，互联网上也有很多关于拒绝攻击的例子，后面将会具体介绍拒绝攻击问题。

那么 EPC 物联网中可以被攻击的目标是什么？从攻击的范围上可以大体分为完整系统攻击和对部件的攻击，一般完整系统攻击，目标是摧毁整个商业。而对于部件的攻击往往是集中在非法获取某个商品。

7.2　电子标签的数据安全技术

ISO/IEC18000 标准定义了读写器 Reader 与标签 Tag 之间的双向通信协议，其基本的通信模型如图 7－1 所示。

通信模型由以下几层组成：

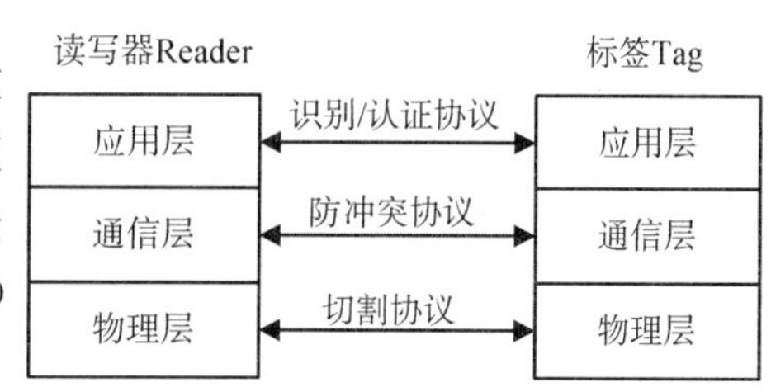

图 7－1　RFID 系统的通信模型

(1) 应用层。该层包括认证、识别以及应用层数据的表示、处理逻辑等，它用于解决和最上层应用直接相关的内容。通常情况下，我们所说的 RFID 安全协议就是指应用层协议，本文后面所要讨论的 RFID 安全协议都属于应用层范畴。

(2) 通信层。该层定义了 RFID 读写器和标签之间的通信方式。防冲突协议就位于该层，要解决多个标签同时和一个读写器通信的冲突问题。

(3) 物理层。该层定义了物理的空中接口，包括频率、物理载波、数据编码、分时等问题。

7.2.1 数据安全技术

RFID 系统的标签设备具有一些局限性，例如有限的存储空间、有限的计算能力、(RFID 标签的存储空间极其有限，最便宜的 Tag 只有 64～128 bit 的 ROM，仅可容纳唯一标识符)、外形很小、电源供给有限等。所有这些局限性和特点都对 RFID 系统安全机制的设计有特殊的要求，当然也就使得设计者对密码机制的选择受到非常多限制。所以，设计高效、安全、低成本的 RFID 安全协议成为了一个新的具有挑战性的问题。目前针对上述问题以及安全需求，实现 RFID 安全性机制所采用的方法主要有物理安全机制和基于密码技术的安全机制两种。

1. 物理安全机制

使用物理方法来保护 RFID 系统安全性的方法主要有如下几类：Kill 命令机制、静电屏蔽、主动干扰以及 Blocker Tag 方法等。这些方法主要用于一些低成本的 Tag 中，之所以如此，主要是因为这类 Tag 有严格的成本限制，因此难以采用复杂的密码机制来实现与 Tag 读写器之间的安全通信。但是，这些物理方法需要增加额外的物理设备或元件，也就相当于增加了一定的成本，而且带来了设计上的不方便。

2. 基于密码技术的安全机制

由于物理安全机制存在诸多的问题和缺点，因此在最近的 RFID 安全协议研究中提出了许多基于密码技术的认证协议，而基于 Hash 函数的 RFID 安全协议的设计更是备受关注。RFID 安全协议属于前面章节介绍的 RFID 通信模型的最上层应用层协议，本章要重点介绍的现有安全协议属于这一层。无论是从安全需求上来说，还是从低成本的 RFID 标签的硬件执行为出发点(块大小 64b 的 Hash 函数单元只需大约 1700 个门电路即可实现)，Hash 函数都是非常适合于 RFID 安全认证协议的。

EPC 系统跟其他的任何网络系统一样都会受到安全攻击，而且由于 EPC 网络中的大量分布的电子标签加密级别较轻甚至没有加密保护措施，因此更容易遭受攻击。EPC RFID 系统的应用正在接受来自系统安全的严峻考验。

7.2.2 EPC 物联网潜在的攻击目标

在分析一些潜在的攻击之前，有必要确定一些潜在的攻击目标。潜在的攻击目标可能是一个完整的 RFID 系统(如果攻击者的攻击目的是想破坏整个商业)，也可能是 RFID 系统中的某一部分(从零售库存数据库到实际的零售商品)。RFID 物联网攻击范围分类如图7-2所示。

对那些从事信息系统技术安全的人来说，在进行 RFID 安全评估和项目实施过程中，只注重数据的保护，但是值得说明的是，某些实物资产比实际数据更重要。比如企业可能会遭受重大损失而数据并未受到任何影响。

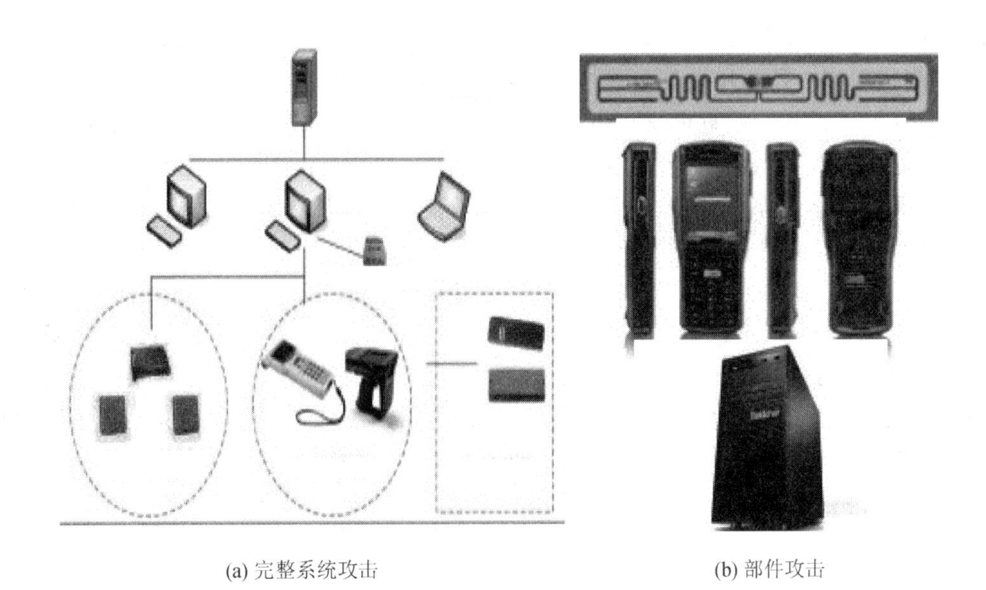

(a) 完整系统攻击　　(b) 部件攻击

图 7-2　RFID 物联网攻击范围分类

首先来看零售行业方面的一个实例。RFID 安全攻击者只需伪造 RFID 电子标签就可以导致在收款时，系统获取的某件商品的价格由 200 美元减少到 19.95 美元，这家超市将损失的货值就是零售价的 90%，但系统库存数据没有受到任何影响。数据库没有受到直接攻击、数据库中的数据没有任何更改或删除，但是，正是因为部分 RFID 系统已经被伪造而导致系统欺骗的成功。

在很多应用场合，采用 RFID 卡片来进行门禁控制，称为非接触近距离卡。如果卡片被复制了，而基础数据没有受到任何更改，任何人只要出示该复制卡，都能得到和持卡人一样的待遇和特权，能够进行门禁控制操作。

我们通常都会以饱满的热忱去迎接一项新的技术的到来，而往往会忽略其安全问题。针对企业界的商人对某项技术或者产品不负责任的做法，我们经常会采取批评的态度。即便是这样，我们往往也会忽略技术的安全性问题。

对于某项技术来讲，安全问题往往是被摆在次要位置的。RFID 技术已经在想当广泛的领域得到了应用，但是我们对于 RFID 系统的安全却没有或者只给予了很少的关注。

RFID 虽然是一项较新的应用技术，但是某些 RFID 应用系统已经暴露出了较大的安全隐患。例如，埃克森石油公司(ExxonMobil)的速结卡(SpeedPass)系统和 RFID POS 系统就被约翰霍普金斯大学(Johns Hopkins University)进行教学实践的一组学生攻破，其原因就是系统没有采取有效的安全保护手段。

2006 年 2 月，以色列魏兹曼大学(Weizmann University)的计算机教授阿迪.夏米尔(Adi Shamir)宣布他能够利用一个极化天线和一个示波器来监控 RFID 系统电磁波的能量水平。他指出，可以根据 RFID 场强波瓣的变化来确定系统接收和发送加密数据的时间。根据这些信息，RFID 系统安全攻击者可以对 RFID 的散列加密算法(Secure Hashing Algorithm 1，SHA－1)进行攻击，而这种散列算法在某些 RFID 系统中是经常使用的。按照 Shamir 教授的研究成果，普通的蜂窝电话就会对特定应用场合的 RFID 系统导致安全危害，荷兰的阿姆斯特丹自由大学(Amsterdam Free University)的一个研究小组研究成功了一种被称为概念验证(Proof Of Concept，POC)的 RFID 蠕虫病毒。这个研究小组在 RFID 芯片的可写内存内注入了这种病毒程序。当芯片被阅读器唤醒并进行通信时，病毒通过芯片最后到达后台数据库，而感染了病毒的后台数据库又可以感染更多的标签。这个研究课题采用了包括 SQL、缓冲区溢位攻击(Buffer Overflow Attack)等常用的服务器攻击方法。

由于 RFID 系统是基于电磁波基础的一种应用技术，因此总是存在潜在的无意识的信号侦听者。即使 RFID 系统的电磁波场强很小，电磁波传输的距离也是系统设计的最大阅读距离的很多倍。例如，2005 年 7 月，在美国内华达州的拉斯维加斯的第 13 次国际安全(DefCon 13 Security Convention)会议的一次演示试验中，试验人员在距离 RFID 阅读器 69 英尺远的地方接收到了阅读器的电磁波信号，而这个演示系统的最大阅读距离不超过 10 英尺。

此外，电磁波的传播没有固定的方向。电磁波可能会被某些物质所反射，也可能会被另外一些物质所吸收。这种不确定性可能会使得系统的阅读距离远远大于预期的水平，也可能会使信号的正常接收产生影响。

在系统设计的距离之外可以触发 RFID 标签对系统拒绝服务，从而产生系统拒绝服务攻击(Denial Of Service，DOS)，在这种情况下，电磁信号由于携带大量的数据信息，往往会造成数据堵塞(Radio Jamming)。在数据堵塞的情形下，杂波信号往往会造成频率拥堵。数据堵塞在现代 RFID 系统中仍然是一种具有很强的破坏性的系统安全攻击方式。

7.2.3 攻击方法

为了确定 RFID 系统攻击的类型，就必须了解 RFID 系统潜在的攻击目标，这有助于确定 RFID 系统安全攻击的性质。

某些人攻击 RFID 系统的目的可能只是偷东西，而另外某些人的目的则是为了阻止单独的店铺或者连锁店的所有销售业务的顺利进行。一些攻击者很可能是使用伪造的信息去替代后台数据库中的数据而导致系统瘫痪。某些攻击者只是想获得对系统真正的控制权而对数据没有任何兴趣。对任何考虑 RFID 系统安全的人来说，弄清楚资产是如何保护的以及他们是如何成为安全攻击的目标是非常重要的。

正如 RFID 系统是由几个基本的部分组成的一样，RFID 系统攻击也有几种不同的方法。每一种 RFID 系统安全攻击方法都指向 RFID 系统的某一部分。这些系统攻击方法包括：空中攻击(On-the-air Attacks)、篡改电子标签数据(Manipulating Data on the Tag)、伪造中间件数据(Manipulating Middleware Data)、攻击后台数据(Attacking the Data at the Backend)。在下面的内容里，我们简要讨论一下这些攻击方法。

1. 空中攻击

攻击 RFID 系统最简单的方法之一是阻止阅读器对标签进行探测和阅读。既然大多数金属能够屏蔽射频信号，那么要对付 RFID 系统，只需要将物品用铝箔包裹或者把它放进有金属涂层的塑料袋中就可以避免电子标签被阅读。

从 RFID 空中攻击的角度来看，标签和阅读器可以看作是一个实体。尽管他们的工作方式相反，但实质上都是系统的同一射频单元部分的两个不同的侧面。

从标签和阅读器的空中接口进行攻击的技术方法目前主要有以下几种：欺骗(Spoofing)、插入(Insert)、重播(Replay)以及拒绝服务(Denial of Service，DOS)。

欺骗攻击是系统攻击者向系统提供和有效信息极其相似的虚假信息以供系统接收。具有代表性的欺骗攻击有域名欺骗(A Fake Domain Name)、IP 欺骗(Internet Protocol Address)和 MAC 欺骗(Media Access Code)。在 RFID 系统中，当需要得到有效的数据时，使用的一种欺骗方法是在空中广播一个错误的产品电子代码(EPC)。

插入攻击是在通常输入数据的地方插入系统命令。这种安全攻击方法攻击成功的原因是已经假定数据都是通过特殊路径输入，没有无效数据的发生。插入攻击常见于网站上，一段恶意代码被插入到网站的应用程序中。这种安全攻击的一个典型的应用是在数据库中插入 SQL 语句。同样的攻击方式也能够应用到 RFID 系统中。在标签的数据存储区中保存一个系统指令而不是有效数据(比如产品电子代码)。

在重播攻击中，有效的 RFID 信号被中途截取并且把其中的数据保存下来，这些数据随后被发送给阅读器，在那里不断地被重播。由于数据是真实有效的，所以系统对这些数据就会以正常接收的方式来处理。

拒绝服务攻击也称为淹没攻击，当数据量超过其处理能力而导致信号淹没时发生拒绝服务攻击。因为曾经有人利用这种系统攻击方法对微软和 Yahoo 的系统成功地进行过攻击而使其深受影响，因而使得这种系统攻击方法名声大噪。这种攻击方法在 RFID 领域的变种就是众所周知的射频阻塞(RF Jamming)，当射频信号被噪声信号淹没后就会发生射频阻塞。还有另外一种情况，结果也是非常相似的：就是使系统丧失正确处理输入数据的能力。这两种 RFID 系统攻击方法都能够使 RFID 系统失效。

2. 篡改电子标签数据

我们已经了解了对于那些企图偷盗单一商品的人是如何阻止射频系统工作的。然而，对于一些想偷盗多种商品的人来说，更为有效的方法就是修改贴在商品上的标签的数据。依据标签的性质，价格、库存号以及其他任何数据都可以被修改。通过更改价格，小偷可以获得巨大的折扣，但是系统仍然显示为正常的购买行为。对标签数据的修改还可以使顾客购买诸如 X一或 R一类的受限制购买的影视制品而不会受到限制。

当标签数据被修改的商品通过自助收银通道时，没有人会发现数据已经被修改了。只有库存清单才能够显示某一商品的库存和通过结算系统的销售记录不相符。

2004 年，卢卡斯·格林沃德(Lukas Grunwald)演示了他编写的一个名叫 RF 垃圾(RF Dump)的程序。该程序是由 Java 语言编写的，能够在装有 Debian Linux 或 Windows XP 的 PC 机上运行。该程序通过连接在电脑串口上的 ACG 牌的 RFID 阅读器扫描 RFID 标签。当阅读器识别到一张卡时，该程序将卡上的数据被添入到电子表格中，使用者可以输入或修改电子表格中的数据然后重新写入到 RFID 标签中。该程序通过添加零或者适当截断数据确保写入的数据的长度符合标签要求。

另外，出现了一个可以应用在掌上电脑(如 Hewlett - Packard iPAQ Pocket)上的一个名叫 PDA RF 垃圾(RF Dump - PDA)的程序。该程序由 Perl 语言写的，能够运行在装有 Linux 系统的移动 PC 上。应用一个带有 RF Dump - PDA 程序的 PDA，一个小偷可以毫不费力的更改商店商品标签上的数据。

Grunwald 也演示了对应用相同的基于 EPC 的 RFID 系统的对德国莱茵伯格(Rheinberg)城市未来商店的攻击。未来商店被设计成为工作中的超级市场和动态技术展示商店，该商店是由德国最大的零售商(全球零售 15 名)Metro AG 所拥有和经营。

3. 伪造中间件数据

中间件攻击发生在阅读器到后台数据处理系统的任何一个环节，让我们先来考虑一下埃克森美孚公司的快易通系统中间件攻击的理论场景。顾客的快易通 RFID 标签由安装在空中的阅读器激活。该阅读器与油泵或者收款机相连。阅读器和标签握手并将加密的序列号读出来。

阅读器和油泵与加油站的数据网络相连，该数据网络又和位于加油站的甚小口径天线终端的卫星信号发射机相连。甚小口径天线终端的发射机将该序列号发送给卫星，该卫星又将该序列号中继给卫星地面站。卫星地面站将该序列号发送给埃克森美孚公司的数据中心，数据中心验证该序列号并确认与账号相连的该信用卡的授权。授权信息通过相反的路径发送给泵。收款机或油泵收到该授权信息后才允许顾客加油。

在上述环节的任何一处，系统都有可能遭受到外部的攻击。但是这种攻击需要非常复杂的发射系统，对卫星系统的攻击可以追溯到八十年代。然而，上述场景中最薄弱的环节可能还是本地网络。系统攻击者可以相对容易的在本地网络中窃取有效数据，并用来进行重播攻击，或者该数据重新输入到本地网络，从而导致拒绝服务攻击破坏加油站的支付系统。这种设备也能够用于非授权的信号发射。

另一种可能性是技术比较娴熟的人员在得到在该系统服务的一份工作后而对中间件采取的攻击。这些人为了有机会接触到该目标系统，可以接受较低的薪金待遇。一旦他们得到了接触目标的机会，就会发生一些所谓的社会工程(Social Engineering)攻击。顺着数据线路，另一个中间件攻击的地方是卫星地面站和储存快易通序列号的数据中心节点。数据中心和信用卡连接的节点也是中间数据易受攻击的地方。

4. 攻击后台数据

无论是从数据传输的角度还是从物理距离的角度来讲，后台数据库都是距离 RFID 标签最远的节点，这似乎能够远离那些对 RFID 系统的攻击。但是，必须明白的是它仍然是系统攻击的目标之一，正如威利萨顿(Willy Sutton)所说，因为它是整个系统“钱所在的地方”。

如果数据库包含顾客信用卡序列号方面的信息，那就变得非常有价值。一个数据库可能保存有诸如销售报告或贸易机密等有价值的信息，这些信息对于竞争对手来讲可以说是无价之宝。数据库受到攻击的公司可能会面临失去顾客信任以致最终失去市场的危险，除非他们的数据库系统具有较强的容错能力或者能够快速恢复系统。很多报纸和杂志的商业版曾经报道过许多商店因为与内部 IT 系统相关的失误而导致客户对他们信任度的降低从而遭受巨大损失的事例。

篡改数据库也可能会造成实际的损失，而不仅仅是失去顾客的购买能力。我们可以想象，更改医院的病历系统可能会造成病人的死亡，更改病人数据库中的病人的数据也将是致命的。假如该病人需要输血，而其血型中的一个字母被修改了，这样，就会使该病人步入死亡的边缘，医院必须经过多次核对信息的准确性来应付这种问题的发生。但是，这种多次核对并不能完全阻止因数据被篡改而导致的事故发生，也只能是降低风险。

5. 混合攻击

攻击者可以综合应用各种攻击手段来对系统进行混合攻击。可以采用对 RFID 系统的各种攻击手段来对付某一单个的子系统。但是，随着那些攻击 RFID 系统的攻击者的技术水平的提高，他们可能会采取混合攻击的方法来对 RFID 系统进行混合性攻击。一个攻击者可能用带有病毒的标签攻击零售商的射频接口，该病毒就有可能由此进入中间件体系，最终使后台系统把信用卡账号通过匿名服务器发向一个秘密网络，从而造成顾客和企业的损失。

7.2.4　为什么 RFID 系统容易受到攻击

由于标签本身的成本所限，标签本身很难具备足以保证安全的能力，无法达到其他网络设备的加密程度。非法用户可以利用合法的阅读器或者自构一个阅读器，直接与标签进行通信，很容易地实现通信攻击并读取和修改标签内所存数据。另外，RFID 主要依靠无线通信进行的，裸露在空气中的电磁信号极易捕获并插入数据。研究表明 EPC RFID 物联网几乎在每个部件的连接处都存在攻击的可能。因此，探讨 RFID 可能遭受的攻击以及系统安全保护策略是非常有意义的。

RFID 系统的安全分析可以大致划分为传统的网络安全分析和局部的 RFID 系统攻击。传统的网络安全已经被深入的研究，虽然有很多现成的策略可以借鉴但是直接采用拿来主义而不考虑 EPC 网络的新特性是非常错误的做法。局部的 RFID 系统是 EPC 物联网所区别于其他网络的特征部件，针对该区域的攻击就成了 EPC 物联网上特有的攻击手段。

7.2.5　系统安全保护的基本原理和方法

安全保护是基于数据及计算机资源保存的机密性、完整性和实用性的，这三个信息安全准则通常被认为是信息系统安全防护的三大法则。

当我们在讨论每一个原则时都非常清楚地知道，为了提供一个可靠的、安全的无线网络环境，我们都必须保证能够遵循每一条基本原则。为了保证能够遵循三大原则，保证这些数据和计算机资源在存储及流动过程中的安全性受到很好的保护，这三大安全原则必须通过真实可靠的应用来得到认真地贯彻执行。这些不同的应用是通过保证对授权访问的适当认证实现的，同时保证资源使用方法和身份识别的不被复制，以及对所有的活动进行日志和审核来执行三大原则。系统安全管理人员将使用认证、授权以及审核(Authentication，Authorization，and Audit，AAA)这三种工具来识别和减少任何可能的风险以实现信息系统安全性。

1. 公钥基础建设 PKIs 和无线网络

传统的有线网络安全使用公钥基础建设 PKIs 来保证系统的保密性、完整性、合法性以及不被复制。为了符合所期望的最小可以接受的安全标准，无线网络同样应该支持基本的安全规范。

PKIs 是一种用来分配和管理加密和数字签名密钥的组件，它通过一种集中化的服务机构来实现其功能，通过此功能建立用户对第三方中间机构的信任。PKIs 包含认证中心(Certificate Authority，CA)、目录服务、证书认证服务。认证中心是一种以证书的形式发布和管理密钥的应用服务。目录或者查询服务被用来发布关于用户或者所使用证书的公共信息。证书认证服务是一种签证机构的代理服务，它可以直接回答使用者关于一个所发布的证书的有效性及实用性等问题，或者是支持目录、查询服务，或者是作为对证书有效性进行验证的第三方。

PKI 证书类似于终端客户身份识别或电子护照，它们是一种为使用者提供加密和数字签名密钥技术的手段。它的执行依赖于 PKI 构架，包括 RFID 标签和阅读器之间、阅读器及网络之间的认证服务。

2．理解加密机制在RFID中间件中的作用

互联网被看作是我们日常交流的一种方式，大部分的商业交易依靠互联网来完成。无论是由专门的机构设置的商务网络，还是一个电子商务站点或电子邮件系统，互联网都是现代商业行为的基础。

任何特定的商业交易的本质在于信任，你必须能够确认你所收到的一封最好朋友的电子邮件确实来自于他本人，做生意时人们需要知道他们和谁在进行交易，而且要相信他们的合作伙伴。加密机制所具有的真实性、机密性、完整性的特点是建立商业伙伴之间相互信任的基础。交易参与者必须确保和他们进行交易的对象是他们所信任的。这些交易的参与者必须确认他们是否可以信任其他的交易对象。

无线网络采用多个不同的密文加密方法的组合来维护系统所需安全，支持系统功能。对称加密、非对称加密和椭圆曲线加密方法等技术的联合运用，使无线系统的安全更加可靠。应用到无线网络的安全机制包括无线应用协议(Wireless Application Protocol，WAP)、有线等效协议(Wired Equivalent Privacy，WEP)和安全套接字层(Secure Sockets Layer，SSL)。

3．加密方法简述

加密是一种把信息转化成一种无法直接理解的数据包，这种数据包必须通过通信双方约定的特殊编码方式进行解析，才能被我们所理解和应用。加密过程由两个部分组成：加密(Encryption)和解密(Decryption)。加密是一个把我们能够理解的原文或数据转成密文或加密数据的一个过程，而解密则是一个把密文或加密数据反向转换为我们可以阅读的原文格式的一个过程。

加密技术的安全性取决于只有信息发送者和接收者双方能够知晓如何将数据转换成模糊信息的方法。这个方法就是密钥的格式。

对于加密方式来讲，一般存在两种用于安全信息的加密模式或者密码：对称密钥(Symmetric Cipher)或私钥(Private Key)和非对称密钥(Asymmetric Cipher)或公钥(Public Key)。

1）对称密钥

对称密钥这种加密方式的弱点是可以利用不同顺序的字母顺序表采用统计分析方法进行解密，只不过具有很大的数据量而已。古罗马的儒略·凯撒(Julius Caesar)是第一个使用对称加密技术来与他的部下进行加密通信的人。他所采用的密钥通过改变字母一定的起始位置而取代原来的字母表，形成一条由加密机制形成的字母顺序来表达的密码信息。

这种对称加密的标准格式相对不变地被保留了下来，直到十六世纪才发生了一些改变。那时，亨利三世(Henry the III)命令密码学家维琼内尔(Blaise de Vigenere)对恺撒密码进行改进，提高系统的安全性。他所采用的加密方法是同时使用几个密码字母表去加密一条信息，至于采用哪个字母表来对哪个具体的字母进行加密取决于密码关键词的使用。密码关键词的每一个字母代表一个被加密字母的替代字母，例如：

标准字母表 ABCDEFGHIJKLMNOPQRSTUVWXYZ

A的代替项 ABCDEFGHIJKLMNOPQRSTUVWXYZ

B的代替项 BCDEFGHIJKLMNOPQRSTUVWXYZA

C的代替项 CDEFGHIJKLMNOPQRSTUVWXYZAB

……

Z的代替项 ZABCDEFGHIJKLMNOPQRSTUVWXY

如果采用 airware 作为关键词的，你会得到如下的密文：

原文	wire less rity secu rity secu
密码	airw avea irwa veai
密文	avyu mmtg wqia lzws

维琼内尔加密机制最大的好处是用采用了一对多的关系代替一对一的密码字母表，来代替对应的原字母的关系，使得应用普通的统计分析方法无法破解。随着其他加密技术的衍生，使用维琼内尔加密算法的字母表来替换变量仍然是大多数编码系统的核心，一直延续到 20 世纪中期。

现代加密技术与传统加密技术最大的不同在于设备的计算能力的充分利用，在一定时间内生成在数据块中执行二进制操作的密码，代替单独的字母。计算能力的扩大为密钥提供更大的空间，可以更好地利用公钥来对系统进行加密处理。

当使用二进制加密技术时，密钥表现为多位字串或者是 $2n$ 个密钥。也就是说，每字节都加到密钥空间上，密钥的空间增加了两倍。二进制密钥的空间如表 7－11 所示。表中示例为了满足现代算法需要多大的密钥空间，也示例了破解密钥具有多大难度。

表 7－11 二进制密钥的空间

二进制密钥长度	密钥空间
1 位	$2^1=2$ 个密钥
2 位	$2^2=4$ 个密钥
3 位	$2^3=8$ 个密钥
16 位	$2^{16}=65，536$ 个密钥
56 位	$2^{56}=72，057，594，037，927，936$ 个密钥

对于一个 56 位的密钥来讲，发现一个密钥的难度相当于在一个装满白色高尔夫球的海峡寻找一个红色的高尔夫球。一个 57 位的密钥就相当于在两个并排的这样的海峡中寻找一个红色的高尔夫球。一个 58 位的密钥就如同在四个这样的海峡之中寻找这个红色的高尔夫球，如此类推。

使用二进制密钥的另一个好处是加密和解密的操作可以简化为使用基于位数的操作，如 XOR、转换、替换和二进制运算操作如加、减、乘、除与幂运算等。

另外，几个数据块(如 64 位长)可以被同时处理，一部分数据可以结合，另一部分数据可以代替别的数据部分。这样可以通过采用不同的组合和替代来多次循环使用。每次循环称为一个周期。结果是，生成的密文就变成原文和多个子密码结合的产物。例如，现代对称加密算法包括 56 位 DES，Triple DES 加密机制采用大约 120 位加密算法，RC2 加密算法采用 40 位和 1280 位的密钥，CAST 使用 40 位、64 位、80 位、128 位和 256 位密钥，IDEA 使用 128 位密钥等。

对称算法的一些主要缺点是它们只提供一种加密数据的方法，而且其安全程度在加密方和解密方传输密钥时的安全性是一样的。随着用户的增加，私钥的数量会相应增加，系统的安全性也会加强，如图 7－3 所示。

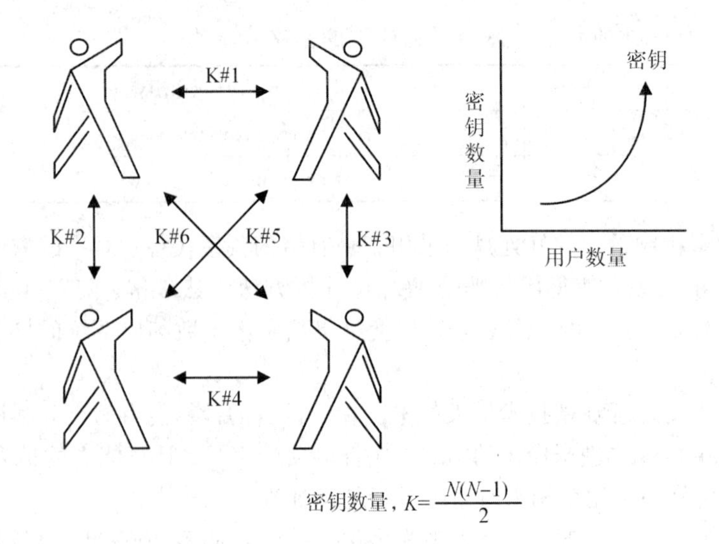

图 7-3　对称密钥与保密通信

使用越多的对称密码，就会产生一个越大的统计数据，这样很容易被利用来进行暴力攻击和其他密码攻击。最佳的减少这种风险的途径是转变这种经常使用的对称密钥。如果采用人工方式进行密钥的话，不仅数据量巨大，而且成本也非常昂贵。

2）非对称加密

直到 19 世纪 70 年代非对称公钥加密技术被发明以前，加密技术的主要应用都是在特殊的保密场合。今天，加密技术在很多应用领域得到了广泛的应用，例如：防止信息的未授权泄漏；防止对数据、网络和程序的未授权访问；发现数据的篡改，如入侵错误数据和对数据的删除；防止对数据篡改。

非对称加密技术的基础是发送者和接收者没有共用一个密钥，但有一对分开的数学相关的密钥。了解其中一个密钥并不代表会获取另外一个密钥的任何信息。拿现实生活中的一把组合门锁来举例说明。知道业主的位置并不意味着会给你提供任何关于锁的信息。非对称算法秘诀在于它的对立面也是正确的。换言之，任何一个密钥都能单独进行加密，而另一个则能用来进行解密。这种关系使一对密钥中的一个密钥(称为公钥)可以自由分配，而另一个密钥可以保持保密(称为私钥)，这样避免了密钥所需的庞大空间，也节省了密钥分配的成本。

这种关系允许非对称加密技术作为一种加密技术和签名技术来进行使用。非对称加密技术的局限是它相对于对称加密技术来讲加密过程较慢，此外加密荷载的大小也有所限制。

公钥密码技术的典型方法包括：RSA(Rivest Shamir Adleman)、DSA 和 Diffie-Hellman 等方法。

3）椭圆曲线加密

椭圆曲线加密技术越来越多地被使用在嵌入式硬件中，因为它们相对于其他加密技术来讲，具有更好的灵活性、更可靠的安全性、更高的强度和更加有限的计算需求等优势。

简单地讲，椭圆曲线加密方式是在（x，y）坐标平面上画出曲线来计算密钥的方法。其优点在于可以使用不同数组来进行公钥的计算。

我们可以以最简单的方式来理解椭圆曲线加密办法，想象在一张无限大的图纸上面画有无数个代表 (x, y) 位置的坐标点。如果利用这些坐标点画一根特殊的椭圆曲线，它可以伸展到无穷大，而不是一个闭合的椭圆形曲线。

在每个 (x, y) 坐标上画点。当进行点的确认工作时，可以在两个点之间通过一种额外的方法生成第三个点。这种额外的方法被用来定义点的方法产生一组有限的数组也就是密钥。

4) 数字签名的工作原理

扩展标记语言(eXtensible Markup Language, XML)数组签名规范规定了使用者应该如何采用 XML 来描述数字签名的信息和 XML 签名的名义空间(详情请参阅：术语表或者http://www.w3.org/TR/2002/REC-xmldsig-core-20020212)。这种签名是依照货物清单的规范格式表生成的，它代表多个 XML 文件。规范化的内容可以作为标准形式供其他用户使用。因为签名取决于所签字的内容，一个来自非规范化文档的签名与一个来自规范化文档的数字签名是有所不同的。要记住这种规范说明主要是关于电子签名所规定的，不仅仅是那些关于 XML 的文档。这种货物清单也可能包括任何被定位的电子信息或部分 XML 文档。

5) 基础数字签名和验证的概念

了解数字签名是如何工作的有助于更好理解这个标准。数字签名的目的是为了向数据提供这样三方面的保障，即数据的完整性、数据的可验证性以及数据的确定性。这里数据的完整性指一个数字签名必须确保一种验证数据是否被修改或替代的方法。数据的可验证性指数字签名必须提供一种可以验证数据源身份的方法。数据的确定性指数字签名必须具备能够向第三方提供完整的数据的能力，并可以提供数据验证。

6) 为什么不采用 MAC 来进行数字签名

信息验证码(Message Authentication Codes, MACs)是一种用来确保数据完整性和进行数据验证的方法。MACs 可以被数据发送者用作执行一个单向的信息加密操作，这个加密过程需要一个密钥来完成。加密过程完成后，MAC 和数据随即被发送到接收方。接收者使用同一个密钥去独立地产生一个信号值，并与发送过来的信号进行计算比较。我们假设接收者拥有私钥而且这个密钥一直都是正确的，可以获得相同的 MAC 值证实数据的完整性。因为数据接收方知道数据发送方拥有这个密钥，只有数据发送者可以产生这个 MAC 码(接收方没有把数据发送给自己)，才可以鉴别来自接收方的数据的完整性。无论如何，一个 MAC 码不能提供数据的准确性，因为双方都有密钥，因而可以拥有产生 MAC 码的能力。因此，第三方组织没有方法验证究竟是哪一方产生了这个 MAC 码。

由于 MACs 码的位数较短，因此 MACs 码比数字签名中的加密和解密解析速度更快。如果你已经建立了你自己的私人网络(因此信息确认不是问题)，那么 MACs 就能够满足你对信息进行验证和确认需求。

7) 公钥与私钥

如果我们能够再采用一些方法来将 MAC 码的密钥分成几个部分，使得密钥的一部分用于产生 MAC 码，而另一部分用于验证，我们就可以产生一个包含数据验证能力的 MAC 码。这种密钥被分割成几个部分系统，是一种非对称加密机制，它是加密技术的重大发现，这种加密技术虽然被认为是很好的一种加密方法，但是直到 1976 年才被 Whitfield Diffie、Martin Hellman 和 Ralph Merkle 证明是确实可行的。1978 年，Ronald Rivest、Adi Shamir 和

Leonard Adelman 第一次在实际应用上采用了这种加密机制。

一旦确定了非对称加密方法，我们就可以公开密钥。我们仍然保留有一个私钥。因为我们想让公钥尽可能地被广泛传播，所以就将其置于公开的状态。我们这样做的原因是通过数字签名使任何拥有我们的公钥的数据接收者都可以验证我们的数字签名。但是，在公钥系统中适当的密钥管理仍然是必需的。此外私钥的安全是非常重要的。公钥的发布一定要采用我们认为是可信的方法进行，而不是通过不安全的方式进行。

8）数字签名中签名者和文件的绑定关系

对一个文件进行数字签名时，需要数据签名者生成一个签名文件自身的散列(Hash)值，然后采用其私钥加密这个散列值。只有签名者拥有私钥，而且只要他可以加密那种散列值才可以采用公钥来进行解密。在接收信息和加密信号值之上，接收者可以加密散列值，获悉签名者的公钥。接收者也必须产生那种信息的散列值，而且把新产生的散列值和来自签名者的未加密的散列值进行比较。如果散列值相同，它证明了签名者产生了信息，因为只有实际的数据产生者才能正确地加密数字信号。

这个过程与产生 MAC 的过程不同，接收者不能产生相同的数字签名因为他没有私钥。因此，我们现在得到了一种认证的数学形式，只有数据签名者可以产生签名。此外，数字签名并不是数据安全的保证人。可能，数据安全系统攻击者可以通过安全攻击或者入侵产生一个完整的数字签名。

W3C XML 数字签名 XML 规范在定义认证数字证书的信息方面是可靠的。XML 数字签名是由签名元素表示，具有如下的结构形式："*"代表 0 或多次事件；"+"代表 1 或多次事件；"?"代表 0 或一次事件，如下所示：

```
<Signature>
<SignedInfo>
(CanonicalizationMethod)
(SignatureMethod)
(<Reference(URI=)? >
(Transforms)?
(DigestMethod)
(DigestValue)

</Reference>)+
</SignedInfo>
(SignatureValue)
(KeyInfo)?
(Object) *
</Signature>
```

让我们打破这种通常的结构形式来恰当地理解它。Signature 元素是 XML 数字签名规范的初始形式。签名可以对本地的签名数据进行封装或者被本地的数据所封装，或签名指向外部资源，这样的签名方式是分散的。记住，这是一种用 XML 描述数组签名的规范，不存在对签名内容的限制规定。

SignedInfo 元素是实际签名的信息。在签名的过程中，这些数据将会继续进一步的处理，才能完成整个签名过程，如图 7－4 所示。

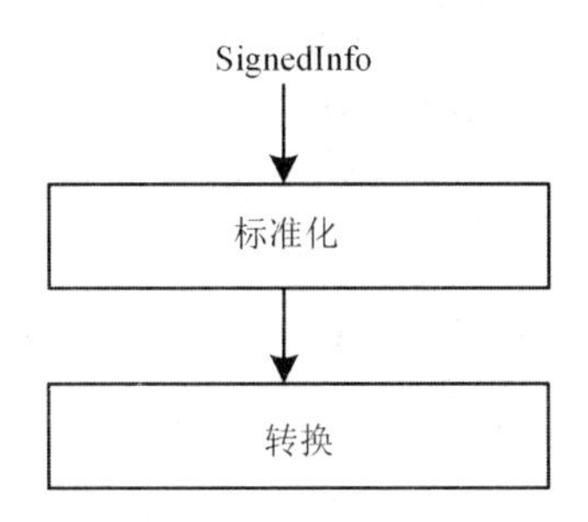

图 7－4　SignedInfo 元素完成签名所需的步骤

可能没有或者具有更多个转换的步骤，如果存在多次转化，每一次输出都提供下一次的输入接口。

CanonicalizationMethod 元素包含规范数据的算法，或者用一种通用的方法构造数据。规范化可以用作申请标准的最后协议，删除注释，或者做其他需要的签名文档的操作。

Reference 元素识别签名的资源和用作数据预处理的算法。这些算法在 Transforms 元素中以清单列出，可以包括规范化、加密/解密、压缩/解压缩、XPath、XSLT 转换等操作。

Reference 元素可以包括多个 Transforms 元素，每一个列在 Reference 的元素都可用作开始数据。注意的是，Reference 的元素包含一个可选择的统一资源标识符（Uniform Resource Identifier，URI）的属性。如果签名包含超过一个 Reference 元素，URI 属性在其中一个 Reference 元素中是可选的；其他都必须有 URI 属性。签名的定义语法（请参阅上页代码）没有清楚说明这一点，但是在 W3C XML 数字签名规范文档中给予了清楚的描述。详情请参阅：http：//www. w3. org/TR/2002/RECxmldsig－core－20020212。

DigestMethod 是算法在任何转换中用于在 DigestValue 内产生值后用于储存数据的。DigestValue 是规范化和转换过程的结果，而不是原始数据。因此，如果转换是用于这些文档的，那么它对于这些操作是透明的，文档的签名仍然是可以校验的。例如，假设我们产生一种规范化的方法来把原文转化成一个小写字母的文档，并用它来签名一个包含混合情况的文档。如果我们后来把原文转换成全部大写字母，那么修改后的文档仍然可以采用原签名来进行验证。

签名 DigestValue 把资源内容绑定到签名人的密钥上，通常依照 SignatueMethod 的算法把标准化和转换后的签名信息转换成签名值。签名值包含数字签名的真实值，KeyInfo 元素存放签名密钥，注意到这个元素是可选的。在典型的情况下，当你想产生一个标准的签名时，KeyInfo 元素需要包含在内，因为需要签名人的公钥去确认签名。为什么这个元素是可选择的而非必需的呢？这是由下面的因素所确定的。首先，我们已经知道公钥而且可以从某个地方得到它。在这种情况下，知道签名的密钥信息是多余的。就像我们在下面列举的例子所说明的一样，KeyInfo 元素如果被添加进去则占用很大的空间。所以，如果我们已经可以从其他方面获取到相关信息，我们能够避免在签名中无关的混乱信息。其次，还存在另外一种更加重要的情况，就是签名者不希望任何人都能够检验签名，相反，这种权力只限制在可靠的机构范围内。在这种情况下，你应该只安排那些可靠的机构才能得到你的公钥的副本。

在散列值的执行过程(DigestMethod)和散列值的生成过程(DigestValue)中，把这种结构放进电子签名的内容中，被签名的信息存放在 SingedInfo 元素里。然后公钥通过 SignatureValue 发布出去。签名有各种不同的构造方法，不过这种构造方法是最直接的。

为了确认签名，你必须通过关联 DigestMethod 方法来分类摘取参考数据。如果生成的分类值与指定的 DigestValue 匹配，参考信息是有效的。为了确认签名的合法性，必须从 SignatureValue中获取关键信息，并通过 SignedInfo 元素进行确认。通过加密技术，XML 数字签名的执行允许任何算法执行任何电子签名所需要操作，如规范化、加密和转换等。为了增加互动性，W3C 推荐了应该与任何 XML 数字签名一同执行的一些算法，这在本章内容的后面将会进行讨论。

9）应用 XML 数字签名的安全措施

XML 签名在实际应用上可以采取如下三种基础模式：封内签名、封外签名、分离签名。

这只是 XML 签名的几种基本的应用模式。一个 XML 数字签名不仅只有一种文档格式，它可以同时使用被封装、封装、分离格式等多个格式。

值得注意的是一个 URL 被认为是不正式的并且不再在技术文档中使用，取而代之的是 URI。一个 URI 有一个与它联系的名字，并且格式是：名字＝URL 的格式。

10）高级加密标准加密 RFID 数据流

高级加密标准(Advanced Encryption Standard，AES，也称为 Rijndael)是美国联邦政府用来保护敏感(只读、机密)信息的方案。美国政府之所以选择 AES 主要是基于安全性、可执行性、高效率、易于执行和灵活性等方面的考虑。此外，采用 AES 也不会受专利权保护的限制。负责选择 AES 的政府机构声称它是通过大范围的计算环境的验证。AES 在软件和硬件两方面都有良好的表现。详情请参阅：www. nist. gov/public_affairs/releases/aesq&a. htm

1997 年，当数据加密标准(Data Encryption Standard，DES)开始衰败的时候，美国国家标准技术研究院(National Institute for Standards and Technology，NIST)宣布寻求 AES 方案，作为 DES 的下一代标准。这项工作开始的时候，大多数著名的加密机构都提交了他们自己的 AES 候选方案。AES 的要求包括如下几个方面：

(1) AES 应是一种私钥对称密码加密机制(与 DES 相似)。

(2) AES 需要比 3-DES 更加强壮且速度更快。

(3) AES 至少具有 20 到 30 年的生命周期。

(4) AES 应该支持大小为 128 位、192 位和 256 位的密钥。

(5) AES 应该对所有公众开放；没有限制，非私人所有，没有专利权的限制。

因为采用不同类型的处理器执行加密计算，系统的软件和硬件也存在很大的差异，因此，加密运算的速度也存在很大的差异，因此究竟 AES 比 3－DES 快多少是很难界定的。

11）哈希散列

(1) hash 的概述。

散列表(Hashtable，也叫哈希表)，是根据关键码值(Key value)而直接进行访问的数据结构。也就是说，它通过把关键码值映射到表中一个位置来访问记录，以加快查找的速度。这个映射函数叫做散列函数，存放记录的数组叫做散列表。它是基于快速存取的角度设计的，也是一种典型的“空间换时间”的做法。顾名思义，该数据结构可以理解为一个线性表，但是其中的元素不是紧密排列的，而是可能存在空隙。

比如我们存储 70 个元素，但我们可能为这 70 个元素申请了 100 个元素的空间，70/100=0.7，这个数字称为负载因子。我们之所以这样做，也是为了“快速存取”的目的。我们基于一种结果尽可能随机平均分布的固定函数 H 为每个元素安排存储位置，这样就可以避免遍历性质的线性搜索，以达到快速存取。但是由于随机性，也必然导致一个问题就是冲突。所谓冲突，即两个元素通过散列函数 H 得到的地址相同，那么这两个元素称为“同义词”。散列函数的计算结果是一个存储单位地址，每个存储单位称为“桶”。设一个散列表有 M 个桶，则散列函数的值域应为[0，M−1]。解决冲突是一个复杂问题。

• 冲突主要取决于：

① 散列函数，一个好的散列函数的值应尽可能平均分布。

② 处理冲突方法。

③ 负载因子的大小。太大不一定就好，而且浪费空间严重，负载因子和散列函数是联动的。

• 解决冲突的办法：

① 线性探查法：冲突后，线性向前试探，找到最近的一个空位置。缺点是会出现堆积现象。存取时，可能不是同义词的词也位于探查序列，影响效率。

② 双散列函数法：在位置 d 冲突后，再次使用另一个散列函数产生一个与散列表桶容量 m 互质的数 c，依次试探 $(d+n*c)\%m$，使探查序列跳跃式分布。

• 常用的构造散列函数的方法。

散列函数能使对一个数据序列的访问过程更加迅速有效，通过散列函数，数据元素将被更快地定位。

① 直接寻址法：取关键字或关键字的某个线性函数值为散列地址。即 $H(\text{key})=\text{key}$ 或 $H(\text{key})=a\cdot\text{key}+b$，其中 a 和 b 为常数(这种散列函数叫做自身函数)。

② 数字分析法：分析一组数据，比如一组员工的出生日期，这时我们发现出生日期的前几位数字大体相同，这样的话，出现冲突的几率就会很大，但是我们发现日期的后几位表示月份和具体日期的数字差别很大，如果用后面的数字来构成散列地址，则冲突的几率会明显降低。因此数字分析法就是找出数字的规律，尽可能利用这些数据来构造冲突几率较低的散列地址。

③ 平方取中法：取关键字平方后的中间几位作为散列地址。

④ 折叠法：将关键字分割成位数相同的几部分，最后一部分位数可以不同，然后取这几部分的叠加和(去除进位)作为散列地址。

⑤ 随机数法：选择一随机函数，取关键字的随机值作为散列地址，通常用于关键字长度不同的场合。

⑥ 除留余数法：取关键字被某个不大于散列表表长 m 的数 p 除后所得的余数为散列地址，即 $H(\text{key})=\text{key MOD } p$，$p<=m$。不仅可以对关键字直接取模，也可在折叠、平方取中等运算之后取模。对 p 的选择很重要，一般取素数或 m，若 p 选得不好，容易产生同义词。

• 查找的性能分析。

散列表的查找过程基本上和造表过程相同。一些关键码可通过散列函数转换的地址直接找到，另一些关键码在散列函数得到的地址上产生了冲突，需要按处理冲突的方法进行查找。在介绍的三种处理冲突的方法中，产生冲突后的查找仍然是给定值与关键码进行比较的过程。所以，对散列表查找效率的量度，依然用平均查找长度来衡量。

查找过程中，关键码的比较次数，取决于产生冲突的多少，产生的冲突少，查找效率就高，产生的冲突多，查找效率就低。因此，影响产生冲突多少的因素，也就是影响查找效率的因素。影响产生冲突多少有以下三个因素：

① 散列函数是否均匀；

② 处理冲突的方法；

③ 散列表的装填因子。

散列表的装填因子定义为：α＝填入表中的元素个数/散列表的长度。α 是散列表装满程度的标志因子。由于表长是定值，α 与“填入表中的元素个数”成正比，所以，α 越大，填入表中的元素较多，产生冲突的可能性就越大；α 越小，填入表中的元素较少，产生冲突的可能性就越小。实际上，散列表的平均查找长度是装填因子 α 的函数，只是不同处理冲突的方法有不同的函数。

• 几种 Hash 算法。

了解了 Hash 基本定义，就不能不提到一些著名的 Hash 算法，MD5 和 SHA－1 可以说是目前应用最广泛的 Hash 算法，而它们都是以 MD4 为基础设计的。那么它们都是什么意思呢？这里简单说一下：

① MD4：MD4(RFC1320)是 MIT 的 Ronald L. Rivest 在 1990 年设计的，MD 是Message Digest 的缩写。它适用在 32 位字长的处理器上用高速软件实现——它是基于 32 位操作数的位操作来实现的。

② MD5：MD5(RFC1321)是 Rivest 于 1991 年对 MD4 的改进版本。它对输入仍以 512 位分组，其输出是 4 个 32 位字的级联，与 MD4 相同。MD5 比 MD4 来得复杂，并且速度较之要慢一点，但更安全，在抗积分和抗差分方面表现更好。

③ SHA－1 及其他：SHA－1 是由 NIST、NSA 设计为同 DSA 一起使用的，它对长度小于 264 的输入，产生长度为 160bit 的散列值，因此抗穷举(brute-force)性更好。SHA-1 设计是基于和 MD4 相同的原理，并且模仿了该算法。

哈希表不可避免冲突(collision)现象：对不同的关键字可能得到同一哈希地址即 key1≠key2，而 Hash(key1)＝Hash(key2)。因此，在建造哈希表时不仅要设定一个好的哈希函数，而且要设定一种处理冲突的方法。可如下描述哈希表：根据设定的哈希函数 H(key)和所选中的处理冲突的方法，将一组关键字映象到一个有限的、地址连续的地址集(区间)上并以关键字在地址集中的“象”作为相应记录在表中的存储位置，这种表被称为哈希表。

对于动态查找表而言，① 表长不确定；② 在设计查找表时，只知道关键字所属范围，而不知道确切的关键字。因此，一般情况需建立一个函数关系，以 f(key)作为关键字为 key 的记录在表中的位置，通常称这个函数 f(key)为哈希函数。(注意：这个函数并不一定是数学函数。)

哈希函数是一个映象，即：将关键字的集合映射到某个地址集合上，它的设置很灵活，只要这个地址集合的大小不超出允许范围即可。现实中哈希函数是需要构造的，并且构造的好才能使用的好。

• Hash算法在信息安全方面的应用主要体现在以下三个方面：

① 文件校验。我们比较熟悉的校验算法有奇偶校验和CRC校验，这两种校验并没有抗数据篡改的能力，它们一定程度上能检测并纠正数据传输中的信道误码，但却不能防止对数据的恶意破坏。

MD5 Hash算法的"数字指纹"特性，使它成为目前应用最广泛的一种文件完整性校验和(Checksum)算法，不少Unix系统有提供计算md5 checksum的命令。

② 数字签名。Hash算法也是现代密码体系中的一个重要组成部分。由于非对称算法的运算速度较慢，所以在数字签名协议中，单向散列函数扮演了一个重要的角色。对Hash值，又称"数字摘要"进行数字签名，在统计上可以认为与对文件本身进行数字签名是等效的，而且这样的协议还有其他的优点。

③ 鉴权协议。如下的鉴权协议又被称作挑战—认证模式：在传输信道是可被侦听，但不可被篡改的情况下，这是一种简单而安全的方法。概括来说，哈希(Hash)是将目标文本转换成具有相同长度的、不可逆的杂凑字符串(或叫做消息摘要)，而加密(Encrypt)是将目标文本转换成具有不同长度的、可逆的密文。

• 哈希算法与加密算法两者有如下重要区别：

① 哈希算法往往被设计成生成具有相同长度的文本，而加密算法生成的文本长度与明文本身的长度有关。

例如，设我们有两段文本："Microsoft"和"Google"。两者使用某种哈希算法得到的结果分别为："140864078AECA1C7C35B4BEB33C53C34"和"8B36E9207C24C76E6719268E49201D94"，而使用某种加密算法得到的结果分别为"Njdsptpgu"和"Hpphmf"。可以看到，哈希的结果具有相同的长度，而加密的结果则长度不同。实际上，如果使用相同的哈希算法，不论你的输入有多么长，得到的结果长度是一个常数，而加密算法往往与明文的长度成正比。

② 哈希算法是不可逆的，而加密算法是可逆的。

这里的不可逆有两层含义，一是"给定一个哈希结果R，没有方法将E转换成原目标文本S"，二是"给定哈希结果R，即使知道一段文本S的哈希结果为R，也不能断言当初的目标文本就是S"。其实稍微想想就知道，哈希是不可能可逆的，因为如果可逆，那么哈希就是世界上最强悍的压缩方式了——能将任意大小的文件压缩成固定大小。加密则不同，给定加密后的密文R，存在一种方法可以将R确定的转换为加密前的明文S。这里先从直观层面简单介绍两者的区别，然后从数学角度对两者做严谨描述。

(2) 哈希(Hash)与加密(Encrypt)的数学基础。

从数学角度讲，哈希和加密都是一个映射。下面正式定义两者：

一个哈希算法$R=H(S)$是一个多对一映射，给定目标文本S，H可以将其唯一映射为R，并且对于所有S，R具有相同的长度。由于是多对一映射，所以H不存在逆映射$S=H^{-1}(R)$使得R转换为唯一的S。

一个加密算法$R=E(S)$是一个一一映射，其中第二个参数叫做加密密钥，E可以将给定的明文S结合加密密钥k_e唯一映射为密文R，并且存在另一个一一映射$S=E^{-1}(R)$，可以结合k_d将密文R唯一映射为对应明文S，其中k_d叫做解密密钥。

图 7－5 是哈希和加密过程的图示。

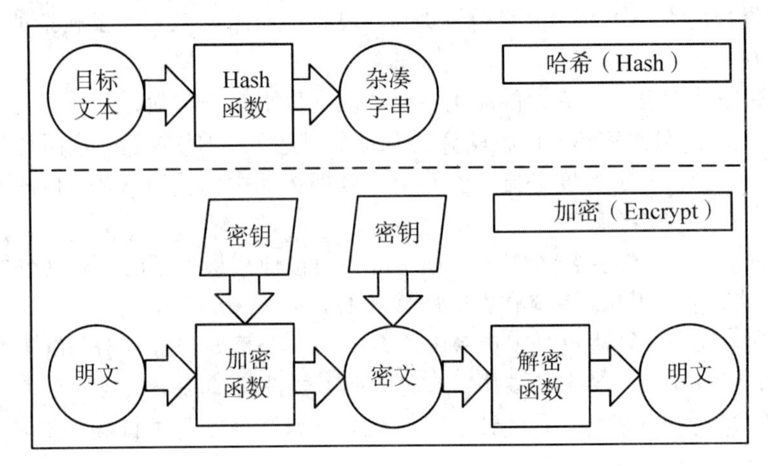

图 7－5　哈希和加密过程

有了以上定义，就很清楚为什么会存在上文提到的两个区别了。由于哈希算法的定义域是一个无限集合，而值域是一个有限集合，将无限集合映射到有限集合，根据“鸽笼原理(Pigeonhole principle)”，每个哈希结果都存在无数个可能的目标文本，因此哈希不是一一映射，是不可逆的。而加密算法是一一映射，因此理论上来说是可逆的。但是，符合上面两个定义的映射仅仅可以被叫做哈希算法和加密算法，但未必是好的哈希和加密，好的哈希和加密往往需要一些附加条件，下面介绍这些内容。

一个设计良好的哈希算法应该很难从哈希结果找到哈希目标文本的碰撞(Collision)。那么什么是碰撞呢？对于一个哈希算法 H，如果 $H(S_1)=H(S_2)$，则 S_1 和 S_2 互为碰撞。关于为什么好的哈希难以寻找碰撞，在下面讲应用的时候会详解。另外，好的哈希算法应该对于输入的改变极其敏感，即使输入有很小的改动，如一亿个字符变了一个字符，那么结果应该截然不同。这就是为什么哈希可以用来检测软件的完整性。

一个设计良好的加密算法应该是一个“单向陷门函数(Trapdoor one-way function)”，单向陷门函数的特点是一般情况下即使知道函数本身也很难将函数的值转换回函数的自变量，具体到加密也就是说很难从密文得到明文，虽然从理论上这是可行的，而“陷门”是一个特殊的元素，一旦知道了陷门，则这种逆转换非常容易进行，具体到加密算法，陷门就是密钥。

顺便提一句，在加密中，应该保密的仅仅是明文和密钥，也就是说我们通常假设攻击者对加密算法和密文了如指掌，因此加密的安全性应该仅仅依赖于密钥而不是依赖于假设攻击者不知道加密算法。

(3) 哈希(Hash)与加密(Encrypt)在软件开发中的应用。

哈希与加密在现代工程领域应用非常广泛，在计算机领域也发挥了很大作用，这里我们仅仅讨论在平常的软件开发中最常见的应用——数据保护。

所谓数据保护，是指在数据库被非法访问的情况下，保护敏感数据不被非法访问者直接获取。这是非常有现实意义的，试想一个公司的安保系统数据库服务器被入侵，入侵者获得了所有数据库数据的查看权限，如果管理员的口令(Password)被明文保存在数据库中，则入侵者可以进入安保系统，将整个公司的安保设施关闭，或者删除安保系统中所有的信息，这是非常严重的后果。但是，如果口令经过良好的哈希或加密，使得入侵者无法获得口令明文，那么最多的损失只是被入侵者看到了数据库中的数据，而入侵者无法使用管理员身份进入安保系统作恶。

① 哈希(Hash)与加密(Encrypt)的选择。

要实现上述的数据保护，可以选择使用哈希或加密两种方式。那么在什么时候该选择哈希、什么时候该选择加密呢？

基本原则是：如果被保护数据仅仅用作比较验证，在以后不需要还原成明文形式，则使用哈希；如果被保护数据在以后需要被还原成明文，则需要使用加密。

例如，你正在做一个系统，你打算当用户忘记自己的登录口令时，重置此用户口令为一个随机口令，而后将此随机口令发给用户，让用户下次使用此口令登录，则适合使用哈希。实际上很多网站都是这么做的，想想你以前登录过的很多网站，是不是当你忘记口令的时候，网站并不是将你忘记的口令发送给你，而是发送给你一个新的、随机的口令，然后让你用这个新口令登录。这是因为你在注册时输入的口令被哈希加密后存储在数据库里，而哈希算法不可逆，所以即使是网站管理员也不可能通过哈希结果复原你的口令，而只能重置口令。相反，如果你做的系统要求在用户忘记口令的时候必须将原口令发送给用户，而不是重置其口令，则必须选择加密而不是哈希。

② 使用简单的一次哈希(Hash)方法进行数据保护。

我们使用一次哈希进行数据保护的方法，其原理如图 7 - 6 所示。

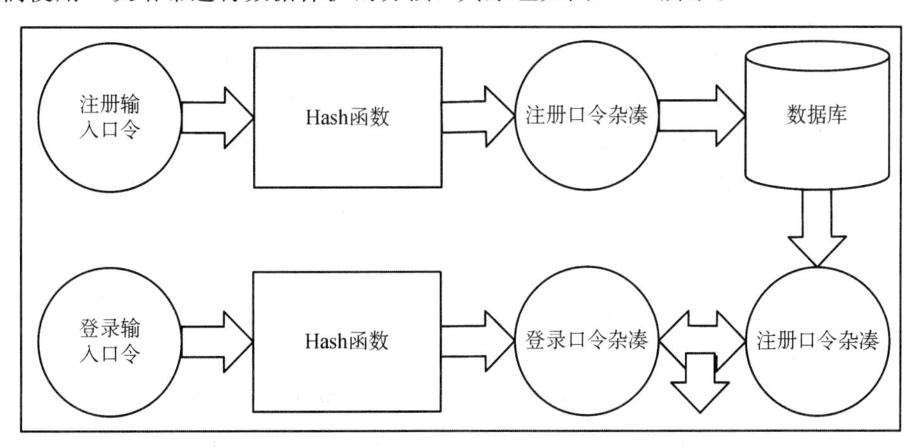

图 7 - 6　使用哈希方法进行数据保护

③ 破解芯片的常用方法。

首先是必须获取和标签相对应的必要的设备。在破解工作开始阶段，还不能连接和使用任何公司的商业设备，因为这可能产生法律纠纷。

▲ 逆向工程。

逆向工程(Reverse Engineering)指的是对一个已经完工的终端产品进行逆向推理，从而得出其内部工作原理的过程。长期以来，这种技术在没有得到该产品技术许可的情况下，被用来生产兼容产品或者仿制某项产品。

逆向工程最杰出的代表就是个人计算机的 BIOS 系统，在二十世纪八十年代早期，IBM 是唯一的个人计算机制造商。任何人想生产运行同样软件的计算机都需要同样的 BIOS。PC

BIOS 的版权为 IBM 所拥有，因为 IBM 不想因为竞争而失去对市场的垄断占有，这也侵犯了顾客的选择权利，妨碍了技术的进步。

在没有 IBM PC BIOS 的技术资料的情况下，美国加利福尼亚圣何塞菲尼克斯技术公司(Phoenix)的工作人员试图生产能够运行 IBM 软件的 PC BIOS。菲尼克斯的研究团队应用了逆向工程的空白房间(Clean Room)技术。这样命名是因为这项逆向工程确实避免了使用任何可以引起版权和专利纠纷的外部代码或者信息。该团队研究了 IBM 的 BIOS 并起草了一份关于其内部工作原理的技术报告，这个报告避免了 IBM 的实际应用的具有知识版权的代码。

然后他们向从来没有见过 IBM BIOS 的编程人员提供了这份 BIOS 技术报告，这些编程人员能够在没有 IBM 代码的情况下编写和 IBM BIOS 功能一样的程序代码。既然它不是 IBM 的代码，IBM 也就无权阻止新的 BIOS 的生产。这也促使了个人计算机市场的爆炸性增长，因为任何人都可以在没有 IBM 许可的情况下生产和 IBM 兼容的计算机。

形象来讲，逆向工程类似于有人提供给你一张高密度光盘以及关于音乐信号是如何记录在该光盘上的描述性信息，从而请你设计一个播放器。逆向技术将为技术的进步带来新的方法和途径。如果不是当年菲尼克斯公司的努力，也许今天的个人计算机市场就不会如此的繁荣，个人计算机的价格也就不会变得如此的低廉。

然而逆向工程的这种做法也常常会受到谴责或者限制，因为一些企业并不想让其他人知道他们的工作思路和产品构架。有些国家的法律禁止人们用逆向工程去获取受到保护或者限制的技术。许多程序和产品在销售的时候都特别声明禁止采用逆向工程进行破解。

▲ 暴力攻击与温柔求解。

在信息安全领域，有多种方法可以用来获取相似的结果。计算机网络威胁，编写代码以及其他攻击，通常属于以下两类：暴力攻击(Brute force)与温柔求解(Elegant Solution)。

温柔求解模式运用一个新颖的、安静的解决问题的方法；而暴力攻击方式则是采取一个喧哗的、粗暴的做事方式。

以现实生活为例，我们如果要打开一个门锁，可以采用温柔的方法和暴力开锁的方法，这两种方法都可以打开门锁。温柔的解决方式是检查门垫和锁的结构，用一个薄片打开门锁。暴力解决方式是撬开锁或用砖头打破窗子。这两种方式都得到了同样的结果，但温柔的解决方式更值得我们选择。

加密算法的温柔破解方式采用的技术路径是寻找能够帮助我们确定加密密钥的漏洞。强行入侵是穷举所有密钥直到得到正确的结果，这或许不是最快的方式，但却得到了同样的结果。

因为系统的安全性是基于某种加密算法基础上的，因此，从这点来看，随着计算能力的增强系统的安全性越来越脆弱。在该加密算法没有被破解之前，潜在的安全攻击不能够确认或克隆一个有效标签的工作。但当攻击者一旦破解了该加密算法，捕获标签的问讯与应答信号就是他们所需要的结果。

假如有一个 40 比特的密钥组合(1099511627776)，用普通的电脑来获得该标签的密钥需要花几周的时间。对此，关键问题是攻击者愿意花多少时间来破解该密钥。要证明实际攻击的可行性，就要确定几个基本规则来缩短暴力攻击所需的时间，使得实际攻击具有较好的性价比。

为了做好这项工作，某些专家团队使用了现场可编程门阵列(Field Programmable Gate Array，FPGA)，现场可编程门阵列可以用来进行现场编程，是一种可以为攻击者测试新的处理器设计或破解代码用的计算机集成电路处理器。通过 FPGA 编程来测试并行的 32 比特的密钥。一个 FPGA 去破译一个密钥大约需要 10 个小时的时间，对该攻击来说，所耗费的时间并不多，但是却是攻击者所期望的结果。实验发现 16 个并行工作的 FPGA 来构造门阵列，给出了问讯与相应的应答，并在 1 小时内破解了系统，获取了密钥。

现在该攻击更具有现实的可行性。随着处理器速度的不断加快，采用家用电脑，用几分钟的时间破解一个密钥也不再是什么问题。

对标签来说更为合适的加密系统是应用公/私钥算法，更为可靠的是诸如经过多年的检验和测试的 RSA 算法。应用长的密钥也能够使安全攻击花费更多的时间。体积小巧限制了加密过程所需要的计算能力，这种情况导致了合适的算法选择和 40 比特的密钥的应用。做更强的加密运算就需要更大的处理能力，这也意味着需要较大的体积、较高的成本、较高的功耗。

如果你在交易系统中使用 RFID，那么加密盒被证明是非常必要的。否则，你将为那些使用克隆卡片的人滥用该系统开启了方便之门，这些小偷都是高技术版本的口袋性小偷。但是，选择一个目前安全的技术并不意味着它将具有长期安全性，所有的系统都需要定期检查与改善。调查市场上是否有更为鲁棒的加密算法的标签并在安全系统遭到破坏威胁时进行及时移植是非常明智的。

④ RFID 标签的物理保护方法。

使用物理方法来保护 RFID Tag 安全性的方法主要有如下几类：Kill 命令机制、静电屏蔽、主动干扰以及 Blocker Tag 方法等。这些方法主要用于一些低成本的 Tag 中，之所以如此，主要是因为这类 Tag 有严格的成本限制，因此难以采用复杂的密码机制来实现与 Tag 读写器之间的安全通信。“Kill 命令机制”采用从物理上毁坏 Tag 的办法。一旦对 Tag 实施了 Kill 毁坏命令，Tag 便不可能再被重用；此外，另外一个重要的问题就是难以验证是否真正对 Tag 实施了 Kill 操作。“静电屏蔽”(也称为“FaradayCage”)可以对 Tag 进行屏蔽，使之不能接收任何来自 Tag 读写器的信号，但是这自然需要一个额外的物理设备，既造成了不便，也增加了系统的成本。“主动干扰”机制则可能带来法律问题，而“Blocker Tag”方法也需要一个额外的 Tag。鉴于物理安全机制存在的种种缺点，在最近的 RFID 系统中，提出了许多基于密码技术的安全机制。

与基于物理方法的硬件安全机制相比，基于密码技术的软件安全机制受到人们更多的青睐，其主要研究内容则是利用各种成熟的密码方案和机制来设计和实现符合 RFID 安全需求的密码协议，这已经成为当前 RFID 安全研究的热点。目前，已经提出了多种 RFID 安全协议，例如 Hash 2 Lock 协议、随机化 Hash 2 Lock 协议、Hash 链协议等。但是，遗憾的是现有的大多数 RFID 协议都存在着各种各样的缺陷。

7.2.6　现有的 RFID 安全协议

虽然已有多种 RFID 安全协议被提出，但我们在分析这类协议时，仍然基于 RFID 系统信道的基本假设来进行。此外，我们还假定这些协议使用基本密码构造，如伪随机生成函数、加密体制、签名算法、MAC 机制以及杂凑函数等，都是安全的。我们用 H 和 G 来表示两个不同的抗碰撞的安全杂凑函数，f 则表示一个安全的伪随机函数。

1. Hash 2 Lock 协议

Hash 2 Lock 协议是由 Sarma 等人提出的，为了避免信息泄漏和被追踪，它使用 metaID 来代替真实的标签 ID，其协议流程如图 7 - 7 所示。

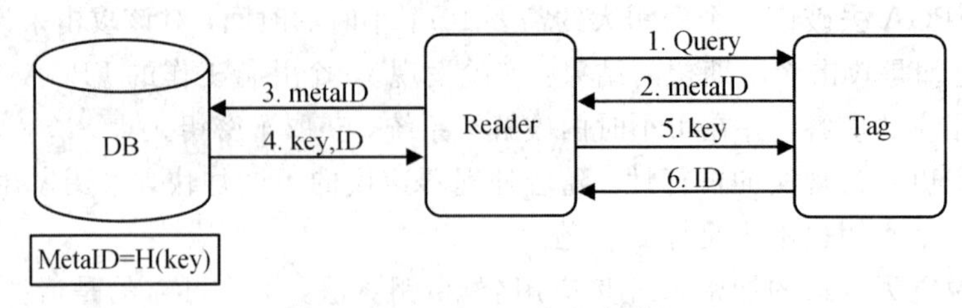

图 7－7　Hash 2 Lock 协议

Hash 2 Lock 协议的执行过程如下：

(1) Tag 读写器向 Tag 发送 Query 认证请求；

(2) Tag 将 metaID 发送给 Tag 读写器；

(3) Tag 读写器将 metaID 转发给后端数据库；

(4) 后端数据库查询自己的数据库，如果找到与 metaID 匹配的项，则将该项的(key，ID)发送给 Tag 读写器，其中 ID 为待认证 Tag 的标识，$metaID=H(key)$；否则，返回给 Tag 读写器认证失败信息；

(5) Tag 读写器将接收自后端数据库的部分信息 key 发送给 Tag；

(6) Tag 验证 $metaID=H(key)$是否成立，如果成立，则将其 ID 发送给 Tag 读写器；

(7) Tag 读写器比较自 Tag 接收到的 ID 是否与后端数据库发送过来的 ID 一致，如一致，则认证通过；否则，认证失败。

由上述过程可以看出，Hash 2 Lock 协议中没有 ID 动态刷新机制，并且 metaID 也保持不变，ID 是以明文的形式通过不安全的信道传送，因此 Hask 2 Lock 协议非常容易受到假冒攻击和重传攻击，攻击者也可以很容易地对 Tag 进行追踪。也就是说 Hask 2 Lock 协议完全没有达到其安全目标。

2. 随机化 Hash 2 Lock 协议

随机化 Hash 2 Lock 协议由 Weis 等人提出，它采用了基于随机数的询问——应答机制，其协议流程如图 7－8 所示。随机化 Hash 2 Lock 协议的执行过程如图 7－8 所示。

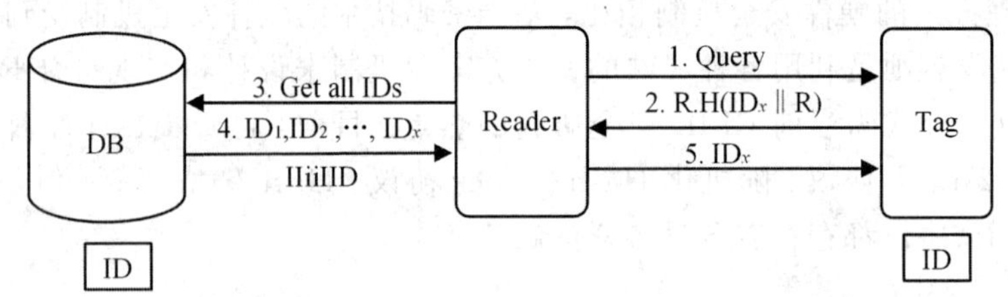

图 7－8　随机化 Hash－Lock 协议

(1) 当电子标签进入阅读器的识别范围内阅读器向其发送 Query 消息请求认证。

(2) 电子标签接收到阅读器的信息后，将利用随机数程序产生一个随机数 R，利用 Hash 函数计算 $H(IDk||R)$，IDk 是标签自身存储的标识，然后标签将(R，$H(IDk||R)$)整体发送给阅读器。

(3) 阅读器向后台应用系统数据库发送获得存储的所有标签 IDj 的请求。

(4) 后台应用系统接收到阅读器的请求后将数据库中存储的所有标签 ID(allIDj)都传输给阅读器。

(5) 此时阅读器收到的数据有电子标签发送过来的$(R, H(IDk||R))$与后台应用系统传输过来的(allIDj)，阅读器进行运算求值是否能在((allIDj))中找到一个 IDj 满足 $hash(R||IDj)=hash(R||IDk)$，若有，则将 IDj 发送给电子标签，没有则认证失败。

(6) 电子标签收到阅读器发送过来的 IDj 是否满足与自身存储的 IDk 相等，若相等则认证成功，否则认证失败。

从上述认证过程中我们可以看到相比于 Hash 2 Lock 协议有所改进，但是标签 IDk 与 IDj 仍然是以明文的方式传输，依然不能预防重放攻击和记录跟踪，当攻击者获取标签的 ID 后还能进行假冒攻击，在数据库中搜索的复杂度是呈 $O(n)$线性增长的，也需要 $O(n)$次的加密操作，在大规模 RFID 系统中应用不理想，所以随机化的 Hash 2 Lock 协议也没有达到预想的安全效果，但是促使 RFID 的安全协议越来越趋于成熟。

3. Hash 链协议

由于以上两种协议的不安全性，okubo 等人又提出了基于密钥共享的询问—应答安全协议—Hash 链协议，该协议具有完美的前向安全性。与上两个协议不同的是该协议通过两个 Hash 函数 H 与 G 来实现，H 的作用是更新密钥和产生秘密值链，G 用来产生响应。每次认证时，标签会自动更新密钥；并且电子标签和后台应用系统预想共享一个初始密钥 k_t，图 7－9是第 j 次认证图以及详细的步骤。

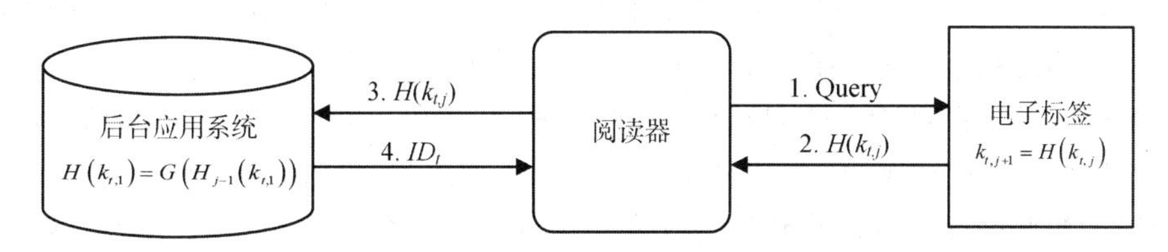

图 7－9　Hash 链协议第 j 次认证

(1) 当电子标签进入阅读器的识别范围内，阅读器向标签发送 Query 消息请求认证。

(2) 电子标签利用 H 函数加密密钥$k_{t,j}$(即 $H(k_{t,j})$)发送给阅读器，同时更新当前的密码值 $k_{t,j+1}=H(k_{t,j})$。

(3) 阅读器收到电子标签发送来的 $H(k_{t,1})$继而转发给后台应用系统。

(4) 后台应用系统查找数据库存储的所有标签，计算是否有某个标签的 IDt 使得 $H(k_{t,1})=G(H_{j-1}(k_{t,1}))$，若有，认证通过，并把 IDt 发送给电子标签，否则认证失败。

从上述分析可以看到每一次标签认证时，都要对标签的 ID 进行更新，增加了安全性，但是这样也增加了协议的计算量，成本也相应地增加。同时 Hash 链协议是一个单向认证协议，还是不能避免重放和假冒的攻击。例如攻击者截获 $H(k_{t,1})$后就可以进行重放攻击。所以 Hash 链协议也不算一个完美的安全协议。

4. 基于 Hash 的 ID 变化协议

Hash 的 ID 变化协议的原理跟 Hash 链协议有相似的地方，每次认证时 RFID 系统利用随机数生成程序生成一个随机数 R 对电子标签 ID 进行动态的更新，并且对 TID(最后一次回话号)和 LST(最后一次成功的回话号)的信息进行更新，该协议可以抗重放攻击。基于 Hash 的 ID 变化协议流程如图 7－10 所示。

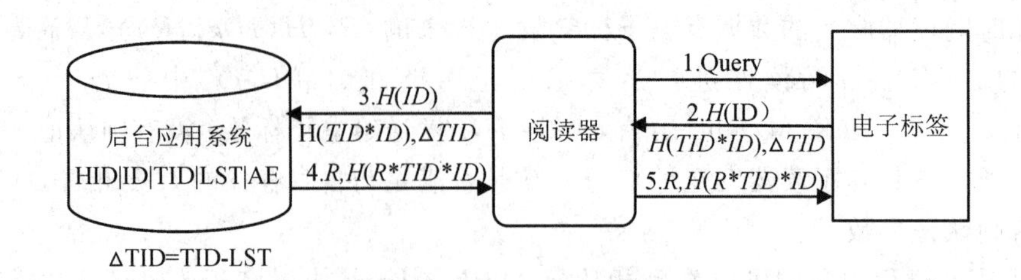

图 7-10　基于 Hash 的 ID 变化协议

(1) 当电子标签进入阅读器的识别范围内阅读器向其发送 Query 消息请求认证。

(2) 电子标签收到阅读器的请求后，将当前的回话号加 1，并标签 ID 和 $TID*ID$ 分别求 Hash 值，得到 $H(ID)$，$H(TID*ID)$，然后标签将 $H(ID)$，$H(TID*ID)$、ΔTID 三者同时发送给阅读器；其中 $H(ID)$作用是帮助后台应用系统还原出对应电子标签的 ID，而 ΔTID 的作用是还原出 TID，进而计算出 $H(TID*ID)$。

(3) 阅读器接到电子标签发送过来的 $H(ID)$，$H(TID*ID)$、ΔTID，继而发送给后台应用系统。

(4) 后台应用系统接到阅读器发送来的 $H(ID)$，$H(TID*ID)$、ΔTID，还原出 ID 与 $TID*ID$ 跟自己数据库存储的电子标签信息进行对比，如果有效，产生一个秘密的随机数 R，然后将(R，$H(R*TID*ID)$)发送给阅读器，并且后台应用系统将电子标签的 ID 更新为 $ID \oplus R$ 存储起来，并且对 TID 和 LST 也进行刷新。

(5) 阅读器将收到的(R，$H(R*TID*ID)$)发送给电子标签，电子标签收到后对数据进行验证，如果有效则认证成功，并对标签 ID 和 LST 进行刷新，否则失败。

通过以上步骤的分析可以看到该协议有一个弊端就是后台应用系统更新标签 ID、LST 与标签更新的时间不同步，后台应用系统更新是在第 4 步，而标签的更新是在第五步，而此刻后台应用系统已经更新完毕，此刻如果攻击者在第 5 步进行数据阻塞或者干扰，导致电子标签收不到(R，$H(R*TID*ID)$)，就会造成后台存储标签数据与电子标签数据不同步，导致下次认证的失败，所以该协议不适用于分布式 RFID 系统环境。

5. David 的数字图书馆 RFID 协议

David 的数字图书馆 RFID 协议是由 David 等人基于预共享秘密的伪随机数来实现的，是一个双向认证协议。在 RFID 系统应用之前，电子标签和后台应用系统需要预先共享一个秘密值 k。David 的数字图书馆 RFID 协议流程如图 7-11 所示。

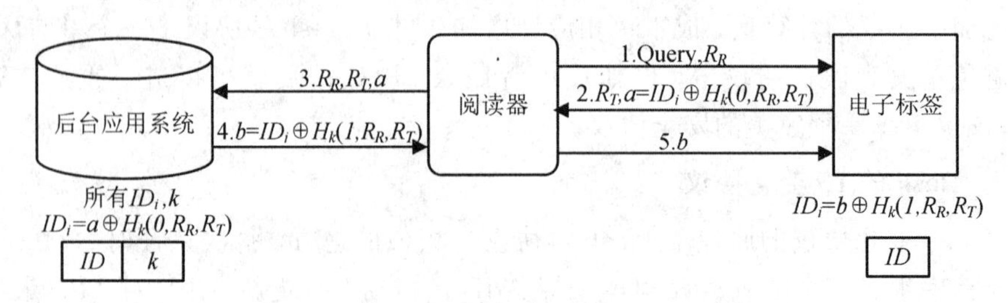

图 7-11　David 的数字图书馆 RFID 协议

(1) 当电子标签进入阅读器的识别范围内阅读器向其发送 Query 消息以及阅读器产生的秘密随机数 R_R，请求认证。

(2) 电子标签接到阅读器发送过来的请求消息后，自身生成一个随机数 R_T，结合标签自身的 ID 和秘密值 k 计算出 $a=IDi \oplus Hk(0, RR, RT)$，完成后电子标签将 (RT, a) 一起发送给阅读器。

(3) 阅读器电子标签发送过来的数据 (RT, a) 转发给后台应用系统。

(4) 后台应用系统查找数据库存储的所有标签 ID 是否存在一个 IDj $(1<=j<=n)$ 满足 $IDj=a \oplus H_k(0, R_R, R_T)$ 成立，若有则认证通过，同时计算 $b=IDi \oplus H_k(1, R_R, R_T)$ 传输给阅读器。

(5) 阅读器将 b 发送给电子标签，电子标签对收到的 b 进行验证，是否满足 $ID=b \oplus IDi \oplus H_k(1, R_R, R_T)$，若满足则认证成功。

截至目前，David 的数字图书馆 RFID 协议还没有出现比较明显的安全漏洞，唯一不足的是为了实现该协议，电子标签内必须内嵌伪随机数生成程序和加解密程序，增加了标签设计的复杂度，故而设计成本也相应地提高，不适合小成本的 RFID 系统。

6. 分布式 RFID 询问—应答认证协议

该协议是 Rhee 等人基于分布式数据库环境提出的询问—应答的双向认证 RFID 系统协议，其协议流程如图 7 - 12 所示。

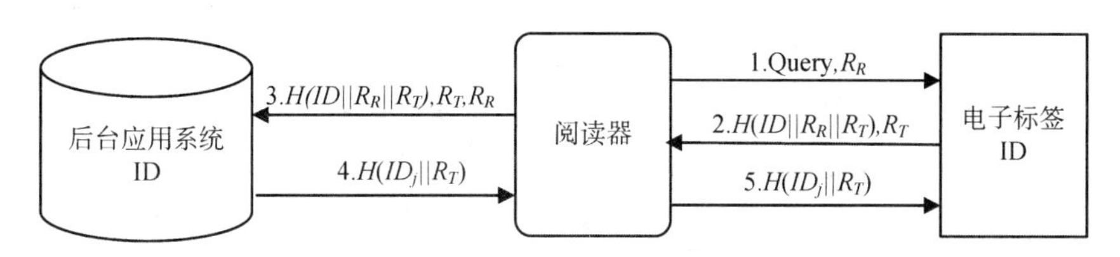

图 7 - 12　分布式 RFID 询问—应答认证协议

(1) 当电子标签进入阅读器的识别范围内阅读器向其发送 Query 消息以及阅读器产生的秘密随机数 R_R，请求认证。

(2) 电子标签接到阅读器发送过来的请求后，生成一个随机数 R_T，并且计算出 $H(ID||R_R||R_T)$，ID 是电子标签 ID，H 为电子标签和后台应用系统共享的 Hash 函数。然后电子标签将 $(H(ID||R_R||R_T), R_T)$ 发送给阅读器。

(3) 阅读器收到电子标签发送过来后，添加之前自己生成的随机数 R_R 一同发给后台应用系统 $(H(ID||R_R||R_T), R_T, R_R)$。

(4) 后台应用系统收到阅读器发送来的数据后，检查数据库存储的标签 ID 是否有一个 IDj $(1<=j<=n)$ 满足 $H(IDj||(R_R||R_T)=H(ID||R_R||R_T)$，若有，则认证通过，并且后台应用系统把 $H(IDj||R_T)$ 发送给阅读器。

(5) 阅读器把 $H(IDj||R_T)$ 发送给电子标签进行验证，若 $H(IDj||R_T)=H(ID||R_T)$，则认证通过，否则认证失败。

该协议跟上一协议一样目前为止还没有发现明显的安全缺陷和漏洞，不足之处一样在于成本太高，因为一次认证过程需要两次 Hash 运算，阅读器和电子标签都需要内嵌随机数生成函数和模块，不适合小成本 RFID 系统。

7. LCAP

LCAP(LowCost Authenticcation Protocol)即低成本鉴析协议，基于标签 ID 动态刷新的询问—应答双向认证协议，其协议流程如图 7－13 所示。

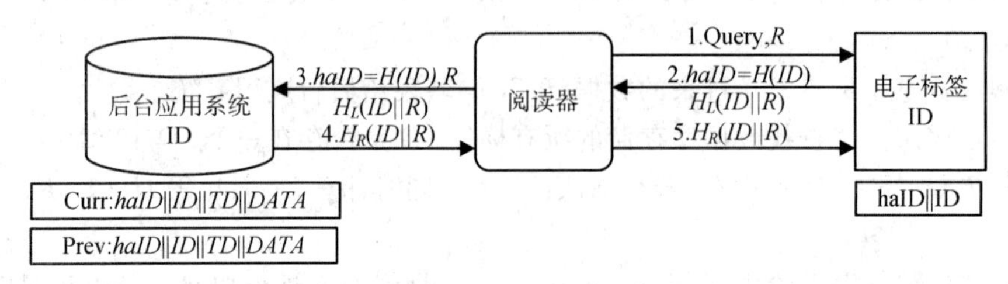

图 7－13　LCAP

(1) 当电子标签进入阅读器的识别范围内阅读器向其发送 Query 消息以及阅读器产生的秘密随机数 R，请求认证。

(2) 电子标签收到阅读器发送过来的数据后，利用 Hash 计算出 $haID=H(ID)$以及 $H_L(ID||R)$，这其中 ID 为电子标签的 ID，H_L 表示的 Hash 函数映射值的左半部分，即 $H(ID||R)$的左半部分，之后电子标签将($haID(ID)$，$H_L(ID||R)$)一起发送给阅读器。

(3) 阅读器收到($haID$，$HL(ID||R)$)后添加之前发送给电子标签的随机数 R，整理后将($haID$，$H_L(ID||R)$，R)发送给后台应用系统。

(4) 后台应用系统收到阅读器发送过来的数据后，检查数据库存储的 $haID$ 是否与阅读器发送过来的一致，若一致，利用 Hash 函数计算 R 和数据库存储的 $haID$ 得到 $H_R(ID||R)$，H_R 表示的是 Hash 函数映射值的右半部分，即 $H(ID||R)$的右半部分，同时后台应用系统更新 $haID$ 为 $H(ID\oplus R)$，ID 为 $ID\oplus R$，之前存储的数据中的 TD 数据域设置为 $haID=H(ID\oplus R)$，然后将 $HR(ID||R)$发送给阅读器。

(5) 阅读器收到 $H_R(ID||R)$后转发给电子标签。

(6) 电子标签收到 $H_R(ID||R)$后，验证其有效性，若有效，则认证成功。

通过以上流程的分析，不难看出 LCAP 存在与基于 Hash 的 ID 变化协议一样的通病，就是标签 ID 更新不同步，后台应用系统完成更新在第(4)步，而电子标签更新是在其更新之后的第(5)步，如果攻击者攻击导致第(5)步不能成功，就会造成标签数据不一致，导致认证失败以及下一次认证的失败，不适用于分布式数据库 RFID 系统。

以上几种安全协议可分为两种，单项认证和双项认证。单项认证只对标签的合法性进行认证，假设阅读器和后台应用系统是觉得安全的，主要代表有 Hash-Lock 协议和随机化 Hash-Lock 协议，认证速度快，成本低，但是安全性也低。双项认证是对阅读器、后台应用系统对标签验证的同时，标签也要对阅读器、后台应用系统进行验证，这类协议成本高，安全性强。

以上的七种安全协议，不是以明文形式传输数据或是计算量复杂，有的不能抵御窃听攻击、或者重放攻击、或者中间人攻击。基于以上七种协议的优点结合，给出一种改进型的安全协议，在初始状态下，因为标签存储量有限，只存放标签标识 ID 号 ID_T，阅读器存放自身的标识 ID 号 ID_R，后台应用系统的数据库中则存放所有标签和阅读器的(ID_T，$h(ID_T)$)、(ID_R，$h(ID_R)$)数据对应值，h 为 RFID 系统共享的 Hash 加密函数。

安全协议不仅要能解决 RFID 系统所面临的安全问题，还要考虑安全协议所带来的成本和计算量问题，如果安全成本和计算量太大，已经超过了 RFID 系统承受的范围，那么这个安全协议也就没有多大的意义。因为电子标签存储容量小，计算量不能太复杂，所以必须选取综合性能最好的安全协议应用于 RFID 系统中。RFID 安全协议性能一般由计算标签，阅读器和后台应用系统在完成整个的认证过程中所需计算时间和存储空间来进行评估。

7.3　简单对象访问协议及其安全性分析

SOAP(Simple Object Access Protocol)简单对象访问协议。SOAP 是基于 HTTP 和 XML 的一种简易协议，利用 SOAP 协议，网络应用之间可以通过 HTTP 协议以 XML 的形式通信。由于 HTTP 和 XML 都是已经被广泛地使用了很多年，因此 SOAP 协议又是“第一个没有发明任何新技术的技术”。使用 SOAP 是为了解决网络间通信的问题。对于基于网络的应用来说，网络通信是非常重要的，利用其他技术程序之间可以通过远程过程调用(RPC)在诸如 DCOM 与 CORBA 等对象之间进行通信，但是 RPC 会产生兼容性以及安全问题，防火墙和代理服务器通常也会阻止此类流量，而使用 SOAP 可以避免这些问题的产生。SOAP 使用 HTTP 协议，HTTP 协议是网络上使用最为广泛的 WWW 服务协议，它可以安全通过几乎所有的防火墙和代理服务器。

SOAP 协议包括三部分：封套(envelope)、一套编码规则、RPC 表示及 SOAP 绑定。封套定义了消息内容和谁应当接受并处理它以及如何处理它们的处理的框架；编码规则用于表示应用程序需要使用的数据类型的实例；RPC 表示远程过程调用和应答的协定；SOAP 绑定则定义了在有或没有 HTTP 扩展框架情况下，SOAP 消息如何通过 HTTP 消息传递数据。最新的标准使得 SOAP 也可以使用 FTP 或 SMTP 作为传输协议。

在下面的例子中，表示了一个典型的 SOAP 请求与应答消息。一个 GetStockPrice 请求被发送到了服务器。此请求有一个 StockName 参数，而在响应中则会返回一个 Price 参数。此功能的命名空间被定义在此地址中：http：//www. example. org/stock。

(1) SOAP 请求过程：

```
POST/InStockHTTP/1.1
Host:www.example.org
Content-Type:application/soap+xml;charset=utf-8
Content-Length:nnn

<?xmlversion="1.0"?>
<soap:Envelop
Xmlns:soap="http//www.w3.org/2001/12/soap-envelop"
soap:encodingStyle="http//www.w3.org/2001/12/soap-envelop">

<soap:Bodyxmlns:m="http//www.example.org/stock">
<m:GetStockPrice>
<m:StockName>IBM</m:StockName>
</m:GetStockPrice>
</soap:Body>
```

(2) SOAP 响应过程：

```
HTTP/1.1200OK
Content-Type:application/soap+xml;charset=utf-8
Content-Length:nnn

<?xmlversion="1.0"?>
<soap:Envelop>
xmlns:soap="http//www/w3.org/2001/12/soap-envelop"
soap:encodingStyle="http//www.w3.org/2001/12/soap-envelop">

<soap:Bodyxmlns:m="www.example.org/stock">
<m:GetStockPriceResponse>
<m:Price>34.5</m:Price>
</m:GetStockPriceResponse>
</soap:Body>

</soap:Envelop>
```

由于 SOAP 是一种基于消息的异步数据传递协议，因此 SOAP 无法应用在实时性要求很高的场合。另外由于 SOAP 是基于文本传输的协议，因此通信的安全性也是一个重要的问题。

7.3.1 SOAP 消息交换模型

从根本上来说 SOAP 消息都是单向传递的消息，但在实际使用中经常使用请求/回应的方式工作。SOAP 没有提供路由机制，但是 SOAP 知道 SOAP 消息从初始发送者到最终接收者的途中要经过 0 个或多个中间节点。接收到 SOAP 消息的 SOAP 节点必须按照处理模型执行处理，并且，如果适当的话，还会产生 SOAP 错误和 SOAP 响应消息，以及发送额外的 SOAP 消息。SOAP 处理模型描述了一个节点上的 SOAP 处理器在接收到一条 SOAP 消息时所采取的动作。必须按照以下顺序处理 SOAP 消息：

(1) 确定节点的角色，这可以使用 SOAP 封装中的内容来确定。

(2) 识别所有定向到该节点的强制报头条目。

(3) 如果上一步中识别的一个或多个报头条目不被该节点所理解，则产生一个 SOAP Must Understand 错误，并取消所有后续的处理。与报体相关的错误不能在这一步里产生。

(4) 处理所有定向到该节点的报头条目，并且如果该节点是最终接收者，则还要处理报体。SOAP 节点必须处理所有定向到它的报头条目，但是可以选择忽略那些定向到它的非强制报头条目的处理。

(5) 在中间节点的情况下，删除所有定向到该节点的报头条目(不管报头条目是被处理还是被忽略，都必须删除)，并可以插入新的报头条目。如果处理过程失败，节点只能产生一条错误消息。与报头相关的错误(不包括 Must Understand 错误)必须是 SOAP Sender 或Data Encoding Unknown 错误，并且必须符合对应报头条目的局部名和命名空间名所确定的规范。与报体相关的错误必须是 SOAP Sender 或 Data Encoding Unknown 错误。在处理一个条目时，SOAP 节点可以应用 SOAP 封装中的任何信息，例如，如果需要的话，缓冲功能可以缓冲整个 SOAP 消息。特定报头条目的处理可以控制或决定其他报头条目和/或报体的处理顺序。例如，可以创建一个报头条目来强制其他的报头条目按照字典顺序进行处理。如果没有这样的控制条目，报头和报体的处理顺序由 SOAP 节点自己确定，报头可以采用优先级顺序、任意顺序、交叉顺序或在报体之后处理。例如，“begin transaction”报头条目通常会优先处理，“commit transaction”则随后处理，而“logging”则与报体并行处理。如果 SOAP 节点是一个中间节点，则 SOAP 消息的模式和处理结果可能需要 SOAP 消息沿着消息路径继续向前发送。这种中继的 SOAP 消息必须包含初始 SOAP 消息的所有报头条目(除去那些被中间节点删除的条目)和报体，并且具有与初始 SOAP 消息相同的顺序，另外，中间节点也可能插入一些新的报头条目。请求/响应方式的消息交换可以具有两种风格：文档(Document)风格和 RPC 风格。

大部分的请求/响应消息交换都是文档风格，在这种情况下，交换的信息直接编码成 Body 的子元素，并且这些元素符合应用程序定义的架构。RPC 风格的消息交换使用 SOAP 规范定义的标准表示把 RPC 调用和响应以结构的形式编码在 Body 元素中，并且这个结构的名称与过程的名称相同，其中包含了过程参数和返回值的子元素。

7.3.2　SOAP 的安全

由于 SOAP 协议广泛用于基于 Internet 的数据传输，但 SOAP 在协议的设计标准的制定时没有充分考虑安全性问题，因此 SOAP 协议本身无法提供安全问题的解决方案。对于网络安全主要有以下五个方面的要求：

(1) 机密性(Confidentiality)：保证没有经过授权的用户，实体或进程无法窃取信息。在一个开放的网络环境里，维护信息机密是全面推广应用的重要保障。因此，要预防非法的信息存取和信息在传输过程中被非法窃取。

(2) 授权(Authorization)：授权是确定允许用户做什么的过程，可将不同的特权给予不同类型的用户。例如，每个人都能阅读公共图书馆的联机卡片目录，甚至不必是该系统的认证用户。换句话说，所有用户都被授权可阅读目录。但系统可能会将借书的权限仅限于已认证用户，这里已认证是指持有此图书馆的有效借书卡。取决于认证机制的复杂程度，系统可能根据所持的卡来限制用户的特权。例如，可能授权某些用户可以借的书不限数量，而限制其他用户只能借一定数量的书籍。

(3) 数据完整性(Data integrity)：保证没有经过授权的用户不能改变或者删除信息，从而信息在传送的过程中不会被偶然或故意破坏，保持信息的完整、统一。因此，要预防对信息的随意生成、修改和删除，同时要防止数据传送过程中信息的丢失和重复。

(4) 原始性证明(Proof of Origin.)：对信息或数据的发送者进行标识。保证信息被经过标识的发送者所传送，从而避免以前的数据包被重复发送。

(5) 防止抵赖(Nonrepudiation)：保证信息的发送者不能抵赖或否认对信息的发送，当然信息发送前需要对发送者进行安全认证。要在信息的传输过程中为参与交易的个人、企业或国家提供可靠的标识。

SOAP 消息通过 HTTPS 传递，HTTPS 使用 SSL 协议传输信息，SSL 协议可以确保被编码消息内容不会被窃听，也确保客户端和服务器可互相验证身份。但是 SSL 只能提供点对点的安全，不能做到端对端的安全，并且 SSL 只能对全部的信息加密，而不能有选择的对部分信息加密，这样当需要传送大量数据的时候，无疑会增大系统开销，增加服务器 CPU 的额外负担，从而降低系统性能和传输的性能。同时如果消息需要有多个中转，那么每个中转点都能看到全部的数据，当一个中转节点被侵入以后，所有的数据都会被泄漏。

当前 SOAP 端对端的安全主要是通过 XML 的扩展来实现，使用 XML 数字签名、XML 加密等技术。通过扩展在传输层和应用层之上的 SOAP 层，来实现关于安全的五个基本要求。

7.3.3 XML 加密

XML 加密(XML Encryption)以传统 PKI 加密机制为基础，为需要进行结构化数据安全交换的应用程序提供了一种端到端的安全性。W3C 定义的 XML 加密不但可以对 XML 文档进行加密，也可以对 XML 文档中任意的一段数据进行加密。实行 XML 加密的主要目的是为了实现对 XML 文档中信息的授权与访问控制。可以对 XML 文档中的不同文本使用不同接收方的公钥进行加密，使得文本的不同部分只能被授权的接收方访问。比如一个 SOAP 消息可能需要多个中间节点传到最后接收节点。中间的任何一个节点只能用自己的私钥解开发给自己的部分信息，而其他部分则无法访问，从而保证了信息只被指定的接收者接收。XML 加密可采用对称加密算法和非对称加密算法，加解密过程如图 7-14 所示。

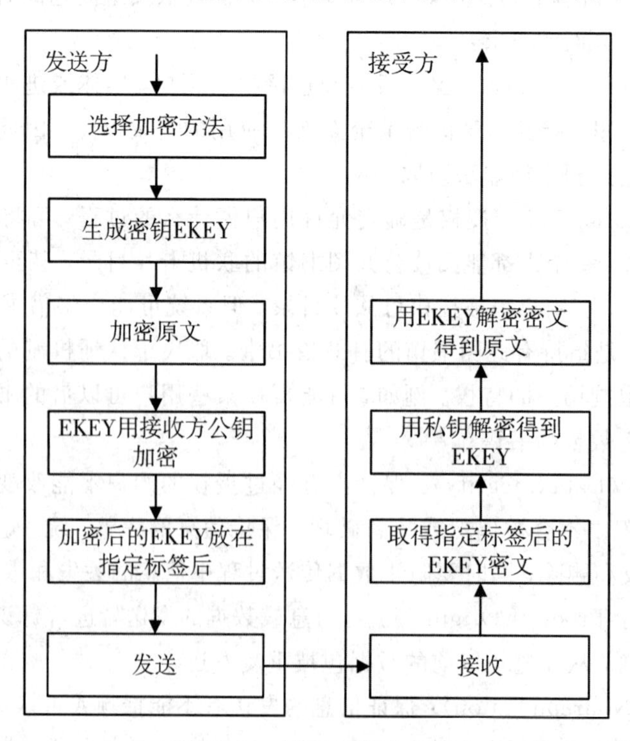

图 7-14　XML 加解密过程

(1) 首先选择需要加密的方法，由于加密速度的原因一般对全文或部分文本进行加密时选用对称加密的方法。

(2) 生成一个密钥 EKEY，并用这一密钥对需要加密的文本进行加密。

(3) 将 EKEY 用接收方的公钥进行加密，并保存在 SOAP 消息的指定标签。

(4) 将消息发送给接收者。

(5) 接收者收到消息后先用私钥对指定标签后的密文进行解密得到 EKEY。

(6) 用 EKEY 对文本进行解密得到原文。

仅仅使用 XML 加密方法可以防止信息的泄漏，保证消息被指定的接收者接收，但是无法保证发送者的合法身份或确认发送者发送了这个消息，即无法保证消息发送者的不可否认性。

7.3.4　XML 数字签名

XML 数字签名主要是为了确保信息的完整性和不可否认性，从而可以验证消息来源何处、是否被修改了等。数字签名的算法很多，但一般都使用非对称加密技术。加密过程如图 7－15所示。

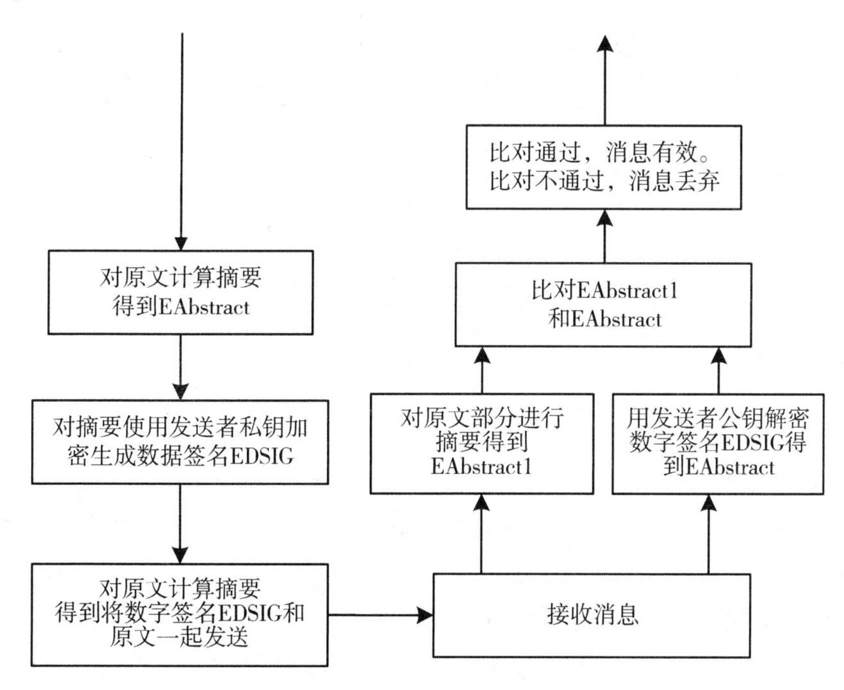

图 7－15　XML 数字签名

(1) 对需要签名的原文进行摘要计算，计算获得一个摘要 EAbstract。

(2) 对 EAbstract 使用发送者的私钥进行加密得到数字签名 EDSIG 并放在 SOAP 消息的指定标签后与原文一起发送。

(3) 接收方接收消息后，对原文部分进行摘要计算取得一个摘要 EAbstract1。

(4) 对接收到的 SOAP 消息中的数字签名 EDSIG 使用发送者的公钥进行解密得到发送方取得的摘要 EAbstract。

(5) 比对 EAbstract 和 EAbstract1，如果两者相等可以确认发送者的身份及发送的消息本身没有被改动。只使用 XML 数字签名技术只能保证发送者的身份及消息到达接收者时没有被改动，但是不能保证消息在传输过程中被截取而泄密。

7.3.5 WS-Security

2002 年 4 月，IBM、Microsoft 和 VeriSign 在他们的 Web 站点上提议建立 Web Services Security(WS-Security)规范。此规范包括安全凭证、XML 签名和 XML 加密的安全性问题，此规范还定义了用户名凭证和已编码的二进制安全性凭证的格式。2006 年 2 月 15 日 OASIS 通过了 WS-Security1.1 安全规范，该规范突出了对安全权标的支持、消息附件和权限管理的增强。该规范包括 WS-Security 核心规范、用户名权标规范 1.1、X.509 权标规范 1.1、Kerberos 权标规范 1.1、SAML 权标规范 1.1、权限表达(REL)权标规范 1.1、带附件的 SOAP(SWA)规范 1.1 和模式 1.1。WS-Security 在整个 Web 安全体系中的位置如图7－16所示。

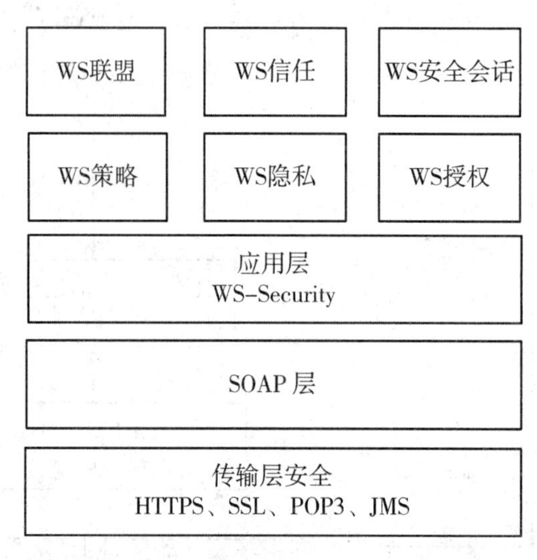

图 7－16　WS-Security 在 Web 安全体系中的位置

WS-Security 没有产生新的技术，它通过利用现有标准和规范来实现端到端的安全性。WS-Security 扩展了 SOAP，建立了一个安全的框架，使用者可以自由地把现成的业界已有解决方法嵌入这个框架中，从而实现在多点消息路径中维护一个安全的环境。WS-Security 定义了一个用于携带安全性相关数据的 SOAP 标头元素。如果使用 XML 签名，此标头可以包含由 XML 签名定义的信息，其中包括消息的签名方法、使用的密钥以及得出的签名值。同样，如果消息中的某个元素被加密，则 WS-Security 标头中还可以包含加密信息(例如由 XML 加密定义的加密信息)。WS-Security 并不指定签名或加密的格式，而是指定如何在 SOAP 消息中嵌入由其他规范定义的安全性信息。WS-Security 主要是一个用于基于 XML 的安全性数据容器的规范。除了利用其他现有的消息身份验证、完整性和加密外，WS-Security 还指定了一个通过 UsernameToken 元素传输简单用户凭据的机制。此外，为了发送用于加密或签名消息的二进制令牌，还定义了一个 BinarySecurityToken。在此标头中，消息可以存储关于调用方、消息的签名方法和加密方法的信息。WS-Security 将所有安全信息保存在消息的

SOAP 部分中，从而为 Web 服务安全性提供了端到端的解决方案。WS-Security 定义了新的 SOAP 标头，见下面代码：

```
<xs:elementname="Security">
<xs:complexType>
<xs:sequence>
<xs:anyprocessContents="lax"
minOccurs="0"maxOccurs="unbounded">
</xs:any>
</xs:sequence>
<xs:anyAttributeprocessContents="lax"/>
</xs:complexType>
</xs:element>
```

Security 标头元素允许在其中包含任何 XML 元素或属性，这使得标头能够适应应用程序所需的任何安全机制。由于标头必须提供的功能，WS-Security 需要这种结构类型。它必须能够携带多个安全令牌以标识调用方的权限和身份。如果消息已经过签名，标头必须包含关于消息的签名方式和密钥信息存储位置的信息。密钥可能包含在消息中或存储在其他地方，并且仅供引用。最后，关于加密的信息也必须能够包含在此标头中。

一个 SOAP 消息可能包含多个 WS-Security 标头。每个标头都由唯一的 actor 标识，两个 WS-Security 标头不能使用相同的 actor 或省略 actor。这使得中间节点很容易识别哪个 WS-Security 标头包含它们所需要的信息。WS-Security 主要使用身份验证(令牌、X.509 证书的 PKI、Kerberos)、数字签名、加密的方法来实现端到端的安全。但是安全是一个复杂的问题，WS-Security 也只考虑到了单个消息的安全，没有考虑如重传攻击等问题。

安全 SOAP 传输系统如图 7-17 所示。

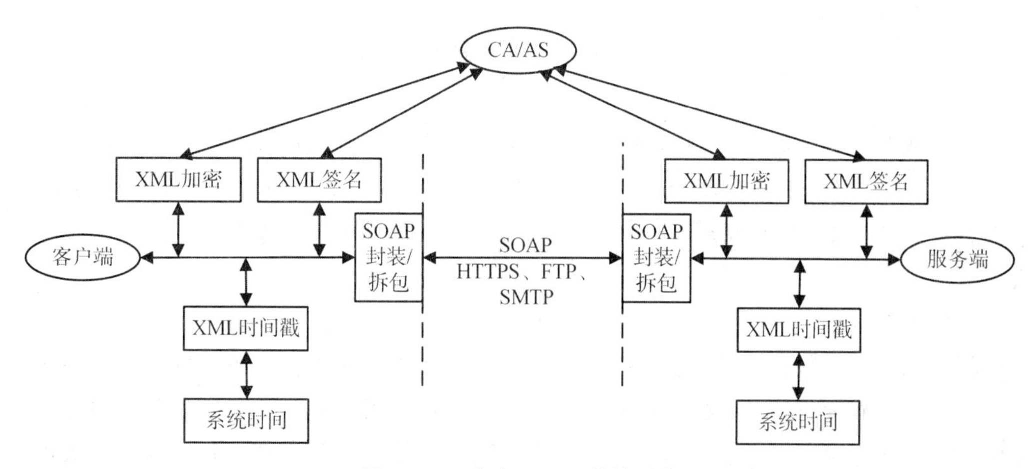

图 7-17 安全 SOAP 传输系统

该系统主要包括以下几个模块：

(1) CA/AS：数字证书发放服务器，用于提供基于 X.509 的 PKI 服务或基于 kerberos 的验证服务。

(2) XML 加密：对发送的请求进行 XML 加密，对于接收到的 XML 文本进行解析并对相应部分内容进行解密。

(3) XML 签名：对发送的请求进行 XML 签名，对接收到的 XML 文本进行签名的认证及文本完整性校验。

(4) XML 时间戳：对发送的请求添加时间戳，对接收的 XML 文本进行时间戳检查，以防止复制重传攻击。

(5) SOAP 封装/拆包：将需要传递的 XML 文本绑定至相应的传输协议进行传输或将接收到的 SOAP 包拆包成 XML 文本。

一个 SOAP 协议包的生成与传输过程如下：

(1) 客户端将需要发送的信息以 XML 格式保存。

(2) 将信息用接收方的公钥加密，加密的内容可以是全部一起加密，也可以根据不同的接收方分段加密。

(3) 获取系统时间，在 XML 文档中加入系统时间戳。

(4) 使用发送方的私钥进行数字签名，以确保整个信息完整且不被更改。

(5) 最后在对信息进行 SOAP 协议封装后，通过 HTTPS、FTP 或 SMTP 传送给接收者。

(6) 接收方按照以上相反的顺序，首先对 SOAP 包进行拆包。然后使用发送方的公钥验证发送者身份及确保信息完整且未被更改，检查发送者的系统时间以避免重传攻击。最后对信息部分用接收方的私钥解密获得明文的信息。

7.4 防碰撞算法

有两个或两个以上的应答器同时发送数据，那么就会出现通信冲突，产生数据相互的干扰，即碰撞。多个应答器处在多个阅读器的工作范围之内，它们之间的数据通信也会引起数据干扰。采取防碰撞(冲突)协议，由防碰撞算法(Anti-collision Algorithms)和有关命令来实现。

防碰撞算法如图 7-18 所示。

射频识别中的防碰撞算法是借鉴了目前的无线通信技术并充分考虑了射频识别系统的特点发展而来的防碰撞方法。射频识别中的防碰撞算法从应用对象上可区分为标签的防碰撞算法和阅读器防碰撞算法，但本书不打算对所有的防碰撞算法展开介绍，而是将主要篇幅交给标签防碰撞算法中的时分多路法，时分多路的相关算法是目前实现简单、应用广泛的一类防碰撞算法。

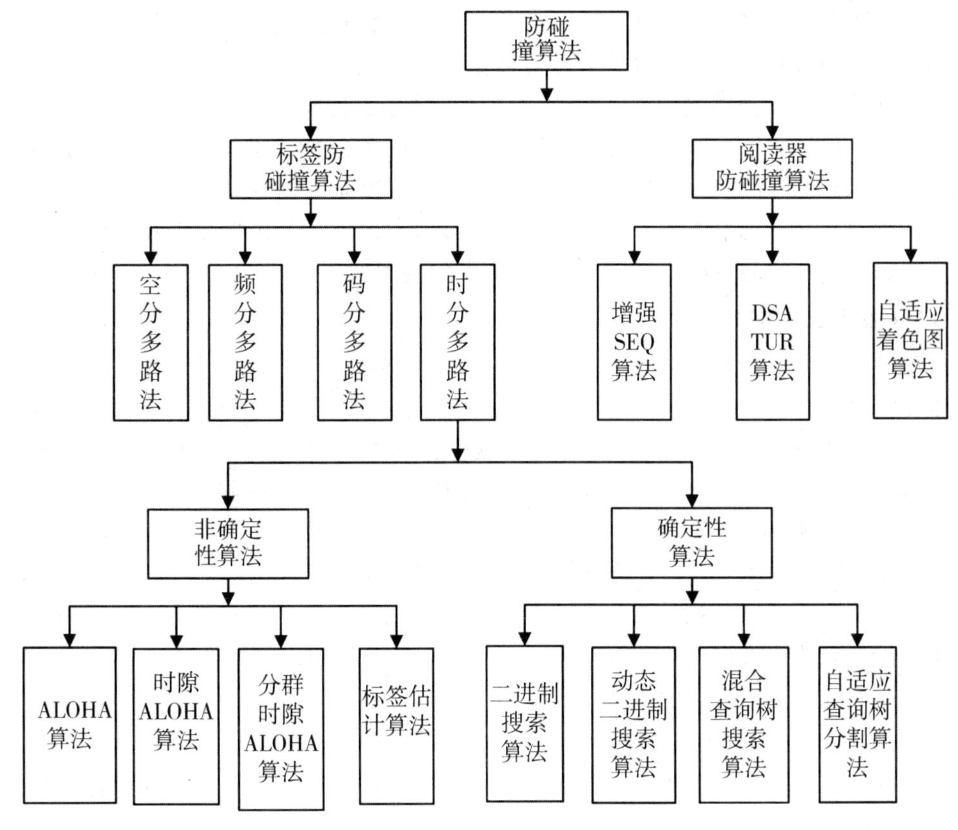

图 7－18　防碰撞算法

7.4.1　无线通信系统中常用防碰撞算法

在无线通信技术中，通信实体之间干扰(碰撞)是长久以来存在的问题，同时也研究出许多相应的解决方法。这些方法一般被分为四类：空分多路法、频分多路法、码分多路法和时分多路法。

1. 空分多路法(SDMA)

空分多路法是在分离的空间范围内进行多个目标识别的技术。一种方式是将天线的作用距离按空间区域进行划分，把多个读写器和天线按照一定的规则放置在这个天线阵列中。这样，当标签进入不同的读写器范围时，就可以从空间上将标签区别开来。另外一种方式可以在读写器上安装一个相控阵天线，并使天线的方向图对准某个标签，使得该标签对读写器的传输信号能量最强，而其余标签的信号强度得到有效的抑制。空分多路法的缺点是复杂的天线系统和相当高的实现费用，因此采用这种技术的系统一般是用在一些特殊应用场合(例如这种方法在大型的马拉松活动中应用已获得了成功)，但在常用的 RFID 系统中很少应用。

2. 频分多路法(FDMA)

把信道频带分割为若干更窄的互不相交的频带(称为子频带)，把每个子频带分给一个用户专用(称为地址)。频分复用(FDM)是指载波带宽被划分为多种不同频带的子信道，每个子信道可以并行传送一路信号的一种技术。频分复用技术下，多个用户可以共享一个物理通信信道，该过程即为频分多址复用(FDMA)。FDMA 模拟传输是效率最低的网络，这主要体现在模拟信道每次只能供一个用户使用，使得带宽得不到充分利用。频分多路法是把若干个使用不同载波频率的传输通路同时供通信用户使用的技术。一般情况下，这种射频识别系统下行链路(从读写器到标签)频率是固定的，用于能量供应和命令数据的传输。而对于上行链路(从标签到读写器)，不同的射频标签可以采用不同的、独立的副载波频率进行数据传输。频分多路的缺点是对读写器和标签的制作成本要求较高，因为每个接收通路必须使用自己单独的接收器。因此在实际的 ID 中，频分多路法也很少得到使用。

3. 码分多路法(CDMA)

码分多路法是在扩频通信技术上发展起来的一种崭新的无线通信技术，其基本原理基于扩频技术，包含扩频(spread spectrum)与多址(Multiple Access)两个基本概念。扩频是信息带宽的扩展，即把需要传送的具有一定信号带宽信息数据，用一个带宽远大于信号带宽的高速伪随机(PN)码进行调制，使原数据信号的带宽被扩展，再经载波调制发送出去。接收端使用完全相同的伪随机码，与接收的带宽信号作相关处理，把宽带信号转换成原信息数据的窄带信号即解扩，以实现信息通信。码分是实现用户信道和基站的标识问题，可以用不同移相的伪随机序列来实现基站的码分选址。该类算法的缺点是频带利用率低、信道容量较小，随机码产生和选择较难，接收时地址码捕获时间较长。其通信频带过宽及其技术的复杂性使其很难在 RFID 系统中得到广泛应用。

4. 时分多路法(TDMA)

时分多路法是把整个可供使用的通路容量按时间分配给多个用户的技术。时分多路法首先在数字移动系统范围内被推广使用。对射频识别系统来说，时分多路法是防碰撞算法中最容易实现和最常使用的方法。这种方法又可分为标签控制法和读写器控制法。在标签控制法中，标签的工作是非同步的，例如在 ALOHA 算法中没有读写器的数据传输控制。标签控制法又可分为开关断开法和非开关断开法。在读写器控制法中，所有的射频标签同时由读写器进行观察和控制。通过一种规定的算法，在读写器作用范围内，首先在选择的标签组中选中一个标签，然后完成读写器和标签之间的通信(如识别、读出和写入数据)。在同一时间只能建立一个通信关系，所以如果要选择另外一个标签，应该解除与原来标签的通信关系。

7.4.2 EPC RFID 系统中的防碰撞算法

在多个阅读器和标签的应用场合，会有标签之间或阅读器之间的相互干扰。这种干扰统称为碰撞。为了防止这些碰撞的产生，在 RFID 系统中需要设置一定的相关命令来解决防碰撞问题—防碰撞命令/算法。按照读写器读取控制方法可以进一步划分为“轮询算法”和“二进制搜索算法”等。

轮询算法需要系统内所有射频标签的序列号清单。这些序列号被读写器依次询问，直至某个有相同序列号的射频标签进行响应。在只有少数标签的 ID 系统中，轮询算法易于实现，但对于标签数目比较多的系统，运用这种算法速度非常慢，算法的效率低。

为解决轮询算法的效率问题，对于 RFID 常常采用二进制搜索算法。在这种算法中，为了从一组标签中选择其中一个标签进行识别，读写器发出一个搜索前缀，符合搜索前缀条件的标签进行响应。当响应的标签数量有两个或两个以上时，就会产生碰撞。当系统对数据采用曼彻斯特编码时，读写器能够确定发生碰撞的比特位置，从而对标签返回的数据进行判断，通过不断修改查询前缀，从而较快的识别所有标签。由于标签的低功耗、低存储能力和有限的计算能力等特点，标签防碰撞方法主要采用时分多路法。由于许多成熟的时分多路算法受到 RFID 系统的这些限制而不能被直接使用，这些限制可以归纳为：

（1）无源标签没有内置电源，标签的能量来自于读写器，因此算法在执行的过程中，标签功耗要低。

（2）读写器作用范围内的标签数无法预知。

（3）标签间无法通信，所有关于防碰撞的解决方法主要在读写器端完成。

（4）实际应用中标签有限的内存与计算能力要求算法在标签端的设计不能太复杂。

目前，在高频（HF）段，标签的防碰撞算法一般采用 ALOHA 及相关算法。在超高频（UHF）段，主要的研究趋势是采用基于二进制搜索算法来防止碰撞。由于在基于 AHOLA 的防碰撞算法中，时隙是随机分配的，即存在一定的可能性，某一标签在相当长一段时间内无法得到识别，即“Tagstarvation”问题，所以这类方法被称为可能性方法。另一类是基于二叉树搜索算法，包括动态二叉树搜索算法，混合查询树搜索算法和自适应查询树分割算法等。该类算法比较复杂，识别时间较长，但不存在“Tagstarvation”问题，故被称为确定性方法。对于 RFID 系统的防碰撞算法，识别所有标签的总时间及能量消耗是我们考虑的重点。一种优秀的防碰撞算法应该具备的性能包括：

（1）识别时间越短越好，即算法的搜索轮次越少越好。

（2）在识别过程中标签功耗越低越好。这是无源标签想要广泛应用的必然要求。具体来说，在防碰撞过程中标签与读写器之间的应答次数及每次信息的传输量越少越好。即算法所需的时隙数和读写器与标签之间传输的比特量越少越好。

（3）可靠性和完整性。读写器应该可以对作用范围内的所有标签可靠的、完全的完成识别，即读写器对所有标签的识别不应该出现错误和遗漏。

7.4.3　常用轮询式（ALOHA）防碰撞算法

常用的防碰撞算法包括纯 ALOHA 算法、时隙 ALOHA 算法、帧时隙 ALOHA 算法、动态帧时隙 ALOHA 算法。

1. ALOHA 算法

ALOHA 协议是世界上最早的无线电计算机通信网。它是 1968 年美国夏威夷大学的一项研究计划的名字。70 年代初研制成功一种使用无线广播技术的分组交换计算机网络，也是最早最基本的无线数据通信协议。取名 Aloha，是夏威夷人表示致意的问候语，这项研究计划的目的是要解决夏威夷群岛之间的通信问题。Aloha 网络可以使分散在各岛的多个用户通过无线电信道来使用中心计算机，从而实现一点到多点的数据通信。第一个使用无线电广播来代替点到点连接线路作为通信设施的计算机系统是夏威夷大学的 ALOHA 系统。

上述系统所采用的技术是地面无线电广播技术，采用的协议就是有名的 ALOHA 协议，叫做纯 ALOHA（Pure ALOHA），处于 OSI 模型中的数据链路层，属于随机存取协议（Random Access Protocol）中的一种。它分为纯 ALOHA 协议和分段 ALOHA 协议。

1）纯 ALOHA 协议（Pure ALOHA）

当传输点有数据需要传送的时候，它会立即向通信频道传送。接收点在收到数据后，会发送 ACK 到传输点。如果接收的数据有错误，接收点会向传输点发送 NACK。当网络上的两个传输点同时向频道传输数据的时候，会发生冲突，这种情况下，两个点都停止一段时间后，再次尝试传送。

纯 ALOHA 算法的标签读取流程：

(1) 各个标签随机的在某时间点上发送信息。

(2) 阅读器检测收到的信息，判断是成功接收或者碰撞。

(3) 标签在发送完信息后等待随机长时间再重新发送信息。

(4) 假设某一帧信息的长度为 F，起始时间为 $t0$，另一帧的起始时间 $t1$ 满足关系式 $t0-F\leqslant t1\leqslant t1+F$ 时，碰撞发生。

RFID 网络中标签读取的 ALOHA 算法是在 ALOHA 思想的基础上，根据 RFID 系统的特点和技术要求不断改进形成的算法体系。它的本质是分离标签的应答时间，使标签在不同的时隙内发送应答。一旦发生碰撞，一般采取退避原则，等待下一循环周期发送应答。

该算法一般用于实时性要求不高的场合和只读标签中。采取"标签先发言"的方式，即标签一进入读写器的作用区域就自动向读写器发送其自身的信息，对同一个标签来说它的发送数据帧的时间是随机的。在标签信息发送过程中如果有其他标签也在发送数据，那么发生信号重叠会导致部分碰撞或者完全碰撞。读写器检测信号并判断是否碰撞，一旦发生碰撞，读写器发送命令让标签停止发送数据，所有标签会随机延迟一段时间再发送数据，由于延迟的随机数不同，再次发生碰撞的概率降低。如果没有碰撞，读写器发送一个应答信号给标签，标签从此转入休眠状态。而对于无接收功能的标签，标签在收不到读写器发送的碰撞信息或者应答信息情况下，在检测期间一直重复的发送自己的信息，直到识别过程结束。

可以看出这种算法简单且易于实现，只要保证读写器搜索的时间足够长，总可以识别完作用范围内的所有标签。如果假设传输点对频道的使用是符合泊松分布的话，我们可以得到以下数据通过量公式，纯 ALOHA 协议：

$$S=G\mathrm{e}^{-2G}$$

S 是吞吐率，G 是提供的流量(每单位时间通过的数据包数量)。

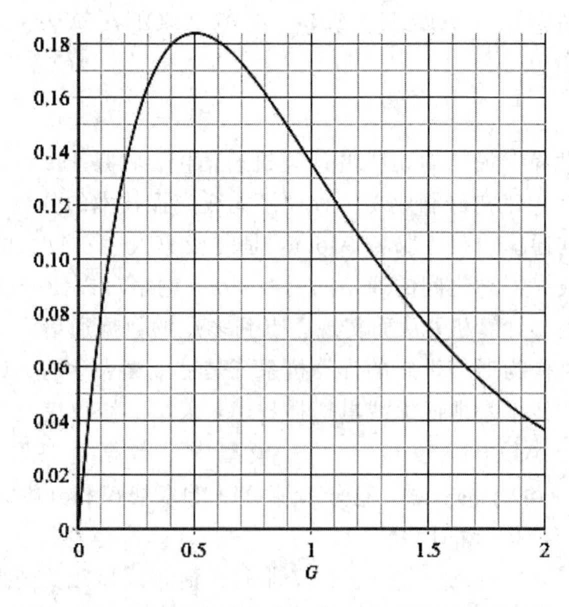

图 7-19　ALOHA 算法中负载与吞吐率之间的关系

在 ALOHA 算法中，吞吐率 S 与输入负载之间的关系如图 7-19 所示。从图中可以看出，当 $G=0.5$，吞吐率达到最大，仅为 0.184，结果并不理想。当 $G>0.5$ 时，算法的性能急剧恶化，系统进入不稳定状态。由于标签自身不能检测碰撞，当发生碰撞时，只能选择重发数据，而重发次数越多了，输入的负载越大，碰撞概率急剧增加，算法的性能也就显著下降。因此选择合适退避区间，是影响算法性能的重要因素。

ALOHA 算法的主要特点是所有标签发送数据的时间不需要同步，是完全随机的，其碰撞周期是 $2T0$，当标签的数量不多时它可以很好的工作。但当数据业务繁忙时，发生碰撞的概率增多，性能急剧下降，信道的利用率很低。

2）时隙（分段）ALOHA 算法

分段 ALOHA 协议：

$$S=Ge^{-G}$$

在时隙 ALOHA 算法中，负载与吞吐率之间的关系如图 7-20 所示。

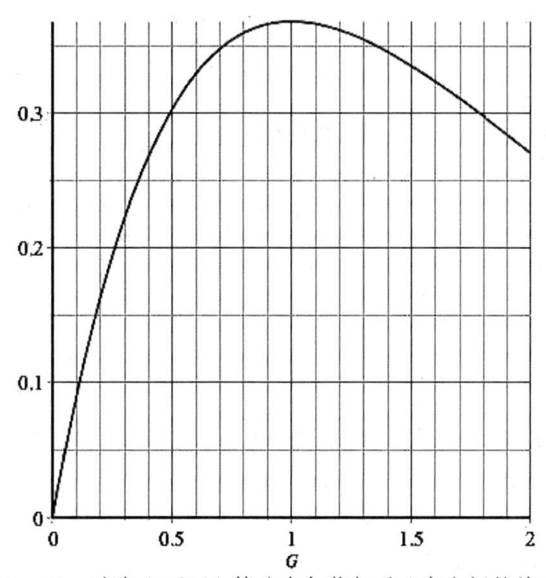

图 7-20　时隙 ALOHA 算法中负载与吞吐率之间的关系

时隙 ALOHA 算法把时间分成多个离散时隙，标签只有在每个时隙的开始时刻才能发送数据，这样标签或成功发送或完全碰撞，避免了 ALOHA 算法中出现的部分碰撞，使碰撞周期减半，吞吐率 S 的最大值约为 0.368，是 ALOHA 算法最大吞吐率的两倍。该算法的缺点是需要同步时钟，且需要标签能够计算时隙。其基本原理是读写器通过发送命令，通知标签有多少时隙，标签随机选择发送信息的时隙。如果目前的时隙只有一个标签响应，读写器可以正确地识别标签。如果目前的时隙有不止一个标签响应，就会发生碰撞。当读写器检测出碰撞后，通知标签，则标签在下一轮循环中重新随机的选择发送的时隙，直到所有的标签都被识别出来。

在 ALOHA 算法的基础上把时间分成多个离散时隙（slot），并且每个时隙长度要大于标签回复的数据长度，标签只能在每个时隙内发送数据。每个时隙内信息发送的过程存在三种状态：

（1）无标签响应：此时隙内没有标签发送。时隙内没有标签发送数据，时隙被空置。从信道利用上来看是浪费的。

(2) 一个标签响应：仅一个标签发送且被正确识别。

(3) 多个标签响应：多个标签发送，产生碰撞。

当输入负载 $G=1$ 时，系统的吞吐率达到最大值 0.368，避免了纯 ALOHA 算法中的部分碰撞，提高了信道的利用率。需要一个同步时钟以使阅读器阅读区域内的所有标签的时隙同步。

时隙 ALOHA 算法示例如图 7-21 所示，在图 7-21 所示的 RFID 系统中，共有 5 个未识别标签。其中标签 2 和标签 3 由于随机选择了时隙 1 发送数据，所以发生碰撞。标签 1 和标签 4 都选择了时隙 2 发送数据，也发生碰撞。只有在时隙 3 中，有唯一的标签 5 发送数据，故不发生碰撞，从而完成读写器对标签 5 的识别。剩余的 4 个未识别标签，将在下一帧中，随机选择时隙继续发送数据。

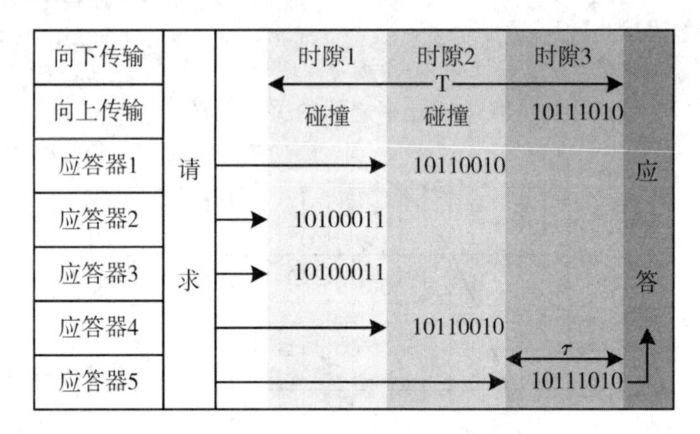

图 7-21　时隙 ALOHA 算法示例

3) 动态时隙 ALOHA 算法

动态时隙 ALOHA 算法通过改变帧时隙的大小来提高标签的识别效率。该算法根据空闲时隙、碰撞时隙或可读时隙的数量来调整帧的大小，当发生碰撞的时隙数量大于特定的上限时，读写器增加帧的长度。如果发生碰撞概率小于特定的下限时，读写器就减小帧的长度。读写器在识别标签的过程中，帧长度是不断变化的，当标签的数量较少时，帧的长度也比较小，读写器无需太多的时隙就能识别所有标签。而当标签数量很多时，帧的长度会自动增加，从而减少碰撞，提高时隙的吞吐率。

4) 帧时隙 ALOHA 算法

在时隙 ALOHA 算法基础上把 N 个时隙组成一帧，标签在每个帧内随机选择一个时隙发送数据。当阅读器发送读取命令后，等待标签回答。每个时隙的长度足够一个标签回答完，当在一个时隙中只有一个标签回答时，阅读器可以分辨出标签；当没有回答时跳过该时隙；当多个标签回答时，发生碰撞，需重新读取。该算法流程：

(1) 把 N 个时隙打包成一帧。

(2) 标签在每 N 个时隙中只随机发送一次信息。

(3) 需要阅读器和标签之间的同步操作，每个时隙需要阅读器进行同步。

该算法的缺点：

(1) 标签数量远大于时隙个数时，读取标签的时间会大大增加；当标签个数远小于时隙个数时，会造成时隙浪费。

(2) 输入负载 $G=1$ 时，吞吐率为最大。如果 $G<1$，空时隙数目增加；$G>1$，碰撞的时隙数增加，降低系统实时性。

5）动态帧时隙 ALOHA 算法

一个帧内的时隙数目 N 能随阅读区域中的标签的数目而动态改变，或通过增加时隙数以减少帧中的碰撞数目。

该算法的流程步骤：

（1）进入识别状态，在开始识别命令中包含了初始的时隙数 N。

（2）由内部伪随机数发生器为进入识别状态的标签随机选择一个时隙，同时将自己的时隙计数器复位为 1。

（3）当标签随机选择的时隙数等于时隙计数器时，标签向阅读器发送数据，当不等时，标签将保留自己的时隙数并等待下一个命令。

（4）当阅读器检测到的时隙数量等于命令中规定的循环长度 N 时，本次循环结束。然后阅读器转入(2)开始新的循环。

该算法每帧的时隙个数 N 都是动态产生的，解决了帧时隙 ALOHA 算法中的时隙浪费的问题，适应 RFID 技术中标签数量的动态变化的情形。

2. 二进制树搜索算法

ALOHA 算法和时隙 ALOHA 算法的信道最佳利用率仅为 18.4%和 36.8%，且随着标签数量的增加性能急剧恶化。二进制树是将处于碰撞的标签分成左右两个子集 0 和 1，按照二进制树模型和一定的顺序对所有的可能进行遍历。该算法不是基于概率的算法，而是一种确定性的防碰撞算法。二进制树搜索算法是一种无记忆的算法，即标签不必存储以前的查询情况，这样可以降低成本。在 RFID 防碰撞算法中，二进制树算法是目前应用最广泛的一种，之所以称为“二进制树”，是因为在算法执行过程中，读写器要多次发送命令给应答器，每次命令都把应答器分成两组，多次分组后最终得到唯一的一个应答器，在这个分组过程中，将对应的命令参数以节点的形式存储起来，就可以得到一个数据的分叉树，而所有的这些数据节点又是以二进制的形式出现的，所以称为“二进制树”。

为了便于描述算法，声明一些基本概念如下：首先，在 RFID 系统当中，每个应答器都是独一无二的，它们的独立性通过唯一的自身序列号来体现，该序列号在不同的标准中有不同的名称，如 EPC 标准中称其为电子产品代码 EPC(Electronic Product Code)，ISO 14443 标准中称其为唯一标识码 UID(Unique Identifier)。事实上，这些都是对应答器序列号的名称描述，因为下文涉及的防碰撞算法是普遍意义上的，既包括了 EPC 标准中的规定，也包括了 ISO 标准中的规定，因此在本文对普遍意义上的防碰撞算法的描述过程中，统一用序列号 SN(Serial Number)来描述上述概念，同时，序列号的长度、格式以及编码方式也是各个标准各自差异的，为了说明的便利，统一定义为 8 位长度的二进制码，如图 7-22 所示。

MSB	→						LSB
b8	b7	b6	b5	b4	b3	b2	b1

图 7-22　应答器序列号数据格式

读写器与应答器之间进行数据交换时，往往要传输序列号的部分或者全部位，此时的传输顺序定义为：先发送低位，再发送高位。在读写器或者应答器内部，对数据进行比较时，遵循这样的原则，即按位依次比较，先比较低位，再比较高位，约定 0<1，根据这个比较顺序，在判断大小时，低位数据优先，即两数 A，B 相比较，从低位开始的第一个不相等位的大小决定了两数的大小，只有当两个数的全部位均相等时，两数才相等。

1）基本二进制树防碰撞算法

阅读器查询的是一个比特序列，该比特序列是多个标签共同的前缀，只有序列号与这个查询前缀相符的标签才响应阅读器的命令而发送其序列号。当只有一个标签响应时，阅读器可以成功识别标签，但当多个标签响应时，阅读器就把下一次循环中的查询前缀增加一个比特 0，通过不断增加前缀，阅读器就可以识别所有标签。二进制树解决碰撞如图 7-23 所示。

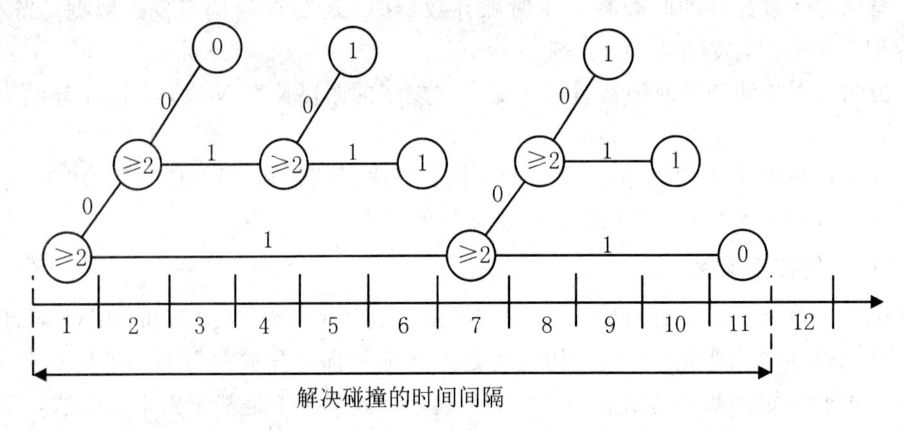

图 7-23　二进制树解决碰撞

基于二进制树搜索算法的 RFID 系统支持以下四种命令：

（1）REQUEST：发送一序列号作为参数给区域内标签。标签把自己的序列号与接收的相比较。请求命令 Request(SN)：该命令携带一个参数 SN，应答器接收到该命令，将自身的 SN 与接收到的 SN 比较，若小于或者等于，则该应答器回送其 SN 给读写器。注：Request(SN)初始值设为 Request(11111111)。

（2）SELECT：用某个序列号作为参数发送给标签。具有相同序列号的标签将以此作为执行其他命令（读出和写入）的切入开关，即选择了标签。

（3）READDATA：选中的标签将存储的数据发送给阅读器。

（4）UNSELECT：取消一个事先选中的标签，标签进入无声状态，即对 REQUEST 命令不回应。

基本二进制树算法的流程图如图 7-24 所示。

基本二进制树算法的步骤如下：

（1）应答器进入读写器工作范围，读写器发出一个最大序列号，所有应答器的序列号均小于该最大序列号，所以在同一时刻将自身序列号返回给读写器。

（2）由于应答器序列号的唯一性，当应答器数目不小于两个时，必然发生碰撞，发生碰撞时，将最大序列号中对应的碰撞起始位设置为 0，低于该位者不变，高于该位者设置为 1。

（3）读写器将处理后的序列号发送给应答器，应答器序列号与该值比较，小于或等于该值者，将自身序列号返回给读写器。

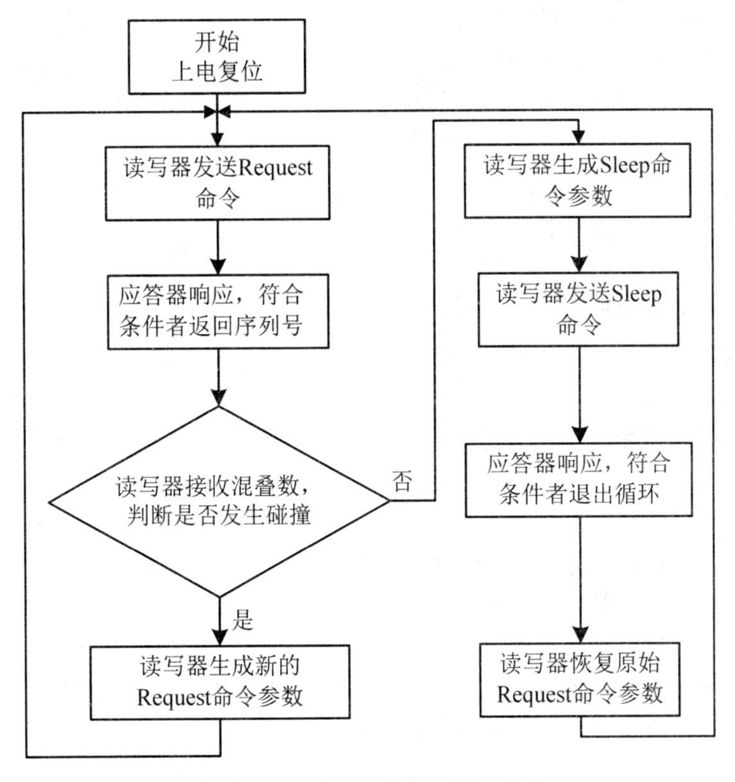

图 7-24　基本二进制树算法流程

(4) 循环这个过程，就可以选出一个最小序列号的应答器，与该应答器进行正常通信后，发出命令使该应答器进入休眠状态，除非重新上电，否则不再响应读写器请求命令。也就是说，下一次读写器再发最大序列号时，该应答器不再响应。

(5) 重复上述过程，即可按序列号从小到大依次识别出各个应答器。

注：第五步时，从步骤(1)开始重复，也就是说，读写器识别完一个应答器后，将重新发送原始的最大序列号。

二进制数查询示意图如图 7-25 所示。

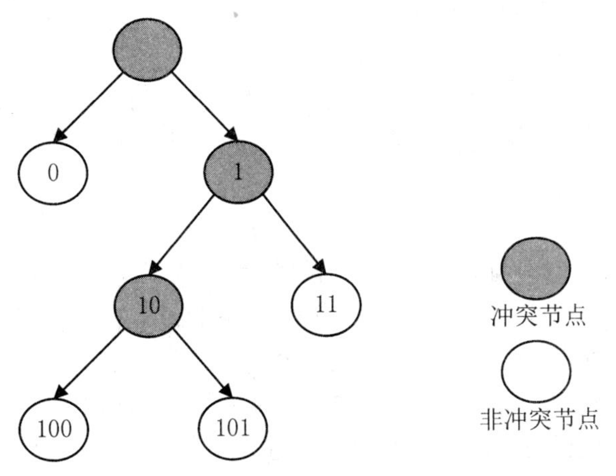

图 7-25　二进制树查询示意图

假设工作范围内有 N 个应答器存在，通过基本二进制树搜索算法进行防碰撞操作，依次识别出所有应答器。循环次数 N_1 定义为在整个防碰撞循环过程中的循环轮次，也即是二进制树的遍历次数。根据前面的分析可知，作为一种确定性的算法，基本二进制树一轮循环总能识别出一个应答器，所以在 n 个应答器的前提下，经过 n 次循环可以识别出 N 个应答器，所以整个过程中的循环次数为 n。

搜索次数 N_2 定义为算法执行命令的次数，即二进制树的节点数目。该值可以用式子 Integ(log$N$/log2)+1 来表示，其中 Integ 表示取整。

通信时间 t 定义为数据交换的时间，即命令执行的时间。假设有 n 个应答器，从读写器到应答器的传输时间为 t_1，反之为 t_2，总时间为 t，则传输的总时间 t 可以下式来表示：

$$t=(2n-1)(t_1+t_2)$$

因为基本二进制树算法中每次传输的序列号 SN 长度相同，$t_1=t_2$，所以有：

$$t=2t_1(2n-1)$$

基本二进制树搜索算法是所有二进制树算法的基础，分析基本二进制树搜索算法的性能可知，对于固定数目的应答器，二进制树算法的性能主要取决于二进制树的节点数目和单次传输命令参数的时间，事实上，二进制树的节点数目与应答器分组的思路是直接相关的，而单次传输命令参数的时间则取决于该命令包含的数据位数。所以，要改善二进制树算法的性能，就必须从这两点着手，现有的二进制树搜索算法有很多种，它们都是在基本二进制树搜索算法的基础上加以改进得来的，根据前述分析，主要的改进思路有两个：

(1) 减少每次通信过程中的数据传输位数。

(2) 减少应答器分组的询问次数。

本文中，定义根据第一个思路得来的算法为动态二进制树，它的一个典型应用为 ISO 14443 TYPE-A 二进制树搜索算法。定义根据第二个思路得来的算法为退避式二进制树，它的一个典型应用为 EPC 二进制树搜索算法。

2) 动态二进制树防碰撞算法

下面定义两个具有普遍意义的命令来描述该算法：

(1) 请求命令 Request($SN_{x\sim1}$)，该命令携带一个参数 SN，长度为 $m=x-1+1=x$，应答器接收到该命令，将自身的 SN 中的前 1～x 位与接收到的 $SN_{x\sim1}$ 比较，若两者相等，则应答器返回其 SN 的剩余位给读写器。注：Request($SN_{x\sim1}$)初始值设为 Request(11111111)，约定当参数值为全 1 时，应答器返回完整序列号。

(2) 休眠命令 Sleep(SN)，该命令携带一个参数 SN，应答器接收到该命令，将自身的 SN 与接收到的 SN 比较，若等于，则该应答器被选中，进入休眠状态，即不再响应 Request 命令，除非该应答器通过先离开读写器工作范围再进入的方式重新上电，才可以再次响应 Request 命令。

动态二进制树算法的流程与基本二进制树算法是一致的，它们的区别在于：基本二进制树算法中，应答器返回完整序列号，而动态二进制树算法中，应答器只返回序列号的有效部分；同样，基本二进制树算法中，读写器生成新 Request 命令时，其命令参数长度是固定的 8 位，而动态二进制树算法中，该命令参数长度是根据应答器返回的序列号来动态变化的。

事实上，动态二进制树对基本二进制树的改进是基于如下考虑的，在基本二进制树的分析过程中可见，算法的核心部分即新命令参数的生成，是根据是否发生碰撞，以及碰撞位来决定的，特别是新 Request 命令参数的生成是由碰撞的起始位来确定的，而碰撞的起始位只需要得到应答器序列号中包括碰撞起始位在内的部分位即可，把这些位称为序列号的有效位，同样，新 Request 命令参数也为包括碰撞起始位(设为 0)在内的部分位，综合如下：若选择高位加碰撞起始位(设为 0)，则算法为应答器序列号对应位小于这些位的数值者，返回剩余低位，若选择碰撞起始位(设为 0)加低位，则算法为应答器序列号对应位等于这些位的数值者，返回剩余高位，从而读写器的新 Request 命令参数与应答器返回的序列号有效部分组合起来，可以得到一个完整的应答器序列号。这两种选择方式并没有本质区别，在本文中，采取其中的一种，即：读写器检测到碰撞后，将碰撞起始位置 0，低位不变，从而将碰撞起始位(置为 0)加低位作为新 Request 命令参数，应答器响应，从低位开始比较，若对应位等于该参数，则返回剩余位给读写器，如果只有 1 个应答器响应，读写器检测到无碰撞发生，则将上一次发出的 Request 命令参数与应答器返回的剩余位组合起来，作为新的 Sleep 命令参数，该参数也即是刚刚做出响应的这个应答器的序列号。

注：如果上一次发出的 Request 为全 1，则表明读写器工作范围内只有一个应答器，此时应答器返回数据为完整序列号，以该序列号作为 Sleep 命令参数。

动态二进制树算法的流程如图 7-26 所示。

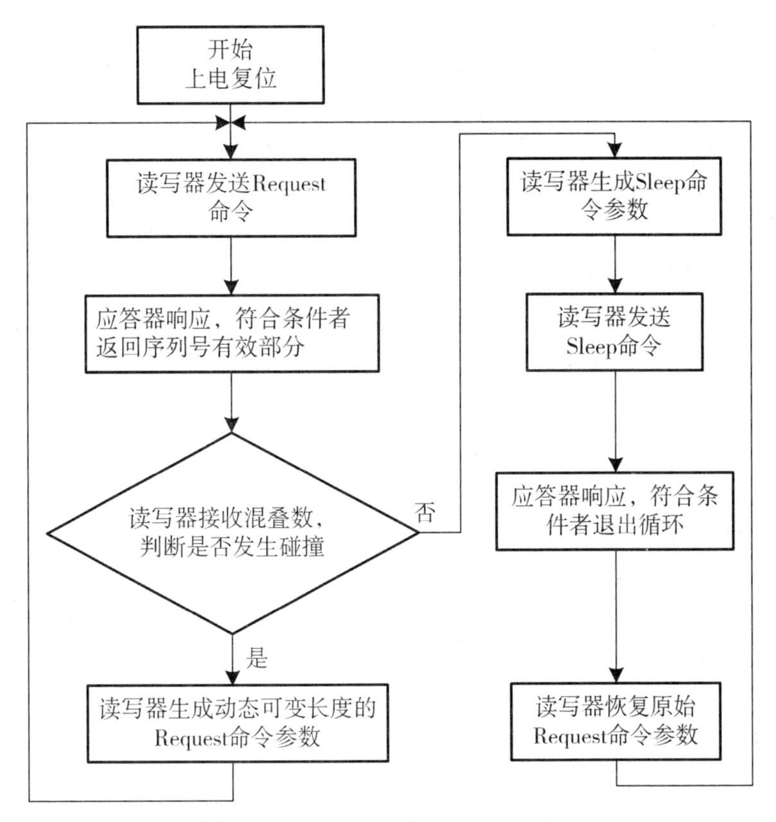

图 7-26　动态二进制树算法流程

动态二进制树算法的步骤如下：

(1) 应答器进入读写器工作范围，读写器发出一个最大序列号，约定此时所有应答器均返回完整序列号，则同一时刻应答器将自身序列号发回给读写器。

(2) 由于应答器序列号的唯一性，当应答器数目不小于两个时，必然发生碰撞。发生碰撞时，将最大序列号中对应的碰撞起始位置为 0，低于该位者不变。

(3) 读写器将处理后的碰撞起始位与低位发送给应答器，应答器序列号与该值比较，等于该值者，将自身序列号中剩余位发回。

(4) 循环这个过程，就可以选出一个最小序列号的应答器，与该应答器进行正常通信后，发出命令使该应答器进入休眠状态，即除非重新上电，否则不对读写器请求命令做出响应。

(5) 重复上述过程，即可按序列号从小到大依次识别出各个应答器。

动态二进制树算法的识别过程中，节点数目，循环轮次都是一样的，但是每次循环过程中，读写器命令与应答器指令所携带的参数都是在动态改变长度的，所以动态算法的优势主要体现在两个方面，一是算法执行过程中数据传输时间；二是算法执行过程中数据信息量。根据分析，算法执行过程中，读写器与应答器传送的数据主体是应答器的序列号，为了便于分析，假定数据交换过程中，双方只传送序列号 *SN*，则在基本算法中，读写器与应答器均传送了序列号全部长度，而在动态算法中，读写器传送序列号的部分位，应答器再传送剩余位，两者组合起来才得到全部的序列号，显然，虽然每次传送时动态算法的数据长度不同，但是在整个算法执行过程中，基本算法传送了两倍序列号，动态算法则只传送了一倍数据量，从而可知，动态算法传送的信息量是基本算法的 50%，从而数据传输时间也是原基本算法的 50%。在本例中，由于假定了应答器的序列号为 8 位长度二进制数，所以这个动态变化的优势并不明显，然而，事实上在实际应用中，应答器序列号长度往往是极大的，比如说常见的是 96 位，在这样的情况下，动态算法的优势就体现出来了。

3) 退避式二进制树防碰撞算法

退避式二进制树搜索算法是对基本二进制树搜索算法的一种改进，根据基本二进制树算法的分析可知，每识别一个应答器后，读写器恢复 Request 命令参数的初始值，重新从二进制树的根部开始执行，对此可以采取退避的思想，即每次识别出一个应答器后，算法返回其上一个父节点，而不返回整棵树的根节点。

同样定义两个具有普遍意义的命令来描述算法：

(1) 请求命令 Request(*SN*)：该命令携带一个参数 *SN*，应答器接收到该命令，将自身的 *SN* 与接收到的 *SN* 比较，若小于或者等于，则该应答器回送其 *SN* 给读写器。注：Request(*SN*)初始值设为 Request(11111111)。

(2) 休眠命令 Sleep(*SN*)：该命令携带一个参数 *SN*，应答器接收到该命令，将自身的 *SN* 与接收到的 *SN* 比较，若等于，则该应答器被选中，进入休眠状态，即除非重新上电，否则不再响应 Request 命令。

如图 7-27 所示，退避式二进制树算法的流程与基本算法的区别在于：基本算法中，一个应答器被识别后，重新启动新循环时，读写器返回整棵树的根节点，获取原始 Request 命令参数，而退避式算法中，读写器返回上一次发生碰撞节点，获取 Request 命令参数。事实上，退避式算法的改进是基于如下考虑的，在基本二进制树的分析过程中可见，算法之所以称为二进制树，是因为每次碰撞后，均以碰撞起始位为界，将应答器分为两个部分，形象的看，如同一棵树在进行从根部到主干到树枝的一个不断的分叉过程，所以，分叉也即是分组的理念是二进制树算法的本质所在，根据这一点，算法每次分叉到达末端之后，不再返回根部重新开始分叉，而是返回上一次分叉的节点即可重新开始新的树干，该节点即上一次发生碰撞的节点。采用该返回思路的二进制树算法，称为退避式二进制树算法。

退避式二进制树算法的流程如图7-27所示，基本设置可参考基本二进制树算法。

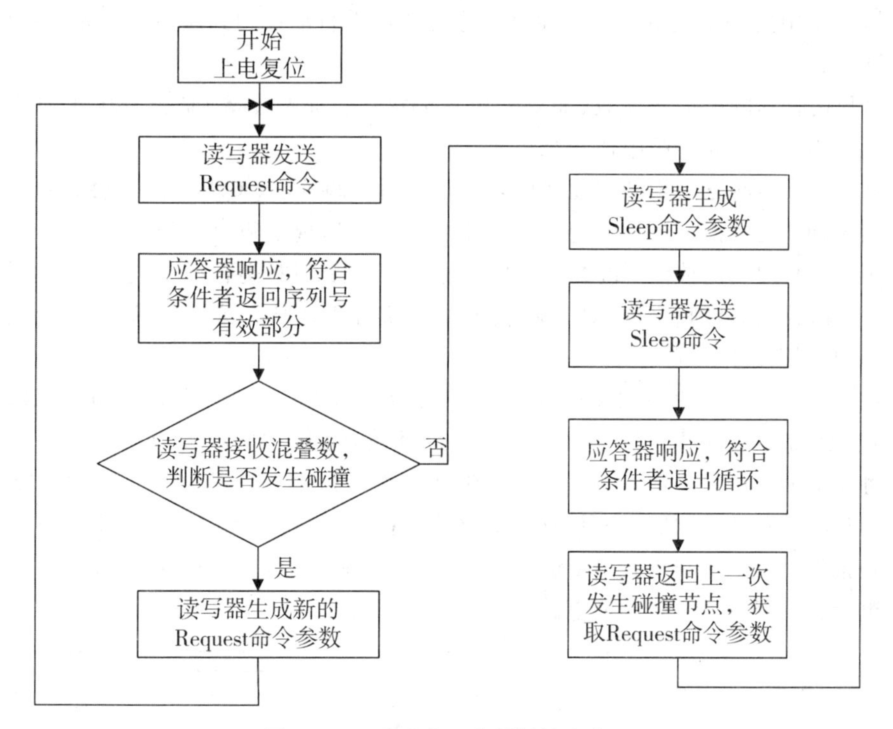

图7-27　退避式二进制树算法流程

退避式二进制树算法的步骤如下：

(1) 应答器进入读写器工作范围，读写器发出一个最大序列号，所有应答器的序列号均小于该最大序列号，所以在同一时刻将自身序列号发回给读写器。

(2) 由于应答器序列号的唯一性，若应答器数目不小于两个，必发生碰撞。此时将最大序列号中对应碰撞起始位置为0，低于该位者不变，高于该位者置1。

(3) 读写器将处理后的最大序列号发送给应答器，应答器序列号与该值比较，小于或等于该值者，将自身序列号发回。

(4) 循环这个过程，选出一个最小序列号的应答器，与之正常通信后，命令该应答器进入休眠状态，即除非重新上电，否则不再响应读写器请求命令。

(5) 返回上一个发生碰撞的节点，获取该节点对应的最大序列号，重复上述过程，即可按序列号从小到大依次识别出各个应答器。

与基本二进制树比较可知，退避式算法每次传送的数据信息量与基本算法是一样的，区别在于，退避式算法的传送次数，也即是所遍历的节点数目比之基本算法大大减少，假设读写器工作范围内有 n 个应答器，则所需节点数目为Kn，则可用下式表示：

$$K_n=2n-1$$

虽然常用的防碰撞算法方法简单，易于实现，但往往存在识别时间较长，搜索效率低等问题。自2005年以来人们陆续开发了较新的防碰撞算法，包括：标签估计算法、分群时隙ALOHA算法、混合查询树算法、后退式索引二进制树搜索算法和基于码分多址的ALOHA算法等。

7.4.4 碰撞检测的方法

防碰撞算法中的一个关键步骤是通过相应的软硬件自动探测到碰撞的出现，一般有如下方法可供选择：

(1) 检测接收到的电信号参数(如信号电压幅度、脉冲宽度等)是否发生了非正常变化，但是对于无线电射频环境，门限值较难设置；

(2) 通过差错检测方法检查有无错码，虽然应用奇偶校验、CRC 码检查到的传输错误不一定是数据碰撞引起，但是这种情况的出现也被认为是出现了碰撞；

(3) 利用某些编码的性能，检查是否出现非正常码来判断是否产生数据碰撞，如曼彻斯特码，若以 2 倍数据时钟频率的 NRZ 码表示曼彻斯特码，则出现 11 码就说明产生了碰撞，并且可以知道碰撞发生在哪一位。

我们以 MCRF250 芯片为例来看防碰撞的电路设计。MCRF250 芯片如图 7-28 所示，该芯片是非接触可编程无源 RFID 器件，工作频率(载波)为 125 kHz，具有初始模式(Native)和读模式两种工作模式。只读数据传送，片内带有一次性可编程(OTP)的 96 位或 128 位用户存储器(支持 48 位或 64 位协议)；具有片上整流和稳压电路；编码方式为 NRZ 码、曼彻斯特码和差分曼彻斯特码；调制方式为 FSK、PSK 和直接调制；封装方式有 PDIP 和 SOIC 两种。芯片内部电路由射频前端、防碰撞电路及存储器 3 部分组成。

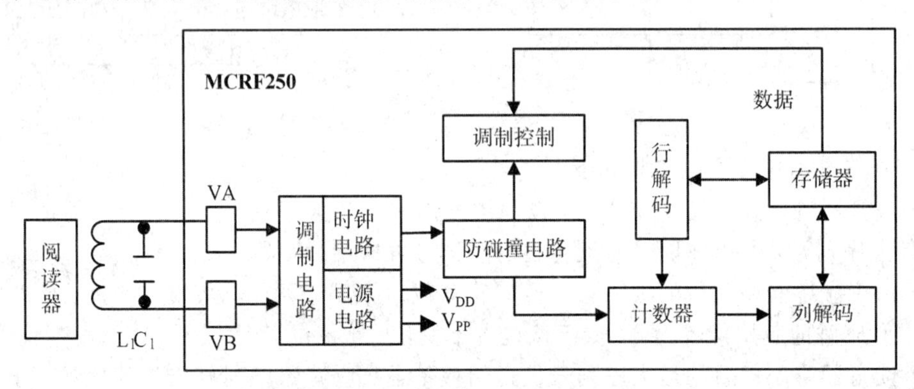

图 7-28 MCRF250 芯片

FSK 防碰撞阅读器的设计如图 7-29 所示，防碰撞流程如图 7-30 所示。

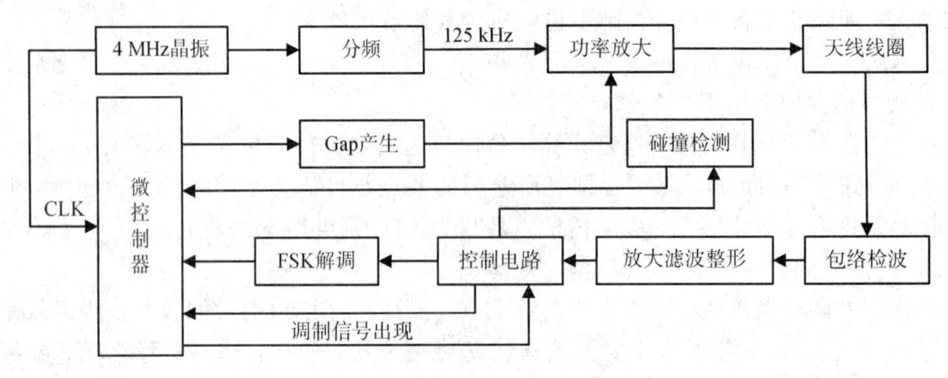

图 7-29 FSK 防碰撞阅读器设计

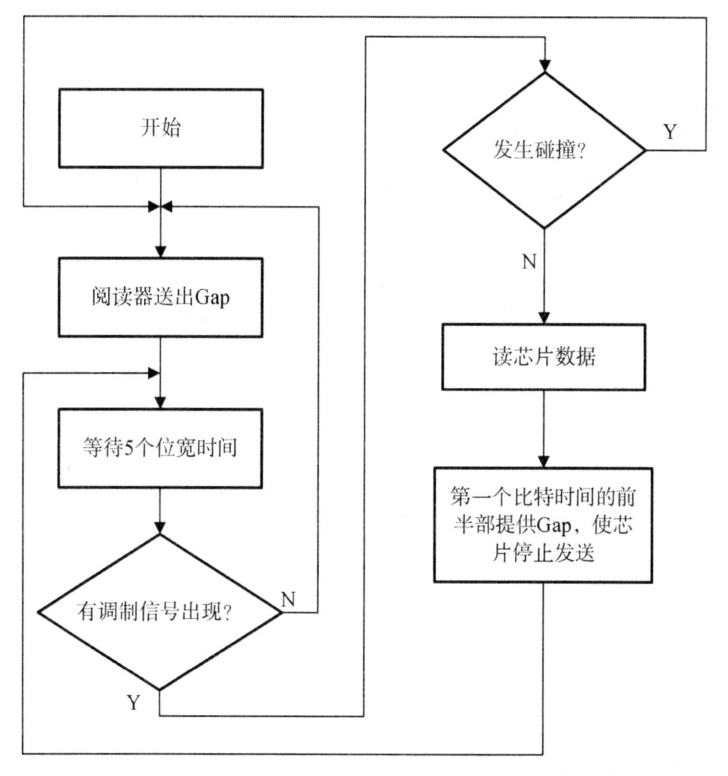

图 7-30　防碰撞流程

7.5　ISO18000-6B/C 协议标准

目前，国际上存在三个主要的 RFID 技术标准体系组织：由总部设在美国麻省理工学院(MIT)的自动识别中心(Auto-ID Center)演变的全球产品电子代码中心(EPCglobal)、ISO/IEC、JTC1 和日本的泛在 ID 中心(Ubiquitous ID Center，UIC)。在 UHF 工作频段，EPC 推出的 Class 1 Gen2 和 ISO/IEC 推出的 ISO/IEC 18000-6(针对频率为 860～930 MHz 用于物品管理的无接触通信空气接口参数)标准特别引人关注。在 UHF 频段标准发展的过程中，EPC 与 ISO/IEC 两大组织也在不停地寻求标准的完善和融合，EPC 在 Auto-ID center 的 Class0 和 Class1 的基础上提出了 Class1 Gen2 的标准以及在 Class1 Gen2 基础上的改进版本 Class2 和 Class3 标准；ISO/IEC 则在 EAN/UCC 以及 GTAG 的基础上提出了 ISO/IEC18000-6 系列标准的类型 A 和类型 B。2005 年 6 月，ISO/IEC 在新加坡会议确定，将 EPC 的 Class1 Gen2 作适当修改列为 ISO/IEC 18000-6 类型 C，这样，UHF 频段 ISO/IEC 18000-6 系列标准包括了 ISO/IEC 18000-6A、ISO/IEC 18000-6B 和 ISO/IEC 18000-6C 三种类型，两大标准组织阵营实现了真正意义上的融合。表 7-12 概略地勾画出 UHF 频段 RFID 标准改善、发展和融合的历程。ISO/IEC 18000-6C 仅对 Gen2 标准中标签存储器部分的功能和内容作了局部修改，其他继承了 Gen2 标准的全部内容。

表 7-12 UHF 频段 RFID 标准

技术特征 \ 类型		TypeA(CD)	TypeB(CD)	TypeC(CD)
读写器到标签	工作频段	860～960 MHz	860～960 MHz	860～960 MHz
	速率	33 kb/s，由无线电政策限制	10 kb/s 或 40 kb/s，由无线电政策限制	26.7～128 kb/s
	调制方式	ASK	ASK	DSP - ASK，SSB - ASK 或 PR - ASK
	编码方式	PIE	Manchester	PIE
标签到读写器	副载波频率	未用	未用	40～640 kHz
	速率	40 kb/s	40 kb/s	FMO：40～640 kb/s 子载频调制：5～320 kb/s
	调制方式	ASK	ASK	由标签选择 ASK 和(或)PSK
	编码方式	FMO	FMO	FMO 或者 Miller 调制子载频，由查询器选择
	唯一识别符长度	64 比特	64 比特	可变，最小 16 比特，最大 496 比特
防碰撞	算法	ALOHA	Adaptive binarytree	时隙随机反碰撞
	类型(概率或确定型)	概率	概率	概率
	线性	在 250 个标签的查询区内。自适应时隙为 250 个标签分配多达 256 个时隙，基本呈线形	多达 2^{256} 个标签基本呈线形，由数据内容的大小决定	在查询器阅读场内，多达 2^{256} 个标签呈线形，大于此数的具有唯一 EPC 的标签呈 $N\log^{N}$
	标签查询能力	算法允许在查询器识别阅读区内阅读不少于 250 个标签	算法允许在查询器识别阅读区内，阅读不少于 250 个标签	具有唯一 UII 的标签数量不受限制

与 ISO/IEC 18000-6A、ISO/IEC 18000-6B 以及此前的 Gen1 相比，ISO/IEC 18000-6C (Gen2)具有以下的特点：

(1) 具有较高的阅读速率，在美国达到 1500 标签/秒，欧洲 600 标签/秒。

(2) 具有更好的加密技术，提高了数据的安全性能，减轻了人们对隐私问题的担忧，同时提供了更大的内存读写空间，可更好地满足多元化应用的需求。

(3) 提供了更多的功能，可适应在高密度多个读写器环境下工作，标签在晶片内加上了防冲突机制，确保标签在大量被读取时读取率的完整，提供了达成共识的一项通用标准，从而提高了读取的准确性和数据的可靠性。

(4) 允许用户对同一个标签进行多次读写(Gen1 允许多次识读，但只能写一次，即 WORM)，支持长达 256 位的唯一物品识别码 UII(例如 EPC)，而 Gen1 支持最多 96 位的产品电子代码，ISO/IEC 18000-6A 和 ISO/IEC 18000-6B 的唯一识别码 UID 均为 64 比特。标准吸收了其他 RFID 相关标准的最新成果，在射频频段选择、物理层数据编码技术及调制方式、防冲突算法、标签访问控制和隐私保护等关键技术方面进行了改进，以适应标签低处理能力、低功耗和低成本的要求，这使得 ISO/IEC 18000-6C(Gen2)标准在性能上比第一代 EPC-RFID 标准有了显著提高。

从表 7-12 可以看出，在技术性能和指标上 ISO/IEC18000-6C 比 ISO/IEC18000-6A 和 ISO/IEC18000-6B 更加完善和先进，已为美国国防部和国际上大的物流厂商(如沃尔玛)所认可。值得注意的是，ISO/IEC 的联合工作组又对 ISO/IEC18000-6C 标准进行延伸，在其基础上制定了带传感器的半无源标签的通信协议标准(即 ISO/IEC18000-6D)。同时，联合工作组又提出了按 ISO/IEC18000-6C 的工作模式对 ISO/IEC18000-3 进行修订的建议稿。

目前，有两个标准可供选择。一是 ISO18000-6B，另一个是已被 ISO 接纳为 ISO18000-6C 的 EPC Class1 Gen2 标准。这两个标准各有优点。

(1) ISO18000-6B 标准。

该标准定位于通用标准，应用比较成熟，产品性能相对稳定，数据格式和标准相对简单。ISO18000-6B 标准的主要特点包括：标准成熟、产品稳定、应用广泛；ID 号全球唯一；先读 ID 号，后读数据区；1024bits 或 2048bits 的大容量；98Bytes 或 216Bytes 的大用户数据区；多标签同时读取，最多可同时读取数十个标签；数据读取速度为 40kb/s。符合 ISO18000-6B 标准的电子标签主要适用于资产管理等领域。目前国内开发的集装箱标识电子标签、电子车牌标签、电子驾照(司机卡)均采用此标准的芯片。

根据 ISO 18000-6B 标准的特点，从读取速度和标签数量来讲，在卡口、码头作业等标签数量不大的应用场合，应用 ISO18000-6B 标准的标签基本能满足需求。目前，中国海关物流监管系统中所使用的“电子车牌识别系统”使用的就是 ISO18000-6B 标准的电子标签。ISO 18000-6B 标准的不足之处在于：近几年发展停滞，有被 EPC Class1 Gen2 取代的趋势；用户数据的软件固化技术不太成熟，但这种情况可以通过芯片厂家将用户数据嵌入解决。

(2) ISO18000-6C(EPC Class1 Gen2)标准。

该标准的特点是：速度快，数据速率可达 40kb/s～640kb/s；可以同时读取的标签数量多，理论上能读到 1000 多个标签；首先读 EPC 号码，标签的 ID 号需要用读数据的方式读取；功能强，具有多种写保护方式，安全性强；区域多，分为 EPC 区(96bits 或 16Bytes，可扩展到 512bits)、ID 区(64bit 或 8Bytes)、用户区(224bit 或 28Bytes)、密码区(32bits 或 4Bytes)，但有的厂商提供的标签没有用户数据区，如 Inpinj 的标签。EPC Class1 Gen2 标准主要适用于物流领域中大量物品的识别，正处于不断发展之中。EPC Class1 Gen2 标准具有通用性强、符合 EPC 规则、产品价格低、兼容性好等众多优点。

习　题

1. 请列举 EPC 网络攻击的方法。
2. 请列举 EPC 网络空中攻击的方法。
3. 列举现有的 RFID 安全协议。
4. 常用的数据校验方法有哪些?
5. EPC Gen2 使用哪几种防碰撞算法? 试简要说明原理。
6. 试说明加密和杂凑的区别，在实际工程应用中应如何选择?

第8章　可扩展标记语言(XML)与物理标记语言(PML)

8.1　XML 语言概述

XML 全称是"可扩展标记语言"(Extensible Markup Language)，之所以称之为可扩展，是因为它不像 HTML 那样只有固定的形式，而是被用来使 SGML("通用标记语言标准"国际标准的标记元语言)能在万维网上应用自如。XML 并不是一个独立的，预定义的标记语言，它是一种元语言，是用来描述其他语言的语言，允许你自己设计你的标记。HTML 是一种预定义的标记语言。HTML 只是在一类特定的文件中定义了一种描述信息的方法。而 XML 能允许你在不同的文件中定义你自己设计的标记语言，这是因为 XML 是用 SGML 书写的。XML 是 Web 应用的一种新技术，是万维网联盟(W3C)制定的标准。XML 简化了网络中数据交换和表示，使得代码、数据和表示可以分离，可以作为数据交换的标准格式。就这点而言，XML 被称为智能数据文档。

XML 语言是 SGML 的简化子集，专门为 Web 应用程序而设计。XML 提供描述不同类型数据的标准格式——例如，约会记录、购买订单、数据库记录，从而可一致而正确地解码、管理和显示信息。XML 提供表示数据的文件格式、描述数据结构的计划以及用语义信息扩展和注释 HTML 的机制。

总而言之，XML 是一种元标记语言，该语言提供一种描述结构数据的格式。这有助于更精确地声明内容，方便跨越多种平台得到更有意义的搜索结果。此外，XML 将起用新一代的基于 Web 的数据查询和处理应用程序。

XML 是被设计用来使 SGML 能在万维网上自如应用地定义文件类型、制作和管理用 SGML 定义的文件，并在网上方便地传输和共享这些文件，使得 Internet 上的数据相互交流更方便，让文件的内容更加显而易懂。

HTML 的全称是"超文本标记语言"(HyperText Markup Language)，是 SGML 在网络上的一个特殊应用。HTML 只是其中一种文件类型，是一种在网上最常用的类型。它定义了一种简单而固定且含标记的文件类型。XML 是 SGML 的简化版，为了实现更加方便地编写和理解应用程序，更加方便地在网络上传输信息，更加方便地实现互操作性，XML 省略了一些 SGML 中复杂和不常用的部分，但 XML 还能和 SGML 一样通过解析。XML 与 HTML 的主要区别在于文件类型单一，不足以处理千变万化的文档和数据，而且 HTML 本身语法不严密，严重影响网络信息的传输和共享。XML 叫做可扩展标记性语言，特点是可移植性、与平台无关、有直接可读的形式。

尽管 HTML 提供了可视化和用户界面标准，但它们并不足以表示和管理数据(和 XML 关系最近的是数据)。由于 Internet 只是文本和图片的访问媒体，并没有智能搜索、数据交换、自适应表示和个人化的标准。Internet 必须超出设置信息访问和显示标准的限制，必须设置信息理解标准(表示数据的通用方式),以便软件能够更好地搜索、移动、显示和处理上下文中隐藏的信息。由于HTML是一种描述如何表示Web页的格式,所以HTML并不能完成以上处理;HTML并不表示数据,它能够也只能够描述数据的显示格式。例如,HTML不能完成以下任务:

(1) 允许医药实验室以所有接收者均能分析的格式发表统计信息。

(2) 以所有接受者均能解码和处理的表格描述电子支付。

(3) 提供搜索法律图书馆中有关某一主题的所有诉讼文档的标准方式。

(4) 指定以何种方式传送公司目录中的信息,以便销售人员可以脱机工作、向客户显示目录、接受订单并以标准格式上载这些订单。

简而言之,尽管HTML提供了用于显示的丰富工具,但HTML并没有提供任何基于标准的管理数据的方式。正如数年前用于显示的HTML标准扩展了Internet一样,数据标准亦可扩展Internet。数据标准将是商业交易、公布个人喜爱的配置文件、自动协作和数据共享的工具,将以此格式编写制药研究数据、半导体部件图以及采购订单。这将开创众多新用途,这些新用途均基于在Web上到处移动结构数据的标准表示,正如当前我们移动HTML页一样容易。数据标准是XML和XML扩展名。

XML提供可以编码各种情况(从简单至复杂)的内容、语义和架构的数据标准,可被用于标注以下对象:① 普通文档;② 诸如约会记录或采购订单之类的结构记录;③ 具有数据和方法的对象,如Java对象或ActiveX控件的持续型表单;④ 数据记录,如查询的结果集;⑤ 有关Web站点的元内容,如"频道定义格式(CDF)";⑥ 图形表示,如应用程序的用户界面;⑦ 标准架构实体和类型;⑧ Web上的信息与用户之间的所有链接。

一旦该数据在客户机桌面上,就可以在多个视图中处理、编辑和表示它,而无需返回到服务器。由于较低的计算量和带宽负载,所以目前的服务器更易于升级。此外,由于以XML格式交换数据,所以可以轻而易举地合并来自不同来源的数据。

XML对Internet和大型企业的Intranet环境是颇有价值的,这是由于XML提供使用灵活、开放、基于标准格式的互用性,并具备访问遗留数据库和将数据传输到Web客户机的新方式,可以更快地生成应用程序,应用程序更易于维护,并且可以在结构数据上轻易提供多种视图。

XML语言的应用范围包括数据库系统、搜索引擎、数据编辑器、文档编辑器、Web网页、电子商务、Java、新闻和出版等众多领域。单纯阅读XML语言非常枯燥,也不容易理解。建议读者找一个图形用户界面的XML编辑器,如XML Copy Editor编辑器,边学边练将会给我们的学习增添无比乐趣,XML Copy Editor是一个免费的软件,可以自由下载使用。

1. 简单XML文档的组成部分

下面举例说明XML文档。

```
<? xml version="1.0"encoding="UTF-8"? >
<! --一个简单的XML文档-->
<message>
<to>学生</to>
<from>教师</from>
<subject>XML介绍</subject>
```

<body>XML 是内容管理语言</body>

</message>

从本例子中可看到，组成 XML 文档三个部分：

(1) XML 声明(第 1 行)：说明使用的 XML 版本号和字符编码。这个文档使用的字符编码标准是 UTF-8(Unicode/UCS Transformation Format 8)。

(2) 文档注释(第 2 行)：说明该文档是“一个简单的 XML 文档”。

(3) 文档元素(第 3～8 行)：这些是 XML 文档的基本的构造块。其中，<message>…</message>是“大”元素，message 元素中还包含像 to，form，subject 和 body 这样的“小元素”。

在 XML 标签内，字母的大小写是有区别的，这是一个与 HTML 标签不同的地方。例如，<internet>，<Internet>和<INTERNET>是三个不同的标签。XML 文档元素可以嵌入到其他的元素中。例如，

其中，“doctor”是文档元素的名称，<doctor>是起始标签，</doctor>是结束标签，“Jinmin Li”是文档元素“doctor”的内容，也称“doctor”元素的值。

<slideshow>

<slide>论文题目</slide>

<slide>作者信息</slide>

</slideshow>

其中，slideshow 元素包含两个 slide 元素，严格来说，<元素名称>表示标签，而用“<元素名称>内容<元素名称>”表示文档元素。

2. 文档元素的命名规则

XML 文档元素的名称必须遵照如下命名规则：

(1) 名称可以包含字母、数字和其他字符；

(2) 名称不能用数字或标点符号开始；

(3) 名称不能用 xml，XML 或 Xml 文字开始；

(4) 名称不能包含空格。

在对 XML 文档元素命名时，还需注意：

(1) 可用任何名称，无保留字。但希望起的名称有一定含义；多个词组成的名称最好用下划线“_”隔开，如：

<first_name>，<last_name>，避免使用“-”和“.”。

(2) 名称的长度没有具体限制，但希望赋予的名称短一点，简单一点，不要太长。例如，书(book)元素名称使用“book_title”，而不使用“the_title_of_the_book”。

(3) XML 文档元素的名称允许非英文字符，但需要注意应用软件是否支持。

(4) 在 XML 文档元素名称中不允许使用冒号“：”。

3. 文档元素的特性

XML 文档元素具有以下特性：可扩展性、父子关系、可包含不同内容和不同属性。

1）可扩展性

XML文档元素可以扩展，使XML文档包含更多的信息。例如，一个XML note文档为

```
<note>
  <to>Lucy</to>
  <from>Lin</from>
  <body>Don't forget me this weekend! </body>
</note>
```

在这个文档中，可把日期元素（如<date>2007-1-16</date>）添加进去，如下所示：

```
<note>
  <date>2007-1-16</date>
  <to>Lucy</to>
  <from>Lin</from>
  <heading>Reminder</heading>
  <body>Don't forget me this weekend! </body>
</note>
```

2）父子关系

XML文档元素具有"父子"关系。例如，用XML描述一本书前两章的目录：

书名：多媒体技术基础（第3版）

第1章　多媒体介绍

1.1 多媒体是什么

1.2 Web是什么

第2章　颜色空间

2.1 颜色空间是什么

2.2 颜色空间转换

用XML描述这本书时，文件名用book.xml，其文档为：

```
<book>
<title>多媒体技术基础(第2版)</title>
 <prodisbn="7-302-05705-2"media="paper"/>
 <chapter>多媒体介绍
 <para>多媒体是什么</para>
 <para>Web是什么</para>
</chapter>
<chapter>颜色空间
 <para>颜色空间是什么</para>
 <para>颜色空间转换</para>
</chapter>
</book>
```

其中，book是根元素，title，prod和chapter都是book元素的子元素，book是title，prod和chapter的父元素。title，prod和chapter是姐妹元素，因为它们的父母亲是相同的。

3）一个元素可包含不同内容

一个XML文档元素可以有不同类型的内容，可以是元素内容、混合内容、简单内容、复

杂内容或无内容。

例如，在 book. xml 文档中 book 元素含有元素内容，因为它包含其他元素 chapter 元素含有混合内容，因为它包含文本和其他元素 para 含有简单内容，因为它仅包含文字 prod 包含的内容是空的，因为 isbn 和 media 是元素的属性，不是元素的内容。

4）一个元素可包含不同属性

一个 XML 文档元素可以包含不同类型的属性。例如，在 book. xml 文档中，prod 元素有 isbn 和 media 两种不同类型的属性，而且都有值。属性名为 isbn 的属性值为 7-302-05705-2，属性名为 media 的属性值为 paper。

4. 文档元素的属性

属性是用来标识和描述被管理对象的特性。在 XML 规范中，属性是 XML 标签中的一个修饰词，用来提供元素的附加信息。属性用属性名、等号和属性值三要素表示。例如，

<book>标签的属性，<bookisbn="7 - 302 - 03933">，<--! 属性名="属性值"-->

XML 文档元素的属性有如下特性：

1）属性只能指定一次

一个 XML 文档元素可包含一个或多个属性，但每个属性值只能指定一次，其次序不分先后。例如，

slide 元素，<slidetitle="XMLTutorial">

在这个标签中，title="XMLTutorial"是属性。其中，title 是属性名，XMLTutorial 是属性值。

2）属性不是元素数据

一个元素的属性不是元素数据的一部分，而是说明数据的。例如，

<filetype="jpg">Ronaldo. jpg</file>

在这个 XML 文档元素中，标签中的 type 属性与 Ronaldo. jpg 数据无关，但对处理这个元素的软件来说是重要的。

3）属性值要用引号

属性值必须要用单引号或双引号表示。例如，一个人的性别标签可以写成<personsex="female">或者<personsex='female'>，最常用的引号是双引号，但有时(如属性值本身包含引号的情况下)必须使用单引号。

4）属性可存放数据

XML 文档元素的数据可存在属性或子元素中。例如，假设 female 是数据，存在属性中时的语句为：

```
<personsex="female">
<first_name>Lucy</first_name>
<last_name>Zhao</last_name>
</person>
```

存在子元素中的语句为

```
<person>
<sex>female</sex>
<first_name>Lucy</first_name>
<last_name>Zhao</last_name>
</person>
```

5. XML 文档结构

一个基本的 XML 文档就是一个 XML 文档元素，而嵌套的 XML 文档元素可有可无，可多可少。XML 文档是自描述文档，但通常使用 DTD(文档类型定义)或者 XMLSchema(XML 模式)来描述数据。XML 文档的文件扩展名为“. xml”。

1）文档组成

XML 文档主要由两个部分组成：序言(Prolog)和文档元素(Document Element)，如图 8－1所示。

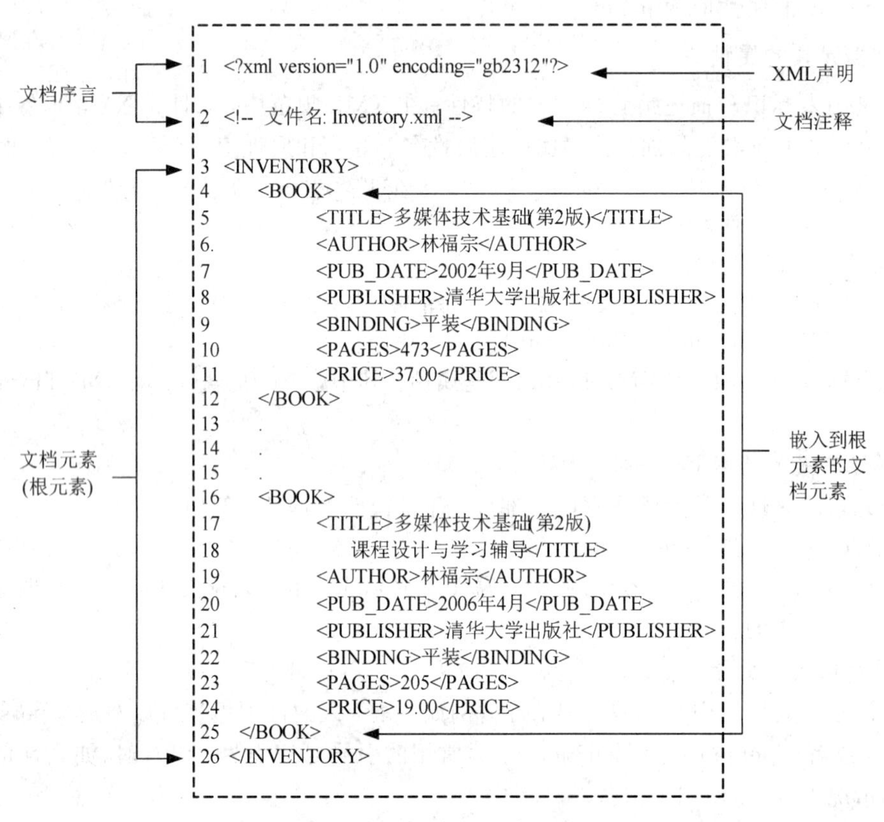

图 8－1　XML 文档的主要组成

该文档是一个用 XML 描述的图书目录文档，存储在计算机中的文件是 inventory. xml。

(1) 序言。该示例文档的序言由“XML 声明”和“文档注释”两部分组成：

① XML 声明(XML Declaration)：序言第 1 行为 XML 声明行＜? xmlversion＝"1. 0" encoding＝"gb2312"?＞

XML 声明用来说明这是一个 XML 文档，并给出所用的 XML 版本号和字符编码，以＜?字符串开头，以?＞字符串结束。本例中的文档使用 XML1. 0 规范和 gb2312 字符编码。其中，gb 或 GB 是国标(GuoBiao)，2312 是系列号，指在计算机应用中使用的汉字字符集。

② 文档注释：序言的第 2 行是文档注释行，用于给 XML 文档添加注释，它是可选的。注释行以字符串＜！--开头，以字符串--＞结束，在这两个字符串组之间可输入任何文字。

为增强文档的可读性，在序言的各项之间可插入任意数量的空行。此外，序言部分还可包含下列可选部分：

③ 文档类型声明(Document Type Declaration)：用来定义文档的类型和结构。

④ 处理指令(Processing Instruction)：用于提供 XML 处理器(XML Processor)传递给应用(Application)的信息术语。“XML 处理器”是指用于读 XML 文档并访问其内容和结构的软件模块术语。“应用”是 XML 处理器为另一软件模块做事的行为。

(2) 文档元素。XML 文档元素由根元素和嵌入到根元素中的文档元素组成。文档元素表示文档的逻辑结构，并且包含了文档的内容，如 BOOK 元素中的标题、作者、出版日期和定价等。

在图 8-1 所示的文档中，第 3 行和第 26 行描述的文档元素 INVENTORY 是根元素(Root Element)，其起始标签是<INVENTORY>，结束标签是</INVENTORY>，内容包含若干个 BOOK 元素。第 4 行和第 12 行描述的文档元素 BOOK 与第 16 行和第 25 行描述的文档元素 BOOK 都是嵌入到 INVENTORY 元素中的子元素，其起始标签都是<BOOK>，结束标签都是</BOOK>，内容包含若干个结构相同而内容不同的元素，包括 TITLE(书名)、AUTHOR(作者)、PUB_DATE(出版日期)、PUBLISHER(出版社)、BINDING(装订)、PAGES(页数)和 PRICE(价格)。

2) 文档结构

XML 文档的结构与树型分层结构类似，如图 8-2 所示。它的顶层是根元素(如 INVENTORY)，其下是子元素(如 BOOK)，子元素下的元素是孙元素(如 TITLE, AUTHOR等)。在描述 XML 文档结构时，通常把包含根元素的节点称为“根节点”，文档元素称为“元素节点”，属性称为“属性节点”，注释称为“注释节点”。

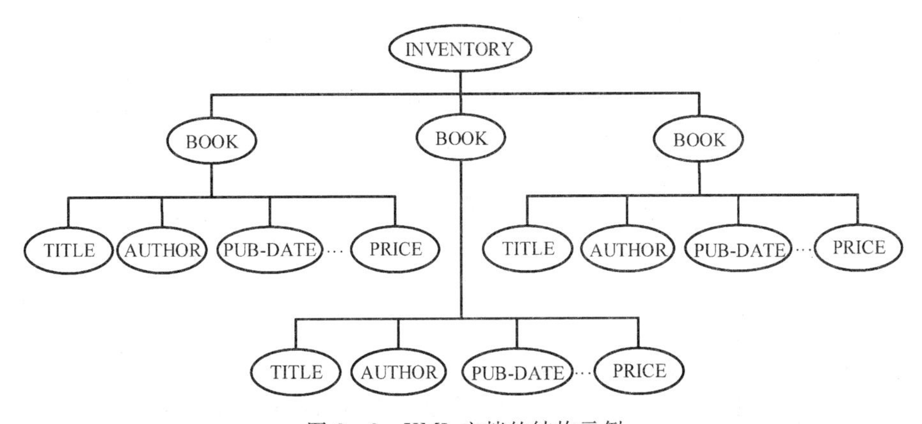

图 8-2　XML 文档的结构示例

对 XML 文档的组成和结构分析可看到，虽然 XML 可方便地用来组织文档，可将内容和样式分开，但有大量的重复标签，在某些应用中，标签所占的存储空间很可能比实际内容所占的存储空间还要大。

8.1.1　XML 文档语法

XML 文档是自描述的文档，构造它的一些基本语法规则如下：

(1) 所有 XML 文档元素必须使用一个起始标签(或称打开标签)和一个结束标签(或称关闭标签)，并将这一对标签称为开闭标签。例如，

```
<?xml version="1.0" encoding="UTF-8"? >
<古诗>弃我去者昨日之日不可留</古诗>
```

而在 HTML 文档中，不一定要用开闭标签。例如，

```
<p>乱我心者昨日之日多烦忧
```

注意：在 XML 文档中的第 1 行是 XML 声明行，它不使用开闭标签。这是因为 XML 声明不是 XML 文档元素，它不是 XML 文档本身的一部分，因此不应该有开闭标签。

(2) XML 元素名称区分字母的大小写。例如

Message 和 message 是不同的，因此<Message>标签和<message>标签是两个不同的标签。

(3) 起始标签和结束标签必须相同。例如：

```
<Message>这是错误的标签对</message>
<message>这是正确的标签对</message>
```

(4) 所有 XML 文档元素必须正确嵌套。例如：

```
<p><b>这段用加粗的宋体</b></p>
```

在 HTML 文档中，没有正确嵌套也未尝不可。例如

```
<p><b>这段用加粗的宋体</p></b>
```

(5) XML 文档必须要有一对开闭根标签，其他元素必须嵌套在这对根标签内第一个标签和最后一个标签。

(6) XML 文档元素可以有属性值，但必须使用双引号("")，就像 HTML 中的文档一样。例如：

```
<root>
 <child>
  <subchild>......</subchild>
 </child>
</root>
<?xml version="1.0"encoding="UTF-8"? >
<notedate="2007-1-16">
......
</note>
```

date 是 note 的属性，属性值为"2007-1-16"

(7) CR/LF 字符只存储 LF 字符。在过去，新行字符包括回车(Carriage Return，CR)和换行(Line Feed，LF)两个字符。在 Windows 环境下，文本中的新行字符存储 CR 和 LF 两个字符，在 UNIX 环境下，文本中的新行字符只存储 LF 字符。

(8) 使用与 HTML 文档类似的注释。例如：

```
<! --这是一个注释-->
```

注释行的开始部分由 4 个字符"<!--"组成，结束部分由 3 个字符"-->"组成。在它们之间可以包含任何种类的文字。

8.1.2 XML 文档类型

XML1.0 规范定义了两种类型的文档：良好格式的 XML 文档(Well-Formed XML Document)和有效 XML 文档(Valid XML Document)。

1. 良好格式的 XML 文档

严格遵照 XML 语法规则构造的文档。例如：

```
<?xml version="1.0"encoding="UTF-8"?>
<短信>
 <收件人>李白</收件人>
 <发件人>杜甫</发件人>
 <主标题>问候信</主标题>
 <内容>夜郎路远，请君珍重</内容>
</短信>
```

一个文本对象如果满足以下条件，它将是一个格式良好的 XML 文档：

(1) 作为一个整体，它匹配文档(Document)产生式。

(2) 它满足本规范中定义的所有格式约束。

(3) 此文档中直接或间接引用的每一个解析实体都是格式良好的。

2. 有效 XML 文档

遵照文档类型定义(DTD)和 XML 语法规则构造的文档。文档的有效性是指：

(1) 结构：标记元素和属性的用法和位置。

(2) 数据类型：一组规定的可接受的数据和允许对数据进行的操作，如该数据集的可能取值范围、数据允许被执行的操作和数据在存储器中的存储方法等。数据类型通常由高级语言支持，类型包括实数型、整数型、浮点型、字符型、布尔型和指针等。

(3) 完整性：节点和资源之间的链接状态。

(4) 其他。

例如，一个遵照 DTD 和 XML 规则编写的有效文档：

```
<?xml version="1.0"encoding="UTF-8"?>
 <!--使用外部 DTD 编写 XML 文档时,需要添加如下语句-->
 <!DOCTYPE 问候信 SYSTEM"问候信.dtd">
  <! --使用内部 DTD 编写 XML 文档时,需要添加如下语句-->
 <!--<! DOCTYPE 问候信[
  <!ELEMENT 问候信(收件人,发件人,主标题,内容)>
  <!ELEMENT 收信人(#PCDATA)>
  <!ELEMENT 发件人(#PCDATA)>
  <!ELEMENT 内容(#PCDATA)>
  <!ELEMENT 主标题(#PCDATA)>
]>-->
<问候信>
  <收件人>李白</收件人>
  <发件人>杜甫</发件人>
  <主标题>问候信</主标题>
  <内容>夜郎路远,请君珍重</内容>
</问候信>
```

其中，DOCTYPE 是 Document Type Declaration 的简写。在使用外部 DTD 时，在 XML 序言中需要包含如下形式的语句：

＜!DOCTYPEfooSYSTEM"foo.dtd"＞

其中，foo 叫做占位符，在实际的语句中用真实的名称。

8.1.3　XML 文档的显示方法

原始的 XML 文档是内容和标签在一起的文档，人们更关注的是内容而不是标签。现用的 Web 浏览器只能直接查看原始的 XML 文档，而不能看到没有标签而外观很优美的内容。要让浏览器显示只有外观优美的内容而没有标签的文档，还需要其他的语言和软件的支持。现在显示 XML 文档内容的方法包括：① 使用 CSS 显示 XML 文档；② 使用 JavaScript 把 XML 文档嵌入到 HTML 文档；③ 使用数据岛显示嵌入在 HTML 中的 XML 文档；④ 使用浏览器查看 XML 文档。方法②和③用得不多，许多人愿意用方法(1)，而 W3C 提倡使用方法④。

1. 在浏览器中查看 XML 文档

现在用的 Web 浏览器都能够显示原始的 XML 文档，方法是在它的地址栏中输入文档的 URL。如果 XML 文档在本机，单击 XML 文档名就可调用 Web 浏览器。

例如，将下面的 XML 文档保存到 C:\temp 目录下，文件名用“短信.xml”

＜?xmlversion="1.0"encoding="UTF-8"?＞
＜短信＞
＜收件人＞贺美莲＜/收件人＞
＜发件人＞林晓明＜/发件人＞
＜主标题＞中国谚语一则＜/主标题＞
＜内容＞一等二靠三落空，一想二干三成功。＜/内容＞
＜/短语＞

用 IE6.0 和 Mozilla Firefox1.5 显示的样式如图 8-3 所示。图中的根元素和子元素的标签都用颜色作标记。＜短信＞左边有一个减号(－)，单击它就隐藏标签元素内的代码，然后变成加号(＋)。

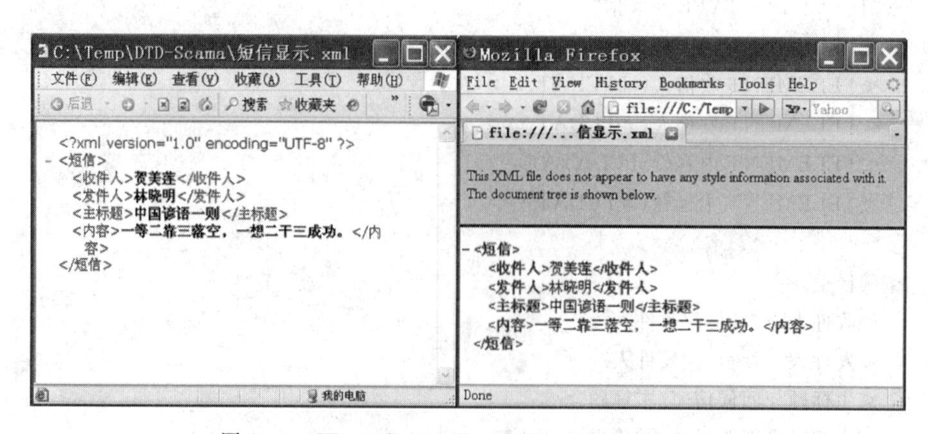

图 8-3　IE6.0 和 Mozilla Firefox1.5 显示的样式

2. 使用 CSS 显示 XML 文档

级联样式语言(Cascading Style Sheets, CSS)是由万维网协会(W3C)在 1996 年为HTML 文档添加样式而签署的第一个规范(http://www.w3.org/Style/CSS/)版本，CSS1.0 提供了许多描述网页布局、字体和字体颜色的页面设置文件，这些文件可应用到所有 HTML 文档版本。CSS2.0 和 CSS3.0 可支持 XML 文档、可下载字体以及其他增强功能。该规范允许 HTML 文档作者和用户把 HTML 样式表(包含页面如何显示)附加到 HTML 文档，也可作为 HTML 文件与用户的样式表进行混合的指南，尽管可用 CSS 来显示 XML 文档，但更提倡使用 W3C 的 XSLT 标准来显示 XML 文档。使用 CSS 在 Web 浏览器上显示 XML 文档需要做两件事：

(1) 编写一个 CSS 文档，用于指定 XML 文档中的元素在浏览器上显示的样式；

(2) 在 XML 文档中要声明使用 W3C 推荐的 XML 样式处理指令(Stylesheet Processing Instruction)(http://www.w3.org/TR/xml-stylesheet)，用于将 XML 文档与 CSS 相关联处理指令的结构：<?target(目标)data(数据)?>。例如：<?xml-stylesheettype="text/css" href="Inventory.css"?>其中，称为“目标”的 xml-stylesheet 是处理指令的名称；称为“数据”的 type 和 href 是伪属性(pseudo-attribute)，type 用于定义样式的媒体类型，“text/css”表示文字媒体(详见 http://www.ietf.org/rfc/rfc2318.txt)，href 用于标识样式的统一资源标识符(URI)为 Inventory.css。

例如，现有一个名为 Inventory.xml 的文档，要在浏览器中显示如图 8-4 所示的样式。

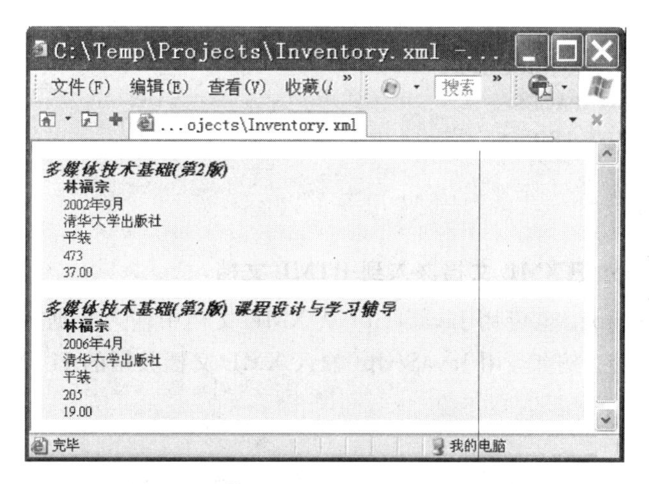

图 8-4　使用 CSS 显示 XML 文档示例

显示 Inventory.xml 文档的 CSS 文档如下：

```
<--FileName:Inventory.css-->
BOOK{display:block;background:#CCFFFF;margin-top:12pt; font-size:10pt}
TITLE{display:block;font-size:12pt;font-weight:bold;font-style:italic}
AUTHOR{display:block;margin-left:15pt;font-weight:bold}
PUB_DATE{display:block;margin-left:15pt}
PUBLISHER{display:block;margin-left:15pt}
```

```
BINDING{display:block;margin-left:15pt}
PAGES{display:block;margin-left:15pt}
PRICE{display:block;margin-left:15pt}
```

嵌入样式处理指令后的 XML 文档 Inventory 如下：

```
<?xml version="1.0"encoding="gb2312"?>
<!--文件名:Inventory.xml-->
<?xml-stylesheet type="text/css" href="Inventory.css"?>
<INVENTORY>
  <BOOK>
    <TITLE>多媒体技术基础(第2版)</TITLE>
    <AUTHOR>林福宗</AUTHOR>
    <PUB_DATE>2002年9月</PUB_DATE>
    <PUBLISHER>清华大学出版社</PUBLISHER>
    <BINDING>平装</BINDING>
    <PAGES>473</PAGES>
    <PRICE>37.00</PRICE>
  </BOOK>
  <BOOK>
    <TITLE>多媒体技术基础(第2版)课程设计与学习辅导</TITLE>
    <AUTHOR>林福宗</AUTHOR>
    <PUB_DATE>2006年4月</PUB_DATE>
    <PUBLISHER>清华大学出版社</PUBLISHER>
    <BINDING>平装</BINDING>
    <PAGES>205</PAGES>
    <PRICE>19.00</PRICE>
  </BOOK>
</INVENTORY>
```

3. 使用 JavaScript 把 XML 文档嵌入到 HTML 文档

如果熟悉 JavaScript，也可用 JavaScript 从 XML 文档中输入数据，像 HTML 格式那样显示 XML 文档的内容。例如，用 JavaScript 输入 XML 文档数据的 HTML 文档如下：

```
<html>
<head>
<meta http-equiv="Content-Type" content="text/html;charset=gb2312">
<title>使用 Javascript 显示 XML 文档</title>
<script type="text/javascript">
var xmlDoc
function loadXML(){//加载 xml 文件
if(window. ActiveXObject) {//使用 IE 浏览器
xmlDoc=new ActiveXObject("Microsoft. SMLDOM");
xmlDoc. async=false;
xmlDoc. load("短信显示. xml");
getmessage()}
```

```
//使用其他浏览器
else if(document.implementation && document.implementation.createDocument){
xmlDoc=document.implementation.createDocument("","",null);
xmlDoc.load("短信显示.xml");
xmlDoc.onload=getmessage}
else{
alert('你使用的浏览器不支持 javascript');}}
function getmessage(){
document getElementByld("收件人").innerHTML=
xmlDoc.getElementsByTagName("收件人")[0].firstChild.nodeValue
document getElementByld("发件人").innerHTML=
xmlDoc.getElementsByTagName("发件人")[0].firstChild.nodeValue
document getElementByld("主标题").innerHTML=
xmlDoc.getElementsByTagName("主标题")[0].firstChild.nodeValue
document getElementByld("内容").innerHTML=
xmlDoc.getElementsByTagName("内容")[0].firstChild.nodeValue}
</script>
</head>
<body onload="loadXML()" bgcolor="#ECFFEC">
<font face="楷体_GB2312" size="4">
<h1 align="center">试用 Web 浏览器显示 XML 文档<br>
(2007 年 2 月 11 日)</h1>
<hr>
<p><b>收件人:</b><span id="收件人"></span><br>
<b>发件人:</b><span id="发件人"></span><br>
<b>主标题:></b><span id="主标题"></span><br></p>
<p><b>内容:</b><span id="内容"></span></p>
</font>
</body>
</html>
```

将这个文档存储到 C:\temp 目录下，使用的文件名为短信.htm。用 IE6.0 显示时，显示的网页如图 8-5 所示。

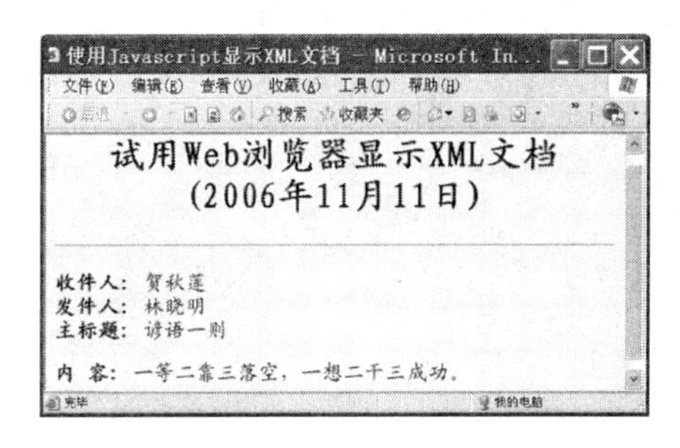

图 8-5　浏览器上显示的短信.htm

4. 使用数据岛显示嵌入在 HTML 中的 XML 文档

XML 数据岛(XML Data Island)是对照 XML 规范编写的 XML 文档。任何可用结构完整的 XML 文档表示的内容都可在一个数据岛内。数据岛可用<xml>作为标签，它是 HTML 标签而不是 XML 元素，其 id 属性提供引用的数据岛名称。

例如，在下面所示的文档中，第 2～8 行构成一个数据岛，其中的第 2 行和最后行是数据岛的标签。将这个数据岛加上第 1 行的 XML 声明保存在 c:\temp 的文件夹中，文件名可用 dataisland. xml。

```
<?xml version="1.0"encoding="UTF-8"?>
<xtml id="mybooks">
<title>Multimedia Fundamentals</title>
<author>LinDagong</author>
<country>China</country>
<company>Qinghua</company>
<price>39.90</price>
<year>2002.9<year>
</xml>
```

编写一个显示 XML 文档元素的 HTML 文档，用<xmlid="mybooks"src="dataisland.xml"/>将这个数据岛加入到 HTML 文档。

```
<html>
<head>
<meta http-equiv="Content-Type" content="text/html;charset=gb2312"/>
<title>数据岛的概念</title>
</head>
<bodybgcolor="#FFFFFF"text="#0000FF">
<p><font size="+1"color="#FF0000"style="font-family:楷体_GB2312">
XML 数据岛是遵照 XML 规范编写的 XML 文档</font></p>
<xmlid="mybooks"src="dataisland.xml"/>
<tableborder="1"datasrc="#mybooks">
<tr>
<td><span datafld="author"/></td>
<td><span datafld="title"/></td>
<td><span datafld="price"/></td>
<td><span datafld="year"/></td>
</tr>
</table>
</body>
</html>
```

将这个文档保存在 c:\temp 的文件夹中，文件名可用 dataisland. htm，用 IE6.0 看到的文档如图 8-6 所示。

图 8-6　使用 IE 6.0 显示的 dataisland.htm 文件

8.2　物理标记语言(PML)

Auto-ID 中心提出的产品电子码(EPC)为自动识别和数据采集(AIDC)这个传统领域带来新的发展契机。它使得唯一识别、跟踪并定位供应链上的货品成为可能，并可存取货品的相关信息(比如压力和温度)。这样对于一个单品本身和它所经历过程的信息就可以一目了然。物理标记语言(PML)在实现上述新功能中充当了一个重要角色。它将为工商业中的软件开发、数据存储和分析工具提供一个描述自然实体、过程和环境的标准化方法，并能够提供一种动态的环境，使与物体相关的静态的、暂态的、动态的和统计加工过的数据在此环境中可以交换。PML 可广泛应用在存货跟踪、事务自动处理、供应链管理、机器操作和物对物通信等方面。毫无疑问的是，很难详细描述整个现实世界以满足每个企业、每个行业的需要。每一个物品都有其物理属性，包括体积和质量，而且它们经常是有内部结构的。此外它们为不同公司和个人所拥有，并在这些公司和个人之间进行交易。总之，它们存在于时间和空间中。物理标记语言的核心组件就是要捕获这些物品和环境最基本的物理属性。物理标记语言(PML)将成为一种通用的、标准的方法来描述我们所在的真实世界。这项任务是如此艰巨，Auto-ID 中心必须仔细考虑 PML 的目标和它未来的应用。

1. PML 的目标与范围

PML 语言主要是提供一种通用的标准化词汇来表示 EPC 网络所能识别物体的相关信息。这方面内容的实例包括像 RFID 传感器这样的观测仪器，像 RFID 读写器这样的基层设备所使用的配置文件或电子商务中有关描述 EPC 数据的资料。尽管在哲学的层面上不同的词汇会有不同的含义，但是 PML 将使用共同的命名和设计原则。PML 词汇提供了在 EPC 网络组件间所交换数据的 XML 定义。系统中所交换的 XML 消息应当在 PML 方案中都有示例。PML 的研发是 AUTO-ID 中心致力于自动识别基层设备之间进行通信所需要的标准化接口和协议的一部分。

PML 不是取代现有的商务交易词汇或任何其他的 XML 应用库，而是通过定义一个新的关于 EPC 网络系统中相关数据的数据库来弥补原有系统的不足。

2. PML 中所描述的信息类型

直接从 Auto-ID 的基层设备中采集来的信息作为物理标记语言的一部分进行建模。举例来说，这些信息包括：

位置信息：如位于 Z 码头的读写器 Y 探测到标签 X。

遥测信息：单个物体的物理属性，比如说它的质量。群物体所处环境的各种物理属性，比如周围环境的温度。

组成信息：如单独的物流单元可以由货盘、容器和贸易项组成。

信息模型还将包括以上所列出的不同信息元素的历史。比如：从不同位置所读取的信息汇总起来将获得物品的跟踪信息。另一方面，PML 研发目的是提供关于物品的完整信息并促进物品之间的交易。这就要求不仅由 Auto-ID 的基层组织采集信息，还需要其他来源的共同推动。

其他信息包括：① 与产品相关的信息，如零售产业中的贸易项信息或高科技产业中的技术数据表；② 与过程相关的信息，如 Auto-ID 已规范的物体与像高级货运通知这样的交易之间的联系。

3. PML 语言在整个 Auto-ID 基层设备中的作用

PML 语言主要充当着 Auto-ID 基层设备中不同部分的共同接口。图 8－7 举了一个例子来说明 Savant、第三方应用如企业资源规划(ERP)或制造执行系统(MES)以及 PML Server 共同存储 Auto-ID 相关数据。

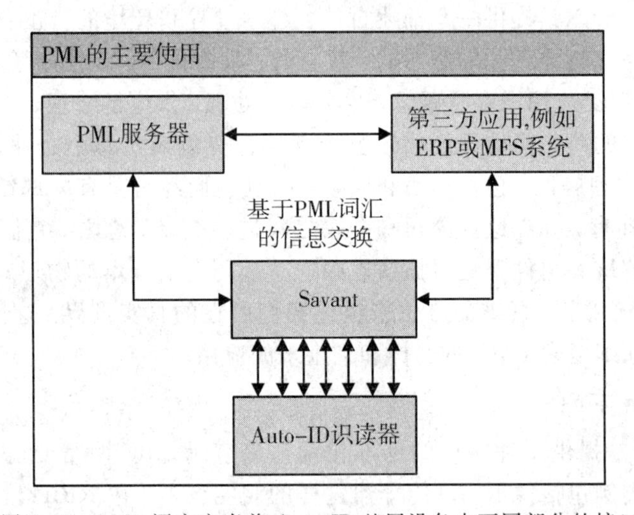

图 8－7　PML 语言充当着 Auto-ID 基层设备中不同部分的接口

8.2.1　PML 设计方法与策略

1. 语法

PML 语言采用的方法是首先使用现有标准来规范语法和数据传输，比如可扩展标记语言(XML)、超文本传输协议(HTTP)以及传输控制协议和因特网协议(TCP/IP)。这就提供了一个功能集并且可利用现有工具来设计和编制 PML 应用程序。

2. 语义

比那些需要借助共享注册中心才能进行转换的标准优越的是，PML 将提供一种简单的规范，通过一种通用默认的方案，比如超文本标记语言(HTML)，使方案无需进行转换，即能可靠传输和翻译。此外，一种专一的规范会促使阅读器、编辑工具和其他应用程序等第三方软件的发展。物理标记语言将力争为所有的数据元素提供一种单一的表示方法。换句话说，如果有多个对数据类型编码的方法，PML 将会选择其中一种。举例来说，在对日期进行编码的种种方法中，PML 将只会选择其中的一种。它的思路是当编码或查看事件进行时，数据传输才发生，而不是发生在数据交换时。

3. 数据存储和管理

尽管我们经常提到 PML"文件"，但是并非必须就用此种数据格式来实际地存储数据。因为 PML 只是一种用在信息发送时对信息区分的方法，实际的内容可以以任意格式存放在服务器中(比如，一个 SQL 数据库、数据表或一个平面文件)。换句话说，一个企业不必以 PML 格式来存储信息的方式来使用 PML 语言。企业将以现有的格式和现有的程序来维护数据。举例来说，一个 Applet(Java 小程序)可以从 Internet 上通过对象名称解析服务(ONS)来选取必需的数据，为了它便于传输，这些数据将按 PML 规范重新格式化。这个过程与动态 HTML语言(DHTML)相似，它也是按照用户的输入将一个 HTML 页面重定格式。此外，一个 PML"文件"可以根本不是一个文件，但可以是来自不同来源的多个文件和传送过程的集合。因为物理环境所固有的分布式特点，PML"文件"可以在实际使用中从不同的位置整合多个 PML 小片断。因此，一个 PML"文件"可能只存在于传送过程中。它所承载的数据可能是短暂的——仅存在于一个很短的时间内并在使用完毕后丢弃。

4. 设计策略

为了便于物理标记语言的有序发展，已经将 PML 分为两个主要部分——PML Core (PML 核心)与 PML Extension(PML 扩展)来进行研究，如图 8-8 所示。PML Core 用统一的标准词汇将从 Auto-ID 基层设备获取的信息分发出去，比如位置信息、成分信息和遥感信息。由于这个层面的数据在自动识别之前不可用，所以必须通过研发 PML Core 来表示这些数据。

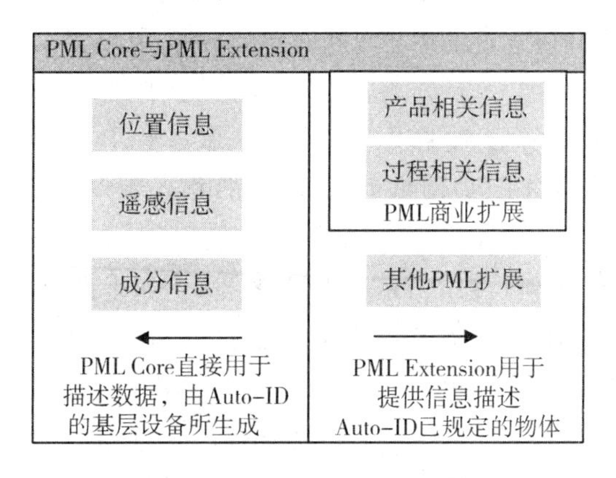

图 8-8　PML(Core)与 PML Extension

PML Extension 用于将 Auto-ID 基层设备所不能产生的信息和其他来源的信息整合。第一种实施的扩展是 PML 商业扩展。PML 商业扩展包括多样的编排和流程标准，可使交易在组织内部和组织之间发生。许多组织已经准备好致力于发展这些标准，自动识别技术将判断出最满足顾客需求的部分并对其进行整合。

PML Core 目的是专注于直接由 Auto-ID 基层设备所生成的数据，其主要描述包含特定实例和独立于行业的信息。特定实例是条件与事实相关，这种事实(例如：一个位置)只对一个单独的可自动识别对象有效，而不是对一个分类下的所有物体都有效。这种独立于行业的条件指出了数据建模的方式：它不依赖于指定对象所参与的行业或业务流程。对于 PML 商业扩展部分，提供的大部分信息对于一个分类下的所有物体均可用。大多数的信息内容也高度依赖于实际行业。例如，高科技行业的组成部分的技术数据表都远比其他行业要通用。PML 商业扩展在很大程度上是针对用户特定类别并与它所应用领域相关。迄今为止，PML 扩展框架的焦点都集中在整合现有电子商务标准上。我们也可以想象出其他 PML 扩展部分可以覆盖到不同的领域。我们以 PML Core 为主来介绍 PML 语言，因为这是 PML 最为核心的和使它区别于其他电子商务标准的部分。

5. PML Server

射频识别是一门用于识别、跟踪和定位资源的技术。它的美好远景促使着 Auto-ID 中心在全球范围内对唯一识别单品展开研发工作。EPC(产品电子代码)作为唯一编号将以廉价的射频识别(RFID)标签来承载这个编码。EPC 网络也将通过采集和开放(通过因特网并对已授权的请求)其他信息将给定贸易项发送给已授权请求者。整个 EPC 网络包括 EPC 标签、解读器、Savant 软件、PML Server(现称 EPC Information Service 即 EPC 信息服务)、PML 消息流、对象名解析服务(ONS)和企业应用程序。

PML 文件将被存储在一个 PML Server 上，需要配置一个专用的计算机，为其他计算机提供它们需要的文件。PML Server 将由制造商维护，并且储存有这个制造商生产的所有商品的信息文件。PML Sever 用于存放生产数据、批量订单等信息。Savant 通过 ONS 获取与当前所探测到的 EPC 相关的远程 PML Server 的地址，此后 Savant 向远程的 PML Server 发送读取 PML 数据的请求，PML Server 对此作出回应，返回给 Savant 它所请求的 PML 数据，再由 Savant 处理新读取的 EPC 标签的内容。同时 Savant 把自动识别基层设备所感应到的数据发送到远程 PML Server，PML Server 将这些数据整合到此 EPC 对应的 PML 文件中。在最新的 EPC 规范中，PML Server 被称作 EPC 信息服务(EPC Information Service)。PML Server 使得与可用数据相关的 EPC 网络可以以 PML 格式来请求服务。通过 PML Server 所能获得的可用数据可包括从 Savant 中收集的标签读取数据(例如，为了便于跟踪物品和以序列号的间隔大小来跟踪)；实例层(Instance-level)数据(比如生产数据、有效日期等)以及对象分类层数据(比如产品目录信息)。为了适应这些需求，PML Server 利用企业中现有的多种数据源，将数据转化为 PML 格式。EPC 数据通过供应链来发送，每一个行业可以创建一个 EPC 存取注册中心(EPC Access Registry)，它将扮演一个存放 EPC 信息服务接口声明仓库的角色。《Auto-ID EPC 信息服务 1.1 规范》定义了访问 PML Server(EPC 信息服务)所需的协议。

图 8-9 所示的 EPC 信息获取流程和图 8-10 所示的 EPC 网络架构说明了 PML Server 在整个 EPC 网络中的角色。

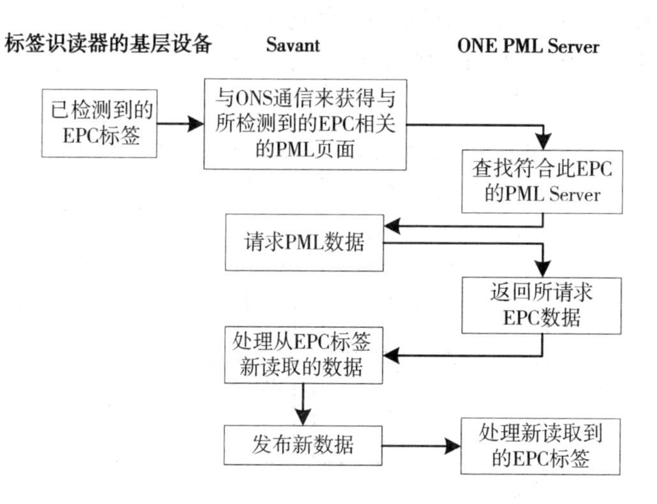

图 8-9　EPC 信息获取流程

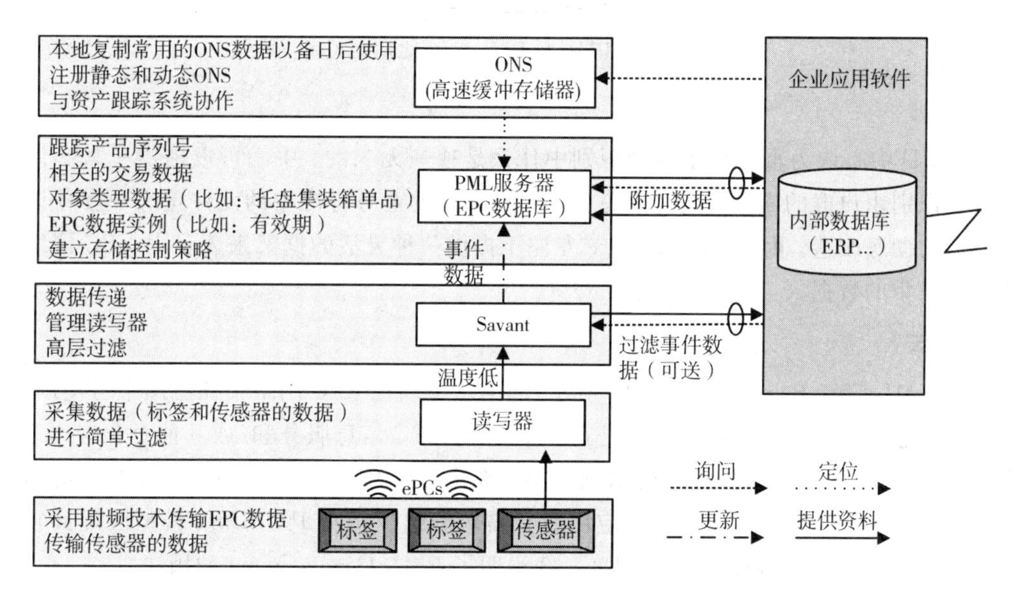

图 8-10　EPC 网络架构(企业内部)

8.2.2　PML Core

下面将通过 PML Core 描述的范围，以及它与物理标记语言的关系、应用模式、需求、设计思路、XML Schema 和简单实例文档来详细说明物理标记语言的核心部分——PML Core。PML Core 的目标是提供一种标准的格式使自动识别基层设备(如 RFID 读写器)中的传感器所采集到的数据可以进行交换。

PML Core 提供了一套方案，用于定义所采集数据在传送过程中的交换格式。这些数据实体可以直接从传感器中读取，或从路由器和数据存储库(比如 Savant 或分发所捕获数据的

EPC 信息服务)中获取。

PML Core 专注于可观测物——可由传感器观测到或测量到的物理属性和实体——而非单独某个传感器的特性或可观测值的解释。任何可能提供的与原始数据有关的解释信息将在 PML 之中被其他相关词汇所处理。PML Core 是 PML 之中全部词汇中的一套词汇。

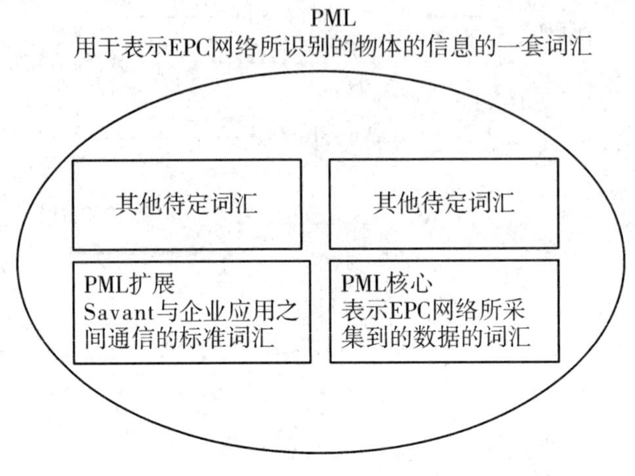

图 8-11　PML 与 PML Core 之间的关系

1. 动机

Auto-ID 中心认为重点在于自动识别中什么是独一无二的。中心可以提供一整套词汇来满足自动识别用户群的需要，同时避免为现有已定义的业务标准中的元件定义一套新词汇而造成词汇的彻底改造。因此，PML Core 专注于提供一种灵活的框架来表示由 EPC 网络中的传感器所采集的数据。

2. 用法

基于 PML Core Schema(图 8-12 所示)的消息可以在 EPC 网络中任意两个可使用 XML 的系统之间进行交换。最有代表性的是在 Savant 与 EPC 信息服务和/或其他企业应用系统之间发生的基于 PML Core schema 的信息交换。这并不排除 PML Core schema 在其他场合也有其使用机会。任何其他行业的垂直应用或有需求的组织将把 PMLCore 模型匹配到它们自己指定的 XML Schema 和应用中。图 8-13 说明了 PML Core schema 的用法。

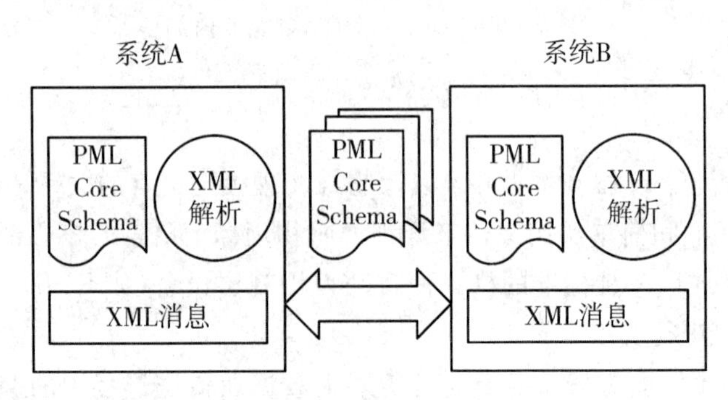

图 8-12　PML 核心消息

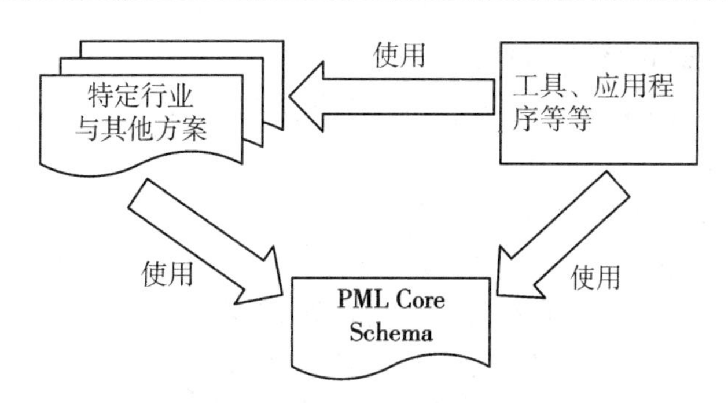

图 8-13　PML Core Schema 用法

基于 PML 方案的支持工具将会是下一个市场机会。通常我们可以说 PML Core 消息可以在任何两个支持 XML 消息的系统之间完成传递。

3. PML Core 要求

这个部分的目的是收集、分析和定义高层次的需求和 PML Core 的特征。本节将重点放在利益相关组织和终端用户的需求以及为何会存在这些需求的原因。PML Core 具体怎样满足这些需要并且进行设计在这篇文档的后一部分会有阐述。如果组件的处理能力可以满足基于 XML 信息交换，PMLCore 词汇应当提供下列组件之间进行传感器数据通信所需有效负载的标记：

(1) Savant/EPCIS 与其外部应用。

(2) 单独传感器所配备的 Savant 和用于整合信息的 Savant。

(3) 传感器(比如：一台 RFID 读写器)和一个 Savant。

下面略述了 PML Core 怎样用于整合前文所提到的其他的 EPC 网络组件：RFID 读写器和其他 AIDC 技术(比如条码读写器)，RFID 读写器和其他 AIDC 技术探测并识别出物品，并生成对应的 EPC 数据。RFID 读写器可以用 PMLCore 中所采集数据分发方面的标准化词汇来描述这些内容。

Savant 是 Auto-ID 技术中心负责数据处理、路由和过滤的“中间层”。它可以在数据被分发到其他已应用所选传送路由协议的实体之前，利用 PML Core 词汇将这些 EPC 网络中的传感器所采集的数据做好标记。

EPC 信息服务是需要查询 EPC 网络相关数据的外部应用程序的“查询结点”。如果查询与 EPC 网络(比如：RFID 读写器)所采集的数据有关，查询的返回信息应当用 PML Core 词汇来标记。

PML Core 语言提供了 EPC 网络所采集到的数据及这些应用程序所接收到的数据的通用语法。对于所要交换的数据如何在不同的组件之间存储，物理标记语言标准本身并没有作出推荐。举例来说，一个 Savant 或 EPC 信息服务没必要必须以 PML Core 格式来存储或处理数据，因为 PML Core 在它们与 EPC 网络中的其他结点进行交换时应当仅用于标记传感器数据。

8.2.3 PML Core 数据类型

下面概述了 PML Core 中大家公认所需的数据类型。

1. 由RFID读写器所采集的数据

含义：RFID读写器读取存储在符合自动识别标准的标签上的产品电子码(以不同的表现形式)。由唯一标识符所确定的某种RFID读写器适时地观测/探测到某个标签在它的识读范围之内，PML Core应当能够表示这些传感过程，每一个这样的观测报告都需要包含引发本次观测的命令和作为观测报告基准的独一无二的标签。

基本原理：RFID读写器是EPC网络中的主要组件之一。在EPC网络中，它读取的数据从读写器发送到Savant，然后从这一个Savant中发送到其他的Savant，以及从Savant发送到EPC信息服务中。为了标准化这些采集到的数据标记，PML Core需要能够充分地表述所观测到的数值。一旦它们被用于推断某种高级信息，例如在一处货运码头的某个RFID所读取到的内容将被解释为货运到达，这就需要有一种唯一标志为观测报告提供参考。为了给这种解释提供根据，参考实际的观测报告是十分有益的。因为读写器本身可以支持多种测量模式，所以制定这些命令是有必要的，比如命令RFID读写器扫描它识读范围内的物体。于是为了能恰当地解释这些观测值，所制定的命令将帮助人们更加透彻地了解情况。

2. 由非RFID传感器所采集的数据

含义：非RFID传感器(比如条码扫描器)来采集RFID传感器采集的信息。它的实际数据要求因此也应当与前面所提到的对RFID读写器的要求相似。

基本原理：为了方便采集，现有的识别系统(比如条码扫描器)也应该能够采集该类数据。

3. 由安放在RFID标签上的传感器所产生的数据

含义：RFID标签本身可以包含传感器，它能够观测周围环境并可以使用观测到的数值。举例来说，这种安放于标签上的传感器可以包括温度传感器、湿度传感器或重量传感器。每一个传感器的观测报告需要有它自己的时间戳，并通过已定义的命令进行测量。

基本原理：下一代的Auto-ID标签将包括含有机载传感器的主动型RFID标签，为了能恰当的表示这些传感器所采集的数据，PML Core需要对这些观测值进行建模。

4. 由监视物品物理属性的固定连线传感器所采集的数据

含义：固定连线传感器监视周围环境并提供像某一位置的温度或某一贸易项的重量这样的数据。与安放在标签上的传感器相似，它们观测某一物理属性并确保观测值可用。这种值可以是单独的数据实体：一个数据实体的矢量或统计值，如：平均值、最大值或最小值。此贸易项实际的数据要求类似于安放在RFID标签上的传感器的数据要求。虽然如此，要强调的是它所采集的数据是来自有线传感器和无线传感器的。

基本原理：监视物品物理属性的固定连线传感器扩大了像RFID读写器或条码扫描器这样的识别传感器所采集数据的范围。为了能够和识别传感器所提供的位置信息一起来使用这类信息，就需要有一种可以表示观测到的物理属性的标准化格式。

5. 传感器观测报告的层次

含义：当一个包含传感器的RFID标签出现时，传感器观测报告的层次就出现了。机载传感器测量某一物理属性，存储观测值并传送这些值，一旦它们接近一个RFID读写器并且这个RFID标签被探测到。每个观测报告/测量结果需要它们自己的时间戳，从而当从主动型标签传送到RFID读写器时，每个观测值就可以区别开来。

基本原理：传感器观测报告的层次是安置在RFID标签上的传感器可用性的直接结果。

6. 普通传感器观测报告的表述

含义：普通传感器不指出所观测数据的语义。假定一种特殊的RFID读写器，它使观测到的数据作为字节数组进行使用，这些数据包括与空气接口的冲突数据、CRC错误以及以十六进制所探测到标签的EPC编码。

基本原理：普通传感器观测报告用PML Core来表述，这样具备了灵活性以便可以用它来表示数据实体。

7. 不同类传感器观测报告的开放性

含义：PML Core Schema应当确保PML文档的创建者可以创建包含上述元素的实际文档，并要超越PML Core Schema对有关传感器所生成的观测报告已规范的内容和传感器是如何配置的这样的具体内容的限制。

基本原理：这种局部开放性使PML文档的创建者可以描述未能被PML Core的方案设计者所预料到的一些特性。特别要按照Auto-ID标准的主动型标签的发展而不断提出新的要求，这种标签在内存结构上将有更可能实现的空间，它安置在传感器上并有访问控制的功能。PML Core需要推动这些额外的特性而无需现在就能够清楚的说明到底有哪些不同的特性。

8. 是否使用存储器来表示标签

含义：标签或者只能存储一个标识符，或者也有额外的存储器来存储其他数据。

基本原理：尽管早期生产的符合EPC标准的标签只能存放一个标识符，但Auto-ID中心下一代的标签可以有额外的存储器。

9. 将EPC作为默认的识别方案

含义：为了能唯一识别传感器，就需要有EPC网络中标签和其他物体的唯一识别方案。EPC应当是默认的识别方案。如果识别方案种类已经明确，在某些例外的情况下，可以使用其他的识别方案。

基本原理：EPC是EPC网络中的主要组件并且它在PML Core中的使用范围应当不断扩大。

8.2.4 PML Core Schema体系

由于PML Core是PML的一个子集，PML Core Schema就沿用PML的设计思想。本规范提供了命名方法，设计原则及有利于PML核心方案进一步发展的最佳实例。从PML Core的角度来看，它能够为读写器了解到一种标准化和定义良好的XML设计方法并且已经应用到生产高质量的PMLCore方案中。下文中进一步讲述有关XML设计方法的详细规范，但不涉及如何实施PMLCore方案以及类似的相关内容。

1. PML设计方法概况

PML使用W3C所制定的XML Schema语言[XSD]作为此方案的语言。尽管它可以使用不同的语法表达形式，但XML Schema定义完善并一般作为灵活的结构嵌入数据的简单方法。任何标准化的XML词汇需要有一个形成文档的和定义完善的设计方法，它要便于理解、采纳和实施。一种定义完善的XML设计方法证明了用于架构一个特别的XML Schema词汇的设计原则。一个 XML 设计方法将对下面的设计原则进行标准化：

(1) 方案文件和元件的命名原则和设计原则。

(2) 方案和元件的版本。

(3) 方案和元件的复杂度、一般性和模块性。

(4) 元件的重用性。

(5) 方案形成文档。

相对于重新使用一种新的 XML 设计思想的优势在于，PML 可利用现有已定义完善的方法作为它的设计方法。PML 的设计以 RosettaNet®所定义的 XML 的设计方法为基础。这种方法的具体内容超越了本文档的范围，故不作叙述。下面三条是在 RosettaNet®中定义的 XML 设计方法：

(1) 结构统一(后文称作[UST])。

(2) XML 设计指南(后文称作[XMLDG])。

(3) 命名空间(Namespace)规范与管理(后文称作[NSSM])。

这种已采纳的和可随着 PML 的发展而不断扩展的方法在本文的以后部分称之为 PML 设计方法。为了能够理解 PML 设计方法的具体内容，读者应当熟悉前面所提到的规范，因为 PML 的设计是基于这些规范的。

2. PML 命名空间设计指南

统一资源名称服务(Uniform Resource Names，URNs)可提供永久的、位置无关的资源标识服务。本节描述了被 PML 语言包括的 Auto-ID XML 所使用的合法的 URNs 的数据结构。全部的 PML 资源必须适应本设计指南中的命名空间。

1) 命名空间的体系

命名空间遵从 URNs 的格式，拥有完整的体系结构，每一个体系的 URN 命名空间的层次提供关于被命名空间所识别的实体规格的附加信息。命名空间的 ID(Namespace ID，NID)使用全部的 Auto-ID 命名空间(用新英语单词 Autoid 来表示)。

2) 规格的体系结构

规格包括如下规格种类：区域(domain)、通用(universal)、交换(interchange)或者尚未定义的规格类别。规格可以是计划或者测试文档等。规格的体系结构如图 8-14 所示。

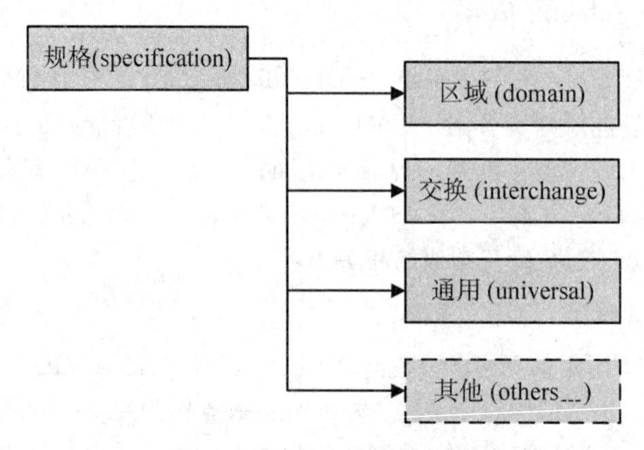

图 8-14　规格的体系结构

规格的体系描述如下：

urn：autoid：specification：{specificationclass}：{specificationsubclass?}：{specificationid?}：{type}：{：subtype}? {：documentid?}{：version-id}

specification-class ::= *domain*|*universal*|*interchange*|...

其中 *specification-class* 是规格的类别。“domain”是指具有特殊区域的识别资源。“universal”是在“autoid”命名空间中通用的识别资源。“*interchange*”是在 Auto-ID 系统中组件之间的用于数据交换的识别资源。用 XML 消息表示为：

specification-subclass ::= *Savant*|*Reader*|...

specification-subclass 规格类别使用在任何识别应用的地方，是 *specification-class* 的子类。

specification-id 是资源规格类别中的唯一识别符号，一定等同于规格子类或规格类别中规定的名称。

type ::= *xml*| …

type 是资源类型而且必须是易于理解的。它的值必须是 PML 资源中的‘*xml*’

sub-type ::= *schema*| *soap-rpc*|*stylesheet*|*service*|…

sub-type 是可选的资源子类别，且必须是被 Auto-ID 参与者易于理解和识别的。

PML Core 规格参数如表 8－1 所示。

表 8－1　PML Core 规格参数

Specification-class	specification-subclass	specification-id	type	subtype	document-id	Version-id
通用(universal)		Identifier	xml	schema		1
交换(Interchange)		PMLCore	xml	schema		1
交换(Interchange)	Savant	core	xml	soap-rpc		1
交换(Interchange)	Savant	core	xml	service		1
交换(Interchange)	Savant	readerproxy	xml	soap-rpc		1
交换(Interchange)	Savant	readerproxy	xml	service		1

8.2.5　PML 应用

EPC 物联网系统的一个最大好处在于自动跟踪物体的流动情况，这对于企业的生产及管理有着很大的帮助。图 8－15 所示为 PML 信息在 EPC 系统中的流通情况，可以看出 PML 最主要的作用是作为 EPC 系统中各个不同部分的一个公共接口，即Savant、第三方应用程序(如 ERP、MES)、存储商品相关数据的 PML 服务器之间的共同通信语言。现考察具体实际应用情况。

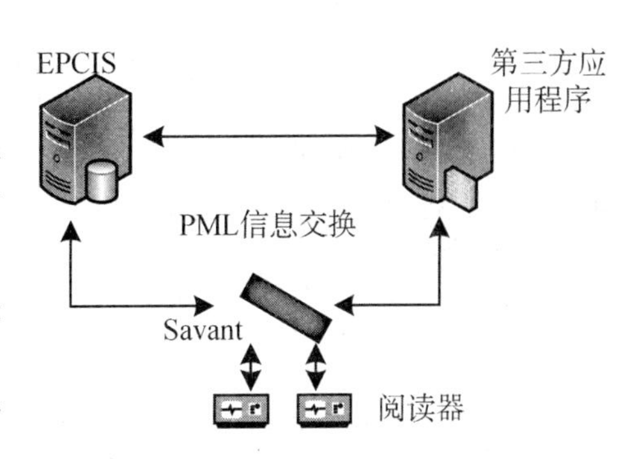

图 8－15　PML 作为系统公共接口

一辆装有冰箱的卡车从仓库中开出，在其仓库门口处的阅读器读到了贴在冰箱上的 EPC 标签，此时阅读器将读取到的 EPC 代码传送给上一级 Savant 系统。Savant 系统收到的 EPC 代码后，生产一 PML 文件，发送至 EPCIS 服务器或者企业的管理软件，通知这一批货物已经出仓了。

PML 文件简单、灵活、多样，并且是人眼也可阅读、易理解的。这里对该 PML 文档中的主要内容作一扼要说明。

(1) 在文档中，PML 元素在一个起始标签(注意，这里的标签不是 RFID 标签)和一个结束标签之间。例如：<pmlcore：observation>和</pmlcore：observation>等。

(2) <pmlcore：Tag><pmluid：ID>urn：epc：1：2.24.400</pmluid：ID>指 RFID 标签中的 EPC 编码，其版本号为 1，域名管理、对象分类、序列号为 2、24、400，由相应 EPC 编码的二进制数据转换成的十进制数。URN 为统一资源名称(Uniform Resource Name)，指资源名称为 EPC。

(3) 文档中有层次关系，注意相应信息标示所属的层次。

文档中所有的标签都含有前缀“<”及后缀“>”。PML 核简洁明了，所有的 PML 核标签都能够很容易的理解。同时 PML 独立于传输协议及数据存储格式，且不需其所有者的认证或处理工具。在 Savant 将 PML 文件传送给 EPCIS 或企业应用软件后，这时候企业管理人员可能要查询某些信息，例如 2007 年 7 月 12 日这一天 1 号仓库冰箱进出的情况，实际情况如表 8-2 所示，表中的 EPC_IDn 表示贴在冰箱上的 EPC 标签的 ID 号。

表 8-2　冰箱流动表

		地点				
		…	1 号工厂	2 号工厂	1 号仓库	…
时间	…	…	…	…	…	…
	20070711	…	EPC_ID1		EPC_ID2	…
	20070712	…		EPC_ID1、2	EPC_ID1	…
	20070713	…			EPC_ID2	…
	…	…	…	…	…	…

下面就是对 PML 文件信息进行查询，采用下列查询语句：

```
SELECT COUNT(EPCno)from EPC_DB where Timestamp="200707012" and ReaderNo="Rd_ID2"
```

这里只是简单的采用 SQL 中的 COUNT 函数。但是实际的情况远远要比这个复杂得多，可能需要跨地区、时间，综合多个 EPCIS 才能得到所需的信息。可以预见，PML 的应用随着 EPC 的发展将会非常广泛，进入所有行业领域。

习　题

1. XML 可以标注哪些对象？

2. 概述 PML Core 中大家公认所需的数据类型。

3. 简答 PML 的目标与范围。

4. 简要说明 PML 包含的信息类型。

5. 试用 PML 语言描述一个电子标签，EPC 编码版本号为 1，域名管理、对象分类、序列号为 3、48、200。

第 9 章　中间件技术与 ALE

在分布式异构环境中，通常存在多种硬件系统平台(如 PC、工作站、小型机等)，这些硬件平台上又存在各种各样的系统软件(如不同的操作系统、数据库，语言编辑器等)以及各种风格的器件界面，这些硬件系统平台可能采用不同的网络协议和网络体系结构连接。为了解决如何将这些系统集成起来的问题，人们提出了中间件(Middleware)的概念。

中间件位于客户机和服务器的操作系统之上，管理计算资源和网络通信。看到目前各式各样 RFID 的应用，企业最想问的第一个问题是："我要如何将我现有的系统与这些新的 RFID Reader 连接?"这个问题的本质是企业应用系统与硬件接口的问题。因此，通透性是整个应用的关键，正确抓取数据、确保数据读取的可靠性以及有效地将数据传送到后端系统都是必须考虑的问题。传统应用程序与应用程序之间(Application to Application)数据通透是通过中间件架构解决，并发展出各种 Application Server 应用软件；同理，中间件的架构设计解决方案便成为 RFID 应用的一项极为重要的核心技术。

RFID 中间件扮演 RFID 标签和应用程序之间的中介角色，从应用程序端使用中间件所提供的一组通用应用程序接口(API)，即能连到 RFID 读写器，读取 RFID 标签数据。这样一来，即使存储 RFID 标签情报的数据库软件或后端应用程序增加或改由其他软件取代，或者读写 RFID 读写器种类增加等情况发生时，应用程序端不需修改也能处理，省去多对多连接的维护复杂性问题。

标签粘贴于需要进行跟踪管理的物品表面。当贴有标签的物品经过或进入读写器的读写范围时，读写器就能读取到标签的信息。读写器将读到的标签信息发往中间件进行数据处理，中间件对来自读写器的原始数据进行过滤、分组、计数等处理后形成事件数据。应用软件通过同步访问中间件或异步接收来自中间件的数据的方法获得经过中间件处理的事件数据，执行相应的管理操作。RFID 中间件还可以通过连接 Internet 实现商业伙伴系统间的数据交换等功能。RFID 中间件是实现物联网的软件系统，构成了物联网的分布式操作系统，因而有人把中间件称为物联网的神经系统。

本章的目标不是具体地讲解软件的编制而是了解 EPC 物联网软件的设计架构、设计原理和方法。需要注意的是中间件技术在 EPCglobal 早期版本的框架协议中被称为 Savant，最新的标准框架重新命名为应用层事件(Application Level Events，ALE)。

9.1　RFID 中间件基础知识

9.1.1　RFID 中间件定义

所谓的中间件，就是介于应用系统和系统软件之间的一类软件，它使用系统软件提供的基础服务(功能)，衔接网络上应用系统的各个部分或不同的应用，以达到资源共享、功能共享的目的。即中间件是一种独立的系统软件或服务程序，分布式应用软件借助这种软件在不同的技术之间共享资源。当前中间件开发的主要标准有 COM、CORBA、J2EE 三类。

RFID 中间件的一个严格定义为：处于 RFID 读写设备与后端应用之间的程序，它提供了对不同数据采集设备的硬件管理，对来自这些设备的数据进行过滤、分组、计数、存储等处理，并为后端的企业应用程序提供符合要求的数据。

RFID 中间件是一种面向消息的中间件(MOM)，信息以消息的形式，从一个程序传送到另一个或多个程序。信息可以以异步的方式传送，传送者不必等待回应。MOM 包含的功能不仅是传递信息，还必须包括解译数据、安全性、数据广播、错误恢复、定位网络资源、找出符合成本的路径、消息与要求的优先次序以及延伸的除错工具等服务。

RFID 中间件技术拓展了基础中间件的核心设施和特性，将企业级中间件技术延伸到了 RFID 领域，是 RFID 产业链的关键性技术。RFID 中间件屏蔽了 RFID 设备的多样性和复杂性，能够为后台业务系统提供强大的支撑，从而驱动更广泛、更丰富的 RFID 应用。

RFID 中间件的技术重点研究的内容包括并发访问技术、目录服务及定位技术、数据及设备监控技术、远程数据访问、安全和集成技术、进程及会话管理技术等。

大部分的 RFID 中间件提供了以下几个功能。

(1) 对读写器或数据采集设备的管理。在不同的应用中可能会使用不同品牌型号的读写设备，各读写设备的通信协议不一定相同，因此需要一个公用的设备管理层来驱动不同品牌型号的读写设备共同工作。有的定义也把这一功能升格为数据源的驱动与管理，因为同样的数据可能来自条码机或其他数据发生设备。对读写器或数据采集设备的管理还包括了对逻辑读写设备的管理。对于一些读写设备，虽然它们所处的物理位置不同，但是在逻辑意义上它们属于同一位置，就可以将这样的读写设备定义为同一逻辑读写设备进行处理。在中间件中，所有读写设备都以逻辑读写器作为单位来管理，每个逻辑读写设备可以根据不同的应用灵活定义。

(2) 数据处理。来自不同数据源的数据需要经过滤、分组、计数等处理才能提供给后端应用。从 RFID 读写器接收的数据往往有大量的重复数据，这是因为 RFID 读写器每个读周期都会把所有在读写范围内的标签读出并上传给中间件，而不管这一标签在上一读周期内是否已被读到，在读写范围内停留的标签会被重复读取。另一个造成数据重复的原因是由于读写范围重叠的不同读写器，将同一标签的数据同时上传到中间件。除了要处理重复的数据，中间件还需要对这些数据根据应用程序的要求进行分组、计数等处理，形成各应用程序所需要的事件数据。

(3) 事件数据报告生成与发送。中间件需要根据后端应用程序的需要生成事件数据报告，并将事件数据发送给使用这些数据的应用程序。根据数据从中间件到 RFID 应用的方法不同可以分为两种数据发送方式。一种是应用程序通过指令向中间件同步获取数据；另一种是应用程序向中间件订阅某事件，当事件发生后由中间件向该应用程序异步推送数据。

(4) 访问安全控制。对于来自不同 RFID 应用程序的数据请求进行身份验证，以确保应用程序有访问相关数据的权限。对标签的访问进行身份的双向验证以确保隐私的保护与数据的安全。对需通过网络传输的消息进行加密与身份认证，以确保 RFID 应用系统安全性。

(5) 提供符合标准的接口。接口有两个部分，一是对下层的硬件设备接口，需要能和多种读写设备进行通信；另一个是对访问中间件的上层应用，需要定义符合标准的统一接口，以便更多的应用程序能和中间件通信。

（6）集中统一的管理界面。提供一个 GUI 可以让中间件管理人员对中间件的各系统进行配置和管理。

（7）负载均衡。有些分布式的 RFID 中间件具有负载均衡功能，可以根据每个服务器的负载自动进行流量分配，以提高整个系统的处理能力。RFID 中间件扮演了 RFID 硬件和应用程序之间的中介角色，使用 RFID 中间件后，标签数据的获得、处理和使用的各个过程可以相互独立起来。即使存储 RFID 标签信息的数据库软件或后端应用程序增加或更改，或者 RFID 读写设备种类和数量增加或减少等情况发生，应用程序也不需修改就能正常使用，提高了系统的灵活性和可维护性。中间件在 EPC 网络中的位置如图 9-1 所示。

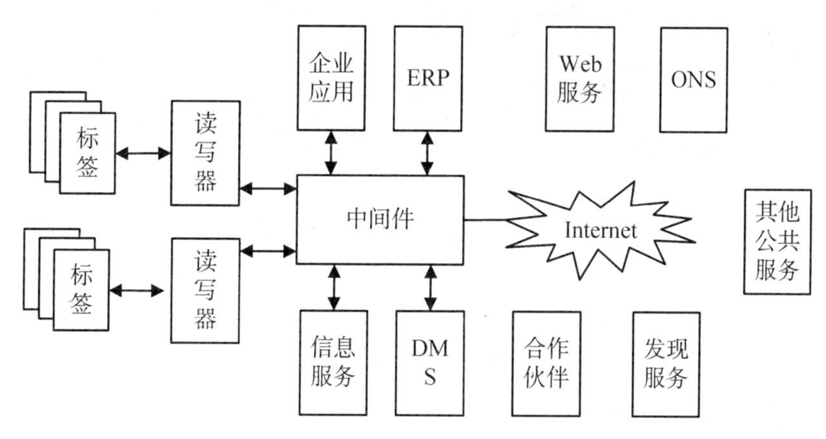

图 9-1　中间件在 EPC 网络中的位置

中间件技术是 RFID 进行大规模应用的核心技术之一。RFID 中间件技术拓展了基础中间件的核心设施和特性，将企业级中间件技术延伸到 RFID 领域，是 RFID 产业链的关键共性技术。RFID 中间件屏蔽了 RFID 设备的多样性和复杂性，为后台业务系统提供强大的支撑，从而驱动更广泛、更丰富的 RFID 应用。各国纷纷将 RFID 中间件技术也作为 RFID 技术研究的核心竞争技术，RFID 中间件技术具有重要的实用价值。

9.1.2　中间件的工作机制与特点

从理论上讲，在客户端上的应用程序需要从网络中的某个地方获取一定的数据或服务，这些数据或服务可能处于一个运行着不同操作系统的特定查询语言数据库的服务器中。客户/服务器应用程序负责寻找数据的部分只需要访问一个中间件系统，由中间件来完成到网络中找到数据源或服务，进而传递客户请求，重组答复消息，最后将结果送回应用程序。从实现角度讲，中间件是一个用 API 定义的软件层，是一个具有强大通信能力和良好可扩展性的分布式软件管理框架。中间件的模块与接口如图 9-2 所示。

一般中间件应具有如下特点：

（1）标准的协议和接口，可实现不同硬件和操作系统平台上的数据共享和应用互操作。

（2）分布计算，提供网络、硬件、操作系统透明性。

（3）满足大量应用的需要。

（4）能运行于多种硬件和操作系统平台上。

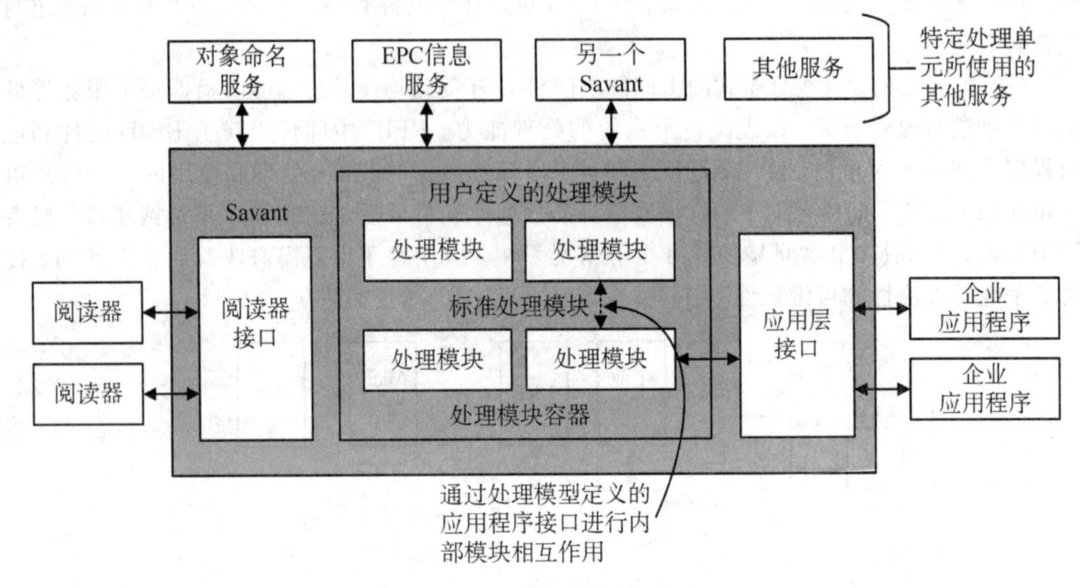

图 9-2　中间件的模块与接口

9.1.3　RFID 中间件的分类

中间件屏蔽了底层操作系统的复杂性，减少了程序设计的环节，使得应用系统的开发周期缩短，减少了系统维护、运行和管理的工作量。中间件作为新层次的基础软件，在不同时期、不同操作系统上把开发的应用软件集成起来，协调整个系统工作，这是任何操作系统、数据库管理软件所不能做到的。根据中间件在系统中所起的作用和采用的技术不同，可将中间件分为数据访问中间件、远程过程调用中间件、面向消息的中间件等。

(1) 数据访问中间件(Data Access Middleware)。

数据访问中间件是在系统中建立数据应用资源互操作的模式，实现异构环境下的数据库联结或文件系统联结的中间件，从而为在网络中虚拟缓冲存取、格式转换、解压带来便利。该中间件应用最为广泛，技术最为成熟，典型代表为 ODBC。数据库是该类中间件的信息存储的核心单元，中间件仅完成通信的功能。

(2) 远程过程调用中间件(RPC)。

RPC 的灵活性使得比数据访问中间件有更广泛的应用。

(3) 面向消息的中间件(MOM)。

面向消息的中间件利用高效可靠的消息传递机制进行与平台无关的数据交流，并基于数据通信进行分布式系统的集成。该中间件通过提供消息传递和消息排队模型，可在分布式环境下扩展进程间的通信，并支持多通信协议、语言、应用程序、硬件和软件平台。

(4) 面向对象的中间件(OOM)。

面向对象的中间件是对象技术和分布式计算发展的产物，它提供一种通信机制，透明地在异构的分布式计算环境中传递对象请求，而这些对象可以位于本地或远程机器。

(5) 事物处理中间件(TPM)。

(6) 网络中间件。

(7) 终端仿真——屏幕转换中间件。

9.1.4　中间件的意义及其发展阶段

1. 中间件的意义

(1) 实施 RFID 项目的企业，不需进行任何程序代码开发，便可完成 RFID 数据的导入，可极大缩短企业实施 RFID 项目的周期。

(2) 当企业数据库或企业的应用系统发生更改时，对于 RFID 项目而言，只需更改 RFID 中间件的相关设置即可实现将 RFID 数据导入新的企业信息系统。

(3) RFID 中间件为企业提供灵活多变的配置操作，企业可根据实际情况自行设定相关的 RFID 中间件参数。

(4) 当 RFID 系统扩大规模时，只需对 RFID 中间件进行相应设置，便可完成 RFID 数据的导入，而不需进行程序代码开发。

2. 中间件的发展阶段

随着 RFID 应用规模的增加及软件技术的发展，RFID 中间件也经历了以下几个发展阶段：

1) 应用程序中间件阶段

在 RFID 应用发展的最初阶段，由于 RFID 应用规模小，一般的系统由一台或几台读写器直接与电脑相连接，主要由读写器生产商提供各平台下的驱动程序或 API。企业的应用程序直接通过驱动程序或 API 控制和访问读写器，取得标签数据。在这个阶段，RFID 企业应用程序的特点是：

(1) 需要独自处理与读写器的通信，对来自读写器的标签数据进行处理。

(2) 紧耦合。读写器通信、数据处理、业务逻辑处理等各部件间是紧耦合，任何一部分的更改都需要更改整个应用程序。比如更换一种品牌的读写器就可能需要重新编译整个应用程序。

(3) 共用性差。当有多个企业应用程序需要共同使用读写器的事件数据时，需要进行复杂的数据交换。

2) 架构中间件阶段

在架构中间件阶段，由于大量的 RFID 应用促使中间件向通用的 RFID 应用平台方向发展。中间件能集成众多品牌型号的读写设备，并能同时为多个企业应用程序提供灵活的数据接口。除了具备基本数据搜集、过滤等功能，中间件还集成了安全的解决方案以及较为完整的平台管理与维护功能。出现基于组件的可动态配置的中间件及侧重于访问安全的 RFID 中间件设计。

3) 解决方案中间件阶段

在中间件平台的基础上，为各领域的 RFID 应用定制解决方案，这种解决方案包括定制的软件与硬件。例如 SAP 为物流行业定制了解决方案，可以提供仓库、堆场、配送中心、甚至商场货架上的有关商品的存货动态管理。通过使用集成在小型电子设备如手机中的 RFID 读写设备，通过定制的 GPRS 平台用于烟酒等贵重物品的防伪与鉴别，通过使用多种传感器相结合，实现对物品、人员的定位等。

9.2 ALE 标准

RFID 读写器每隔一定的时间就会读取电子标签，但并非每次读到的数据都是有效的。一个标签在一分钟之内可能被读取几十次，如果这些数据不加以处理就发送到网络上，将会为整个 EPC 网络带来极大的资源浪费，因此 RFID 中间件会对这些原始数据(RAW DATA)执行收集、过滤的处理，选择有意义的信息再发送出去。

RFID 中间件的主要功能应包括：让有价值的数据进入网络系统，对数据进行清理/筛选/整合和汇总，屏蔽错误与异常等功能。EPCglobal 在 RFID 中间件和 EPCIS 捕获应用之间定义了 ALE。“what，when，where”(如：EPC＃1—2015.3.12 8：00—＃3 读写器读取出库/进库)是 ALE 向捕获应用提供的最有价值的信息内容，而存储过程中重复读到 EPC＃1 标签的信息有时是没有意义的。

简而言之，相比较于原有的 Savant 标准，ALE 的出现主要是为了有效地减少重复冗余的无效数据，其作用如图 9-3 所示。

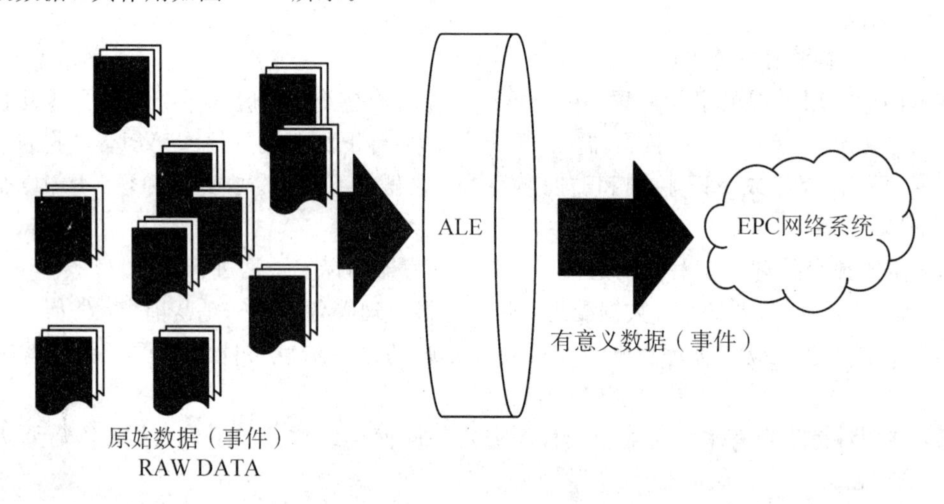

图 9-3　ALE 对事件数据的过滤作用

ALE 推荐的接口主要包括了 ECSpec 定义/取消定义，EC(Event Cycle)事件周期，ECReport 获取报告以及其他辅助接口。下面来看 ALE 的基本操作流程，应用系统发出请求命令到 ALE 接口要求读/写标签，ALE 引擎处理从读写器传回来的数据报告返回到应用。以仓储为例说明这个过程如下：应用程序发送请求命令，要求传回从仓库 1 号门读到的 EPC 码的清单，ALE 接口收到请求后，调用 ALE 引擎生成所需要的清单然后发送给应用程序，这就是一个标准的 ECReport 获取过程。

9.3 软件架构与 EPCglobal 标准

9.3.1 EPCglobal 标准下的软件架构

软件架构(Software Architecture)是指一系列相关的抽象模式，用于指导大型软件系统各个方面的设计。软件架构是一个系统的草图，软件架构描述的对象是直接构成系统的抽象组件。各个组件之间的连接则明确和相对细致地描述组件之间的通信。在实现阶段，这些抽象组件被细化为实际的组件，比如具体某个类或者对象。软件体系结构是构建计算机软件实践的基础。与建筑师设定建筑项目的设计原则和目标，作为绘图员画图的基础一样，一个系统构架人员设计一个软件构架以满足不同客户需求的实际系统设计方案为基础。在软件开发过程中，初始的软件构架设计阶段就决定了软件的许多基本特性。

一个好的构架可以使软件具有更高的可靠性、安全性、可扩展性、可维护性并且能更合理的使用企业环境中的资源。RFID 中间件也是运行在复杂企业环境下的软件，合理的 RFID 中间件构架设计可以使中间件在各种环境中运行时具有更高性能。

EPCglobal 是 GS1 与 Auto-ID 等组织共同组建的 RFID 标准研究机构，从一开始这个机构的目标就是要建立一套开放的 RFID 全球标准。全球最大的零售商沃尔玛连锁集团和英国 Tesco 等 100 多家美国和欧洲的流通企业都是 EPCglobal 的成员。同时，EPCglobal 由美国 IBM 公司、微软公司和 Auto-ID 实验室等进行技术研究支持。该机构于 2004 年 4 月公布的第一代 RFID 技术标准包括：EPC 标签数据规格，超高频 Class 0 和 Class 1 标签标准，高频 Class 1 标签标准以及物理标识语言内核规格。从第一代 RFID 技术标准公布时开始，EPCglobal标准在不断的研究与实际使用中得到完善，成为全球最被广泛使用的一个 RFID 技术体系。

整个体系的构架着眼于建立统一全球的“物联网”，整个体系从数据角度可以分为三个层面：标识层、获取层和数据交换层。

(1) 从标签的数据格式标准到空中协议的标准，这部分解决了标识的问题。

(2) 从标签数据在读卡器中被读取，至 ALE 对原始标签数据的处理形成事件到 EPCIS 获取数据，这部分称为数据的获取。

(3) 从 EPCIS 到 EPC 网络，通过 ONS、发现服务等进行全球合作伙伴间的数据交换，真正实现全球开放的物联网，这部分称为数据的交换。

EPCglobal 的 RFID 构架是一个完整的体系，在这个体系中各个部分按照层划分开来，各层间通过严格定义的接口标准进行交互，实现了从标签定义到全球数据交换的各个环节。

EPCglobal 标准下的软件架构如图 9 - 4 所示。

图 9 - 4 中说明了 EPCglobal RFID 的中间件的架构，包括 ONS、EPCIS、ALE 等主要模块，以及各个模块之间的接口关系。

ALE 是应用层事件(Application Level Events)的缩写。ALE 定义如下：ALE 是一个定义如何对 EPC 数据进行读和写操作的接口标准。EPC 数据的读取过程包括从一个或多个数据源(读写器)接收 EPC 及相关的数据，在对某一小段时间里获得的数据进行收集后，对数据进行过滤，去除重复数据和无关数据并对数据进行分组、计数以减少数据量，最后以多种形式形成数据报告的过程。EPC 写过程包括了指定目标标签，并对标签进行读写操作，最后形成数据报告的过程。ALE 规范只对接口进行了比较详细的定义而没有指定 ALE 的具体实施细节。

在 EPC 构架中，EPCIS 处于数据处理的顶层，它不但要处理实时数据，还需要处理和存储历史数据，同时它还需要将数据与外部的物理世界相联系起来，因此 EPCIS 事件的数据与

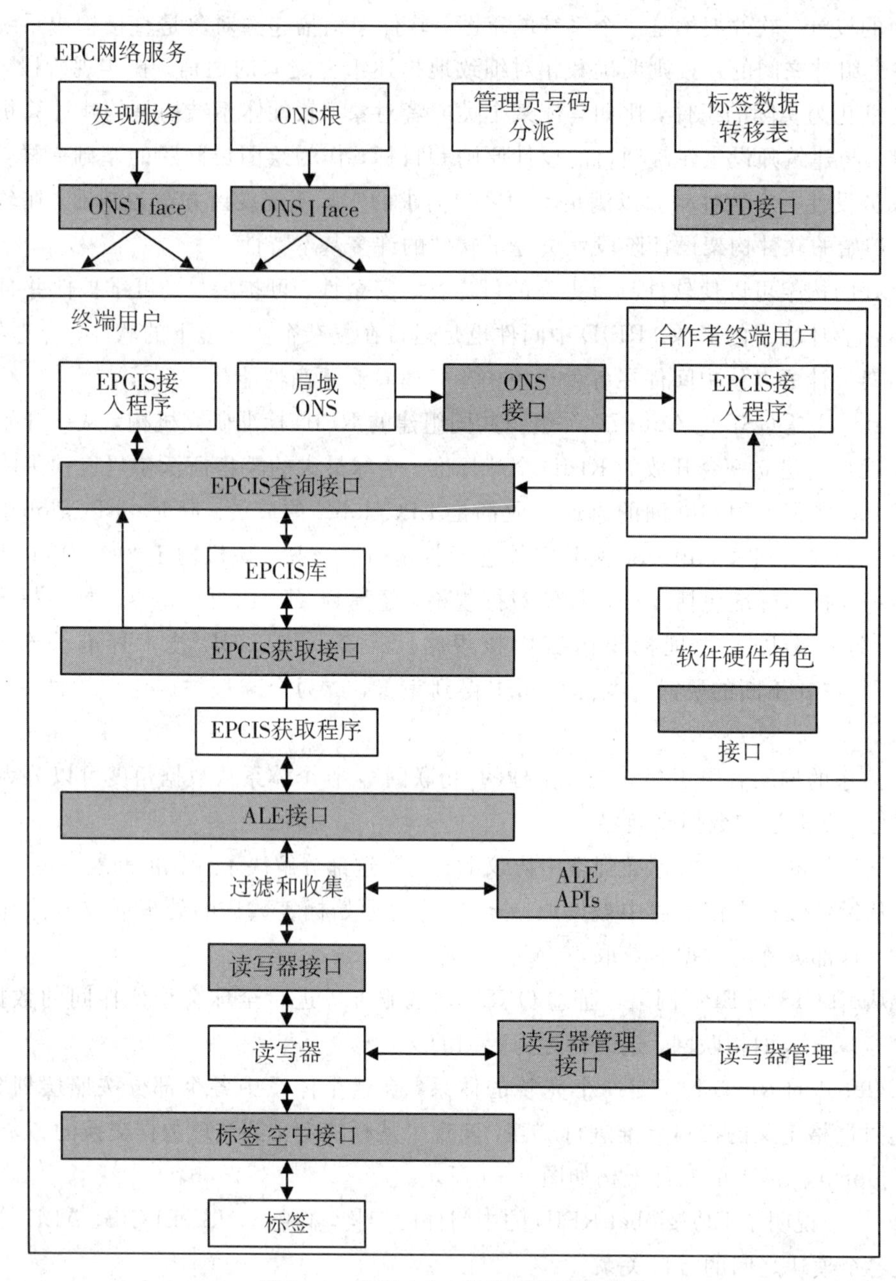

图 9-4　EPCglobal 标准下的软件架构

ALE 事件的数据不同，它需要与业务的语义相联系。有些 EPCIS 的数据是由软件本身根据原始数据产生而不是只有原始数据。EPCIS 需要面对更高层的企业 IT 环境，所面对的问题也会根据应用所在的企业情况而变化。

虽然 EPCglobal 的构架标准还没有成为国际标准，但是由于受到众多的大型企业支持，因而已经成为事实上最具影响的标准。几乎在所有的 RFID 中间件中都提供了对 EPCglobal 标准的支持。

9.3.2　主流 RFID 中间件的构架

目前主流的 RFID 中间件构架基本都采用了兼容 EPCglobal Architecture Framework 的构架标准。最具有代表性的是 BEA Weblogic、IBM WebSphere、MicroSoft BizTalk、SUN RFID_System Software 等。

1. 商业 RFID 中间件

1) BEA weblogic

BEA Weblogic 的 RFID 中间件解决方案将整个中间件分成了两个相对独立的服务：WebLogic RFID Edge Server 和 WebLogic RFID Enterprise Server。其中边缘服务器(Edge Server)实现了底层读写器的驱动、数据的过滤和集成、工作流的支持并兼容了 ALE 接口标准。企业服务器(Enterprise Server)则主要用于对远端服务器的管理、对来自远端服务器的数据进行存诸及再处理，管理数据的发布和订阅、实现了更高层的接口标准 EPCIS。产品的整个构架如图 9－5 所示。

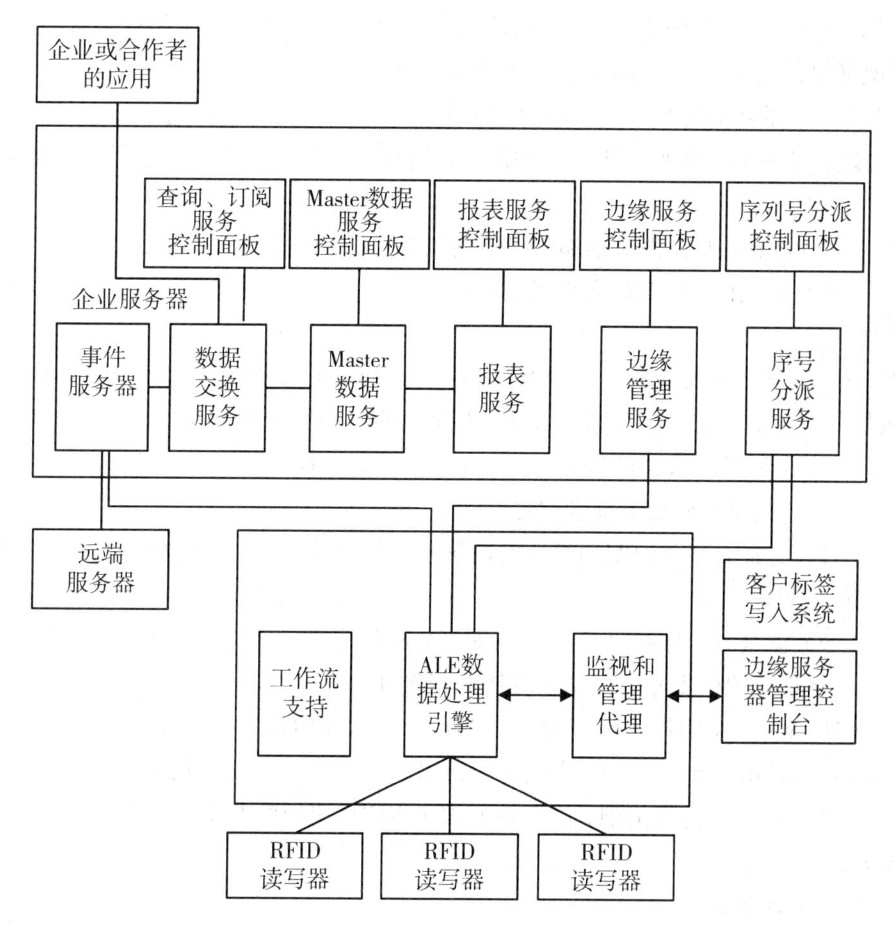

图 9－5　BEA Weblogic 软件架构

边缘服务器是一个轻量级的服务器，可以独立运行于普通计算机或嵌入式系统中。它一般被部署在远端的 RFID 读写器附近，如部署在仓库、分发中心或零售商店里用于收集标签的出入数据并向企业服务器发送经过过滤、分组、计数等数据处理后的数据报告。边缘服务器的管理控制台主要由以下几个子系统组成：

(1) ALE 数据处理引擎：ALE 数据处理引擎是边缘服务器处理标签数据的主要环节。ALE 数据处理引擎按照 EPCglobal 规定的 ALE 事件周期标准接收、过滤、处理标签数据，同时 ALE 数据处理引擎提供了向标签写入数据的功能。ALE 数据处理引擎可以接受两种方式对事件周期的重新定义，一种是通过使用 Weblogic 提供的 ALE 标准 API 函数来实现，另一种是通过 Weblogic 提供的管理控制程序来完成。

(2) 监视和管理代理：边缘服务器管理控制台可以通过监视和管理代理来管理控制边缘服务器及查看服务器的运行情况。监视和管理代理甚至可以提供远程功能来实时查看当前的事件中标签的数量、读周期的时间等。

(3) 工作流支持：工作流支持模块提供对贴于托盘、箱子等物品上的标签的计数功能、并且能对标签的运动方向进行判断。它的输出结果可以用于对工作流的现场进行自动控制，比如当托盘通过的时候显示的 LED 屏上数量加 1 等。

(4) 企业服务器：企业服务器一般运行于企业的数据中心，它从边缘服务器收集标签事件数据，处理、记录这些数据信息并且向其他应用程序提供数据服务。企业服务器主要由以下几个模块组成：

① 远端服务器：主要提供对远端服务器的管理、配置及监控。

② 事件服务器：主要负责对来自远端服务器的 EPCIS 事件进行接收、存储并为后续处理提供数据。

③ Master 数据服务及 Master 数据服务控制面板：主要负责创建和管理 Master 数据。Master 数据是指与数据相对应的说明文字，标明数据所对应的物理意义，查询订阅服务控制面板，用于创建对 EPCIS 数据的查询、订阅请求。数据交换服务则对这些查询订阅请求进行处理，并将相应的数据返回给查询者或订阅者。

④ 报表服务与报表服务控制面板：报表服务控制面板创建与管理报表模板，根据预定的模板产生相应的报表。

⑤ 序列号分派服务与序列号分派控制面板：将指定的序列号范围分派给边缘的标签写入系统，用于将连续的标签号分派给供应链上指定地点的目标物。

BEA Weblogic 的中间件实际上就是 EPCglobal 标准构架的一个实施，它用 Edge Serve 实现了 ALE，用 Enterprise Server 实现了 EPCIS。BEA WebLogic 构架的特点是以 BEA 自身的服务器 Weblogic 平台为基础，能有效的满足 RFID 应用的要求并且提供了对 EPCglobal 标准的充分支持。

2) IBM WebSphere

IBM 的 RFID 中间件从构架上可以分为三部分：Device Infrastructure，Premises Serve，Information Center。各部分与 EPCglobal 构架标准相对应的情况如图 9－6 所示。

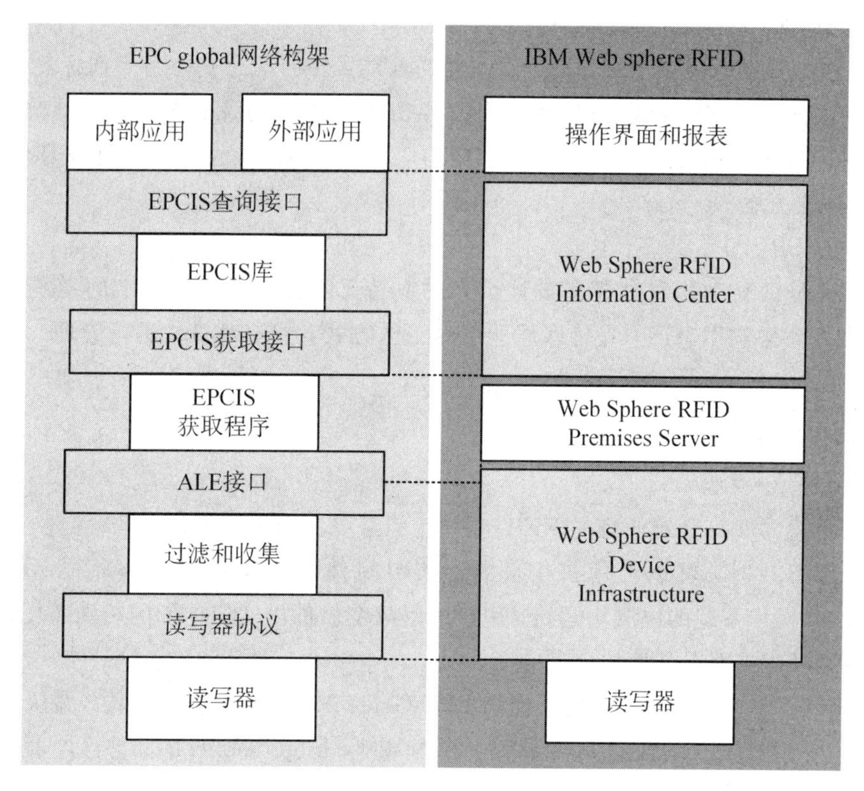

图9-6　IBM WebSphere RFID和EPCglobal关系

Device Infrastructure是IBM可以提供给设备生产商OEM的产品，读写器生产商可以将它集成在边缘控制平台上，目前已经有一些智能读写设备集成了这一产品。Device Infrastructure可以满足与多种RFID读写器及数据设备进行通信的要求，能实时地对获得的数据按要求进行处理，并可以将处理后的数据及事件发送给商业应用，可以远程部署、远程配置及远程管理。

Premises Server相当于EPCIS事件捕获程序，它提供了更高级、智能化的业务规则引擎，用于捕获集成多种类型传感器数据的复杂事件，提供了一个灵活的架构以进行传感器数据捕捉和事件的传递。它支持使用传感器数据与业务流程整合的工作流工具来创建、定制和监控业务流程，为后端的Information Center或Web应用获取各种复杂事件数据。

Information Center是一个完整的基于EPCglobal标准EPCIS服务。它存储EPCIS事件数据，支持企业应用程序间和商业伙伴间进行数据共享和交换。企业应用程序或合作伙伴的EPCIS可以通过标准的接口访问企业内部的EPCIS，进行事件数据的发现和查询及使用安全的方式进行数据的共享。

3）Oracle公司的Oracle Sensor Edge Server

Oracle Sensor Edge Server负责连接传感器和基础构架的其他部分，以便降低传感器导向信息系统的成本，尤其可协助管理传感器、过滤传感器数据与本地传感器事件处理，安全、可靠地将事件信息发送到中央核心应用软件与数据库中。它提供了传感器数据采集、传感器数据过滤、传感器数据发送、传感器服务器管理和装置管理等主要功能。

4）Sybase 公司的 RFID Anywhere2.1

该中间件为开发商提供全套 RFID 阅读器的性能，外加动态支持新一代标签（如 Gen2）、简化的通用输出/输入管理（GPIO）及在阅读器密布的场合对阅读器进行同步管理。RFID Anywhere 是一种软件平台，可以提供可扩充的应用环境，用户可以自行开发和管理各种分散的 RFID 解决方案。

5）BizTalk RFID

该中间件是微软利用对象模型设计出来的支持 EPCglobal 开放标准的系统，可以通过 VB.NET 或 C＃来调用 API，支持即插即用的工作方式，能够对事件进行管理、控制和跟踪功能。

2. 开源中间件

1）Rifidi Edge Server

当公司希望部署一个较便宜的 RFID 系统，能够购买 RFID 硬件，然后提供 Rifidi Edge Server 的免费下载时，可以考虑该中间件。该中间件可在使用 Windows7、XP、Vista 或 Linux Ubuntu 操作系统的电脑中运行。用户可以改变软件以适应他们的特殊需要，还能够参与开源社区，以达成部署方面的信息共享。

Rifidi Edge Server 可使用户能够控制 EPC Gen 2 RFID 读写器的结构，并从这些读写器中收集和过滤数据。以 OSGi 和 Java 编程平台为基础，Edge Server 中间件已经通过了与 4 个 RFID 读写器配合运行的测试，每秒可读取高达 1000 个标签。同时可配合任何与低层识读器协议（LLRP）标准兼容的读写器运转，包括 AWID、Alien 科技、摩托罗拉所制造的读写器，比如 MC9090 手持读写器。

用户可以从 Rifidi 下载“Edge Server 如何工作”的演示应用，还可以登录到公司网站、访问开放社区，以便交流如何利用系统以及任何可能遇到的问题和问题解决方法。

该系统计划在医疗中心和精品零售店进行试验，Pause 说，合作发展伙伴包括阿肯色大学，其帮助测试了读写器适配器软件，并使中间件能够从读写器中接收数据。①

2）Fosstrak

Fosstrak EPCIS 是瑞士苏黎世联邦高等工学院组织的开源项目，是一个依照 EPCglobal 规范进行实现的中间件系统。

Fosstrak EPCIS 的整体架构如图 9－7 所示。EPCIS 的目标是让应用程序能够将 EPC 相关数据整合到自己的业务中。它提供了一种永久存储 EPC 数据方法，同时还提供了一种的框架，利用该框架可以方便地将标签数据添加到知识库中或者从知识库中查询标签数据。为了实现上述目标，Fosstrak's EPCIS 项目设计了三个独立的模块：EPCIS 知识库、EPCIS 捕获应用和 EPCIS 查询应用。Fosstrak 功能模块如表 9－1 所示。

① 公司网站：www.rifidi.org

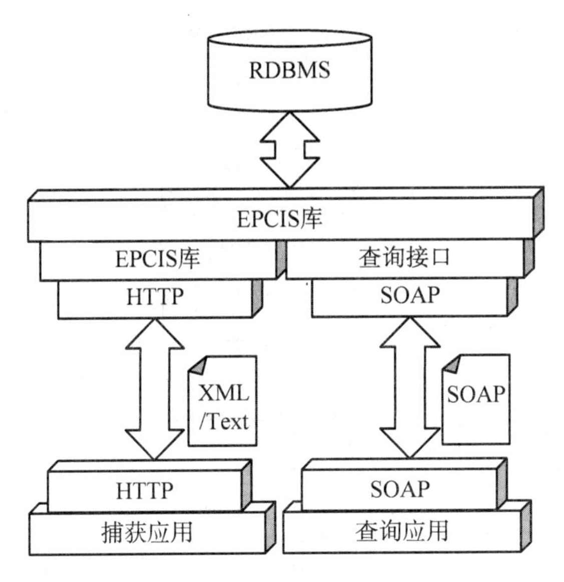

图 9－7　Fosstrak EPCIS 构架

表 9－1　Fosstrak 功能模块

EPCIS Repository EPCIS 知识库	符合 EPCglobal-certified 规范，使用最为广泛的知识库(据我们所知)，超过 2000 次下载
Tag Data Translation(TDT) Engine 标签数据转换引擎	EPCglobal TDT 的作者开发并维护此模块
Filtering & Collection Middleware with ALE and LLRP Support 支持 ALE 和 LLRP 协议的过滤与收集中间件	支持 ALE1.1，LLRP 和大部分通用读写器
LLRP Commander　协议命令器	通过 LLRP 协议配置管理 RFID 读写器

采用客户端/服务器风格架构，客户端可以是 EPCIS 捕获应用，也可以是 EPCIS 查询应用，也有可能两种都是。服务端提供一个 EPCIS 知识库接口与客户端相连，解析客户端请求，并按照 EPC 规范中定义好的规则处理这些请求数据。客户端使用的传输协议是基于 HTTP 的 XML 和 SOAP，更详细的资料参考公司网址。

目前关于 EPCIS 的构架标准并没有统一，同时有多家公司和研究单位在进行相关的开发。关于 EPCIS 的设计与开发，我们推荐如下的几个架构以提供给研发工程师或者学生学习研究。

3) Accada 的开源 RFID 原型平台

瑞士圣加仑大学的 Auto-ID 实验室发布了一个称为 Accada 的开源 RFID 原型平台。这个平台使得终端用户、系统集成商以及研究人员以开发新应用为目的进行 EPCglobal 网络协议的各项实验，从而推动产品电子代码技术的应用。

通过下载这个免费的软件栈，公司或研究员可以模拟 EPCglobal 网络并研究怎么收集、聚合和发送 EPC 数据。

Accada 的角色和接口如图 9－8 所示。

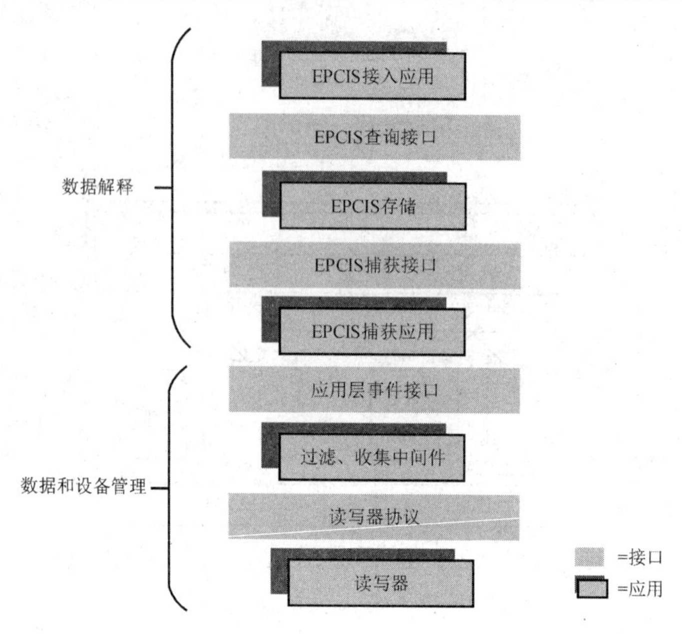

图 9-8　Accada 的角色和接口

Accada 平台包括了一个可作用于 EPC 问询器或分离设备的识读器软件模块。Accada 应用 EPCglobal 识读器协议，即一个使 EPC 识读器能用标准的方式与中间件通信的标准。软件模块集合了由 EPCglobal 在识读器协议规范中定义的所有必须的和可选择的特性。它支持基于标签的 EPC、识读标签的天线、时间、位置等的数据过滤。Accada 识读器模块也支持 EPCglobal 识读器管理规范。

Accada 的读写器工作流程如图 9-9 所示。

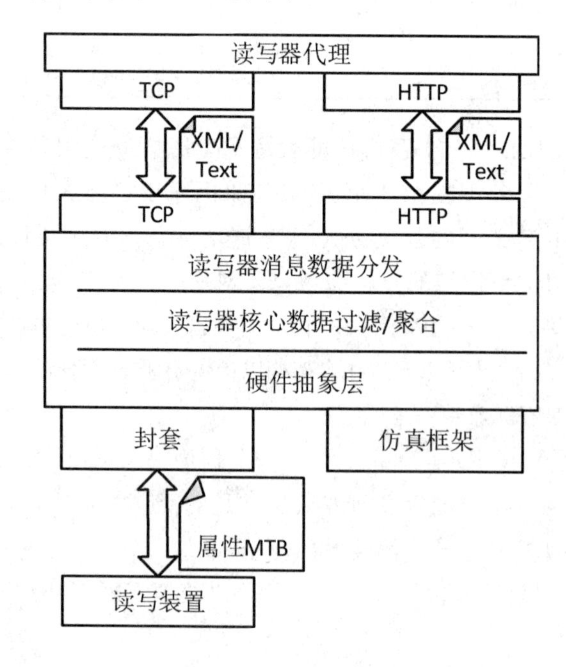

图 9-9　Accada 的读写器工作流程

瑞士Auto-ID实验室已经为一些商用识读器开发了应用程序接口(APIs)，也创建了模拟引擎。用户可以模拟几百个网络上的识读器，使用用户图形接口拖拉和停止识读器上的虚拟RFID标签。这可以让用户进行模拟和测试应用，而不用影响他们的实际操作。

平台的下一个模块是过滤和收集EPC数据以及在RFID部署中连接大量识读器的中间件。一旦问询器捕捉了数据，它会通过网络消息协议通知中间件。中间件集成来自不同问询器的数据，消除冗余数据并进行其他相关过滤，然后按照网络管理员的设定时间发送数据到后台应用。过滤和收集的中间件与后台应用间的接口基于EPCglobal的应用级事件(ALE) 1.0版规范，决定了中间件与后台系统通信所使用的网络协议。

Accada的过滤和收集中间件如图9-10所示。

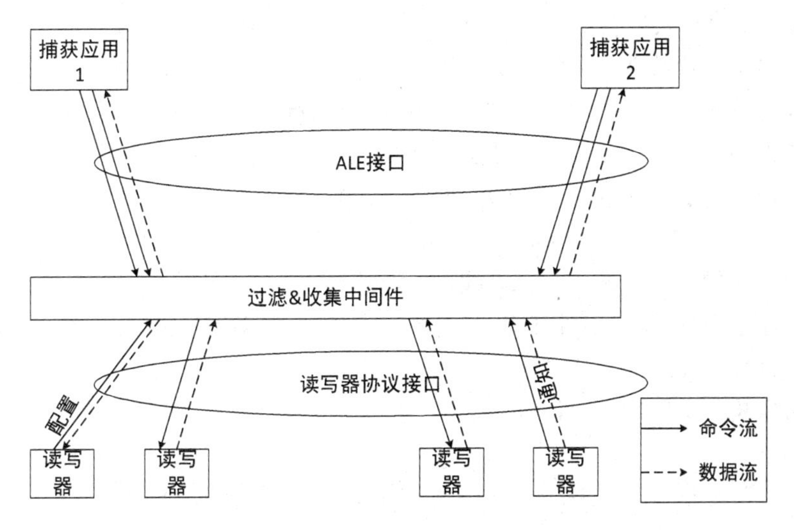

图9-10　Accada的过滤和收集中间件

另外，瑞士Auto-ID实验室开发了EPC信息服务(EPCIS)软件，它接受来自中间件模块的RFID数据，把数据转换到相关业务事件并使这些事件供后端系统使用。Accada EPCIS软件模块包括收集RFID数据的捕捉应用、保存事件的存储(数据库)以及从存储中检索RFID事件的查询应用。

Accada也具备一个由剑桥Auto-ID实验室开发的标签数据转换引擎(TDT)。TDT引擎的作用是提供灵活的不同EPC表述间的转换(编码和解码)。此模块同样作用于识读器模块。

9.3.3　中间件的最新进展

目前国内外的众多研究机构、大型的软件生产商都在进行RFID中间件的研究。国外对于RFID中间件的研究比国内早，取得的成果也比较多。国内对于RFID中间件的研究还处于起步阶段。

EPCglobal是研究RFID应用及中间件最早也是最成熟的机构。目前EPCglobal推出的最新的EPCglobal RFID Architecture Framework定义了从底层标签的标准到上层数据交换标准的一系列标准。这些标准涵盖了从标签的捕获、标签的鉴别到标签的数据交换的各个层次。由于得到了众多芯片产商、中间件厂商、集成商、大型生产企业、大型流通企业的支持，这一标准成为当前世界上最具影响力的标准。几乎所有RFID的研究机构及生产厂商都在研究这个标准，EPCglobal RFID Architecture Framework 是当前 RFID 应用的主流技术。多家大型的软件厂商如 IBM、BEA、Microsoft 等都已推出了基于这一标准的中间件产品。

CEP(复杂事件处理)是 Stanford 大学的 David Luckham 教授所领导和开创的。CEP 的主要任务是基于事件的数据并实时地应用一些规则于这些事件上。通过处理，将未加工的原始事件数据转换成有价值的商业信息。其通信层的核心组件为 filters 和 maps，并着重考虑表示因果关系的事件历史记录。其中表示因果关系的事件历史记录包含这些事件之间的因果关系，事件模式中亦包含有因果和时间的关系。CEP 需要的平台包含事件编程语言、事件可视化工具、流事件的适配器、事件数据库。CEP 不仅是一种新的思路，它也需要很多根本上的基础变革，比如编程语言事件处理数据库技术等。UCLA WINMEC RFID 实验室所设计的 RFID 中间件是在分布式架构上构建的 Web 服务，基于 XML 和 SOAP，包含了简单的捕获、平滑过滤、路由聚合等功能。目前主要应用在一些试验性的演示系统上。

国内对 RFID 中间件的研究也主要集中在 EPC 标准的研究及兼容 EPC 标准的中间件设计。如清华同方的 ezRFID 是由清华同方公司推出的基于 J2EE 的中间件平台，该平台采用了 EPCglobal 的构架，分为 ALE 与 EPCIS 两层，完全支持 EPC 标准。另外还有上海交通大学的 SRM、华中科技大学开发的 Smarti 等。虽然国内的 RFID 中间件研究与国外还存在着差距，但是随着国家的大力扶植与投入，我国的 RFID 中间件研究正在取得不断的进步。由于当前对 RFID 中间件的研究还处于逐步成熟阶段，对于 RFID 中间件的研究方向主要有：RFID 中间件的构架研究、RFID 中间件的安全、RFID 中间件的设备管理、RFID 中间件的消息及路由、可重构的 RFID 中间件等。

9.4 基于 SOA 的中间件架构导引

SOA(Service-Oriented Architecture)即面向服务，是最近发展起来的一种构架模型。本质上，SOA 是一个通用的理论，SOA 的核心思想与方法论超越了实现它的技术本身。SOA 的逻辑就是：将整个工程或软件分解成更小的、弱相关的功能集合，从而使得工程或软件更易于构造、实现和管理。而每一个功能集合都代表了这个工程或软件的一个关注点或一个特定部分。SOA 的目的是最大限度地应用程序中立型的服务以提高 IT 适应性和效率。

SOA 通过所谓的服务形式将一个系统内的各个逻辑单元拆分开来，使各个单元间保持一定的独立性，同时各个服务单元也遵从了开放的接口原则与标准，从而保证了各个服务的通用性及标准化。每一个服务对外封装了内部逻辑，对外部世界来说，它是一个逻辑上功能的抽象。因为各个服务之间是松耦合，一个服务可以为多个其他的服务提供封装的功能，因此服务一般是无状态的，所有的状态信息应该在服务请求或服务响应的消息中包含状态信息。由于 SOA 构架的系统具有比传统构架更高的安全性、事务性及可靠性，SOA 提高了服务质量(QOS)。

SOA 的特点是组成整个系统的各功能都是独立的功能实体，因此具有相当强的自恢复能力。SOA 适合于在广域网络环境下的低频率大数据量的数据交换。SOA 的数据交换是基于文本(XML)的传输。

虽然不是所有的 SOA 都必须用 Web Service，但是 Web Service 是目前实现 SOA 的最佳途径。Web Service 以服务的形式向外界提供灵活多样的功能服务。它具有标准的服务描述语言(WSDL)，提供了对服务接口的抽象描述，提供了传输和位置信息的具体描述信息，使得其他的服务或应用可以发现该服务，并通过接口访问服务。

Web Service 以建立在 SOAP 规范基础上的消息传递机制，实现了服务间或服务与应用间的信息传递，由于 SOAP 消息的框架满足了 SOA 对于服务间的通信的要求，从而有效地支持了 SOA 构架的实现。正是由于 Web Service 的支持，近年来 SOA 构架得到了极大的发展。

虽然 IT 经理一直面临着削减成本和最大限度地利用现有技术的难题，但是与此同时，他们还必须不断地努力，以期更好地服务客户，更快地响应企业战略重点，从而赢得更大的竞争力。在所有这些压力之下，有两个基本的主题：异构和改变。现在，大多数企业都有各种各样的系统、应用程序以及不同时期和技术的体系结构。集成来自多个厂商跨不同平台的产品简直就像一场噩梦。但是我们也不能单单使用一家厂商的产品，因为改变应用程序套件和支持基础设施是如此之难。

在当今 IT 开发人员面临的问题之中，改变是第二个主题。全球化和电子商务加快了改变的步伐。全球化带来了激烈的竞争，产品周期缩短了，每个公司都想赢得超过竞争对手的优势。在改进产品和可以从 Internet 上获得的大量产品信息的推动下，客户要求更快速地进行改变。因而，在改进产品和服务方面展开的竞争进一步加剧了。

为了满足客户提出的越来越多的新要求，技术方面的改进也在不断地加快。企业必须快速地适应这种改变，否则就难以生存，更别提在这个动荡不安竞争激烈的环境中取得成功了，而 IT 基础设施必须支持企业提高适应能力。

为了解决异构性、互操作性和不断改变要求的问题，这样的体系结构应该提供平台来构建具有下列特征的应用程序服务：松散耦合；位置透明；协议独立。

基于这样的面向服务的体系结构，服务使用者甚至不必关心与之通信的特定服务，因为底层基础设施或服务“总线”将代表使用者做出适当的选择。基础设施对请求者隐藏了尽可能多的技术。特别地，来自不同实现技术(如 J2EE 或.NET)的技术规范不应该影响 SOA 用户。如果已经存在一个服务实现，我们就还应该重新考虑用一个“更好”的服务实现来代替，新的服务实现必须具有更好的服务质量。

9.4.1 作为解决方案的面向服务体系结构

自从“软件危机”促进软件工程的开创以来，IT 界一直在努力寻求解决上述问题的方案。

1. 面向对象的分析和设计

在“Applying UML and Patterns-An Introduction to Object-Oriented Analysis and Design”中，Larman 将面向对象的分析和设计的本质描述为“从对象(物体、概念或实体)的角度考虑问题域和逻辑解决方案”。在“Object-Oriented Software Engineering：A Use Case Driven Approach”中，Jacobson 等将这些对象定义为“特点在于具有许多操作和状态(记忆这些操作的影响)的物体”。

在面向对象的分析中，这样的对象是用问题域来标识和描述的，而在面向对象的设计中，它们转变成逻辑软件对象，这些对象最终将用面向对象的编程语言进行实现。

通过面向对象的分析和设计，可以封装对象(或对象组)的某些方面，以简化复杂业务场景的分析。为了降低复杂性，也可以抽象对象的某些特征，这样就可以只捕获重要或本质的方面。

基于组件的设计并不是一种新技术。它是从对象范例中自然发展而来的。在面向对象的分析和设计的早期，细粒度的对象被标榜为提供“重用”的机制，但是这样的对象的粒度级别太低了，没有适当的标准可以用来使重用广泛应用于实践之中。在应用程序开发和系统集成中，粗粒度组件越来越成为重用的目标。这些粗粒度对象通过内聚一些更细粒度的对象来提供定义良好的功能。通过这种方式，还可以将打包的解决方案套件封装成这样的“组件”。

一旦组织在更高层次上实现了基于完全独立的功能组件的完备体系结构，就可以将支持企业的应用程序划分成一组粒度越来越大的组件。可以将组件看作是打包、管理和公开服务的机制。它们可以共同使用一组技术：实现企业级情况的大粒度企业组件可以通过更新的面向对象的软件开发与遗留系统相结合来实现。

2. 面向服务的设计

在“Component-Based Development for Enterprise Systems”中，Allen 涉及了服务的概念，“它是将组件描述成提供相关服务的物理黑盒封装的可执行代码单元。它的服务只能通过一致的已发布接口(它包括交互标准)进行访问。组件必须能够连接到其他组件(通过通信接口)以构成一个更大的组”。服务通常实现为粗粒度的可发现软件实体，它作为单个实例存在，并且通过松散耦合的基于消息通信模型来与应用程序和其他服务交互。图 9－11 展示了重要的面向服务的术语。

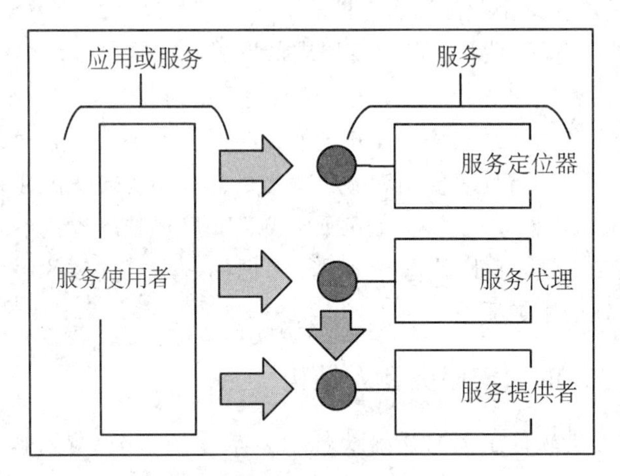

图 9－11　面向服务的术语

(1) 服务：逻辑实体，由一个或多个已发布接口定义的契约。

(2) 服务提供者：实现服务规范软件实体。

(3) 服务使用者(或请求者)：调用服务提供者的软件实体。传统上，它称为“客户端”。服务使用者可以是终端用户应用程序或另一个服务。

(4) 服务定位器：一种特殊类型的服务提供者，它作为一个注册中心，允许查找服务提供者接口和服务位置。

(5) 服务代理：一种特殊类型的服务提供者，它可以将服务请求传送到一个或多个其他的服务提供者。

3. 基于接口的设计

在组件和服务开发中，都需要进行接口设计，这样软件实体就可以实现和公开其定义的关键部分。因此，在基于组件和面向服务的系统中，“接口”的概念对于成功的设计非常关键。下面是一些与接口有关的重要定义：

(1) 接口：定义一组公共方法签名，它按照逻辑分组但是没有提供实现方法。接口定义服务的请求者和提供者之间的契约。接口的任何实现都必须提供所有的方法。

(2) 已发布接口：一种可唯一识别和可访问的接口，客户端可以通过注册中心来发现它。

(3) 公共接口：一种可访问的接口，可供客户端使用，但是它没有发布，因而需要关于客户端部分的静态知识。

(4) 双接口：通常是成对开发的接口，这样，一个接口就依赖于另一个接口；例如，客户端必须实现一个接口来调用请求者，因为该客户端接口提供了某些回调机制。

图 9－12 定义了客户关系管理(CRM)服务的 UML 定义，它表示为一个 UML 组件，实现接口 Account Management、Contact Management 和 Systems Management。在这些接口中只有头两个接口是已发布接口，后者是公共接口。注意，Systems Management 接口和 Management Service 接口构成了双接口。CRM Service 可以实现许多这样的接口，但是它的多种方式行为的能力取决于客户端在行为的实现方面是否允许有大的灵活性，甚至它有可能可以给特定类型的客户端提供不同或附加的服务。在一些运行环境中，这样的功能也用于在单个组件或服务上支持相同接口的不同版本。

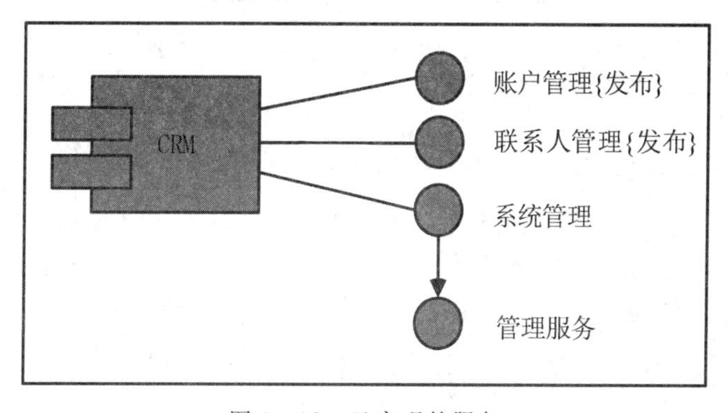

图 9－12　已实现的服务

9.4.2　分层应用程序体系结构

如前所述，面向对象的技术和语言是实现组件的极好方式。虽然组件是实现服务的最好方法，但是好的基于组件的应用程序未必就能构成好的面向服务的应用程序。一旦了解了服务在应用程序体系结构中所起的作用，组件开发人员就很有可能会利用现有的组件。进行这种转变的关键是认识到面向服务的方法意味着附加的应用程序体系结构层。图 9－13 演示了如何将技术层应用于程序体系结构以提供粒度更粗的实现(它更靠近应用程序的使用者)。为称呼系统的这一部分而创造的术语是“应用程序边界”，它反映了服务是公开系统外部视图的极好方法的事实(通过内部重用并结合使用传统组件设计)。

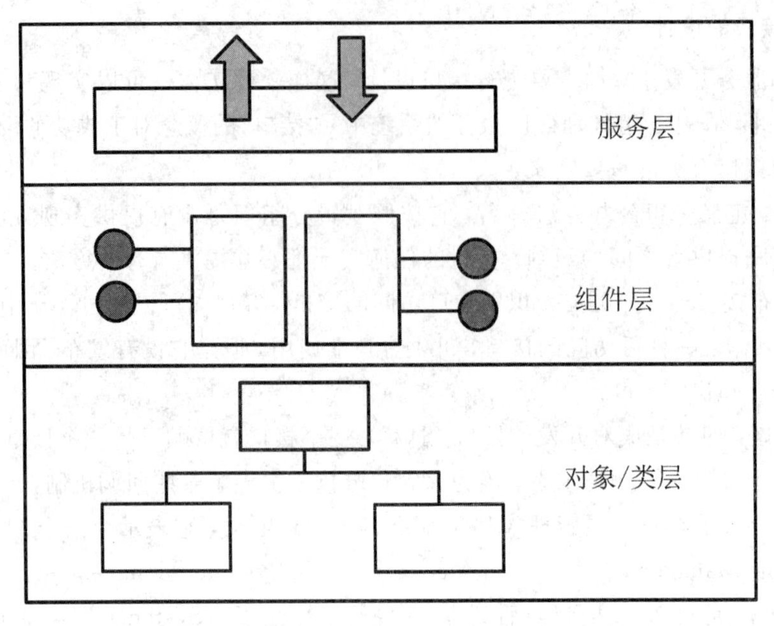

图 9-13　应用程序实现层：服务、组件、对象

面向服务的体系结构提供了一种方法，通过这种方法，可以构建分布式系统，将应用程序功能作为服务提供给终端用户应用程序或其他服务。其组成元素可以分成功能元素和服务质量元素。图 9-14 展示了体系结构堆栈以及在一个面向服务的体系结构可能观察到的元素。

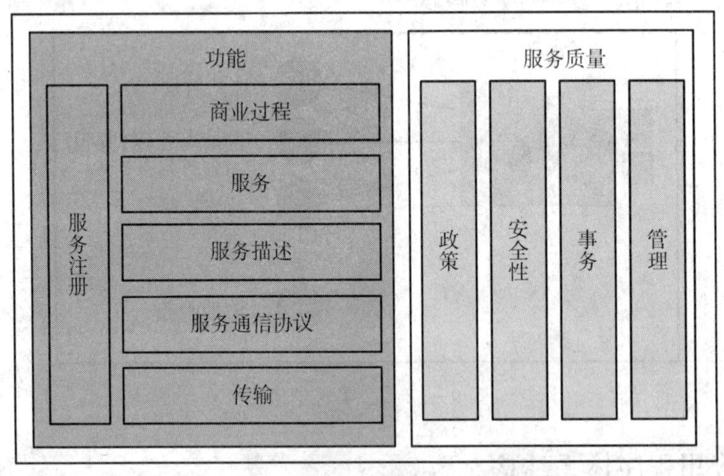

图 9-14　面向服务的体系结构的元素

注意：面向服务的体系结构堆栈可能是一个容易引起争议的问题，因为各方面的支持者已经提出了几种不同的堆栈。文中的堆栈不是作为服务堆栈提出的。

体系结构堆栈分成两半，左边的一半集中于体系结构的功能性方面，而右边的一半集中于体系结构的服务质量方面。

1. 功能性方面

(1) 传输是一种机制，用于将来自服务使用者的服务请求传送给服务提供者，并且将来自服务提供者的响应传送给服务使用者。

（2）服务通信协议是一种经过协商的机制，通过这种机制，服务提供者和服务使用者可以就将要请求的内容和将要返回的内容进行沟通。

（3）服务描述是一种经过协商的模式，用于描述服务是什么、应该如何调用服务以及成功地调用服务需要什么数据。服务描述实际可供使用的服务。

（4）业务流程是一个服务的集合，可以按照特定的顺序并使用一组特定的规则进行调用，以满足业务要求。注意，可以将业务流程本身看作是服务，这样就产生了业务流程可以由不同粒度的服务组成的观念。

（5）服务注册中心是一个服务和数据描述的存储库，服务提供者可以通过服务注册中心发布它们的服务，而服务使用者可以通过服务注册中心发现或查找可用的服务。服务注册中心可以给需要集中式存储库的服务提供其他的功能。

2. 服务质量方面

（1）策略是一组条件和规则，在这些条件和规则之下，服务提供者可以使服务可用于使用者。策略既有功能性方面，也有与服务质量有关的方面。因此，我们在功能和服务质量两个区中都有策略功能。

（2）安全性是规则集，可以应用于调用服务的服务使用者的身份验证、授权和访问控制。

（3）传输是属性集，可以应用于一组服务，以提供一致的结果。例如，如果要使用一组服务来完成一项业务功能，则所有的服务必须都完成，或者没有一个完成。

（4）管理是属性集，可以应用于管理提供的服务或使用的服务。

9.4.3　SOA 协作

图 9－15 展示了面向服务的体系结构中的协作。这些协作遵循“查找、绑定和调用、发布”范例，其中，服务使用者执行动态服务定位，方法是查询服务注册中心来查找与其标准匹配的服务。如果服务存在，注册中心就给使用者提供接口契约和服务的端点地址。

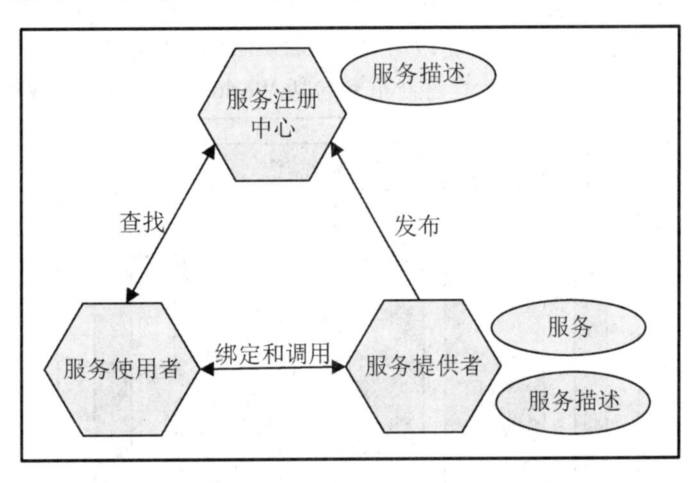

图 9－15　面向服务的体系结构中的协作

（1）服务使用者：服务使用者是一个应用程序、一个软件模块或需要一个服务的另一个服务。他发起对注册中心中的服务的查找，通过传输绑定服务，并且执行服务功能。服务使用者根据接口契约来执行服务。

(2) 服务提供者：服务提供者是一个可通过网络寻址的实体，他接受和执行来自使用者的请求，将自己的服务和接口契约发布到服务注册中心，以便服务使用者可以发现和访问该服务。

(3) 服务注册中心：服务注册中心是服务发现的支持者。它包含一个可用服务的存储库，并允许感兴趣的服务使用者查找服务提供者接口。

面向服务的体系结构中的每个实体都扮演着服务提供者、使用者和注册中心这三种角色中的某一种(或多种)。面向服务的体系结构中的操作包括：

(1) 发布：为了使服务可访问，需要发布服务描述以使服务使用者可以发现和调用它。

(2) 查找：服务请求者定位服务，方法是查询服务注册中心来找到满足其标准的服务。

(3) 绑定和调用：在检索完服务描述之后，服务使用者继续根据服务描述中的信息来调用服务。

面向服务的体系结构中的构件包括：

(1) 服务：可以通过已发布接口使用服务，并且允许服务使用者调用服务。

(2) 服务描述：服务描述指定服务使用者与服务提供者交互的方式。它指定来自服务的请求和响应的格式。服务描述可以指定一组前提条件、后置条件和/或服务质量(QoS)级别。

除了动态服务发现和服务接口契约的定义之外，面向服务的体系结构还具有以下特征：

(1) 服务是自包含和模块化的。

(2) 服务支持互操作性。

(3) 服务是松散耦合的。

(4) 服务是位置透明的。

(5) 服务是由组件组成的组合模块。

这些特征也是满足电子商务按操作环境要求的主要特征，如"e-business on demand and Service-oriented architecture"所定义的。

最后，我们需要说明的是，面向服务的体系结构并不是一个新的概念。如图 9-16 所示，面向服务的体系结构所涉及的技术至少包括 CORBA、DCOM 和 J2EE。面向服务的体系结构的早期采用者还曾成功地基于消息传递系统(如 IBM WebSphere MQ)创建过他们自己的面向服务企业体系结构。最近，SOA 的活动舞台已经扩展到包括 World Wide Web(WWW)和 Web 服务。

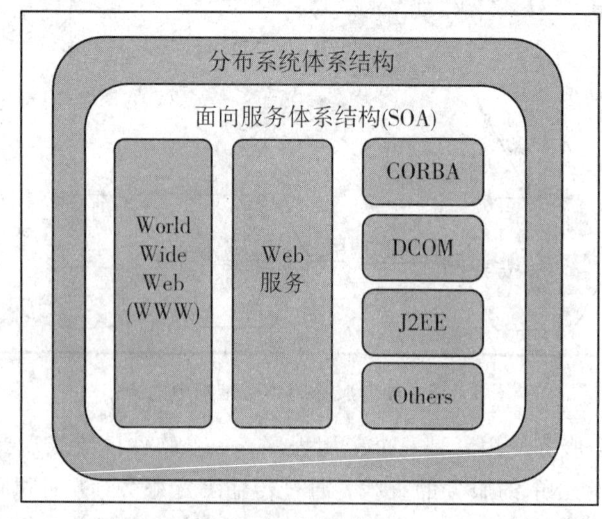

图 9-16 面向服务的体系结构的不同实现

9.4.4 SOA 中的服务

在面向服务的体系结构中，映射到业务功能的服务是在业务流程分析的过程中确定的。服务可以是细粒度的，也可以是粗粒度的，这取决于业务流程。每个服务都有定义良好的接口，通过该接口就可以查找、发布和调用服务。企业可以选择将自己的服务向外发布到业务合作伙伴，也可以选择在组织内部发布服务。服务还可以由其他服务组合而成。服务是粗粒度的处理单元，它使用和产生由值传送的对象集。它与编程语言术语中的对象不同。相反，它可能更接近于业务事务(如 CICS 或 IMS 事务)的概念而不是远程 CORBA 对象的概念。

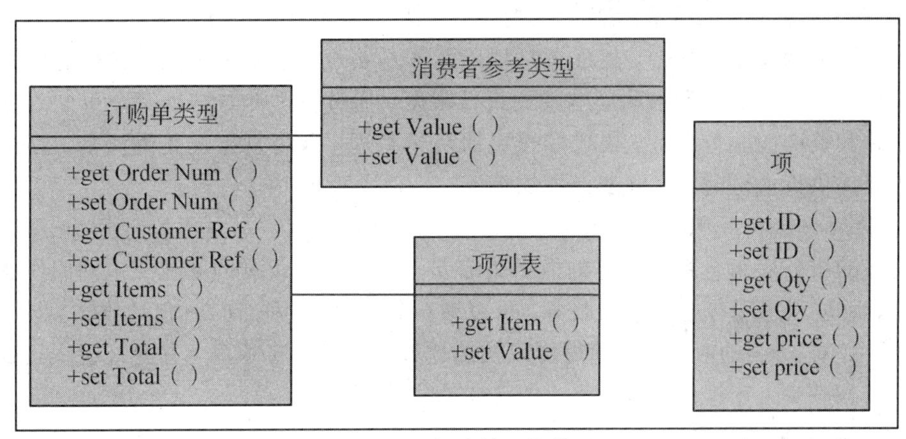

图 9－17　订购单组件模型

服务是由一些组件组成的，这些组件一起工作，共同提供服务所请求的业务功能。因此，相比之下，组件比服务的粒度更细。另外，虽然服务映射到业务功能，但是组件通常映射到业务实体和操作它们的业务规则。作为一个示例，让我们看一看 WS-I 供应链管理(WS-I Supply Chain Management)样本的订购单(Purchase Order)组件模型，如图 9－17 所示。

在基于组件的设计中，可以创建组件来严格匹配业务实体(如顾客(Customer)、订购单(Purchase Order)、订购项(Order Item))，并且封装匹配这些实体所期望的行为。

例如，订购单组件提供获取关于已订购的产品列表和订购的总额的信息的功能；订购项组件提供获取关于已订购的产品的数量和价格的信息的功能。每个组件的实现都封装在接口的后面。因此，订购单组件的用户不知道订购单表的模式、计算税金的算法，以及订单总额中的回扣和/或折扣。

在面向服务的设计中，不能基于业务实体设计服务。相反，每个服务都是管理一组业务实体中的操作的完整单元。例如，顾客服务将响应来自任何其他系统或需要访问顾客信息的服务的请求。顾客服务可以处理更新顾客信息的请求，添加、更新、删除投资组合以及查询顾客的历史订单。顾客服务拥有所有与它管理的顾客有关的数据，并且能够代表调用方进行其他服务查询，以提供统一的顾客服务视图。这意味着服务是一个管理器对象，它创建和管理它的一组组件。

9.4.5 面向服务的体系结构所带来的好处

如前所述，企业正在处理两个问题：迅速地改变的能力和降低成本的要求。为了保持竞争力，企业必须快速地适应内部因素(如兼并和重组)或外部因素(如竞争能力和顾客要求)。因此需要经济而灵活的 IT 基础设施来支持企业。

我们可以认识到，采用面向服务的体系结构将给我们带来以下几个方面的好处，有助于我们在今天这个动荡的商业环境中取得成功。

1）利用现有的资产

SOA 提供了一个抽象层，通过这个抽象层，企业可以继续利用它在 IT 方面的投资，方法是将这些现有的资产包装成提供企业功能的服务。组织可以继续从现有的资源中获取价值，而不必重新从头开始构建。

2）更易于集成和管理复杂性高的问题

在面向服务的体系结构中，集成点是规范而不是实现。这提供了实现透明性，并将基础设施和实现发生的改变所带来的影响降到最低限度。通过提供针对基于完全不同的系统构建的现有资源和资产的服务规范，集成变得更加易于管理，因为复杂性是隔离的。当更多的企业一起协作提供价值链时，这会变得更加重要。

3）更快的响应和上市速度

从现有的服务中组合新的服务的能力为需要灵活地响应苛刻的商业要求的组织提供了独特的优势。通过利用现有的组件和服务，可以减少软件开发生命周期(包括收集需求、进行设计、开发和测试)所需的时间。这使得可以快速地开发新的业务服务，并允许组织迅速地对改变做出响应和减少上市准备时间。

4）减少成本和增加重用

通过以松散耦合的方式公开的业务服务，企业可以根据业务要求更轻松地使用和组合服务。这意味资源副本的减少以及重用和降低成本的可能性的增加。

习　　题

1. 试给出中间件和 RFID 中间件的定义。
2. 一般中间件能够提供哪些功能？
3. RFID 中间件主要有哪些免费的产品？
4. 试说明 SOA 面向服务架构所带来的好处。

术 语 表

1. XML 语言部分

SGML Standard Generalized Markup Language：通用标记语言标准
HTML Hyper Text Markup Language：超文本标记语言
XML Extensible Markup Language：可扩展标记语言
SAX Simple APIs for XML：XML 简单应用程序接口(事件驱动)
DOM Document Object Model：文档对象模型(文档驱动)
XSL Extensible Stylesheet Language：可扩展样式语言
DTD Document Type Definition：文档类型声明
DCD Document Content Declaration：文档内容描述
RDF Resource Description Format：资源描述格式
CSS Cascading Style Sheets：CSS 层叠样式表
Extensible Link Language：可扩展链接语言
W3C world Web Consortium：web 技术标准化集团
SVG Scalable Vector Graphics：可缩放矢量图形
VRML Virtual Reality Markup Language：虚拟现实标记语言

2. 条码部分

堆叠式二维条码(2D Stacked Code)：是一种多层符号(Multi-Row Symbology)，通常是将一维条码的高度截短再层叠起来表示数据。

矩阵式二维条码(2D Matrix Code)：是一种由中心点到与中心点固定距离的多边形单元所组成的图形，用来表示数据及其他与符号相关功能。

数据字节(Data Character)：用于表示特定数据的 ASCII 字节集的一个字母、数字或特殊符号等字节。

符号字节(Symbol Character)：依条码符号规则定义来表示数据的线条、空白组合形式。数据字节与符号字节间不一定是一对一的关系。一般情况下，每个符号字节分配一个唯一的值。

代码集(Code Set)代码集：是指将数据字节转化为符号字节值的方法。

字码(Codeword)字码：是指符号字节的值，为原始数据转换为符号字节过程的一个中间值，一种条码的字码数决定了该类条码所有符号字节的数量。

字节自我检查(Character Self-Checking)：是指在一个符号字节中出现单一的印刷错误时，扫描器不会将该符号字节解码成其他符号字节的特性。

错误纠正字节(Error Correction Character)：用于错误侦测和错误纠正的符号字节，这些字节是由其他符号字节计算而得，二维条码一般有多个错误纠正字节用于错误侦测以及错误纠正。有些线性扫描器有一个错误纠正字节用于侦测错误。

E 错误纠正(Erasure Correction)：E 错误是指在已知位置上因图像对比度不够，或有大污点等原因造成该位置符号字节无法辨识，因此又称为拒读错误。通过错误纠正字节对 E 错误的恢复称为 E 错误纠正。对于每个 E 错误的纠正仅需一个错误纠正字节。

T 错误纠正(Error Correction)：T 错误是指因某种原因将一个符号字节识读为其他符号字节的错误，因此又称为替代错误。T 错误的位置以及该位置的正确值都是未知的，因此对每个 T 错误的纠正需要两个错误纠正字节，一个用于找出位置，另一个用于纠正错误。

错误侦测(Error Detection)：一般是保留一些错误纠正字节用于错误侦测，这些字节被称为侦测字节，用以侦测出符号中不超出错误纠正容量的错误数量，从而保证符号不被读错。此外，也可利用软件透过侦测无效错误纠正的计算结果提供错误侦测功能。若仅为 E 错误纠正则不提供错误侦测功能。

3. EPC(产品电子代码)术语表

A

(1) 模拟数据(Analog data)：由连续改变的物理量所表示的信息，如电磁波(见下文)的长度或高度。

(2) 天线(Antenna)：发射或接收电磁波的装置。

(3) 防冲突(Anti-collision)：一项用来防止一个解读器场中的多个标签，或者重叠场中的多个解读器互相冲突的技术。典型的防冲突算法是通过保证标签或解读器不在同一时间传输信号。

(4) 自动数据获取(Automatic data capture，ADC)：采集数据并不依靠人的干预而直接输入到计算机系统中的方法(见自动识别和数据采集)。

(5) 自动识别和数据采集(Automatic identification and data collection，AIDC)：一个很广泛的术语，包括不通过键盘而把数据直接录入到计算机系统的方法。这包括条码扫描，射频识别，声音识别及其他技术。

(6) 灵敏解读器(Agile reader)：是可以解读不同类型 RFID 标签的解读器通称，例如由不同厂商制造的，或可以工作在不同频率下的解读器。

B

(1) 条码(Bar Code)：使机器自动识别带标签物体而采用的技术。因为对机器来说，条码更容易解读。条码使用的最大缺点是，它不能区分这一瓶罐头与另一瓶罐头，并且扫描头必须对着可视面来识读标签。

(2) 位(Bit)：数字信息的最小单位——一个单独的 1 或 0。一个 96 位的 EPC 由一串 96 个 1 和 0 的字符组成。

D

(1) 缓存(Cache)：用来存储并快速检索最近访问数据的存储器。

(2) 芯片(Chip)：见微芯片。

(3) 冲突(Collision)：无线电信号的互相干扰。标签或解读器的信号可能发生冲突。

(4) 耦合(Coupling)：电路之间能量的传递。电感耦合和电容耦合是解读器和标签之间能量传递(也包括数据)的两个方法。

D

(1) Die：一块微小的正方形的硅，集成电路蚀刻在上面，我们一般称之为硅芯片。

(2) 分布式架构(Distributed Architecture)：指同时分散遍布在一个机构中的不同计算机上工作的软件，而不是在一台中心计算机上工作的软件。

(3) 域名服务(Domain Name Service)：在因特网上使用的一项服务，帮助网络将信息发送到正确的计算机。

(4) 动态数据(Dynamic data)：经常改变的数据，例如一个产品的温度。

E

(1) 电可擦除可编程只读存储器(Electrically Erasable Programmable Read-Only Memory，EEPROM)：即使断电后仍可以保持它的内容并可被重新编程的一种电子存储器。

(2) 电磁兼容性(Electromagnetic compatibility，EMC)：一个系统或产品能够正常工作在电磁环境中的能力，并且它本身不是电磁干扰的来源。

(3) 电磁识别(EMID)标签(Electromagnetic ID(EMID)tag)：一种可与外部解读器进行无线通信的电路模块的存储设备。RFID 标签是电磁识别标签的一种。

(4)电磁干扰(EMI)(Electromagnetic interference，EMI)：一个无线系统或产品对它邻近的系统或产品产生的影响。

(5) 电磁波频谱(Electromagnetic spectrum)：电磁波的整个频率范围。

(6)电磁波(Electromagnetic waves)：以波的形式发射出能量。各种电磁波包括无线电波，伽马射线和 X 射线。

(7) 电子商品防窃系统(Electronic article surveillance，EAS)：有“on”或“off”两种状态的简易电子标签。当一件商品被合法的购走或借出，标签失电。当有人携带贴没有失电标签的商品通过一个门禁区域时，报警器发出声音。

(8) 电子数据交换(EDI)(Electronic data interchange，EDI)：在商业网络上共享数据的一种广泛认可的方法。

(9) 产品电子代码(Electronic Product Code，EPC)：Auto - ID 中心的编码方案，它将识别一件商品的制造商，所属产品种类和它的唯一序列号。

(10) EPC 信息服务(EPC Information Service，EPCIS)：EPC 信息服务使 EPC 网络相关数据以 PML 形式来请求服务。通过 EPC 信息服务可以访问的数据包括，从 Savant 接收的标签解读数据(例如，帮助跟踪对象和追踪序列号间隔)；实例层次数据(比如生产日期，有效日期等等)；以及对象分类层次数据比如产品目录信息。响应请求时，EPC 信息服务利用存在于一个企业中的多种数据源，把数据翻译成 PML 形式。当在供应链中分发 EPC 数据时，每一个行业会设立一个 EPC 访问注册中心，它将作为 EPC 信息服务接口说明的仓库。

(11) 欧洲商品编码(European Article Numbering，EAN)：遍布欧洲、亚洲和南美洲使用的条码标准。它由 EAN 国际组织管理。

(12) 可扩展标识语言(Extensible markup language，XML)：因特网上广泛采用的共享信息的方法，它与操作系统无关，任何计算机都可以使用。

F

(1) 流控自装配(Fluidic Self-Assembly)：由 Alien 科技公司申请专利的一项制造方法，其工艺包括很小的微芯片在一种特殊的液体中的一个底座上流动，底座上有用来固定住芯片的孔。

(2) 频率(Frequency)：一个完整波形在一段特定的时段中重复的次数。1 kHz 等于每秒钟 1000 个完整的波形。1 MHz 等于每秒钟一百万个波形。

(3) 频移键控(Frequency Shift Keying，FSK)：一种在不同频率间通过切换来传送数据的方法。通常，某一频率代表一个 1，另一频率代表 0。

G

(1) Global Trade Item Number(GTIN)：全球贸易产品码(GTIN)条码标准的一个扩展集，在国际间通用。除了制造商和产品目录，GTIN 也包括运输，重量和其他信息。EPC 可以为 GTIN 提供连续性。

H

(1) 高频标签(High-frequency tags)：工作在 13.56 MHz 范围内的标签。

(2) 全能制造系统(Holonic Manufacturing System，HMS)：基于自主的，功能完整的实体的相互合作来生产商品的一种方法，实体间有不同的并且经常冲突的实现目标。全能制造目前还处在研发的初期阶段，但是 RFID 技术可以极大的促进这项技术的发展。

I

(1) 工业，科学和医学频带(Industrial，Scientific，and Medical bands，ISM)：电磁波频谱的一组未授权的频率。对于那些使用工作在 ISM 频带频率的通信设备，不必从政府购买许可证。

(2) 集成电路(Integrated circuit，IC)：芯片或微芯片的别称，各种 IC 组成了计算机的大脑。

(3) Internet 协议(Internet Protocol，IP)：广泛应用在以太网上的 TCP/IP 协议组的网络层。用于链接到某一个网络上的计算机之间的数据包的发送。

(4) 询问器(Interrogator)：一个 RFID 解读器。

L

(1) 可视传输技术(Line-of-sight technology)：要求商品可"看见"以被机器自动识别的技术。条码和光学字符识别(OCR)是两种常见的可视传输技术。

(2) 逻辑门(Logic gate)：微芯片电路上的小型开关，使芯片能够执行某些任务。

(3) 低频标签(Low-frequency tags)：以 125 kHz 的频率与解读器通信的标签。

M

(1) 微芯片(Microchip)：一个微电子半导体设备，包含许多互相连接的晶体管和其他组件，也被称为芯片或"集成电路"。

(2) 调制(Modulation)：通过改变一个波的频率、相位或振幅来传输数据。

(3) 多路通信方案(Multiple access schemes)：允许几台无线电发射器同时工作在同一个频谱中的方法。

N

(1) 纳块(Nanoblock)：Alien 科技公司发明的术语描述它的极小的微芯片，其宽度大约等于三根人的头发。

(2) 网络(Network)：在用户之间传输声音，视频和/或数据的任何系统。

O

(1) 对象名解析服务(Object Name Service，ONS)：Auto-ID 中心设计的一种系统，用来查询唯一产品电子代码并根据此码把计算机指向与商品有关的信息。

P

(1) 被动标签(Passive tag)：不使用电池的 RFID 标签。标签从解读器产生的电磁场中获取能量。

(2) 移相键控(Phase Shift Keying，PSK)：传输信息的一种方法，通过在波形的不同相位之间切换传输来表示数字数据。

(3) 物理标识语言(Physical Markup Language ，PML)：Auto-CD-ID 中心设计的，以计算机可以理解的方式来描述商品的一种方法。PML 基于广泛接受的可扩展标识语言，后者以所有计算机都可以使用的形式在因特网上共享数据。

(4) PML 服务器(PML Server)：一台专用的计算机，将会响应对物理标识语言(PML)文件的要求，这些文件与私有的产品电子码有关。商品的制造商维护 PML 文件和服务器。

R

(1) 射频识别(Radio Frequency Identification，RFID)：使用无线电波识别唯一商品的方法。射频识别对于条码来说巨大优点是激光必须看到条码才能识读，而无线电波不需要瞄准并可以穿过比如纸板和塑料的物质。

(2) 无线电波(Radio waves)：属于电磁波频谱中低频末端的电磁波。

(3) 解读范围(Read range)：解读器与标签可以通信的距离，范围受解读器能量，通讯频率和天线的设计的影响。

(4) 只读存储器(Read-only memory，ROM)：在芯片上存储信息的一种形式，它所存储信息不能被覆盖。只读芯片比可读写芯片便宜。

(5) 读写(Read-write)：对信息读和写的能力。具有读写能力的 RFID 标签的芯片比同类的只读芯片贵。

(6) 解读器(Reader)：也被称为问询器。解读器与 RFID 标签通信并把信息以数字形式传送给计算机系统。

(7) 解读器冲突(Reader collision)：指发生在重叠场中的解读器发出的信号互相冲突时的问题。

(8) 实时内存事件数据库(Real-time In-memory Event Database，RIED)：存储频繁使用的数据的一种方法，这样可以迅速的访问这些数据。

(9) RFID 无线电收发器(RFID transponder)：无线电发射器—接收器，当接收到预定信号时被激活。RFID 标签通常被称为无线电收发器。

S

(1) 一种分布式网络软件(Savant)：负责管理和传送产品电子码相关数据的分布式网络

软件。

(2) 半被动标签(Semi-passive tags)：这种 RFID 标签使用电池来驱动芯片电路，但要从解读器获取能量才能通信。

(3) 服务器(Server)：处理并执行对文件、网页和其他数字信息有请求的计算机。

(4) 智能卡(Smart cards)：一条使用宽泛的术语，用来表示一个植入微芯片的塑料卡(通常为信用卡大小)。一些智能卡包含有一个 RFID 芯片，可以借助解读器识别持有者而不需要任何身体接触。

(5) 软件(Software)：也被称为“计算机程序”或“程序”。软件本质上是告诉物理计算机(硬件)该做什么的指令。软件可以用不同的计算机语言编写并且一般分成两类：系统软件和应用软件(或应用程序)。系统软件是用来支持应用程序的产生或执行的任何软件，但并不特指任何专门的应用程序。系统软件的实例包括操作系统以及指挥交通或检查密码的网络软件。应用软件是运行在系统软件之上并且执行特定功能的程序，例如保存记录的程序。

(6) 静态数据(Static data)：不会变动的数据，比如像一件产品的原料成分这样的事实。

(7) 人造聚合物(Synthetic polymers)：由类似塑料的原料所构成的人造聚合物。将来，这种特殊的人造聚合物可能因其价廉而取代现在使用的硅微芯片。

T

(1) 标签(Tag)：射频识别设备的通称。标签通常被称为智能标签。

(2) 标签冲突(Tag collision)：多个 RFID 标签同时向解读器发回数据时引起的冲突。

(3) 任务管理系统(Task management system)：通过组织和定制软件来自动完成批量任务的一种方法。

(4) 暂态数据(Temporal data)：贯穿一个对象的生存期中的离散和间歇改变的数据，例如对象的位置。

(5) Internet 工程工作小组(IETF)(The Internet Engineering Task Force, IETF)：一个开放性的国际团体，成员包括与因特网架构发展有关的网络设计者、操作者、投资商和研究者。

(6) 时分多址通讯技术(TDMA)(Time Division Multiple Access, TDMA)：一种解决两个解读器之间信号冲突问题的方法。使用此算法可确保解读器在不同的时间解读标签。

(7) 传输控制协议(TCP)(Transmission Control Protocol, TCP)：为了连接不同类型的计算机而开发的一套正式的通信规则。TCP 是建立在因特网协议(IP)之上的面向连接的协议，并且我们几乎一直看到的是 TCP/IP 的结合。它增加了通信的可靠性以及流控制。TCP/IP 已经成为因特网上通信的事实标准。

(8) 无线电收发器(Transponder)：无线电发射器—接收器，当接收到预定信号时被激活。RFID 标签通常被称为无线电收发器。

U

(1) 超高频(UHF)(Ultra-high frequency, UHF)：此术语通常指 300 MHz 到 3 GHz 之间的波段。UHF 提供高带宽和宽范围，但是 UHF 波穿透性能不好，并且在给定的范围内传输时比低频波需要更高的能量。

(2) 统一建模语言(UML)(Unified Modeling Language, UML)：一种对大型、复杂的计

算机系统进行建模的开放性标准方法。

(3) 统一代码委员会(UCC)(Uniform Code Council, UCC):在北美洲统一管理产品码,条码标准的非营利组织。

(4) 统一产品代码(Universal Product Code, UPC):北美洲使用的条码标准。由统一代码委员会管理。

(5) 用户数据包协议(UDP)(User Datagram Protocol, UDP):管理网络上数据传输的一组通信规则。UDP 不需要连接也不保证数据的传送正确,所以应用程序使用此协议时必须注意错误的处理和重发。

W

晶片(Wafer):半导体材料的一块小而薄的圆形切片,比如一块纯硅,在切片上的一个集成电路可以成形加工。硅晶片的直径通常是 8 到 12 英寸。

X

(1) XML 查询语言(XQL)(XML Query Language, XQL):基于 XML 对数据库进行查询的一种方法。对于使用 Auto-ID 中心的物理标识语言产生的文件可以 XQL 查询。

(2) 可扩展标识语言(XML):因特网上广泛采用的共享信息的方法,它与操作系统无关,任何计算机都可以使用。

参 考 文 献

[1] EPCglobal G S. EPC Information Services(EPCIS) Version 1.1 Specification[J]. Errata Approved by TSC on September, 2014

[2] Specification E P C. EPCTM radio-frequency identity protocols class-1 generation-2 UHF RFID protocol for communications at 860 MHz-960 MHz[J], 2005.

[3] Kürschner C, Condea C, Kasten O, et al. Discovery service design in the epcglobal network[M]//The Internet of things. Springer Berlin Heidelberg, 2008: 19-34.

[4] EPCglobal EPC. Tag Data Standards Version 1.1 Rev. 1.24[J], 2005.

[5] 物联网与产品电子代码(EPC)[M]. 武汉：武汉大学出版社，2010.

[6] 周圆. 基于物联网管理系统的 EPC 规范研究[J]. 成都：西南交通大学，2007.

[7] Traub K, Bent S, Osinski T, et al. The application level events(ALE)specification, version 1.0[J]. EPCglobal Proposed Standard, 2009.

[8] Traub K, Armenio F, Barthel H, et al. The EPCglobal Architecture Framework 1.2, GS1 Std., 2014.

[9] 中国物品编码中心. http://www.epcglobal.org.cn/

[10] 李再进. EPC 网络中信息服务的设计与应用研究[D]. 武汉：华中科技大学，2005.

[11] 刘明. 安全的 ONS 信息服务设计与实现[D]. 北京：北京邮电大学，2015.

[12] 王健. 基于 SOA 的物流跟踪系统的设计与开发[D]. 武汉：武汉理工大学，2012.

[13] 张新松. 基于 EPC 网络架构的实体信息检索系统研究与实现[D]. 上海：上海交通大学，2014.

[14] 马艳会. 基于半分布式 P2P 网络的 EPC 网络发现服务研究[D]. 西安：西安电子科技大学，2013.

[15] 周长义. 基于 DNS 的对象名称服务系统研究与设计[D]. 武汉：华中科技大学，2006.

[16] 朱强. 物联网对象名称服务关键技术研究[D]. 哈尔滨：哈尔滨工业大学，2014.

[17] yiran4827. http://www.freebuf.com/articles/terminal/29352.html

[18] 丁俊. 射频识别(RFID)标签防碰撞算法[D]. 北京：中国科学技术大学，2010.

[19] GS1. http://www.gs1.org/epcis/epcis-ons/latest

[20] 范志广. 超高频射频识别(RFID)中的若干问题研究[D]. 浙江：浙江大学，2007.

[21] Ang J, Arsanjani A, Chua S, et al. Patterns: service-oriented architecture and web services[M]. IBM Corporation, International Technical Support Organization, 2004.

[22] Mark E, Jenny A, Ali A, et al. Patterns: service-oriented architecture and Web services[J]. IBM Redbook, 2004.

[23] 李建民，林振荣. 复杂事件处理技术在 RFID 中间件中的研究[J]. 微计算机信息，2009(26): 145-147.

[24] 张丽艳. 远距离 RFID 系统的标签天线设计[D]. 浙江：杭州电子科技大学，2012.